Michaela Haase
Galileische Idealisierung

Michaela Haase

# Galileische Idealisierung

## Ein pragmatisches Konzept

W DE G

Walter de Gruyter · Berlin · New York

1995

D 188

∞ Gedruckt auf säurefreiem Papier,
das die US-ANSI-Norm über Haltbarkeit erfüllt.

*Die Deutsche Bibliothek — CIP-Einheitsaufnahme*

**Haase, Michaela:**
Galileische Idealisierung : ein pragmatisches Konzept / Michaela Haase. — Berlin ; New York : de Gruyter, 1995
(Perspektiven der analytischen Philosophie ; Bd. 4)
Zugl.: Berlin, Freie Univ., Diss., 1993
ISBN 3-11-014635-5
NE: GT


Printed in Germany
Druck: Werner Hildebrand, Berlin
Buchbinderische Verarbeitung: Lüderitz & Bauer, Berlin
Einbandentwurf: Rudolf Hübler, Berlin

# Inhalt

# Liste verwendeter Symbole

| | |
|---|---|
| ∀ | Allquantor |
| ∃ | Existenzquantor |
| ∧ | Konjunktion |
| ∨ | Disjunktion |
| ¬ | Negation |
| → | materiales Konditional |
| ↔ | materiale Äquivalenz |
| ⊩ | L-Folgerung |
| ⊆ | Teilmengenoperator (mit Gleichheit) |
| ∩ | Schnittmengenoperator |
| ∪ | Vereinigungsmengenoperator |
| Pot(•) | Potenzmengenoperator |
| {•} x {•} | Kartesisches Produkt |
| $X^k$ | Komplementärmenge von *X* |
| ∈ (∉) | Elementschaftsrelation bzw. deren Negation |
| ∅ | leere Menge |
| ∘ | Verknüpfungsoperator |
| *x* ê *E* | *x* hat die Eigenschaft *E* |
| ***N*** | Menge der Natürlichen Zahlen |
| ***R*** | Menge der Reellen Zahlen |

Hinweis zur Zitierweise

Soweit die Hervorhebungen der Originale im Zitat erhalten bleiben, werden diese kursiv wiedergegeben. Eigene Hervorhebungen werden besonders gekennzeichnet. Aus technischen Gründen ist teilweise eine - auch innerhalb der Zitate - leicht veränderte Symbolik gewählt worden.

Kapitel 1

# Einleitung

Ich befasse mich in dieser Arbeit mit der Explikation des Begriffs "Idealisierung". Als Ausgangspunkt dient mir die Charakterisierung von Idealisierungen als "teils bewußte, teils unbewußte Verfälschungen bei der Beschreibung von in bestimmter Weise gesehenen Wirklichkeitsausschnitten" in der Habilitationsschrift von M. Küttner. Dabei beschränke ich mich auf die bewußten Verfälschungen, die sog. *Deformationen*. Wahrnehmungs- und kognitionstheoretische Fragestellungen, die sich mit dem Unbewußten befassen, werden ausgeklammert.

Nicht explizit berücksichtigt habe ich Arbeiten - um einige Beispiele zu nennen - von J. H. von Thünen, C. Menger, W. Dilthey oder M. Weber zum Typusbegriff in den Sozialwissenschaften. Begrifflich setze ich vielmehr bei C. G. Hempels Rekonstruktion der Typusbegriffe als klassifikatorische Typen, Extrem- und Idealtypen an. Leitlinie ist die Entwicklung von Inhalt und Umfang des Begriffs der *Galileischen Idealisierung* (2.1); dabei verwende ich als Ansatzpunkt einen gleichnamigen Artikel von E. McMullin (2.1.1), aus dessen Vorschlägen u. a. das Begriffspaar Idealisierung/De-Idealisierung übernommen wird. McMullins Vorschläge, die von mir eingeordnet und ergänzt werden, sind die Grundlage der Diskussion weiterer ausgewählter Arbeiten verschiedener Autoren, insbesondere der von C. G. Hempel, R. S. Rudner, W. F. Barr, R. Laymon, W. Krajewski, L. Nowak und N. Cartwright.

Die Arbeiten von Hempel und Rudner (2.1.2) sowie von Barr und Laymon (2.1.3) sind in die Tradition des Logischen Empirismus einzuordnen. Hempel versucht, die wissenschaftliche Signifikanz von Idealisierungen auf die einer allgemeineren, nicht idealisierten Theorie zurückzuführen. Rudner und Barr befassen sich u. a. mit den von Hempel vorgegebenen Kriterien der Akzeptanz von idealisierten Gesetzen und deren Verwendung in DN-Systematisierungen. Laymons Arbeiten zur Anwendung und Überprüfung idealisierter Theorien sind jüngeren Datums als die der drei vorgenannten Autoren und teilweise auch von T. Kuhns Kritiken an der als *Received View* bezeichneten Theorienkonzeption beeinflußt. Krajewski und Nowak (2.1.4) sind polnische Wissenschaftstheoretiker, die sich als Kritiker sog. kruder empiristischer Positionen bezeichneten und daher der ihrer Ansicht nach unangemessenen Berücksichtigung von Idealisierungen in den bestehenden wissenschaftstheoretischen Sichtweisen eigene Entwürfe entgegensetzten.

Cartwright (2.1.5) entwickelte aus der Kenntnis von Theorie und Praxis der theoretischen Physik eine sog. antirealistische Position im Hinblick auf Theorien und Modelle. In Cartwright (1989) wird die Abstraktion als notwendige Voraussetzung der Idealisierung bezeichnet.

Idealisierung wird in dieser Arbeit als *pragmatisches* Konzept der Veränderung von Repräsentationen behandelt. Es muß daher von anderen möglichen Formen solcher Veränderungen abgegrenzt werden. In den Kapiteln 2.2.1 und 2.2.2 werden die häufig mit dem Begriff der Idealisierung konfundierten Konzepte der Abstraktion und der Fiktion diskutiert. Anhand der Merkmale der *Galileischen Idealisierung* wird versucht, Abstraktion und Fiktion als eigenständige Formen der Begriffsbildung zu interpretieren. Im Kapitel 2.2.3 wird auf die Rolle der Ideen und der Ideale für den Vorgang der Idealisierung eingegangen.

Das pragmatische Konzept der Idealisierung kann ohne Bezugnahme auf Theorien und wissenschaftliche Gemeinschaften nicht adäquat erfaßt werden. Ich habe mich deshalb im ersten Teil der Arbeit nicht darum bemüht, den Explikationen - speziell von Rudner und Barr - idealisierter Teilkonzepte weitere hinzuzufügen. Einerseits kann eine Explikation von Partialkonzepten nur im Hinblick auf einen allgemeinen Begriff erfolgen; andererseits ist es auf der Basis einer Konzeption *Pragmatischer Idealisierung* nicht zu erwarten, hinreichende syntaktische oder semantische Kriterien für Idealisierung zu finden. Der allgemeine Begriff der Idealisierung soll daher sprachunabhängig erfaßt und es soll zugleich berücksichtigt werden, daß Idealisierungen beispielsweise als Prädikate in Sätzen oder als Gesetze Verwendung finden können.

Im dritten Teil dieser Arbeit wird untersucht, ob und wie idealisierte Theorien in ausgewählten Theorienkonzeptionen - dem *Received View* und der *Semantic Conception* (in der jüngsten Fassung von F. Suppe und dem *Strukturalismus*) - berücksichtigt werden. Der Received View (3.1) ist historisch die erste Theorienkonzeption in der Entwicklung der Wissenschaftstheorie und hat im *Logischen Empirismus* die gleichen Grundlagen wie der größte Teil der im Abschnitt 2.1 diskutierten Arbeiten. Aus der Kritik des Received View geht hervor, daß es auf der Basis dieser Theorienkonzeption bereits Probleme bei der Rekonstruktion der Semantik von nichtidealisierten Theorien gibt. Es ist fraglich, ob ein anderes Ergebnis für den Fall idealisierter Theorien erwartet werden kann. Die beiden hier vorgestellten Versionen der Semantic Conception sind jüngeren Datums und auf der Grundlage der Kritiken am Received View entstanden. Suppe (3.2) strebt eine sog. quasirealistische Version der Semantic Conception an, in der die Phänomene kontrafaktisch charakterisiert werden. Er kritisiert am Received View insbesondere dessen Interpretation des Verhältnisses zwischen Theorie und Empirie. Eine epistemologische Deutung dieser Beziehung - wie in Suppe (1989) - kann als Voraussetzung für die Anwendung idealisierter Theorien bezeichnet werden. Es ist daher zu erwarten, daß idealisierte Theorien und ihre Semantik in dieser Konzeption adäquat erfaßt werden können. Der Strukturalismus (3.3) enthält eine Analyse synchronischer wie diachronischer Theorienstrukturen. Diese Theorienkonzeption ist - wie zahlreiche Beispiele zeigen - grundsätzlich in der Lage, idealisierte Theorien zu rekonstruieren. Es wird untersucht, ob sie mit dem in dieser Arbeit entwickelten pragmatischen Idealisierungsbegriff verbunden werden kann. Beide Versionen der Semantic Conception werden in Kapitel 3.3 miteinander verglichen.

Die wichtigsten Ergebnisse jedes Kapitels werden an dessen Ende jeweils kurz herausgestellt; die Zusammenfassung (Kapitel 4) enthält neben den Resultaten der gesamten Arbeit einen kurzen Ausblick auf mögliche weiterführende Beiträge. Die Arbeit wird von zwei als Thesen formulierten Fragestellungen geleitet:

1. Der epistemologische Ausgangspunkt von Idealisierungen sind Theorien. Aus diesen geht hervor, welche Repräsentationen wie idealisiert werden.
2. Je stärker die Metaphysik der Idealisierung, desto eher wird diese als Methode der Wirklichkeitserkenntnis interpretiert.

ad 1. Der erste Satz der ersten These erscheint als Trivialität. Dennoch wurde Idealisierung - abgesehen von den in dieser Arbeit diskutierten Versionen der Semantic Conception - in metatheoretischen Ansätzen der Theorienrekonstruktion in der Vergangenheit kaum berücksichtigt. Wenn zumindest ein Teil der erfahrungswissenschaftlichen Theorien idealisiert ist, dann müssen Theorienkonzeptionen in der Lage sein, diese zu rekonstruieren. Dazu gehört auch die Möglichkeit der Differenzierung zwischen der Semantik einer idealisierten und der einer nichtidealisierten Theorie.

ad 2. Die zweite These beruht auf der Annahme, daß die Abkehr von der Aristotelischen Auffassung einer Inkommensurabilität zwischen "realer" und "idealer Welt" nicht "kostenlos" zu haben war. Sie fördert - oder fordert - die Einbeziehung von Metaphysik: *Galileische* Idealisierung unterstellt die Annahme einer gewissen *Ordnung* der Welt, wenn sie als Methode der Wirklichkeitserkenntnis fungieren soll. Es ist zu erwarten, daß metaphysische Annahmen in der erfahrungswissenschaftlichen Praxis der Galileischen Idealisierung und zum Teil auch für die philosophische Interpretation des Begriffs eine Rolle spielen.

Kapitel 2

# Die Konzeption Galileischer Idealisierung

Mit "Galileischer Idealisierung" wird eine bestimmte Tradition des Verständnisses und der Verwendung von Idealisierungen bezeichnet. Damit wird nicht behauptet, daß Idealisierungen erstmalig oder ausschließlich von Galilei entwickelt oder angewandt wurden - dann wäre das Epitheton "galileisch" überflüssig. Neben anderen Philosophen der Antike und des 16. und 17. Jahrhunderts[1] bedarf insbesondere Aristoteles der Erwähnung. *Aristotelische Idealisierung* steht für eine frühe Form in der Entwicklungslinie des Idealisierungsbegriffs. Es ist allerdings eher üblich, Aristoteles mit auf Intuition beruhenden Methoden in Verbindung zu bringen, denen das Versagen der Aristotelischen Physik bei der Entwicklung der Mechanik angelastet wird. Einstein und Infeld bringen dies deutlich zum Ausdruck, während sie die Vorzüge der neuen - an Galilei orientierten - Denkweise anhand des Trägheitsgesetzes erläutern: "Only the 'idealized experiment shows the clew which really forms the foundation of the mechanics of motion - namely that bodies would continue moving forever if not hindered by external obstacles. This discovery taught us that *intuitive conclusions based on immediate observation* are not always to be trusted'."[2]

Nach Funkensteins Auffassung jedoch hat Aristoteles weder die mathematische Analyse der Bewegungen noch die Berücksichtigung idealisierter Bedingungen negiert. Auch seien seine Verallgemeinerungen keine simplen Induktionen unter Verwendung von Sinneseindrücken gewesen; vielmehr habe er sogar das Trägheitsgesetz antizipiert.[3] Der entscheidende Unterschied zwischen Aristoteles und Galilei ist, daß ersterer die "... factual and counterfactual conditions of the same 'body' (or, as we would say, the same phenomenon)" als *inkommensurabel* sah: "Yet unlike Galileo, the task of such ideal experiments is not to formulate a general law valid for factual and limiting cases alike, but to reduce a false universal characteristic *ad*

---

1 Galilei übernahm und entwickelte Methoden von Archimedes. Als historisch spätere Vorläufer der Vorgänge der Idealisierung und De-Idealisierung erwähnt A. Funkenstein u. a. die vorgalileische Padua-Schule, die ihre Abstraktionsmethode als "... the method of resolution (and composition)" bezeichneten. Funkenstein, A. (1986), S. 155

2 A. Einstein und L. Infeld, zitiert nach Funkenstein (1986), S. 153. Hervorhebung von mir.

3 Vgl. Funkenstein, A. (1985), S. 157

*impossibile*."[4] Zeichnet sich die antike Auffassung durch die Annahme der Inkommensurabilität des Faktischen mit dem Kontrafaktischen aus, so die Auffassung des angehenden 17. Jahrhunderts durch die Idee der Mediation des Faktischen mit dem Kontrafaktischen. Dieses spätere Idealisierungskonzept liegt den meisten Publikationen zum Thema noch Ende des 20. Jahrhunderts zugrunde. Die zeitgenössischen Debatten um Syntax, Semantik und Pragmatik von Idealisierungen sowie deren epistemologischer Status werden vom "Galileischen Stil" geprägt: "Idealization in the 'Galilean style' soon became a defining characteristic of the new science."[5] Dieser besitzt eine hohe Akzeptanz als Konzeption für die Naturwissenschaften, insbesondere für die Physik: "Das Mittel der wissenschaftlichen Beweisführung wurde von Galilei erfunden und zum erstenmal gebraucht. Es ist eine der bedeutendsten Errungenschaften, die unsere Geistesgeschichte aufzuweisen hat und bezeichnet recht eigentlich die Geburtsstunde der Physik. *Galilei* zeigte, daß man sich auf intuitive Schlüsse, die auf unmittelbarer Betrachtung beruhen, nicht immer verlassen kann."[6] Das Neue an Galileis Version der Idealisierung war ihre Akzeptanz als *Repräsentation* der Wirklichkeit: Seine Systematisierungen gelten als Instrumente der Erkenntnis der Realität. Aristoteles dagegen versuchte zu beweisen, daß gerade diese Instrumente für die Wirklichkeitserkenntnis nicht geeignet sind.[7]

Der Erfolg des "neuen Stils" in den Naturwissenschaften wird von einigen Autoren geradezu als Ausgangsbasis der Explikation des Begriffs "Idealisierung" gesetzt. Ihr Hauptproblem ist dabei meist, wie die - angenommene - Erklärungs- oder Vorhersagefähigkeit der Idealisierungen mit ihrer - meist gleichzeitig behaupteten - Falschheit in Übereinstimmung gebracht werden kann.[8]

Bezüglich der Anwendbarkeit der Galileischen Idealisierung in den Sozialwissenschaften - insbesondere in der Ökonomik - differieren die Einschätzungen. Einigkeit besteht jedoch meist darüber, daß das Konzept der Idealisierung in der Physik erfolgreich, in der Ökonomik jedoch - wenigstens zur Zeit - nicht erfolgreich sei.

---

4 Ebd. S. 156/157

5 McMullin, E. (1985), S. 255. Mit der "neuen Wissenschaft" ist die Galileische Mechanik gemeint. Wie Krajewski betont, hatten Galilei und Kopernikus den scholastischen Dogmatismus und "kruden Empirismus" ihrer Vorgänger zu überwinden. Vgl. Krajewski, W. (1975), S. 201

6 Einstein, A./Infeld, L. (1956), S. 11. Die letzte Bemerkung richtet sich gegen Aristoteles.

7 Funkenstein, A. (1986), S. 176

8 Vgl. Rudner, R. S. (1966)

Es mag überraschen, daß vieles, was für die ökonomische Modell- und Theorienbildung als typisch gilt (die absichtliche Verwendung "falscher" Annahmen, die Konstruktion von fiktiven Entitäten etc.), seit langem in der Physik Tradition ist. Einige Autoren behaupten sogar, daß in der Physik die Verwendung von Gesetzen mit idealisierten Antecedensbedingungen eher die Regel als die Ausnahme sei.[9] Ein Buchtitel wie "How the Laws of Physics Lie"[10] paßt kaum zum tradierten Bild der empirischen "Königswissenschaft". Wenn Galileische Idealisierung tatsächlich so weit verbreitet ist, daß alle Fundamentalgesetze der Physik "lügen" - und dies den Idealisierungen angelastet werden kann -, dann arbeitet die Physik mit einer "Methode", über deren Logik - so es denn eine geben sollte - nur wenig präzise Auskünfte verfügbar sind: "The term, 'idealization', itself is a rather loose one."[11]

Insbesondere in der Anfangszeit der Wissenschaftstheorie haben sich nur wenige Fachwissenschaftler und Philosophen mit Idealisierungen befaßt. Zu diesen ist E. Mach zu rechnen: "Alle allgemeinen physikalischen Begriffe und Gesetze, der Begriff des Strahles, die dioptrischen Gesetze, das Mariottesche Gesetz u. s. w. werden durch Idealisierung gewonnen. Sie nehmen dadurch jene einfache und zugleich allgemeine, wenig bestimmte Gestalt an, welche es ermöglicht, eine beliebige, auch kompliziertere Tatsache durch synthetische Kombination dieser Begriffe und Gesetze zu rekonstruieren, d. h. sie zu verstehen. Solche Idealisierungen sind bei den *Carnot*schen Betrachtungen der absolut nichtleitende Körper, die volle Temperaturgleichheit der sich berührenden Körper, die nicht umkehrbaren Prozesse, bei *Kirchhoff* der absolut schwarze Körper."[12]

Bei der Entwicklung von Modellen und Theorien werden die methodologischen und epistemologischen Voraussetzungen wie Auswirkungen von Vereinfachungen, Abstraktionen oder Idealisierungen häufig kaum bedacht. Dies gilt auch für Teile der Ökonomik. So ist vielleicht zu verstehen, daß z. B. Samuelson im Rahmen der ersten Kontroverse mit Friedman über dessen methodologische Streitschrift "The Methodology of Positive Economics"[13] einerseits eine Methode der Vereinfachung, Abstraktion etc. akzeptierte und

9 Humphreys, W. C. (1968), S. 142

10 Cartwright, N. (1983)

11 McMullin, E. (1985), S. 248

12 Mach, E. (1968), S. 192/193. Gruender berichtet über Mach folgendes: "Mach, one of the founders of positivism and empiricism, was troubled by some puzzling aspects of Galileo's work, but saw him as a pioneer of the experimental method and an empirist." Gruender, D. (1980), S. 260

13 Friedman, M. (1953)

andererseits für ökonomische Hypothesen und Modelle forderte, daß sie nur sog. realistische Annahmen enthalten.[14] Anders hingegen Sohmen, der zur methodologischen Position Friedmans wie folgt Stellung nahm: "Häufig wird an der Nationalökonomie Kritik geübt, weil sie in vermutlich unberechtigter Weise Verfahrensgrundsätze der Naturwissenschaften, insbesondere der Physik übernommen hat, die in ihrer Exaktheit wohl für die unbelebte Natur, nicht aber für eine Gesellschaft souverän handelnder Menschen Gültigkeit haben können ... Auch für die Naturwissenschaften gilt daher schon seit langem das methodische Grundprinzip, daß man die Brauchbarkeit von Modellen nicht am der Realismus ihrer Annahmen mißt ... sondern einzig und allein daran, wie relativ gut die aus solchen Modellen abgeleiteten Schlußfolgerungen über beobachtbare Vorgänge mit der Wirklichkeit übereinstimmen. Es liegt kein ersichtlicher Grund vor, in der Nationalökonomie anders zu verfahren."[15] Noch deutlicher wird Hausman, wenn er schreibt: "In the derivation of the ideal gas law, physicists use as a premise the claim that the gas molecules are point particles. In relying on simplifications to derive important results, economists are proceeding in the way in which all scientists must."[16]

## 2. 1 Die Entwicklungslinie des Idealisierungsbegriffs

In diesem Abschnitt werden die Arbeiten verschiedener Autoren mit dem Ziel, die für die Konzeption *Galileischer Idealisierung* relevanten Bestimmungsfaktoren zu ermitteln, vorgestellt und diskutiert.

### 2. 1. 1 Subtraktion und Re-Addition bei E. McMullin

McMullin versucht die sog. charakteristischen Techniken herauszuarbeiten, die seiner Ansicht nach unter den Begriff der Galileischen Idealisierung subsumiert werden können.[17] Idealisierung ist für ihn eine *Methode* der

---

14 Daraus läßt sich schließen, daß Samuelson entweder zwei miteinander unvereinbare Dinge fordert oder daß es wenigstens eine Art der Vereinfachung, Abstraktion etc. gibt, die zu "realistischen" Annahmen führen kann.

15 Sohmen, E. (1976), S. 9/10

16 Hausman, D. M. (1981), S. 141

17 McMullin faßt die entwickelten "Techniken" unter das Konzept "Galileische Idealisierung", weil sie seiner Ansicht nach eine Rolle bei der Entwicklung der "neuen Wissenschaft" spielten - nicht, weil Galilei sie tatsächlich entwickelt oder verwendet hat.

Erkenntnisgewinnung. Sie beruht auf einer absichtlichen Vereinfachung "... of something complicated (a situation, a concept, etc.) with a view of achieving at least at a partial understanding of that thing. It may involve a distortion of the original or it can simply mean a leaving aside of some components in a complex in order to focus the better on the remaining ones."[18]

McMullin unterteilt den Begriff "Galileische Idealisierung" in zwei Unterarten: entweder wird die Simplifikation auf die begriffliche Repräsentation des Objektes oder auf die einer "Problemsituation" angewandt. Ersteres nennt er "construct idealization", letzteres "causal idealization". Unter "construct idealization" wird generell die Veränderung einer Repräsentation verstanden. Diese entsteht durch die Elimination oder Vereinfachung als relevant erachteter Faktoren (formal idealization). Eine eigene Untergruppe der sog. formalen Idealisierung bildet bei McMullin die Repräsentation in der Sprache der Mathematik (mathematical idealization). Die Betrachtung der heuristischen Kapazitäten des Ergebnisses der Idealisierung (material idealization) wird ebenfalls unter "construct idealization" gefaßt. Die experimentellen Repräsentationen (causal idealization) werden in Gedankenexperimente (concept idealization) und Experimente (experimental idealization) unterteilt. Im folgenden werden McMullins Klassifikationen im einzelnen betrachtet.

Als Ergebnis des Vorgangs der "construct idealization" werden Modelle als Idealisierungen komplexer Situationen der realen Welt bezeichnet.[19] Anhand zweier Beispiele demonstriert McMullin, inwiefern diese theoretischen Modelle eine vereinfachte Repräsentation der - fiktiven - Konzeptualisierung der originalen Problemsituation angeben. "The *point* of idealization ... is not simply to escape from the intractable irregularity of the real world into the intelligible order of Form, but to make *use* of this order in an attempt to grasp the real world from which the idealization takes its origin."[20] Mit dem ersten Beispiel, dem sog. idealen Gasgesetz[21], sind die

---

18 McMullin, E. (1985), S. 248

19 Ebd. S. 258

20 McMullin, E. (1985), S. 248.

21 Van Fraassen führt das ideale Gasgesetz als deterministisches Koexistenzgesetz ein: "The most familiar example (eines Koexistenzgesetzes, M. H.) is the Boyle-Charles ideal gas law which functionally relates the volume, pressure, and temperature of a gas, in such a way that, given any two of these magnitudes at a time *t*, the value of the third at *t* is uniquely determined. It has the form (6) PV = RT where R is a constant, the 'gas constant'. What this means exactly is that at *any given time* the values of P, V, and T are related by equation (6). Hence if we use triples of real numbers (p, v, t) to represent the possible

folgenden - üblicherweise als "falsch" bezeichneten - Annahmen verbunden. Diese lauten:

1. Molekulare Bestandteile eines Gases sind perfekt elastische Kugeln mit vernachlässigbarem Volumen.
2. Die Anziehungskräfte der Moleküle sind vernachlässigbar.

Das zweite Beispiel ist das Wasserstoff-Atom-Modell von Bohr, das in dreifacher Hinsicht als idealisiert gilt:

1. Der Kern ist immer in Ruhelage, was mit der Annahme unendlicher Masse äquivalent ist.
2. Der Eletronenorbit ist zirkulär.
3. Nicht berücksichtigt werden die relativistischen Effekte der schnellen Elektronenbewegung.

Formale Idealisierung ist die Grundlage der Entwicklung theoretischer Modelle: "Features that are known (or suspected) to be relevant to the kind of explanation being offered may be simplified or omitted in order to obtain a result."[22]

McMullin beschreibt mittels des Begriffs der Formalen Idealisierung keine ungewöhnlichen Vorgänge bei der Entwicklung theoretischer Modelle. Nicht alle denkmöglichen Einflußfaktoren können bei der Modellierung eines Zusammenhanges berücksichtigt werden: Einerseits nicht, wenn das Modell im Hinblick auf die Zahl der Variablen noch handhabbar sein soll, andererseits nicht, wenn mit dem Modell noch Erkenntnisse über den Objektbereich gewonnen werden sollen. Allerdings ist nicht zu erwarten, daß jedes Ergebnis eines Vereinfachungsvorganges eine Idealisierung ist.

Ebenso ist nicht jedes Ergebnis formaler Idealisierung eine mathematische Idealisierung. McMullin versteht unter letzterer die Erfassung einer physikalischen Situation mittels eines mathematischen Formalismus. Mathematische Idealisierung hat daher zur Folge, daß die logisch-mathematischen Methoden der Modellanalyse zur Anwendung kommen können,

---

thermodynamic states of the gas, the law says that (p, v, t) represents a physical possible state only if *pv* = *Rt*." Van Fraassen, B. C. (1970), S. 330

22 McMullin, E. (1985), S. 258

indem z. B. eine originäre Repräsentation in die mathematische Sprache übersetzt wurde.

Das Ergebnis des - bei McMullin nicht näher erläuterten - Vereinfachungsvorganges innerhalb der "construct idealization" ist, daß zahlreiche spezifizierbare Eigenschaften unspezifiziert bleiben: "... the model may leave features unspecified that are deemed irrelevant to the inquiry at hand."[23] Dies war gerade der Grund ihrer Elimination. Bezüglich der Zwekke der jeweiligen Modellierung wurde nach vielen Eigenschaften der modellierten Entitäten nicht gefragt, wie - so McMullins Beispiele - nach der internen Struktur der Gasmoleküle im Fall der kinetischen Gastheorie oder dem "leeren" Kern des Rutherfordschen Atommodells: "Questions about other properties that entities of this physical type might plausibly be supposed to possess cannot be answered, unless of course the model is extended in response to different theoretical needs. This ... can be called material idealization."[24] Die Intention hinter der Trennung zwischen formaler und materialer Idealisierung ist, daß erstere die Repräsentation der modellierten Objekte oder Raumzeitgebiete *beschränkt*, indem bestimmte - modellierbare - Aspekte vereinfacht oder eliminiert werden, während die sog. materiale Idealisierung zum Ausdruck bringen soll, daß ein vorliegendes Ergebnis eines Idealisierungsvorganges nicht das einzig mögliche bzw. daß es in verschiedener Hinsicht weiter spezifizierbar ist. Manche Fragen konnten zum Zeitpunkt der Entwicklung des Originalmodells noch nicht gestellt werden, andere wurden relativ zu den dominierenden Forschungsinteressen vorläufig hintangestellt. Es geht bei der sog. materialen Idealisierung um die heuristischen Eigenschaften idealisierter Modelle bzw. um die heuristische Kapazität des Forschungsprogrammes, dem sie entstammen, und daher eher um die *Bewertung* der durch formale Idealisierung - als *Ergebnis* des Vorgangs - entstandenen Modelle ("constructs"). Ein Modell wird positiv beurteilt, wenn seine Entwicklung innerhalb des eigenen begrifflichen Rahmens erfolgen kann, d. h. wenn es "... provides a sort of conceptual boundary within which the later theoretical developments can be situated. The success of these developments indirectly validates the original model, *blank* (idealized) though it was with respect to these further specifications."[25] Im besten Fall zeigt also das Modell selbst an, wie die "Leerzeilen" gefüllt werden können. McMullin spricht hier von

23 Ebd. S. 258
24 Ebd. S. 258/259
25 Ebd.

"Selbstkorrektur" (self-correction) und "vorstellbarer Ausweitung" (imaginative extension) des Originalmodells. Diese Vorgänge sind von einem "guten" Modell selbst induzierbar: "If the model is a good one, these processes are not *ad hoc*; they are suggested by the model itself."[26]

Vorangetrieben werden soll dieser Prozeß durch eine "Gewinnung" theoretischer Gesetze aus dem Modell[27]: Diese stehen in approximativer Übereinstimmung mit empirischen, auf Beobachtung beruhenden, Gesetzen. Gerade der Mangel an perfekter Übereinstimmung ist der Motor des Bemühens um Selbstkorrektur. Dieses Vorgehen ist nur aufgrund des *Glaubens*, daß das Modell die reale Struktur des zu erklärenden Objektes spezifiziert, heuristisch gerechtfertigt: "... the original model *does* give a relatively good fit to the real structure of the explanandum object."[28]

Insgesamt ergibt sich folgendes Bild der positiven Heuristik: Aus den theoretischen Modellen (construct idealizations) "ergeben sich" oder "folgen" - was McMullin genau meint, ist unklar - die theoretischen Gesetze. Approximieren diese in einem hinreichenden Maß die korrespondierenden sog. empirischen Gesetze, so werden damit nicht nur die theoretischen Modelle gestützt, sondern auch die Position des wissenschaftlichen Realismus: "Without such a fit, there would be no reason for the model to exhibit this sort of fertility. This gives perhaps the strongest

---

26 Ebd. S. 264

27 Ebd. McMullin erläutert auf S. 257, daß er nicht den Modellbegriff der Logik und Mathematik, wonach ein "... 'model' is an entity of known properties which satisfies a particular formal system", sondern einen in den Erfahrungswissenschaften verbreiteten Modellbegriff zugrundelegen will: "The physicist's model, on the other hand, is a tentative representation intended to explain some aspect of a real-world situation" (Fußnote 26). Im Text beschreibt McMullin die Modelle wie folgt: "Every physical theory involves a model of the physical object(s) whose behavior the theory is expected to explain. The theory is not identical with the model, it is the 'text' in terms of which the model is specified, instructions are given on problem-solution, and so forth. The model itself is a postulated structure of elements, relations, properties. Inferences ('theoretical laws') can be derived which describe the behavior of the model under specified constraints of context or parameter value. To the extent that these inferences simulate the empirical regularities whose explanation is sought, the theory and its associated models are said to 'explain' these regularities." Wenn das Modell Ergebnis einer mathematischen Idealisierung ist, kann es in Suppes' Klassifikation wie folgt eingeordnet werden: "The third meaning of 'model', the one most popular with empirical sciences, is ... to give a mathematical model for some branch of empirical science ... to state an exact mathematical theory. In such empirical contexts the word 'theory' is often reserved for non-mathematical, relatively inexact statements about the fundamental ideas of a given domain of science." Suppes, P. (1957), S. 254

28 McMullin, E. (1985), S. 264

grounds for the thesis of scientific realism."[29] Hier zeigt sich die für viele Vertreter der Galileischen Idealisierung typische Verknüpfung von idealisierender Modellbildung und wissenschaftlichem Realismus - eine Beziehung, die von McMullin wie folgt interpretiert wird: Die Übereinstimmung ist da, weil die Modelle die Struktur der Objekte hinreichend gut repräsentieren, und weil sie diese gut repräsentieren, ist die Übereinstimmung da. Genauer gesagt, der Glaube an die Güte der Übereinstimmung wird mit dem Glauben daran, daß das idealisierte Modell das reale Objekt gut erfaßt, gleichgesetzt.

Dies gilt allerdings nur, solange die Prozesse der Selbstkorrektur nicht ad hoc sind. Sobald die Ideen zur genaueren Spezifikation weiterer Eigenschaften des untersuchten Objektbereiches nicht aus dem Forschungsprogramm stammen, dem das Modell selbst zuzurechnen ist, gelten die Korrekturen als "ad hoc" und die aus dem Modell erhaltenen Gesetze als falsch oder fehlerhaft - selbst wenn sie die empirischen Gesetze gut approximieren: "... the implication is that the model is not a good one ... This is the type of defect on which Cartwright mainly rests her case in *How the Laws of Physics Lie*."[30]

Während das Originalmodell durch die Vorgänge der Selbstkorrektur und der vorstellbaren Ausweitung weitere Idealisierungen induzieren kann, d. h. sich im Zeitablauf durch die Berücksichtigung im Originalmodell *fehlender* Eigenschaften entwickelt, besteht durch einen Vorgang des "De-Idealisierens" eine ganz anders geartete Verbesserungs- oder Entwicklungsmöglichkeit der Originalmodells. Die durch Vereinfachung eliminierten relevanten Einflußfaktoren sollen bei Bedarf wieder berücksichtigt werden können: "... the model can be improved by gradually adding back the complexities."[31] Das hat nach Ansicht von McMullin nur Sinn, wenn man weiß, welche speziellen Faktoren re-addiert werden müssen, d. h. wenn bekannt ist, welche Faktoren durch den Idealisierungsvorgang (der ja ein Vereinfachungsvorgang ist) eliminiert wurden: "This technique will work only if the original model idealizes the real structure of the object. To the extent that is does, one would *expect* the technique to work."[32] Der Glaube daran, daß die Repräsentation der realen Struktur idealisiert wurde, ist mit

29 Ebd.

30 Ebd. Nach Hackings Auffassung benutzen Physiker - je nach Zweck - wechselseitig inkonsistente Modelle innerhalb derselben Theorie. Dies gilt als Basis für Cartwrights Anti-Realismus im Hinblick auf Theorien. Vgl. Hacking, I. (1983), S. 215 ff.

31 Ebd. S. 261

32 Ebd.

der Vermutung verknüpft, daß die "richtigen" Faktoren re-addiert werden bzw. richtig de-idealisiert wird. Das Ergebnis ist ein komplementäres Schema von Idealisierung und De-Idealisierung, ein "... dual process of idealizing followed by 'de-idealizing' or adding back".[33]

McMullin gibt für das Adding-back auch Beispiele. Sollen etwa im Fall des Boyle-Charles-Gesetzes Variationen von Druck und Temperatur theoretisch berücksichtigt werden, erhält man die Van-der-Waals-Gleichung: $(P+a/V^2)(V-b) = RT$. Das experimentelle Boyle-Charles-Gesetz approximiert das Van-der-Waalssche innerhalb der sog. Normalbereiche von Druck und Temperatur.[34]

Die idealisierten Annahmen des Wasserstoff-Atom-Modells von Bohr sind ebenfalls de-idealisierbar:

ad 1. Die Kernbewegung kann durch einen Korrekturfaktor berücksichtigt werden.

ad 2. Die Norm für Körper, die einer zentralen Kraft ausgesetzt werden, sind elliptische Orbits. Da ein Zirkel äquivalent mit einer Familie von Ellipsen ist, beeinflußt diese Annahme nicht die Basisgleichung - es sei denn, das Hydrogen wird einem intensiven elektrischen Feld ausgesetzt: "The effect of such a field (the 'Stark effect') was already known experimentally."[35]

ad 3. Die relativistischen Effekte der schnellen Elektronenbewegung können durch zwei Korrekturen eingefügt werden.

Nach McMullins Auffassung hat ein Modell keine Erklärungskraft, wenn die Korrekturen nicht theoretisch gerechtfertigt werden können: "When techniques for which no theoretical justification can be given have to be utilized to correct a formal idealization, this is taken to count against the explanatory propriety of that idealization. The model itself in such a case is suspect, no matter how good the predictive results it may produce."[36]

---

33 Ebd. S. 259

34 Bei niedrigem Druck gilt die Van-der-Waals-Gleichung als durch das ideale Gasgesetz ersetzbar; bei niedrigen Temperaturen verflüssigen sich die Gase, so daß es für Gase bei diesen kritischen Temperaturen keine befriedigenden Korrekturen gibt. Bei hohem Druck und damit kleinem Volumen hat die Van-der-Waals-Gleichung ihren größten Anwendungsbereich. Vgl. ebd.

35 Ebd. S. 260

36 Ebd. S. 261. Diese Bedingungen sind - verglichen mit dem, was andere Autoren (z. B. Laymon, R. (1980)) fordern - sehr restriktiv, weil sie die theoretische Erklärung der

Gerade aufgrund der Re-Addition" ist die formale Idealisierung für McMullin eine bedeutende epistemologische "Technik" und deren Funktionieren - McMullin behauptet, *daß* sie funktioniert - ein gewichtiges Argument für die Position des wissenschaftlichen Realismus.[37] Auch hier beruht das Argumentationsmuster darauf, daß die De-Idealisierung erfolgreich ist, weil das idealisierte Modell reale Eigenschaften repräsentiert, und weil die Technik so erfolgreich ist, stützt dies die Position des wissenschaftlichen Realismus.

Weitere Formen Galileischer Idealisierung sind nach McMullin Gedankenexperimente ("conceptual" oder "subjunctive idealization") und experimentelle Idealisierung. Beides subsumiert er unter den Oberbegriff "kausale Idealisierung": "In causal idealization the physical world itself is consciously simplified; an artificial ('experimental') context is constructed within which questions about law-like correlations between physical variables can be unambiguously answered."[38] Die Reduzierung der - vorausgesetzten - Komplexität der Natur auf die Experimentalsituation ist eine spezielle Form der Idealisierung, d. h. hier der Beseitigung möglicher störender Einflüsse. Die Vereinfachung einer sonst komplizierten *Situation* soll durch die - z. T. nur gedankliche - Schaffung einer experimentellen Situation erreicht werden. Damit wird eine *Repräsentation* der Ausgangssituation geschaffen, die ähnlich wie z. B. eine idealisierte linguistische Repräsentation u. a. durch die Elimination von Einflußfaktoren gekennzeichnet werden kann. Nach McMullins Auffassung führen nur die kausalen Einflüsse zu relevanten Störungen, so daß auch nur kausal relevante Faktoren eliminiert werden müssen.[39]

Der Vorgang der Idealisierung durch ein Gedankenexperiment wird von Mach plastisch beschrieben: "Ein wichtiger Vorgang besteht darin, daß man einen oder mehrere Umstände, welche quantitativ auf ein Ergebnis Einfluß haben, in Gedanken quantitativ vermindert und schließlich *zum Verschwinden* bringt, so daß die übrigen Umstände allein als maßgebend angesehen werden. Es ist dieser Prozeß physisch oft nicht durchführbar, und man kann denselben daher als *Idealisierung* oder *Abstraktion* bezeich-

---

"Korrekturen" verlangen. Wenn diese erst von der historischen Nachfolgertheorie gegeben werden können, bleibt das Modell bis zu deren Vorliegen "suspekt".

37 Ebd. S. 262

38 Ebd. S. 273

39 "The label 'causal idealization' refers to the technique of removal of 'impediments' rather than to the status of the law arrived at by the use of the technique." McMullin, E. (1985), S. 271, Fußnote 50. Eine ähnliche Argumentation findet sich in Cartwright, N. (1989). Vgl. Kapitel 2.1.5

nen. Indem man sich den Bewegungswiderstand eines auf horizontaler Bahn angestoßenen Körpers oder die Verzögerung eines auf wenig geneigter schiefer Ebene aufsteigenden Körpers bis zum Verschwinden abnehmend denkt, kommt man zu der Vorstellung des ohne Widerstand gleichförmig bewegten Körpers. In Wirklichkeit kann dieser Fall nicht dargestellt werden. Deshalb bemerkt *Apelt* mit Recht, daß das Gesetz der Trägheit durch Abstraktion entdeckt worden sei. Das Gedankenexperiment, kontinuierliche Variation, hat aber hierzu geführt."[40]

Experimentelle Idealisierung und Gedankenexperiment sind prinzipiell kombinierbar. Galilei wird z. B. die Auffassung zugesprochen, daß alle Körper im luftleeren Raum mit gleicher Geschwindigkeit fallen. Im Gedankenexperiment beseitigte er die Störung "Luftwiderstand". Die Annahme eines Vakuums ist insofern kontrafaktisch, als experimentell kein Vakuum herstellbar ist. Sie kann jedoch dadurch gestützt werden, daß sich die Fallgeschwindigkeiten unterschiedlich schwerer Körper bei zunehmend ausgedünnter Atmosphäre zunehmend angleichen. Wenn man annimmt, daß Galilei diese Experimente alle vorgenommen hätte (was McMullin bezweifelt), dann wäre der letzte Schritt, der von dem letzten Experiment in einer Folge von Experimenten zum "pure case" (wobei die Variable, die den Luftwiderstand repräsentiert, den Wert "0" annimmt) führt, ein Gedankenexperiment. Dieser Vorgang könnte als ein Tupel $<<E_1, E_2, \ldots, E_n>, G>$ rekonstruiert werden.[41]

Die spezielle Art des Übergangs von $E_n$ auf $G$ bedarf besonderer Untersuchung. Der Ausgang des Gedankenexperiments, d. h. die Antwort auf die Frage "was würde passieren, wenn ...", resultiert nach McMullin aus der Konzentration "... on *this* cause (in thought) to the exclusion of others."[42] Welche anderen möglichen kausalen Einflüsse man nun tatsächlich ausgeschlossen zu haben meint, hängt zumindest partiell vom Ausgang der Experimente $E_1, \ldots, E_n$ ab. Das idealisierte Gesetz ist aus dieser Perspektive Ausdruck der teils durch Experiment, teils durch Gedankenexperiment gestützten Ergänzung. Der Versuch der asymptotischen Annäherung an den reinen - störungsfreien - Fall resultiert einerseits aus dem Zusammenspiel von experimenteller und gedanklicher Idealisierung (oder nur aus dem Gedankenexperiment, wenn keine Experimente durchgeführt wurden), andererseits speist er sich aus der metaphysischen Überzeugung, daß "... in

40 Mach, E. (1968), S. 192

41 E ... Experiment, G ... Gedankenexperiment

42 McMullin, E. (1985), S. 268

the custom and procedure of Nature herself ... she habitually employs the first simplest and easiest means."[43] Danach kann das Verhalten von z. B. im Vakuum fallenden Körpern nur auf eine oder wenige Ursachen zurückgeführt werden.

Wie sich die Elemente eines über die reale Welt determinierten Universums (universe of discourse[44]) bei der Erfüllung der idealisierten Bedingungen tatsächlich verhalten würden, ist unbekannt. Die Art der Ergänzung der Experimente ist daher abhängig von metaphysischen (bei McMullin kausal motivierten) Auffassungen über den Objektbereich. Einige Autoren sind der Auffassung, daß Idealisierungen nicht falsch sein müssen, d. h. die sich dem "Erscheinungsbild" (manifest image) verschließende Beschaffenheit der Welt korrekt wiedergeben können.[45] "Falsch" wäre höchstens der Prima-facie-Eindruck von der Welt, während zumindest einige Idealisierungen secunda facie die wahren verborgenen Zusammenhänge der Natur enttarnen. Welche Idealisierungen diese epistemologisch relevanten Eigenschaften haben, versucht McMullin u. a. durch den Vorgang der De-Idealisierung, die Beurteilung der Übereinstimmung der Folgerungen aus den idealisierten Modellen mit den sog. empirischen Gesetzen, sowie durch die Betrachtung der heuristischen Kapazitäten der Modelle zu ermitteln.

Im folgenden werde ich McMullins Vorschläge in der Terminologie zusammenfassen, die ich weiterhin verwenden will:

1. Voraussetzungen für die Anwendung und Grund für den Erfolg von Idealisierungen z. B. in wissenschaftlichen Systematisierungen sind nach McMullin die Annahmen einer realistischen Grundauffassung und der grundsätzlichen Erkennbarkeit der Welt. Positiv bewertet werden von ihm Idealisierungen, die sich in ein duales System von Subtraktion-Addition von Eigenschaften oder Einflußfaktoren integrieren lassen. Idealisierung ist ein Vorgang, der einerseits die - angenommene - überflüssige[46] Komplexität reduziert und sich insofern von einer akzeptierten Beschreibung eines Wirklichkeitsausschnittes durch Vereinfachungen "weg" bewegt, andererseits ausgewählte Faktoren

43 Ebd. McMullin zitiert Galilei.

44 "When a fixed set $D$ is taken as given ... and one confines himself to the discussion of subsets of $D$, we shall call $D$ the *domain of individuals*, or sometimes the *domain of discourse*." Suppes, P. (1957), S. 187

45 Vgl. Niiniluoto, I. (1990)

46 "Überflüssig" meint hier, daß diese Faktoren durch vielzahlige Präsenz den Erkenntnisprozeß stören, indem sie Undurchschaubarkeit auslösen.

wieder hinzufügt und sich damit der wahren Beschreibung unter der Fragestellung "Welches sind die kausal relevanten Einflüsse?" wieder annähert. Die Grundlage der De-Idealisierung bzw. Re-Addition ist für McMullin das Wissen um kausale Einflüsse. Nur dadurch sind Adhoc-Korrekturen zu verhindern.

2. Wenn der Einfluß eines wissenschaftlichen Fortschritts berücksichtigt wird, kann es passieren, daß in einem der Modellentwicklung nachgelagerten Zeitraum neue Einflußfaktoren entdeckt bzw. neue Fragen bezüglich des repräsentierten Bereiches formuliert werden. Diese Form der "Ergänzung" von Modellen, ihre Spezifikation hinsichtlich zuvor nichtspezifizierbarer Eigenschaften des modellierten Objektbereiches bezeichnet McMullin als "materiale Idealisierung". Dem Vorschlag, zwischen formaler und materialer Idealisierung zu differenzieren, werde ich nicht folgen, da es bei letzterer eher um die Bewertung der heuristischen Kapazitäten sog. formaler Idealisierungen geht als um einen eigenständigen - von der formalen Idealisierung zu unterscheidenden - Vorgang. Ist die Heuristik positiv, werden vielmehr dadurch weitere *formale* Idealisierungen induziert.

3. Auch McMullins Vorschlag der Trennung zwischen "construct" und "causal idealization" will ich nicht übernehmen. Eine Unterscheidung zwischen einer Vereinfachung - angewandt auf die konzeptionelle Erfassung einer "Situation" - und einer Vereinfachung - angewandt auf die "Situation" selbst - erscheint mir nicht sinnvoll. Einen derart direkten Realitätszugang will McMullin wahrscheinlich auch nicht unterstellen.

4. Unter "formale Repräsentationen" sollen alle nicht gegenständlichen, nicht experimentellen und nicht mentalen Repräsentationen, d. h. linguistische, logische, mengentheoretische und mathematische Repräsentationen, subsumiert werden. Es ist unerheblich, ob dies - äquivalente wie nichtäquivalente - Repräsentationen sind, ob sie auseinander hervorgegangen sind oder nicht. So kann z. B. eine mathematische Repräsentation aus der Übersetzung einer linguistischen Darstellung in eine mathematische Sprache resultieren und dabei bestimmte "Übersetzungsprobleme" auslösen. Die mathematische Darstellung kann jedoch auch originär sein. Eine eigene Klassifikation von mathematischen Idealisierungen könnte die irreführende Vermutung nahelegen, daß die Verwendung einer oder die Übersetzung in eine mathematische Sprache hinreichend für oder sogar gleichbedeutend mit Idealisierung ist. Das ist nicht der Fall, wenn auch Idealisierungen mit der Verwendung mathematisierter Theorien eng verbunden sind.

5. Aus McMullins Vorschlägen ist nun extrahiert, was für die Explikation des Begriffs der Galileischen Idealisierung weiter verwandt werden soll: Idealisierung als Veränderung von Repräsentationen und De-Idealisierung als Addition epistemologisch ausgezeichneter möglicher Repräsentationsbestandteile.

Mit den Punkten 6. bis 8. werden McMullins Vorschläge ergänzt:

6. Es werden formale, mentale, experimentelle und gegenständliche Repräsentationen eines Objektbereiches unterschieden. Die mentale Repräsentation entspricht dem Ergebnis eines Gedankenexperiments, das wie die experimentelle Repräsentation sowohl im Entstehungs- wie im Begründungskontext z. B. von Gesetzen vertreten sein kann. Experiment und Gedankenexperiment spielen auch eine Rolle beim *Vorgang* des Idealisierens, z. B. bei er Beantwortung der Frage "Was geschieht in der idealisierten Situation" (mit dem im Vakuum fallenden Körper, mit dem auf der Ebene befindlichen und keinerlei Widerständen ausgesetzten Körper, etc.). Die experimentelle Repräsentation eines Objektbereiches kann selbst als ein physikalisches Modell aufgefaßt werden, das in gewisser Hinsicht idealisiert ist. Es ist allerdings noch zu klären, welche Formen der "Vereinfachung" zu Idealisierungen führen können.
7. Da nicht ein Einzelding, eine Situation, ein System etc. direkt idealisiert werden kann, muß der Vorgang der Idealisierung ein davon unabhängiges Bezugssystem besitzen. Es ist unerheblich, ob dieser "Ausgangspunkt der Idealisierung" explizit erwähnt wird. Er ist selbst eine Repräsentation bestimmter Art. Da der Vorgang der Idealisierung ähnlich wie der der Abstraktion als iterativer Prozeß durchführbar ist, *kann* der Ausgangspunkt der Idealisierung selbst schon idealisiert sein. Ob und inwieweit der Ausgangspunkt der Idealisierung eine *realistische* Repräsentation des Repräsentierten sein kann, welchen ontologischen Status das Repräsentierte hat etc., hängt von Faktoren ab, die für das allgemeine Konzept *Pragmatischer Idealisierung* unerheblich sind. Erst die Interpretationen von Ausgangspunkt, Vorgang und Ergebnis der Idealisierung wie der De-Idealisierung werden von philosophischen Überzeugungen beeinflußt. Es ist auch eine philosophische Frage, welches die mit der Galileischen Idealisierung verbundene "minimale" Metaphysik ist. *Galileische Idealisierung* zeichnet sich dadurch aus, daß die Idealisierung als eine *Methode der Wirklichkeitserkenntnis* aufgefaßt wird. Daher sind Annahmen bezüglich der geistesunabhängigen und objektiven Existenz einer realen Welt und

deren Erkennbarkeit zu erwarten. McMullins kausale Metaphysik ist in dieser Hinsicht schon eine "Verstärkung" der metaphysischen Ausgangsposition.

8. Mit den verschiedenen Repräsentationen korrespondieren Ontologien, mit den Ontologien Entitäten: Objekte, Individuen, Raumzeitgebiete, Systeme etc.. Diese werden in sog. Universen (universes of discourse) der jeweiligen Fachwissenschaften zusammengefaßt. Es werden Ontologien angenommen, die sich wissenschaftliche Gemeinschaften unter Bezugnahme auf ihre Wirklichkeit jeweils "schaffen": Wenn ich die Formulierung eines *von der oder über die aktuelle Welt determinierten Universums* verwende, so ist dies nur eine abkürzende Sprechweise. Die aktive Rolle bei der Festlegung der Universen haben wissenschaftliche Gemeinschaften. Im Falle Galileischer Idealisierung enthält das Universum *U'* die idealisierten, das Universum *U* die realen - bzw. als real angenommenen - Entitäten. Alle Repräsentationen, die das Repräsentierte unverfälscht (nicht deformiert) wiedergeben *sollen*, werden als Repräsentationen I, deren Idealisierungen als Repräsentationen II bezeichnet. Entspricht einer Repräsentation I eine Ontologie bzw. ein Universum (*U*), so auch einer Repräsentation II (*U'*). Es ist sowohl methodisch möglich, die mit den Repräsentationen I aller Erfahrungswissenschaften in einer bestimmten historischen Periode verknüpften Entitäten nur in einem Universum als auch in mehreren Universen zusammenzufassen. Die Beschaffenheit dieser Universen ist davon abhängig, was *wissenschaftliche Gemeinschaften* während bestimmter historischer Perioden mit mehr oder weniger großem Ausmaß an ontologischer Verpflichtung akzeptieren. Auch für die idealisierten Entitäten ist die Existenz mehrerer Universen selbst während einer historischen Periode anzunehmen.

### 2. 1. 2 Wissenschaftliche Signifikanz bei C. G. Hempel und R. S. Rudner

Hempel rekonstruiert typologische Systeme der Sozialwissenschaften als Klassen (klassifikatorische Typen), Ordnungsrelationen ("extreme" Typen) und Idealisierungen (Idealtypen).[47] Die Ordnungsbegriffe sind entweder komparativer oder quantitativer Art; der extreme ("reine") Typus besitzt keine spezielle Bedeutung, soweit operationale Kriterien für seine Einord-

---

47 Vgl. Hempel, C. G. (1965)

nung in dieses System zur Verfügung stehen, sondern repräsentiert nur das eine oder andere Ende einer Skala.

Idealtypen werden nach Hempels Ansicht häufig eingeführt, ohne den Versuch zu unternehmen, für sie adäquate Ordnungskriterien zu entwickeln. Sie werden als spezielle Kunstgriffe für die Erklärung sozialer und historischer Phänomene verwendet, was für Hempel den Übergang der Sozialwissenschaften von einer Phase der Begriffsbildung mittels Deskription und empirischer Generalisierung zu einer Entwicklungsstufe der Konstruktion "theoretischer Systeme" (theoretical systems) oder Modelle indiziert.[48] Wie auch in den Naturwissenschaften sind Idealtypen dann als - für die Erklärungsaufgabe - testbare allgemeine Hypothesen enthaltende "theoretische Systeme" und nicht als isolierte Begriffe aufzufassen. Als Beispiele führt Hempel u. a. die "Theorien" des idealen Gases und des mathematischen Pendels an. Die Begriffe "ideales Gas" oder "mathematisches Pendel" referieren auf physikalische Systeme unter "extremen Bedingungen", die von empirischen Systemen nur approximativ erfüllt werden können. Über die konkreten Unterschiede zwischen dem "theoretischen System" und dem Begriff z. B. des idealen Gases gibt Hempel keine Auskunft. Mit einer Rekonstruktion des idealen Gasgesetzes mittels materialem Konditional in der Form "$(\forall x)$ $(Fx \rightarrow Gx)$" mit "$Fx = x$ ist ein ideales Gas" und " $Gx = x$ erfüllt Boyles Gesetz" ist er jedoch nicht einverstanden. Der in (den ersten) Anführungszeichen stehende Ausdruck sei eine analytische Aussage, die in der Definition des idealen Gases enthalten sei. Auch die Ersetzung des idealisierten Prädikates "ist ein ideales Gas" durch einen Ausdruck, der einige mit dem Prädikat synonyme Extrembedingungen im Antecedens und das Boylesche Gesetz als Konsequens enthält, dürfte Hempel nicht akzeptieren, da es sich nur um eine Reformulierung der von ihm abgelehnten Fassung handeln würde. Hempel selbst liefert keinen Rekonstruktionsvorschlag, aber er benennt die einzuschlagende Richtung: Die Hypothesen, die quantitative Charakteristika von Gasen verknüpfen, beschreiben auch die Eigenschaften des idealen Gases. Aus diesen Hypothesen können Prognosesätze abgeleitet werden, die der empirischen Überprüfung fähig sind: "Thus, to put the point in a somewhat oversimplified form, what enters into a physical theory is not the concept of ideal gas at all, but rather the concepts representing the various characteristics dealt with in the theory of ideal gases; only they are mentioned in the principles of thermodynamics."[49]

48 Ebd. S. 161
49 Ebd. S. 169

Genau genommen existieren die "zentralen" Begriffe der idealisierten Gesetze - z. B. der des "idealen Gases" - für die allgemeineren Theorien (z.B. für die Thermodynamik) daher gar nicht. Die Gesetze für ein ideales Gas sind aus der kinetischen Gastheorie durch die Annahme von Molekülen ohne Volumen erhältlich, zwischen denen keine Anziehungskräfte herrschen. Sind diese Bedingungen approximativ erfüllt, dann gelten die idealen Gasgesetze als empirisch bestätigt: "The extreme conditions characterizing the ideal case can at least be approximated empirically, and whenever this is the case in a concrete instance, *the ideal gas laws in question are empirically confirmed.*"[50]

Die wissenschaftliche Signifikanz der Idealisierungen beruht nach Hempels Auffassung auf zwei Punkten:

1. Die das Verhalten der idealisierten physikalischen Systeme beschreibenden Gesetze sind aus allgemeineren - empirisch bestätigten - Gesetzen deduzierbar. Die Deduktion basiert auf der Zuordnung bestimmter *Extremwerte* zu einigen Parametern der allgemeineren Theorie.
2. Die "extremen" Bedingungen, die das idealisierte System charakterisieren, sind empirisch wenigstens approximierbar. Diese Situation gilt als hinreichend für die - empirische - Bestätigung der idealisierten Gesetze.

Für Rudner indizieren die in 1. und 2. genannten Bedingungen eine erfolgreiche Verwendbarkeit von Idealisierungen. Er ergänzt diese noch um eine dritte Bedingung, die bei Hempel allerdings in dessen Charakterisierung der Ordnungstypen enthalten ist:

3. Die in physikalischen Idealisierungen verwendeten Begriffe zeichnen sich durch *operationale Klarheit* aus. Sie erleichtern dem Physiker insbesondere das Erkennen von Situationen, auf die die Idealisierungen anwendbar seien: "Metric variable concepts like *mass, temperature, volume, pressure, distance*, etc., all of which, at extreme values, may become constituents of physical idealizations, have been given relatively precise operational interpretations for many of their actually exemplified values."[51]

---

50 Ebd. Hervorhebung von mir.
51 Rudner, R. S. (1966), S. 61/62

Rudner nimmt die Hempelsche Fragestellung wieder auf, ob Idealisierungen als Begriffe (concepts) oder Aussagen (statemental expressions) aufzufassen seien. Nach seiner Ansicht können die Idealtypen, die idealtypischen Konstruktionen oder die Idealisierungen sowohl als Prädikate als auch als Aussagen *verwandt* werden: Rudner diskutiert Idealisierungen unter der Überschrift "Uses of Theoretical Formulations". Er unterscheidet daher zwischen idealisierten Prädikaten und Aussagen.

Im Hinblick auf die zweite Verwendungsart wird die Analytisch-synthetisch-Dichotomie relevant.[52] Da es Rudner um die Erklärung des erfolgreichen Einsatzes von Idealisierungen in Erklärungs- und Vorhersageargumenten geht und analytische Sätze keinen empirischen Gehalt haben (und daher auch keine Verwendung in diesen Systematisierungen finden können) *müssen* Idealisierungen synthetischer Art sein: "The rationale for the use of contingent idealizations must lie in their explanatory or predictive powers; analytic, in contrast to any contingent statements ... have no such powers. All contingent idealizations must be susceptible to disconfirmation: analytic statements cannot be disconfirmed."[53]

Als Bestandteile linguistischer Theorieformulierungen sind Idealisierungen nichtanalytische Allsätze, die in der Form "$(\forall x)$ $(Fx \rightarrow Gx)$" darstellbar sind. Rudner will ein semantisches Kriterium für Idealisierung aus der Annahme, daß idealisierte Ausdrücke nichts designieren, erhalten: "*Semantically*, the outstanding characteristic of idealizations is that they literally describe nothing - here is no entity, process or state of affairs to which the idealization stands in designatory or descriptive relation. This is, of course, the reason they are called 'idealizations'."[54] Das wichtigste semantische Merkmal des materialen Konditionals ist daher, daß es nichts beschreibt: "Now a universally generalized conditional statement can be said to *succeed in describing something* only if a certain corresponding

---

52 Neben der Analytisch-synthetisch-Dichotomie zeigt die Unterscheidung zwischen einem "context of discovery" und einem "context of justification" die Nähe von Rudners Position zu Auffassungen des Logischen Empirismus an. Der erstgenannte Kontext wird jedoch von Rudner nur zum Zweck seiner Elimination eingeführt: Eine mögliche heuristische Verwendung von Idealisierungen im Entstehungszusammenhang von Theorien - wie von Rudner etwa für Max Webers *Idealtypen* konstatiert - gilt als methodologisch uninteressant.

53 Rudner, R. S. (1966), S. 58. Unter "contingent" versteht Rudner "empirically disconfirmable" (vgl. S. 55).

54 Ebd. S. 57. Ähnlich äußert sich Papineau: "I shall take it that a distinguishing characteristic of ideal type concepts is that they have no instances. That is, ideal type concepts differ from other descriptive concepts in that there are no actual situations, entities, events, phenomena, or whatever, which satisfy them." Papineau, D. (1976), S. 137

*existential* statement is true - the statement, namely, that there *is* something such that that thing is characterized by F."[55]

Die Unmöglichkeit einer verifizierenden Instanz für die Existenzbehauptung "($\exists x$) ($Fx$)" macht den Allsatz jedoch nicht falsch, sondern nicht falsifizierbar. Tatsächlich behauptet Rudner sogar, daß solche Idealisierungen wahr sein können, obwohl sie nichts beschreiben: "... such idealizations ... may be true even though they 'fail to describe anything'."[56] Da eine konditionale Aussage mit nichterfüllbarer Antecedensbedingung aufgrund der Definition des Junktors "$\rightarrow$" niemals falsch wird, wird Rudner kaum meinen, daß der Allsatz immer trivial erfüllt ist. Nach E. Nagel, einem eng mit der Tradition des *Logischen Empirismus* verbundenen Philosophen, gibt es gar keine Möglichkeit, über die Wahrheit oder Falschheit des Satzes empirisch zu entscheiden: "For a factual statement is normally said to be true if it formulates some indicated relation either between existing things and events (in the omnitemporal sense of 'exist') or between properties of existing things and events. However, if a theory formulates relations between properties that ostensibly do not (or cannot) characterize existing things, it is not clear in what sense the theory can be said to be factually true or false."[57] Falls Rudner etwas anderes als triviale Nichterfüllbarkeit meint, dann müßte er Nagels Einwand entkräften. Auch wenn dies nicht gelingt, wird der Allsatz deshalb nicht analytisch, weil sein Wahrheitswert nicht von logischen Konventionen oder dem Sprachgebrauch abhängt.[58]

Aber auch die Existenzbehauptung ist weder falsifizierbar noch verifizierbar (nicht falsifizierbar aus logischen, nicht verifizierbar aus empirischen Gründen), so daß sich die Frage stellt, ob die gleichzeitige Nichtverifizierbarkeit und Nichtfalsifizierbarkeit unbeschränkter Existenzbehauptungen, die in der von Rudner genannten Weise mit Allsätzen korrespondieren, ein besonderes semantisches Merkmal von Idealisierungen sein kann. Allerdings könnte auch für Allsätze, die in ihren Wenn-Komponenten theoretische Terme[59] enthalten, ähnliches gelten, so daß in Rudners Konzeption eine Unklarheit bezüglich der Unterscheidbarkeit der

---

55 Rudner, R. S. (1966), S. 58. Rudner verwendet im Text kleine lateinische Buchstaben zur Symbolisierung der Prädikate.

56 Ebd. S. 62

57 Nagel, E. (1961), S. 132

58 Für einen Verfechter der Analytisch-synthetisch-Dichotomie in der Tradition des Logischen Empirismus würde dies im Ergebnis bedeuten, daß idealisierte Allsätze nicht zur Klasse der wissenschaftlich sinnvollen Aussagen gehören.

59 Ich benutze hier die Bezeichnung "theoretischer Term" in Anlehnung an die vom Logischen Empirismus entwickelte und als "Received View" bezeichnete Theorienkonzeption.

Semantik von Allsätzen, die Idealisierungen und Allsätzen, die theoretische Terme enthalten, entsteht.

Nach Rudners Auffassung sind Idealisierungen einerseits Beschreibungen von Entitäten, von deren Nichtexistenz Fachwissenschaftler von Anfang an überzeugt waren[60], andererseits schließt er nicht aus, daß darunter auch Beschreibungen von Entitäten fallen, deren Existenz einmal angenommen, diese Annahme jedoch nicht aufrechterhalten wurde: "Idealizations do purport to describe 'possible' states of affairs. Their occurence in theories is distinguishable from the occurence of a theory's other contingent statements by the fact that we have initially, or we have come ultimately to acquire, overwhelming empirical evidence against the existence of the things such idealizations purport to describe."[61]

Die Unterscheidung zwischen einer Idealisierung und der Beschreibung eines bezüglich seines ontologischen Status' zweifelhaften theoretischen Objektes erfordert eine stärkere Berücksichtigung pragmatischer Faktoren als Rudner annimmt. Sie hängt in diesem Fall von den Überzeugungen der Fachwissenschaftler ab: glauben diese an die Nichtexistenz der idealisierten Entität, so können sie auf eine *prinzipielle* Nichtverifizierbarkeit der Existenzbehauptung verweisen. Im Falle des spekulativen theoretischen Objektes bliebe die Existenzbehauptung verifizierbar, wenn auch die Verifikation praktisch (wenigstens zur Zeit) nicht durchgeführt werden kann. Die pragmatischen Konsequenzen sind, daß im Idealisierungsfall nach verifizierenden Instanzen nicht gesucht zu werden braucht bzw. die Suche danach sogar irrational wäre. Im Fall von Aussagen, die spekulative theoretische Terme enthalten, ist genau die gegensätzliche Strategie angezeigt.[62]

Theoretische Terme (theoreticals) *referieren* nach Rudner auf nichtbeobachtbare oder nichtmanifeste Charakteristika nichtbeobachtbarer Entitäten. Beispiele für theoretische Terme sind "Elektron", "Masse", "Ladung", "Über-Ich", d. h. metrische Begriffe, die in Begriffssystemen als Variablen

---

60 Solche Objekte werden von einigen Autoren als "ideal objects" bezeichnet. Vgl. Krajewski, W. (1977). Diese Charakterisierung ist zur Kennzeichnung von Idealisierungen nicht hinreichend, da die meisten Fachwissenschaftler auch von der Nichtexistenz des Ungeheuers von Loch Ness, grünen Marsmännchen etc. überzeugt sein werden.

61 Rudner, R. S. (1966), S. 58

62 Ein Beispiel dafür ist die gegenwärtige Suche von Astrophysikern nach "Axionen" und "kosmischen strings". Vgl Börner, G.: Dunkle Materie im hellen Universum, in: Süddeutsche Zeitung, Nr.301, 31. 12. 92/1. 1. 93, S. 49

oder Funktoren auftreten und die zumindest einige Werte annehmen, die prinzipiell nicht direkt beobachtbar sind.[63]

Beispiele für idealisierte Prädikate sind "perfekter Wettbewerb", "offene Gesellschaft", "perfekt elastischer Körper", "perfekter Wettbewerb", "ideales Gas" oder "kommunistische Gesellschaft", d. h. Begriffe, die innerhalb von Begriffssystemen oder Theorien auftreten und nichts tatsächlich Existierendes bezeichnen. Von einem Idealtyp oder einer Idealisierung ist dann die Rede, wenn "extreme" Variablenwerte zugeordnet werden, wobei die Existenz von nichtextremen Variablenwerten vorausgesetzt wird: "In a system of fully metricized concepts an ideal type or idealization is employed in talk about that *would* (if it *did* exist) exemplify extreme values of some variable ranging over the system's universe of discourse. For example, the concept *ideal gas* designates gases, or gaseous states, in which both the volumes and the masses of molecules assume the extreme value, zero. In nonmetrical ordered systems the idealizations are frequently construed as applicable to extreme putative instances in the universe of discourse (e. g., 'perfect competition', 'sacred society')."[64]

Erscheint eine Referenz theoretischer Terme als unwahrscheinlich oder sogar ausgeschlossen, sind diese nach Rudner als Idealisierungen *verwendbar* (damit erschöpft sich bereits die Berücksichtigung pragmatischer Aspekte bei Rudner): Wenn Prädikate nichtbeobachtbare Entitäten als Werte zugeordnet erhalten, sind es theoretische Terme, erhalten sie nichtexistierende Entitäten als Werte, Idealisierungen. Daher ist die Massenfunktion bei Rudner einerseits theoretisch, andererseits - z. B. für den Massenpunkt - eine Idealisierung.

Die Abgrenzung der Idealisierungen von einem willkürlichen "Fiktionalismus" soll durch ihre Einbindung in ein theoretisches Begriffssystem geleistet werden. Idealisierte Prädikate sind danach meist (usually) keine undefinierten Grundbegriffe, sondern werden innerhalb eines theoretischen Rahmens als Definiendum einer expliziten Definition eingeführt: "That this is their function in modern economic theory is evidenced by the way in which, say, the concept 'perfect competition' is almost introduced into theoretical discussions - through some device equivalent to definition, the *definiens* being a set of statements presumably describing just the necessary and sufficient conditions for the occurence of perfect competi-

---

63 Rudner, R. S. (1966), S. 23. Rudner hat die Zweiteilung der Wissenschaftssprache anhand des Kriteriums "beobachtbar" versus "nicht beobachtbar =: theoretisch" zugrunde gelegt.

64 Ebd. S. 55/56

tion."[65] Das Definiens enthält in diesem Beispiel selbst auch idealisierte Prädikate wie "rationales Individuum", "perfektes Wissen", "perfekt zugängliche Märkte".[66]

Der Ausgangspunkt von Rudners Analyse war die Relevanz oder Effizienz von Idealisierungen in Erklärungs- oder Vorhersageargumenten der Physik. Diese Eigenschaften werden von Rudner als gegeben vorausgesetzt: durch sie sollen idealisierte von analytischen Allsätzen unterschieden werden. Er sucht nach Gründen für dieses Rätsel und findet sie in der Theorie, der die idealisierte Aussage zuzurechnen ist. Nicht die Idealisierung als isolierte Formulierung hat die Eigenschaften, die ihre Verwendung in deduktiv-nomologischen Argumenten rechtfertigen, "... but the idealization within the context of the physical theory in which it is, in fact, embedded - or alternatively, that it is that theory itself which, in containing the idealization, comes to have this explanatory power."[67] Die erfolgreiche Verwendbarkeit von Idealisierungen wird durch drei Bedingungen *Deduktionsevidenz, Extremwertevidenz* und *operationale Klarheit* symbolisiert.[68] Idealisierungen, die diese Bedingungen erfüllen, nennt Rudner mit Bezug auf Hempel (1965) "theoretische Idealisierungen"; diejenigen, die nur seine syntaktische und semantische Charakterisierung erfüllen, "intuitive Idealisierungen".

Idealisierungen in den Naturwissenschaften sind nach Hempels Analyse Spezialfälle allgemeinerer Gesetze und werden daher als theoretische Idealisierungen bezeichnet. Für Idealisierungen in der Ökonomik gilt jedoch, daß sie den sehr nützlichen methodologischen Status einer theoretischen Idealisierung noch nicht erreicht haben - aber auch, daß er erreichbar ist.

---

65 Ebd. S. 57

66 Rudner weicht an dieser Stelle von Hempels Auffassung ab. Zwar ist Hempel auch der Ansicht, daß Idealisierungen nicht als isolierte Prädikate, sondern nur als sog. theoretische Systeme eingeführt werden können. Ihre Einführung erfordert jedoch keine Definition - Hempel wendet sich explizit gegen die Einführung von Idealisierungen durch Definition mittels *genus proximum* und *differentia specifica* (gegen die Anwendbarkeit dieser Form der Definition ist auch Rudner) -, sondern die Spezifikation einer Menge Charakteristika und Hypothesen, die mit diesen Charakteristika verknüpft sind. Für den Fall des idealen Gases gibt Hempel Druck, Volumen und Temperatur als Charakteristika an; die Hypothesen sind Behauptungsaussagen über das Verhalten von Gasen bei unterschiedlichen Druck- und Temperaturverhältnissen. Vgl. Hempel, C. G. (1965), S. 168

67 Rudner, R. S. (1966), S. 61

68 Mit "Deduktionsevidenz" bzw. "Extremwertevidenz" bezeichne ich Basen der Akzeptanz für Idealisierungen, die auf deduktiven bzw. approximativen Beziehungen zwischen Idealisierungen und anderen Ausdrücken bzw. auf der Verwendung von Extremwerten für Variablen in den idealisierten Formulierungen beruhen.

Dies hängt u. a. davon ab, ob genügend allgemeine Theorien entwickelt werden können. Rudner ist optimistisch: "We might expect that a general theory of social behavior or a general theory of social action ... would have variables of behavior such that descriptions of the sort of rational behavior Mrs. Robinson seems to have in mind[69] could be *derived* by letting those variables take on extreme values."[70] Eine solche *Allgemeine Theorie* des Sozialverhaltens, die ökonomisch rationales Verhalten als Spezialfall umfaßt, sei jedoch unglücklicherweise (unfortunately) zur Zeit nicht verfügbar.

Auch Hempel hatte eine die ökonomischen wie die nichtökonomischen Einflußfaktoren menschlichen Verhaltens umfassende Theorie im Auge. Gerade weil diese fehlt, sind seiner Ansicht nach die Anwendungsbereiche der die Idealisierungen enthaltenden Aussagen nicht spezifiziert bzw. nicht klar, für welche Arten von Individual- oder Gruppenverhalten die Theorie behauptet wird. In diesem Zusammenhang beklagt Hempel auch die mangelnde operationale Interpretation vieler ökonomischer Begriffe wie - so seine Beispiele - "Geld", "Preis", "Kosten", "Profit" oder "Nutzen". Durch die Entwicklung oder Verbesserung operationaler Interpretationen erhielte die Theorie als - nun testbares und widerlegbares - Aussagensystem empirischen Gehalt und wäre vom Status her gegenüber erklärungsfähigen Theorien nicht zu diskriminieren. Die empirische Interpretation der Gesetze des idealisierten ökonomischen Systems darf nach Hempels Auffassung nicht für alle Fälle ökonomischen Verhaltens gelten, wenn z. B. das Prädikat "verhält sich rational" keines sein soll, welches auf alle Situationen anwendbar ist. Die empirische Interpretation basiert im übrigen auf einer mindestens vermittelten Anbindung an beobachtbare Phänomene.

Insgesamt will Hempel die Ergebnisse seines Vergleichs zwischen Idealisierungen in der Ökonomik und in der Physik nicht so interpretiert sehen, als gäbe es grundlegende methodologische Differenzen: die *Einheit der Methode* wird durch Idealisierungen nicht gestört. Nach Hempels Ansicht sind sich ökonomische und naturwissenschaftliche Idealisierungen vom Status her bereits sehr nahegekommen. Daher demonstriert "... the analysis of typological procedures ... an important logical and methodological similarity between divers branches of empirical science."[71]

---

69 Rudner zitiert Robinson mit "Each individual acts in a sensible manner..." Rudner, R. S. (1966), S. 62

70 Ebd.

71 Hempel, C. G. (1965), S. 171

Hempels und McMullins Auffassungen über den epistemologischen Status von Idealisierungen dürften sich grundlegend unterscheiden. Nichts weist bei Hempel darauf hin, daß eine Idealisierung das Verhalten von physikalischen Objekten bei Absenz bestimmter Einflußfaktoren *beschreiben* könnte. Vielmehr liegt das Verhalten des idealen Gases *definitorisch* fest. In diesem Sinne ist die Idealisierung nichts, was benötigt würde. Ihre Existenz ist nur wissenschaftshistorisch zu erklären: das ideale Gasgesetz geht der kinematischen Gastheorie historisch voran und wurde später als Spezialfall unter diese subsumiert. Dieser Vorgang legitimiert die Randexistenz der Idealisierung. Über die Konsequenzen seiner "Deduktionsevidenz" für Idealisierungen ist sich Hempel im klaren: "... the most comprehensive theory of today may be put a systematic idealization within the broader theoretical framework of tomorrow."[72] Jede Theorie, die als Spezialfall einer allgemeineren rekonstruierbar ist, kann zur - ex post - idealisierten Theorie werden. Dies ist eine absurde Konsequenz, wenn man Idealisierung als Ergebnis eines Idealisierungsvorganges und nicht als reine Folge des Wissenschaftsfortschritts auffassen will. Daß vorangehende Theorien im Vergleich zu nachfolgenden "idealisiert" sind, wäre dann eine Konsequenz der Theorienevolution, Idealisierung nur Ausdruck des relativen Nichtwissens.

Das Gesetz, das in Hempels Sinn bezüglich des Boyle-Charles-Gesetzes das Wirken allgemeiner quantitativer Merkmale auf Gase berücksichtigt, dürfte das Van-der-Waals-Gesetz sein: $(P+a/V^2)(V-b) = RT$. Auch dieses ist nach Krajewskis Auffassung[73] im Vergleich zu den nachfolgenden "Ingenieurgleichungen" noch idealisiert: Jene sind aber genau das Gegenteil eines allgemeineren theoretischen Prinzips, unter welches das Van-der-Waals-Gesetz subsumiert werden könnte. Offensichtlich sind zusätzliche Einflußfaktoren nur dann relevant, wenn ihre Integration in die Gleichung durch eine allgemeinere Theorie induziert ist. Dies deutet darauf hin, daß die in den Ingenieurgleichungen genannten Faktoren nicht als relevante angesehen werden bzw. daß ihre Berücksichtigung nicht in einen Ausdruck münden würde, der häufig formulierte Anforderungen an Gesetzesartigkeit erfüllt (z. B. Einfachheit und Allgemeinheit).

Sei mit $G$ =: $PV = RT$ das Boylesche, mit $G'$ =: $(P+a/V^2)(V-b) = RT$ das Van-der-Waals-Gesetz bezeichnet. Rein syntaktisch betrachtet folgt $G$ aus $G'$ durch Nullsetzung der Konstanten $a$ und $b$. Beide Ausdrücke geben aber

72 Ebd. S. 169. Vgl. Kapitel 2.1.4, Fußnote 191
73 Krajewski, W. (1977), S. 335

beide Gesetze nicht vollständig wieder, da neben der Interpretation der Variablen die Anwendungsbedingungen fehlen. *G* wird für idealisierte Anwendungsbedingungen behauptet. Die idealisierten Annahmen und die behauptete Reaktion des idealen Gases folgen nicht logisch aus der Vander-Waals-Gleichung.

Mit dem Verhältnis der idealisierten Theorie zur historischen Nachfolgertheorie befaßt sich auch Barr, dessen Konzepte im nächsten Kapitel näher vorgestellt werden: kann aus letzterer ein Gesetz gefolgert werden, welches das Konsequens des idealisierten Gesetzes approximiert, wird dies als zusätzliche Stütze für das idealisierte Gesetz aufgefaßt. So läßt sich aus Newtons Theorie ein Gesetz $G_1$ ableiten, wonach die Beschleunigung eines - in Richtung eines anderen homogenen räumlichen Körpers - frei fallenden kleinen Körpers invers mit dem Quadrat der Entfernung zum Zentrum des zweiten Körpers variiert. Wird $G_1$ mit der Zusatzannahme versehen, daß die Erde ein solcher Körper sei, dann approximiert $G_1$ das Fallgesetz von Galilei ($G_0$). Dieser Vorgang enthält jedoch zugleich einen Hinweis darauf, daß es ein mit höherem Grad an Akzeptanz versehenes Gesetz gibt. Nach Barrs Auffassung jedoch bleibt $G_0$ wegen seiner Einfachheit von Wert, so daß es nicht allein aufgrund der Existenz von $G_1$ zurückgewiesen werden muß.[74]

Man wird eine "einfache" (wie bei Hempel und Rudner) oder "approximativ modifizierte" (wie bei Barr) Deduktionsevidenz für Idealisierungen kaum ablehnen, zumal dies eine Frage der Logik und der Empirie ist. Aber was bringt sie für die Bewertung der meisten Idealisierungen der Gegenwart, wenn man nicht so lange warten will, bis die jeweils allgemeinere Theorie zur Verfügung steht? Nach den Kriterien von Hempel und Rudner wären Idealisierungen solange nicht für wissenschaftliche Systematisierungen verwendbar, wie sie nicht überflüssig sind. Barr gibt sich kulanter: idealisierte Allsätze können selbst dann in approximativen DN-Erklärungen eingesetzt werden, wenn Teile der idealisierten und nicht idealisierten Antecedensbedingungen unbekannt sind.

Soweit Rudner die von Hempel entlehnten Evidenzkriterien für Idealisierungen verwendet, decken sie sich nicht ganz mit der Bedeutung, die Hempel ihnen zuteil werden läßt (mit Ausnahme des Kriteriums "operationale Klarheit"). Obwohl Rudner dem materialen Konditional als Ausdruck eines idealisierten Gesetzes kein konkretes Beispiel beifügt, ist aufgrund der Diskussion dessen semantischer Merkmale zu vermuten, daß

74 Barr, W. F. (1974), S. 61

er z. B. - wie auch Barr - das ideale Gasgesetz mit den idealisierten Bedingungen im Antecedens und dem Boyleschen Gesetz im Konsequens rekonstruiert hätte. Damit erhielte das, was Rudner als idealisierte Gesetzesaussage formuliert, bei Hempel keine Deduktionsevidenz. Aber auch für Rudner bringt sie nicht das gewünschte Ergebnis, denn sie verlagert das Problem nur zurück auf die Prämissen, aus der die Idealisierung deduziert werden soll.[75] Entweder ist die allgemeinere Theorie selbst idealisiert (dann stellt sich die Frage, woher sie ihre Evidenz erhält, erneut), oder sie ist es nicht (dann stellt sich die Frage, ob eine idealisierte aus einer nichtidealisierten Aussage ohne Zusatzannahmen nicht trivial logisch folgen kann). Krajewski wendet daher völlig berechtigt gegen die auch von Nagel[76] vorgetragene Deduktionsevidenz ein: "However, this claim is untenable: general laws are also idealizational, they cannot be inferred from factual laws."[77]

Auf der Verwendung von "extremwertgeeigneten" Variablen - Variablen, die "extreme" Typen symbolisieren (komparative bzw. quantitative Begriffe) - im Gesetzesausdruck basiert bei Hempel der Evidenzgewinn für *G*. Für ihn sind die Extremwerte z. B. der Massenfunktion jedoch nur Bindeglied zwischen *G* und *G'*. Relevant ist nur, inwieweit die Funktion das Verhalten *realer* Gase zum Ausdruck bringt. Nur in dieser Hinsicht dürfte Hempel mit Rudner der Auffassung sein, daß die allgemeinere Theorie "... give us precise ways of comparing the actual with the ideal by giving us precise ways of characterizing and testing for situations that deviate from the ideal by precisely specifiable situations."[78] Die Antwort auf die Frage nach dem Geschehen in der idealisierten Situation erhält man nach Hempel durch Deduktion aus verfügbaren theoretischen Prinzipien: "Imagination does not enter here."[79] Die Idealisierung ist nach Hempel keine Methode der Erkenntnisgewinnung, sondern wird durch Erkenntnisgewinnung (die allgemeinere Theorie) zum Spezialfall reduziert.

Für Rudner aber erklärt die Extremwertevidenz den Erfolg von Idealisierungen in der Physik. Auf ihr basiert die angenommene Vergleichsmöglichkeit von realer und idealer Situation. Entscheidend ist für diese Interpreta-

---

75 Man kann die Idealisierung auch trivial durch Adjunktionsabschwächung erhalten. Sei D ein deskriptiver, I ein idealisierter Satz. Dann folgt aus D logisch: $D \vee I$

76 Vgl. Nagel, E. (1961), S. 60

77 Krajewski, W. (1977), S. 332. Diese Aussage gilt für den von Krajewski verfochtenen "idealizational empiricism" bzw. für die dort enthaltene Beziehung zwischen idealisierten und sog. faktischen Gesetzen in besonderem Maße.

78 Rudner, R. S. (1966), S. 61

79 Hempel, C. G. (1965), S. 165

tion nicht der Extremwert selbst, sondern "der Weg dorthin". Wenn die durch eine Funktion *m* (z. B. die Massenfunktion) einem physikalischen Objektbereich (z. B. einer Menge von Gasmolekülen) zugeordneten Werte als eine gegen einen Grenzwert $\alpha$ (mit $\alpha = m(x) = 0$) konvergierende Folge aufgefaßt wird, dann erscheint ein sukzessiver Übergang von realer zu idealer Situation möglich. Schritt für Schritt können durch diese *Methodik* der Idealisierung die idealisierten Anwendungsbedingungen eines Gesetzes für verschiedene Einflußgrößen angenähert werden. Die Grundlage des Verfahrens ist, daß die idealisierte und die reale Situation vielleicht nur eine Bewegung des Zeigers eines Meßinstrumentes trennt.

Es muß allerdings präzisiert werden, was die Extremwertevidenz eigentlich ausmachen soll. Sind es die unabhängig erzielten Bestätigungen der Approximationen, auch wenn die meisten vom Grenzwert $\alpha$ relativ weit entfernt sind, oder ist es die Möglichkeit, sich dem Grenzwert möglichst weit zu nähern? Die Anhänger der *Methodik* dürften der zweiten Variante das größere Gewicht zubilligen, während Hempel u. U. eher die approximativ erzielten Bestätigungen im Sinn hatte. Auch für Papineau, der die Arbeiten von Hempel, Rudner, Barr usw. diskutierte, gilt, daß idealisierte Allsätze Grenzfälle von funktional spezifizierbaren Beziehungen sein können. Allein die Eigenschaft, Grenzfall zu sein, verleiht ihnen jedoch keine Empirizität: "But the ideal type generalisation will not add anything to the empirical content of a statement of such a functional relationship. This is made clear by the fact that the empirical implications would remain the same if we replaced the function in question by another differing only in that it was undefined, or had some singularity, at the limiting (ideal) case."[80]

Rudner kann nicht ohne Einschränkung zugestimmt werden, wenn er meint, reale und ideale Zustände seien präzise vergleichbar - oder überhaupt vergleichbar. Solange kein Gas mit molekularem Volumen und intermolekularen Kräften von Null *getestet* wurde, kann niemand sagen, wie sich ein ideales Gas im Vergleich zu dem, was als reales Gas getestet wird, verhält. Es sei denn, daß ideale Gase qua definitione das (oder die) ideale(n) Gasgesetz(e) erfüllen. Soll das nicht der Fall sein, muß man sich fragen lassen, woher das Wissen über "ideale" Zustände stammt. Hier bietet sich eine "empiriebezogene" und eine "theoriebezogene" Lösung an. Eine theoriebezogene Lösung ist eine, die die Idealisierung nicht von der Theorie abkoppelt, sondern als deren Bestandteil und als durch diese bestimmt betrachtet. Aus dieser Perspektive wird das Wissen über ideale Zustände der Theorie

---

80 Papineau, D. (1976), S. 143

entnommen. Bei der empiriebezogenen Lösung wird weniger die Theorie als der - epistemologische - Ausgangspunkt der Idealisierung gesehen, sondern es werden experimentelle Situationen simuliert, Ergebnisse extrapoliert usw. Die Differenzierung zwischen einer theorie- oder empirieorientierten Antwortmöglichkeit auf die Frage "Was geschieht in der idealisierten Situation?" findet sich teilweise bei Hempel in der Unterscheidung zwischen "intuitiven" und "theoretischen" Gedankenexperimenten wieder. "Theoriebezogene Lösung" bedeutet bei Hempel Deduktion der Idealisierung aus allgemeineren Prinzipien. "Theoriebezogen" ist Hempels Vorschlag allerdings höchstens in minimaler Ausprägung. Es ist nicht die Rede davon, daß die Theorie idealisierte Situationen oder Entitäten zum Gegenstand hat oder beschreibt. Von Gedankenexperimenten wird in diesem Zusammenhang nur gesprochen, weil die idealisierte Situation nicht realisiert ist bzw. technisch gar nicht realisiert werden kann. Durch "intuitive" Gedankenexperimente wird nach Hempels Charakterisierung versucht, den Ausgang eines experimentellen Vorgangs vorwegzunehmen. Dabei spielt der Glaube an allgemeine Prinzipien oder Apriori-Wahrheiten eine Rolle. Die Beschreibung oder Erfassung der idealisierten Situation basiert dann im besten Fall auf guten Gründen, möglicherweise jedoch auch nur auf metaphysischen Ergänzungen. Auch eine frühe, schon bei Max Weber angelegte Form der "modal model view"[81] als *objektive Möglichkeitsurteile* (judgements of objective possibility) in Folge von Gedankenexperimenten ist hier anzusiedeln. Durch diese wird angegeben, was passieren *würde*, wenn sich bestimmte, genau spezifizierte, Umstände ändern. Hempel verweist ausdrücklich darauf, wie sehr sich Weber des Zusammenhanges zwischen kontrafaktischen Konditionalen und allgemeinen Gesetzen bewußt gewesen sei. Kontrafaktische Konditionale beschreiben - ausgehend von der aktuellen Welt - andere mögliche Welten. Nicht alle der von diesen Welten determinierten Universen sind jedoch Idealisierungen des über die aktuelle Welt festgelegten Universums.

Tatsächlich ergänzen sich die "theorie-" und die "empiriebezogene" Perspektive. Im ersten Fall wird die idealisierte Situation von einer konkreten Theorie her erfaßt, im zweiten Fall geht es um die Entwicklung oder auch um die (approximative) Anwendung einer Theorie. Im Hinblick auf Hempels und Rudners Position ist beiden Betrachtungsweisen gemeinsam, daß sie für die idealisierte und die allgemeinere Theorie ein gemeinsames Uni-

81 Vgl. Hausman, D. M. (1981), S. 147. Nach Hausman werden durch ökonomische Modelle bzw. Theorien "unrealistische" Behauptungen über mögliche Ökonomien aufgestellt.

versum (universe of discourse) zugrundelegen. Die Bezugnahme auf idealisierte Entitäten wird damit gerechtfertigt, daß diese die Entitäten der "realen" Welt approximieren. Dieser Aspekt Galileischer Idealisierung wird von Simon in seiner Verteidigung Galileis gegen die Verdächtigung der Verwendung "Friedmanscher Methoden" wie folgt ausgedrückt: "Was Galileo also *guilty of using the invalid principle of unreality*? I think not. I think he was interested in behavior in perfect vacuums not because there aren't any in the real world, but because the real world sufficiently approximates them to make their postulation interesting."[82]

Die Positionen Hempels und Rudners werden in vier Punkten zusammengefaßt und kommentiert:

1. Bei Hempel ist ein idealisierter Begriff, wie z. B. der des idealen Gases, kein Bestandteil der Theorie. Dies muß dann auch für Ausdrücke gelten, die als sog. extreme Bedingungen mit dem idealisierten Prädikat synonym verwandt werden, d. h. wenn Variablen "extreme" Variablenwerte zugeordnet erhalten. Da Idealisierungen selbst nach Hempels Klassifikation wissenschaftlicher Begriffsbildung keine Ordnungsbegriffe sind, können sie - eine Einordnung in ein sog. theoretisches System vorausgesetzt - höchstens als Extremfälle von Ordnungstypen fungieren. Ihre Verwendung außerhalb einer solchen Klassifikation indiziert für Hempel den unterentwickelten Status der Begriffs- und Theorienbildung, der die Idealisierungen entstammen. Die sog. Idealtypen sind daher für Hempel nicht Gegenstand einer syntaktischen oder semantischen Analyse. Die Inadäquatheit von Hempels Auffassung wird durch die Existenz von Theorien beispielsweise der Ökonomik oder Physik deutlich, die idealisierte Konzepte enthalten, ohne daß man sie als unterentwickelt bezeichnen möchte. Der Versuch der Abkopplung von Theorie und Idealisierung findet sich auch bei anderen Autoren aus der Tradition des Logischen Empirismus (z. B. bei Barr, vgl. Kapitel 2.1.3) und der damit verbundenen Theorienkonzeption des *Received View*. Diese Haltung ist auch damit zu erklären, daß Theorien in der vorgenannten Konzeption in der Form abstrakter Kalküle axiomatisiert wurden, die keine vollständige empirische Interpretation erhalten konnten. Idealisierungen können aber erst dann als ein relevanter Aspekt der erfahrungswissenschaftlichen Theorienbildung interpretiert werden,

---

82 Simon, H. A. (1984), S. 247. Hervorhebung von mir.

wenn explizit semantische Fragen neben der sog. Partiellen Interpretation der Syntax eine Rolle spielen: Um eine epistemologische Diskussion der Idealisierungen führen zu können, müssen die Modelle idealisierter Theorien berücksichtigt werden.

2. Die von Rudner für linguistische Idealisierungen angegebenen (überwiegend semantischen) Merkmale indizieren, daß es für diese Ausdrücke keine hinreichenden semantischen Kriterien gibt. Rudner müßte zur Unterscheidung zwischen Idealisierungen und - nach dem Received View - theoretischen Termen auf die Wissenssituation innerhalb wissenschaftlicher Gemeinschaften und andere pragmatische Umstände zurückgreifen. Dieses wurde beispielsweise bei der Frage deutlich, ob für die Existenzbehauptung "$(\exists x)\ (Fx)$" bereits verifizierende Instanzen gefunden wurden, ob man prinzipiell meint, diese finden zu können - oder ob man der Ansicht ist, daß es sinnlos ist, solche überhaupt zu suchen. Durch die Integration von Konzepten in ein theoretisches System soll bei Rudner zudem versucht werden, Idealisierungen von Fiktionen zu unterscheiden. Da jedoch auch Fiktionen in theoretische Systeme integrierbar sind und selbst Rudner nicht deutlich macht, worin Fiktionen und Idealisierungen differieren (abgesehen davon, daß Fiktionen keine Idealisierungen sein sollen), ist das Kriterium der Integrierbarkeit ungeeignet. Um Fiktionen und Idealisierungen voneinander abzugrenzen, ist eine pragmatische Analyse beider Begriffsarten erforderlich, wenn es keine hinreichenden syntaktischen oder semantischen Kriterien gibt.

3. Die von Hempel entwickelten Kriterien sog. wissenschaftlicher Signifikanz trennen aus der Perspektive der Gegenwart sozial- und naturwissenschaftliche Idealisierungen vermutlich stärker, als vor 30 Jahren - dem ungefähren Zeitpunkt des Erscheinens der Arbeiten von Hempel und Rudner - vermutet werden konnte. Alle drei Bedingungen sind für die Ökonomik problematisch: Viele ihrer Begriffe sind weder komparativer noch quantitativer Art - auch deswegen kann von ihrer "operationalen Klarheit" meist keine Rede sein. Die Berufung auf eine - selbst rein syntaktische - Deduktionsevidenz setzt eine allgemeinere Theorie voraus. Die Feststellung deduktiver Beziehungen zwischen Theorien erfordert deren Übersetzung in eine formale Sprache - ein formales, aber doch schwerwiegendes Hindernis. Selbst wenn dieses überwunden werden sollte, kann der allgemeinere Ausdruck zur Akzeptanz der Idealisierung nichts beitragen, soweit er selbst idealisiert ist. Die Deduktionsevidenz ist weder in der Ökonomik noch in der Physik ein geeignetes Kriterium zur Akzeptanz von Idealisierungen in aktuellen Theorien. Sie ist auch kein Indiz möglicher erfolgreicher

Anwendungen einer idealisierten Theorie. Soweit es um eine empirische Bestätigung idealisierter Gesetze geht, spielen mit der Extremwertevidenz und dem Kriterium der operationalen Klarheit andere Bedingungen die entscheidende Rolle: die idealen Gasgesetze z. B. gelten nach Hempel als bestätigt, wenn die extremen Bedingungen approximiert werden können - eine weitgehend unspezifizierte und daher schwache Forderung.

4. Das Konzept der *Galileischen Idealisierung* wird insbesondere von Hempel nicht vertreten: die Idealisierung ist Zeichen theoretischer Minderentwicklung, nicht Methode der Erkenntnis. Im Gegensatz zu McMullins Position gibt es bei Hempel keinen Hinweis auf eine angenommene epistemologische Relevanz der Idealisierung. Diese ist eher Ausdruck des Nichtwissens und passive Folge des wissenschaftlichen Fortschritts, sofern eine allgemeinere Theorie entwickelt wird. Rudners Position ist schwieriger zu erfassen, aber der von Hempel sicher näher als der von McMullin. Idealisierungen sind - das ist der Ausgangspunkt und der Gegenstand von Rudners Analyse - in der Physik sowohl vorhanden als auch "erfolgreich". Deshalb werden theoretische Formulierungen als Idealisierungen verwandt. Rudner thematisiert die Frage nicht, worin der "Erfolg" der Idealisierung besteht. Dieser wird von Rudner nur an den drei, von Hempel entlehnten Bedingungen festgemacht und nicht - wie bei McMullin - (teilweise) unter Berufung auf metaphysische Annahmen begründet. Die Berufung auf Metaphysik ist sicher nicht notwendig Bestandteil einer metatheoretischen Analyse erfahrungswissenschaftlicher Konzepte. Allerdings bleibt bei Rudner offen, auf welcher Grundlage er urteilt, daß idealisierte und reale Situationen präzise vergleichbar sind. In McMullins Konzept müßte sich der Erfolg u. a. in der Existenz einer positiven Heuristik oder von bestimmten Indizien für die Berechtigung der Annahme, daß das idealisierte Modell die reale Struktur des Explanandumobjektes wiedergibt, äußern. In diesem Fall repräsentieren die Idealisierungen nicht nur, sondern sie repräsentieren sogar reale Strukturen. Rudners semantisches Kriterium, wonach der idealisierte Allsatz "nichts" beschreibt, ist daher mit McMullins Position nicht ohne zusätzliche Bestimmungen vereinbar. Diese müßten sowohl McMullins als auch Rudners Position auf die Annahme zweier Arten von Universen relativieren: solche, die als real angenommene Entitäten und solche, die idealisierte Entitäten enthalten.

## 2. 1. 3 Approximative Wahrheit bei W. F. Barr und R. Laymon

Barr versucht 1971 eine syntaktische und semantische Analyse von Idealisierungen. In diesem Artikel werden die Konzepte "ideal condition", "ideal case" und "ideal theory" entwickelt, von denen das letztgenannte hier als Schlüssel zu Barrs Gesamtkonzeption zuerst vorgestellt wird.[83]

In einem weiteren Artikel aus dem Jahr 1974 befaßt Barr sich speziell mit der Anwendung von Idealisierungen in der Physik - einer sog. pragmatischen Analyse. Dort wird das Konzept der I-Theorie zur expliziten Definition erweitert und auf der Basis des Begriffs der Approximation interpretiert. Diese Maßnahme ist wenig erfolgversprechend, soweit auf approximative Beziehungen zwischen Allsätzen zurückgegriffen wird. Barr macht allerdings nicht deutlich, auf welcher Grundlage die in dem Definiens für "I-Theorie" (23) enthaltenen Allsätze als mindestens und höchstens "approximativ wahr" bezeichnet werden. Insgesamt wird sich zeigen, daß das Konzept der Approximation keine Grundlage der Explikation des Begriffs der Idealisierung ist: Auszeichnungen der idealisierten Sätze beispielsweise als "approximativ wahr" sind, wie aus Laymons Arbeiten hervorgeht, die zum Schluß dieses Kapitels angeführt werden, sekundär und daher nur zu einer Bewertung idealisierter Sätze geeignet.

Im folgenden diskutiere ich zuerst Barrs ersten Artikel. Anhand einiger Beispiele soll verdeutlicht werden, daß Barr sozialwissenschaftlichen und physikalischen Idealisierungen einen unterschiedlichen Status zuweist, den er aus differierenden Arten und Funktionen von Annahmen herleiten will. Diese Spezifikationen sind eine Grundlage des Verständnisses von Barrs erster Definition des Begriffs der Idealisierten Theorie (10). Im Hinblick auf die unterschiedliche Behandlung physikalischer und sozialwissenschaftlicher Idealisierungen beruft sich Barr auf M. Friedmans Aufsatz "The Methodology of Positive Economics" (1953). Friedman habe, so Barr, in seinem Essay über Idealisierungen auch zwischen zwei Arten von Annahmen differenziert: Annahmen *von* Hypothesen (diese nennt Barr "ideal conditions") und Annahmen *als* Hypothesen (diese werden von Barr mit der

83 In Anlehnung an Barrs Bezeichnungsweise in (10), (16) und (20) dieses Kapitels, nenne ich die Konzepte nachfolgend "I-Bedingung", "I-Fall" und "I-Theorie". Barrs Epitheton "ideal" statt "idealized" ist ein Beispiel für die häufige Gleichsetzung oder Konfundation des Idealen mit dem Idealisierten.

"ideal theory" identifiziert). Barr nennt in Anlehnung an Friedman[84] die Funktionen der Annahmen: Sie spezifizieren die Anwendungsbereiche der Theorie und "repräsentieren" oder "beschreiben" diese. In der ersten Rolle, der Spezifikation der Anwendungsbedingungen, sind sowohl Annahmen der physikalischen als der sozialwissenschaftlichen Theorien zu finden, während nur sozialwissenschaftliche Annahmen auch in der zweiten Rolle anzutreffen sind.[85]

In seinem ersten Artikel verwendet Barr ein physikalisches und zwei ökonomische Beispiele. Das physikalische Beispiel ist eine Version des idealen Gasgesetzes.

(1) "Given any *x* and any *y*, if all the molecules in *y* are perfectly elastic and spherical, possess equal masses and volumes, have negligible size, and exert no forces on one another except during collisions, then if *x* is a gas and *y* is *a* given mass of *x* which is trapped in a vessel of variable size and the temperature of *y* is kept constant, then any decrease of the volume of *y* increases the pressure of *y* proportionally, and vice versa."[86]

Das eigentliche Gasgesetz befindet sich in der Dann-Komponente, während die Wenn-Komponente die Idealbedingungen - unter denen die Geltung des Gesetzes behauptet wird - wiedergibt. Der etwas unübersichtliche Satz kann wie folgt rekonstruiert werden:

(2) $$(\forall x)\,[M_1x \wedge M_2x \wedge M_3x \wedge M_4x \wedge M_5x \wedge M_6x \rightarrow (Gx \wedge Bx \wedge Tx \rightarrow (Vx \leftrightarrow Px))]$$

84 Friedman hat sich allerdings nicht *explizit* mit dem Idealisierungsproblem befaßt, sondern mit der Frage, wie der Erfolg und das Ansehen der physikalischen Theorienbildung insbesondere auf die Neoklassik übertragen werden können. Darüber hinaus weist Friedman den Annahmen drei unterschiedliche Rollen zu: "... the 'assumptions of a theory' play three different, though related, positive roles: (a) they are often an economical mode of describing or presenting a theory; (b) they sometimes facilitate an indirect test of the hypothesis by its implications; and (c), as already noted, they are sometimes a convenient means of specifying the conditions in which the theory is expected to be valid." Friedman, M. (1953), S. 23

85 Vgl. Barr, W. F. (1971), S. 269. Ein Mangel bei Barrs Analyse ist der unexplizierte Theoriebegriff, da ich nicht annehme, daß er "Theorie" mit "idealisierter Theorie" gleichsetzen will. So bleibt es u. a. unklar, was es bedeuten soll, wenn Annahmen eine Theorie "repräsentieren" oder "beschreiben".

86 Ebd. S. 259

| | | |
|---|---|---|
| $M_1$ | ... | perfekt elastische Moleküle besitzen |
| $M_2$ | ... | perfekt kugelförmige Moleküle besitzen |
| $M_3$ | ... | Moleküle mit gleichen Massen besitzen |
| $M_4$ | ... | Moleküle mit gleichem Volumen besitzen |
| $M_5$ | ... | Moleküle mit vernachlässigbarer Größe besitzen |
| $M_6$ | ... | Moleküle, die keine Kräfte aufeinander ausüben, besitzen |
| $G$ | ... | Gas sein |
| $B$ | ... | sich in einem Behälter variabler Größe befinden |
| $T$ | ... | konstant gehaltener Temperatur ausgesetzt sein |
| $V$ | ... | einer Volumensenkung ausgesetzt sein |
| $P$ | ... | einem zu $V$ proportionalen Druckanstieg ausgesetzt sein |

Faßt man die sechs das Gesetz idealisierenden Bedingungen zu einem Ausdruck $M^{\sim}$ zusammen, läßt sich (2) weiter vereinfachen:

(3) $(\forall x)\ [M^{\sim}x \rightarrow (Gx \wedge Bx \wedge Tx \rightarrow (Vx \leftrightarrow Px))]$

Obwohl (3) Barrs Vorgabe am nächsten kommt, läßt sich fragen, ob die Unterteilung des Gesamtausdrucks mittels zweier Konditionale sinnvoll ist. Eine mögliche Alternative zu (3) ist

(4) $(\forall x)\ [M^{\sim}x \wedge Gx \wedge Bx \wedge Tx \rightarrow (Vx \leftrightarrow Px)]$

(3) und (4) besitzen die gleiche disjunktive Normalform und sind daher logisch äquivalent.[87] Barr hätte jedoch - wie weiter unten deutlich wird - Gründe, (3) vorzuschlagen. Vorweg soll das erste ökonomische Beispiel angegeben werden.

(5) "$A_1$ All persons act with complete rationality.

$A_2$ Every person is the final and absolut judge of his own welfare and interests.

$A_3$ There is complete absence of physical obstacles to the making, execution, and changing of plans at will.

$A_4$ The production process is constantly and continuously complete.

$A_5$ There is perfect, continuous, costless intercommunication between all individual members of the society.

---

87 $\neg M^{\sim}x \vee \neg Gx \vee \neg Bx \vee \neg Tx \vee (\neg Vx \wedge \neg Px) \vee (Vx \wedge Px)$

$A_6$ Every member of the society acts as an individual only, in entire independence of all other persons.
$A_7$ There is no way of acquiring goods except through production and free exchange in the open market."[88]

Die in (5) formulierten Annahmen gelten als Antecedensbedingungen für

(6) "Exchanges can take place at only one price."[89]

Barrs Rekonstruktion der "ökonomischen Theorie" analog zum Beispiel des idealen Gasgesetzes würde also ergeben:

(7) Wenn (5), dann (6).

Knights Vorgehen erinnert an die Definition eines idealisierten Prädikates bei Rudner, wenngleich er nur notwendige Bedingungen angibt. Allerdings sind $A_1$ - $A_7$ nur eine stark verkürzte Fassung von neun Annahmen, die Knight zur Analyse von Austauschbeziehungen als Charakteristika einer imaginären Gesellschaft bezeichnet. Er betrachtet sie als Idealisierungen oder unverfälschte, reine Formen von in der Realität mehr oder weniger vorherrschenden Beziehungen, die durch einen Prozeß "heroischer Abstraktion" entstanden sind.[90]

Barrs Bestreben, mit diesen Annahmen eine ökonomische Theorie wiederzugeben, erscheint aus mehreren Gründen als wenig geglückt. Selbst wenn man bereit ist hinzunehmen, daß $A_1$ - $A_7$ als Antecedens eines zur "Theorie" deklarierten Allsatzes fungieren, bleibt noch die Frage, warum sich Barr ausgerechnet ein Beispiel aussucht, bei dem das Konsequens im Antecedens enthalten ist. Wie Barr selbst bemerkt, ist (6) sogar schon in Knights vierter Annahme enthalten.[91] Da (7) als kontingente idealisierte

88 Barr, W. F. (1971), S. 259
89 Ebd. S. 266
90 Knight, F. (1921), S. 76
91 "4. We must also assume complete absence of physical obstacles to the making, execution, and changing of plans at will; that is, there must be 'perfect mobility' in all economic adjustments, no cost involved in movements or changes. To realize this ideal all the elements entering into economic calculations - effort, commodities, etc. - must be continuously variable, divisible without limit. Productive operations must not form habits, preferences, or aversions, or develop or reduce the capacity to perform them. In addition, the production process must be constantly and continuously complete; there is no time cycle of operations to be broken into or left incomplete by sudden readjustments. Each person continuously produces a complete commodity which is consumed as fast as produced. The

Aussage nicht mehr in Frage kommt, ist unklar, warum Barr sie überhaupt verwendet.

Barr präsentiert dann mittels einiger Annahmen aus Downs[92] ökonomischer Demokratietheorie ein zweites Beispiel aus den Sozialwissenschaften:

(8) "$A'_1$ Every decision-maker - including citizens, political parties, interest groups, and governments - is rational.
$A'_2$ Every goal of a decision-maker is either economic or political.
$A'_3$ Every political party seeks to maximize its political support.
$A'_4$ Every decision-maker is selfish.
$A'_5$ All factual information is factually correct."[93]

Diesmal sollen $A'_1$ - $A'_5$ jedoch nicht als Antecedensbedingungen fungieren, obwohl sie das nach Barr durchaus könnten, wenn man ein gewisses "Normalverständnis" der Ausdrücke "rational", "politisch", "ökonomisch", "maximale politische Unterstützung" etc. voraussetze. Mit $A'_1$ - $A'_5$ hat Barr jedoch anderes vor: $A'_1$ - $A'_5$ sind nicht nur als Bedingungen auffaßbar, die einer "Hypothese" oder "Theorie" vorangestellt werden können, sondern können selbst als "Axiome" oder "Theorie" fungieren. Entitäten dieser Art enthalten oder sind jedoch nach Barrs Ansicht in der Physik keine Idealisierungen. Ganz andere Dinge offenbaren sich bei näherem Blick auf die ökonomische Theorienbildung: "But when one looks closely at Downs' theory, he discovers that the suggested terms in his axioms are not to be understood in their usual way. Rather, they are also idealizations."[94]

Im Vergleich mit der Logik der Darstellung von (1) (Idealisierung in das Antecedens, Gesetz ins Konsequens), will Barr jetzt darauf hinaus, daß $A'_1$ - $A'_5$ selbst nur unter idealisierten Bedingungen gelten können: "Consider, for example, that the political parties Downs has in mind are coalitions whose members agree on all their goals and who are seeking to control the

---

exchange of commodities must be virtually instantaneous and costless." Knight, F. (1921), S. 77/78. Die fünfte Annahme bei Barr ist für Knight Teil der Erläuterung von "perfect competition": "5. It follows as a collorary from number 4 that there is perfect competition. There must be perfect, continuous, costless intercommunication between all individual members of the society." (Ebd.) Auf Seite 82 kommt der Satz, auf den sich Barr bezieht, als er anmerkt, Knight habe durch indirekten Beweis gezeigt, daß (6) in (5) enthalten sei: "If intercommunication is actually perfect, exchanges can take place at only one price." Dann gilt: $\Vdash (A_4(\text{Knight}) \rightarrow A_5(\text{Knight}) \rightarrow (6))$

92 Downs, A. (1957)

93 Barr, W. F. (1971), S. 267/268

94 Ebd.

governing apparatus by gaining office in a duly constituted election. Also, a government is considered to be a governing political party. These specified antecedent conditions are clearly intended to be idealizations."[95]

Da die vorgenannten Antecedensbedingungen $A'_1$ - $A'_5$ nicht enthalten, gibt Barr Downs Theorie mit dem folgenden Ausdruck wieder:

(9) If certain conditions are fulfilled, then (8).[96]

Weil die Nichtunterscheidung zweier Arten von idealisierten Annahmen seiner Ansicht nach zu Konfusion führen kann, will Barr differenzieren und bemüht sich daher darum, die Annahmen in (8) als *Konsequens* eines universellen Konditionals darzustellen. Vor diesem Hintergrund müßte er das ideale Gasgesetz wie (3) rekonstruieren: das den Satz regierende Konditional trennt die Idealbedingungen, unter denen die "Theorie" gilt, von dieser:

(3) $(\forall x)\ [M^{\sim}x \rightarrow (Gx \wedge Bx \wedge Tx \rightarrow (Vx \leftrightarrow Px))]$

Der in den Klammern nach dem ersten Konditional stehende Ausdruck ist die "Theorie", was davor im Antecedens steht ($M^{\sim}x$), sind die Idealbedingungen. Unter dem Aspekt der Separation einer "Theorie" scheidet (4) als mögliche Rekonstruktion aus, wenn man "$(\forall x)\ (Vx \leftrightarrow Px)$" nicht als *Theorie* bezeichnen will. Barr nennt das gesamte, aus Antecedensbedingungen und universellem Gesetz bestehende Gebilde, also z. B. (3), (4) oder (9), I-Fall[97]:

Für das Vorliegen einer idealisierten Theorie gibt Barr folgende notwendige Bedingungen an:

(10) "*I-Theory*. A set of statements *T* is an *idealized theory* only if
 (i) each statement in *T* has the syntactic and semantic characteristics of a universal law and
 (ii) the conjunction of the statements is contingently false."[98]

Diese Bedingungen sind schwach. Sie setzen nur voraus, daß, wenn es Kriterien für Gesetzesartigkeit gibt, diese auch von den die idealisierte

---

95 Ebd.
96 Vgl. ebd.
97 Der Ausdruck wird schon in Hempel (1965), S. 168, verwandt.
98 Barr, W. F. (1971), S. 266

Theorie konstituierenden Aussagen erfüllt sein müssen und daß, wenn die Gesetze konjunktiv verknüpft werden, die Konjunktion (kontingent) falsch ist. D. h. mindestens ein Gesetz muß bzw. darf *falsch* sein. Diese Bestimmung ist nur auf dem Hintergrund von Barrs Rekonstruktion *physikalischer* Idealisierungen zu verstehen, wo - anders als bei ökonomischen Idealisierungen - alle idealisierten Bestandteile in das Antecedens des I-Falles gedrängt werden. Die Aussagenmenge *T* enthält dann nur das Konsequens eines I-Falles.

Es ist aussichtsreicher, den Begriff der idealisierten Theorie auf der Grundlage einer Theorienkonzeption zu erläutern. Barr konnte es nicht gelingen, den Begriff der idealisierten Theorie ohne zuvor explizierten Theoriebegriff zu erfassen. Er greift auf keine konkrete Fassung des Received View, dem er nahesteht, zurück, sondern eher auf das Konzept der Hypothese bzw. des Gesetzes. Aus den notwendigen Bedingungen, die Barr in (10) angibt, geht nur hervor, daß die I-Theorie aus einer kontingent falschen Konjunktion universeller Gesetze besteht.[99] Es ist daher kein Zufall, daß die Bedingungen in (10) - soweit sie es wegen (10.i) überhaupt sind - von allen nichtidealisierten Gesetzen erfüllbar sind, da sie empirisch scheitern können.

Implizit ging in (10) der unpräzise Begriff der Annahme ein. Daher hat (10) sowohl durch den fehlenden Theoriebegriff als auch im unklaren Annahmenkonzept eine schwache Grundlage. Auch Friedman hat in dem oben genannten Essay dem Begriff der "Annahme" mehrere Bedeutungen und Verwendungsweisen zukommen lassen und sicher auch damit die Grundlagen für eine seit Jahrzehnten andauernde Debatte um die Interpretation seines Essays gelegt.[100] Dies soll anhand von Beispielen aus dem Essay verdeutlicht werden. Einige dieser Beispiele diskutiert auch

---

99 Barr ist nicht der einzige Wissenschaftstheoretiker, der zwischen Hypothesen, Gesetzen und Theorien nicht ausreichend differenziert. Dahinter verbirgt sich das ernsthafte Problem mangelnder Kriterien für Gesetzesartigkeit in Verbindung mit der Explikation des Theoriebegriffs. C. Dilworth ((1982), S. 353) umreißt die Situation wie folgt: "What, if anything, is the essential difference between scientific laws and theories? Many philosophers, including Popper, do not distinguish between the two. Others, e. g. Carnap, Feigl and Hempel, see theories essentially to be laws which contain theoretical terms, while the function of such terms remains unclear to them. And still others, including Suppes and Sneed, assume laws simply to be constituents of scientific theories, though they do not make much of the distinction."

100 Um einen ersten Einblick in Art und Umfang der Kontroversen zu erhalten, empfehle ich die in Caldwell, B. (1984) enthaltenen Beiträge.

Barr, z. B. Friedmans Darstellung des Fallgesetzes.[101] Dieses reformuliert Barr so, daß die bei Friedman enthaltene Annahme eines Vakuums durch mehrere idealisierte Antecedensbedingungen ersetzt wird:[102]

(11) $(\forall x)(Kx \land Fx \land Lx \land Bx \land Mx \rightarrow Sx)$

| | | |
|---|---|---|
| *K* | ... | Körper sein |
| *F* | ... | fallen gelassen werden |
| *L* | ... | friktionalen Kräften von 0 ausgesetzt sein |
| *B* | ... | einem Luftauftrieb von 0 ausgesetzt sein |
| *M* | ... | magnetischen Kräften von 0 ausgesetzt sein |
| *S* | ... | gemäß der Formel $S = \frac{1}{2} gt^2$ fallen |

Wenn man anstelle der Prädikate *L*, *B* und *M* das Prädikat "*V* ... einem Vakuum ausgesetzt sein" einsetzt, verkürzt sich (11) zu

(12) $(\forall x)(Kx \land Fx \land Vx \rightarrow Sx)$

Nach Barrs Auffassung wird die vollständige Liste der idealisierten Bedingungen erst durch die jeweilige historische Nachfolgetheorie geliefert. Beim Fallgesetz etwa spezifizierte Galilei nur die Vakuum-Bedingung, während erst durch die Newtonsche Theorie und durch "austesten" die Liste komplementiert wurde.

Nachdem mittels Fallgesetz die Verwendung von Annahmen *als* idealisierte Bedingungen, unter denen die "Theorie" (hier das Fallgesetz) gilt, demonstriert werden sollte, will Barr den sozialwissenschaftlichen Part der Annahmen am Beispiel der Gewinnmaximierungshypothese (maximation-of-returns-hypothesis[103]) untermauern: Friedman " ... refers to the assump-

---

101 "... under a wide range of circumstances, bodies that fall in the actual atmosphere behave *as if* they were falling in a vacuum." Friedman, M. (1953), S. 18

102 Vgl. Barr, W. F. (1971), S. 268. Das Prädikat "*S*" gibt die Newtonsche Fassung des Fallgesetzes wieder. In Barr (1974) wird das Galileische Fallgesetz mit "... then the acceleration of *x* as it falls toward the earth is constant" als Konsequens rekonstruiert.

103 "... under a wide range of circumstances individual firms behave *as if* they were seeking rationally to maximize their expected returns (generally *if* misleadingly called 'profits') and had full knowledge of the data needed to succeed in this attempt; *as if*, that is, they knew the relevant cost and demand functions, calculated marginal cost and marginal revenue from all actions open to them, and pushed each line of action to the point at which the relevant marginal cost and marginal revenue were equal." Friedman, M. (1953), S. 21/22

tion *as* the hypothesis: the assumption that firms seek rationally to maximize their expected returns."[104]

Was Barr hier angegeben hat, läßt sich mit

(13) $(\forall x)\ (Fx \rightarrow Mx)$

oder

(13a) $(\forall x)\ (Fx \wedge Rx \rightarrow M'x)$

wiedergeben.

*F* ... Firma sein
*R* ... rational sein
*M* ... rational die erwarteten Gewinne maximieren
*M'* ... die erwarteten Gewinne maximieren

Dieses Beispiel ist wegen der Verwendung der Rationalitätsannahme bzw. deren Status besonders problematisch. Es ist daher nicht nur fraglich, wie Friedman diese "Hypothese" dargestellt hätte, sondern ob es überhaupt eine Hypothese ist.[105]

---

104 Barr, W. F. (1971), S. 268

105 Eine Möglichkeit besteht darin, sich bei der Rekonstruktion der Gewinnmaximierungshypothese von der des Fallgesetzes leiten zu lassen: dort wurde die "as if"-Formulierung als Konjunktiv interpretiert. Körper verhalten sich in *i* (i>1) Umständen so, wie sie sich unter Vakuum-Bedingungen verhalten *würden* (unabhängig davon, ob das Verhalten im Vakuum definitorisch festgelegt, induktiv erschlossen wurde etc.). Durch die Spezifikation werden Klassen von Entitäten festgelegt, die Teilmengen der Extension des Fallgesetzes wären (könnte diese ermittelt werden). Beim Fallgesetz-Konjunktiv kommt hinter der "as if"-Formulierung die kontrafaktische Bedingung des Verhaltens: diese gehört ins Antecedens. Das Fallgesetz selbst wird von Friedman nicht mehr angegeben (an anderen Textstellen gibt er die Formel jedoch an): diese gehört ins Konsequens und gibt wieder, wie sich die Körper verhalten (weitestgehend entsprechend der Formel). Bei der Friedmanschen Angabe der Gewinnmaximierungshypothese kommt hinter "as if" vom Inhalt her, daß die Firmen rational die erwarteten Gewinne zu maximieren versuchen und über die relevanten Daten vollständige Information besitzen. Die kontrafaktischen Bedingungen könnten sein: "maximieren die erwarteten Gewinne" bzw. "haben vollständige Information" bzw. "sind rational". Der Status des Prädikats "ist rational" ist im gegebenen Kontext unklar. Soll es zum Ausdruck bringen, daß es rational ist, die erwarteten Gewinne zu maximieren (d. h. die Verfolgung dieses Ziels im Vergleich zu anderen möglichen Zielen rational ist?) Oder steht das Prädikat als Hinweis dafür, daß auch die Handlungen durchgeführt werden, die geignet erscheinen, das Ziel zu erreichen? Wie um die Verwirrung zu steigern, bietet Friedman noch eine Erläuterung des "as if": zuerst kommt

Friedman könnte unter *Spezifikation der Anwendungsbedingungen* aber auch noch etwas ganz anderes verstanden haben als die Angabe der idealisierten Antecedensbedingungen *der* Hypothese. Die Spezifikation könnte auch in der Ermittlung der Voraussetzungen erfolgreicher Anwendungen bestehen: "The important problem in connection with the hypothesis is to specify the circumstances under which the formula works or, more precisely, the general magnitude of the error in its predictions under various circumstances."[106] Beim Beispiel des Fallgesetzes ist die wichtigste Voraussetzung für jeden Anwendungsversuch die Aufhebung der Vakuumbedingung. Alle Situationen, in denen Körper unter veränderlichen atmosphärischen Bedingungen annähernd gemäß der Formel $S = \frac{1}{2} gt^2$ fallen, gelten als erfolgreiche Anwendungen des Fallgesetzes. Nimmt man Friedman wörtlich und betrachtet die Spezifikation als Teil der Hypothese[107], kann diese auch als Anreicherung der Wenn-Komponente

---

eine Angabe, über Daten welcher Art vollständige Information besteht, dann kommt der Hinweis darauf, daß jede Handlung durchgeführt wird, die zur Gleichheit der erwarteten Grenzkosten und -erträge führen kann. Leider fehlt hier die entsprechende Formel, so daß offen bleibt, wie die Handlungsabsichten angemessen umgesetzt werden können. Im Gegensatz zum Fallgesetz weiß man weder genau, was im Antecedens, noch was im Konsequens der Gewinnmaximierungshypothese stehen soll.

106 Friedman, M. (1953), S. 18

107 "The specification is itself an essential part of the hypothesis, and it is a part that is peculiarly likely to be revised and extended as experience accumulates." Ebd. Musgrave differenzierte in (1981) drei Arten von Annahmen und vermutete, daß Friedmans "lapse into instrumentalism" darauf beruht, daß dieser nicht ebenfalls zwischen den sog. "negligibility", "domain" und "heuristic assumptions" unterschieden habe. Eine Vernachlässigbarkeitsannahme im Kontext des Fallgesetzes bringe z. B. zum Ausdruck, daß der Luftwiderstand auf das Verhalten fallender Körper einen vernachlässigbar geringen Einfluß ausübt. Wenn eine solche Annahme widerlegt wird, könne sich daraus eine - die Behauptungsreichweite des Gesetzes einschränkende - sog. Bereichsannahme (domain assumption) entwickeln, die angibt, wann das Gesetz anwendbar ist: z. B. im Vakuum. Wenn man Wert auf die Testbarkeit des Gesetzes legt, so Musgrave "... we must hope that our domain assumptions are not always false" (S. 382). Diese Hoffnung wird sich mit der Bereichsannahme "es liegt ein Vakuum vor" kaum erfüllen lassen. Es läßt sich jedoch eine Verbindung zwischen Vernachlässigbarkeits- und Bereichsannahmen herstellen, die diesem Problem abhelfen könnte: man benutzt die Vernachlässigbarkeitsannahmen als Approximationen der Bereichsannahmen, um - z. B. - das Fallgesetz zu testen. In diesem Fall müßte in (12) die Bereichsannahme "*Vx* ... *x* ist einem Vakuum ausgesetzt" durch z. B. "*L'x* ... *x* ist vernachlässigbar geringen friktionalen Kräften ausgesetzt" und "*B'x* ... *x* ist vernachlässigbar geringem Luftauftrieb ausgesetzt" und "*M'x* ... *x* ist vernachlässigbar geringen magnetischen Kräften ausgesetzt" ersetzt werden. Es ist allerdings bei Musgrave unklar, ob die Vernachlässigbarkeitsannahmen überhaupt im Antecedens auftreten (wie in meinem Beispiel). Nach Birners Interpretation können diese ohne Änderung der Vorhersageleistung aus dem Antecedens entfernt werden. Vgl. Birner, J. (1990), S. 131

(12a) oder als Liste empirischer Verallgemeinerungen ((12b) - (12m)) aufgefaßt werden:

(12a) $(\forall x)\ [(A_1x \vee A_2x \vee \ldots \vee A_nx) \wedge Fx \wedge \neg Vx \rightarrow S'x]$

(12b) $(\forall x)\ (A_1x \wedge Fx \wedge \neg Vx \rightarrow S'x)$

(12c) $(\forall x)\ (A_2x \wedge Fx \wedge \neg Vx \rightarrow S'x)$

.

.

.

(12m) $(\forall x)\ (A_nx \wedge Fx \wedge \neg Vx \rightarrow S'x)$

$A_1$ ... kugelförmiger Körper mit glatter Oberfläche aus Ebenholz sein
$A_2$ ... kugelförmiger Körper mit glatter Oberfläche aus Blei sein

.

.

.

$A_n$ ... kugelförmiger Körper mit glatter Oberfläche aus Stahl sein
$S'$ ... ungefähr gemäß der Formel $S = \frac{1}{2} gt^2$ fallen

Friedman selbst mißt der "Theorie" keinen besonderen epistemologischen Stellenwert zu : "... the formula (d. h. $S = \frac{1}{2} gt^2$, M. H.) is accepted because it works, not because we live in an approximate vacuum."[108]

Papineau, der sich mit einigen der hier erwähnten Autoren ebenfalls auseinandersetzt, bezweifelt, daß idealisierte Gesetze mit Friedmans As-if-Hypothesen identifizierbar sind. Sein Beispiel

(14) "Anything which behaves *as if* it were an ideal gas satisfies Boyle's law"[109]

---

108 Friedman, M. (1953), S. 18

109 Papineau, D. (1976), S. 140. Diese Formulierung ist in mehrerer Hinsicht interpretationsbedürftig. Das Verhalten des idealen Gases wird durch das ideale Gasgesetz beschrieben, so daß (14) wie folgt reformuliert werden könnte: "Alles, was sich wie ein ideales Gas verhält, wird durch das ideale Gasgesetz beschrieben." Auch wenn man voraussetzt, daß das ideale Gasgesetz definitionsgemäß von idealen Gasen erfüllt wird, muß das gerade nicht für Dinge gelten, die sich nur wie ideale Gase verhalten. Da es jedoch nicht *generell* um Verhalten gehen kann (z. B. nicht um das Verhalten des Gases in beliebigen Situationen), sondern nur um das Verhalten des Objektes, wenn es Situationen ausgesetzt wird, die wenigstens annähernd durch das Antecedens des idealen Gasgesetzes beschrieben werden), könnte (14) lauten: "Alles, was sich bei Zutreffen der Antecedensbedingungen des idealen Gasgesetzes wie ein ideales Gas verhält, erfüllt auch das Konsequens." "Zutreffen"

ist kein idealisierter Allsatz, sondern ein analytischer, da er nur feststellt, daß - da ideale Gase unter das ideale Gasgesetz fallen - alles, was sich bei Zutreffen der Antecedensbedingungen des idealen Gasgesetzes wie ein ideales Gas verhält, auch das Konsequens des idealen Gasgesetzes erfüllt. Bezogen auf z. B. (3) kann (14) als eine Aussage darüber interpretiert werden, daß alle Objekte, die das Konsequens von (3) erfüllen, ohne die individuierenden Eigenschaften - $M^{\sim}$ - von idealen Gasen zu besitzen, nun eben das Konsequens von (3) erfüllen.

Anwendungsbedingungen sind für einen im strengen - dichotomischen - Sinne als analytisch verstandenen Satz nicht in gleichem Maße spezifizierbar wie für einen nichtanalytischen Satz. Allenfalls der Umfang von "anything" ist empirisch ermittelbar. Die As-if-Formulierungen verletzen auch Rudners semantisches Kriterium für idealisierte Allsätze: die Existenzbehauptung "$(\exists x)$ $(Gx)$ = es gibt mindestens ein Objekt $x$, so daß $x$ sich wie ein ideales Gas verhält" ist - bei entsprechender Bestimmung dessen, was sich hinter der Formulierung "verhält sich wie ein ideales Gas" verbirgt - verifizierbar; der Allsatz (14) selbst ist nicht nur unfalsifizierbar, sondern analytisch.

Bezüglich der Semantik idealisierter Allsätze - nicht (14) - weicht Papineau leicht von Rudners Position ab: "The unfalsifiability of ideal type generalisations is not so much an unfalsifiability in principle as an unfalsifiability in practice."[110] Vermutlich meint Papineau, daß es im Prinzip möglich sein könnte, idealisierte Bedingungen zu realisieren - in Abgrenzung der Idealisierungen von unsinnigen, aber syntaktisch wohlgeformten Aussagen. Wenn das Konsequens eines idealisierten Allsatzes für eine Instanz erfüllbar ist, ist dies nach Papineaus Auffassung keine notwendige Bedingung[111] für die Anwendbarkeit des Antecedensterms auf diese Instanz. Bezüglich des Satzes

(15) "In pure vacuum bodies fall with constant acceleration"[112]

---

können natürlich nur diejenigen Antecedensbedingungen, die keine intrinsischen Eigenschaften beschreiben, die ausschließlich idealen Gasen vorbehalten sind.

110 Ebd.

111 Bei Papineau heißt es: "... it is not generally the case with ideal type generalisations that the consequent term's being satisfied by some entity is a logically necessary condition for the antecedent term's applying to that entity." Ebd.

112 Papineau, D. (1976), S. 140

soll das Fallen des Körpers mit konstanter Beschleunigung keine notwendige Bedingung für das Vorliegen eines Vakuums sein: Weil ein reines Vakuum technisch nicht hergestellt werden kann, ist (15) nicht testbar.

Papineau weicht hier ohne zureichenden Grund von der gängigen Semantik des Konditionals ab. Warum sollen nicht notwendige Bedingungen für etwas angegeben werden, das empirisch nicht möglich ist? In diesem Fall (15) nimmt Papineau sogar selbst an, daß es *nicht* prinzipiell unmöglich sein muß, ein Vakuum herzustellen. Seine Argumentation könnte man daher auch auf alle Fälle ausweiten, wo bestimmte, im Antecedens eines Konditionals genannte, Bestandteile einer insgesamt hinreichenden Bedingung nach bestehendem Wissen nicht herbeiführbar sind bzw. bis in die mit "Gegenwart" bezeichnete historische Periode nicht herbeigeführt werden konnten. Dabei muß es sich nicht nur um Idealisierungen handeln. Im Hinblick auf (15) ist es für Entitäten in einem Universum als real angenommener Entitäten gegenwärtig unmöglich, im Vakuum zu fallen. In anderen - idealisierten - Universen ist es möglich, daß eine konstante Fallgeschwindigkeit notwendig für das Vorliegen eines Vakuums ist. Nach Rudners Analyse ist (15) ein weiteres Beispiel dafür, daß die Semantik eines Konditionals keine hinreichenden Bedingungen für die Charakterisierung von Idealisierungen liefert. Das gilt allerdings auch für das Abweichen von dieser Semantik auf der Basis der Vorschläge von Papineau.

Im nächsten Abschnitt werden Barrs Konzepte "I-Fall" und "I-Bedingung" vorgestellt. Ein I-Fall kann als ein Allsatz in der Form eines Konditionals rekonstruiert werden, in dessen Antecedens idealisierte Bedingungen stehen und dessen Konsequens die idealisierte Theorie bildet. Die idealisierten Antecedensbedingungen eines I-Falles werden von Barr einer syntaktischen und semantischen Analyse unterzogen:

(16) "*I-Con.* A formula *F* is an *ideal condition* only if
- (i) *F* is a formula,
- (ii) the existential closure of *F* is contingently false,
- (iii) *F* is not logical equivalent to a formula in which no state variable occurs, and
- (iv) the existential closure of *F'* is true, where *F'* is a formula which results by replacing the values assigned to the state variables in *F* with individual variables and existentially quantifying over each of these individual variables."[113]

---

113 Vgl. Barr, W. F. (1971), S. 263

Barr kommentiert die vier notwendigen Bedingungen wie folgt:

ad (i): Eine Formel *F* ist eine Aussage oder Aussagefunktion.

ad (ii): Wenn $x_1, \ldots, x_n$ als ungebundene Individuenvariablen in *F* auftreten, dann ist die Existenzgeneralisation von *F*: $(\exists x_1)$, $(\exists x_2)$, ..., $(\exists x_n)$ *F*. Ist *F* eine Aussage, dann ist die Existenzgeneralisation von *F* mit *F* logisch äquivalent. Die Existenzgeneralisation ist kontingent falsch.

ad (iii): Wenn einer Individuenvariablen oder -konstanten ein *n*-stelliger ($n \geq 1$) operationaler Ausdruck ("operation expression") zugeordnet wird, heißt das Ergebnis "state variable" und kann die Form "... '$f^1(x_1)$', or '$f^2(x_1, x_2)$', or '$f^n(x_1, x_2, \ldots, x_n)$' "[114] annehmen. Diesen Zustandsvariablen werden Werte zugeordnet, so daß z. B. "die auf *x* einwirkenden friktionalen Kräfte sind gleich Null" mit "$f(x) = 0$" bzw. mit "*Fx*" (mit *F* als "friktionalen Kräften von Null ausgesetzt sein") symbolisiert werden kann.

ad (iv): Barr illustriert (iv) anhand des Fallgesetzes. *F* nach Existenzquantifikation sei die Formel

(17) $(\exists x)\,(f(x) = 0 \wedge b(x) = 0 \wedge d(x) = 0)$[115]

*F'* von *F* lautet:

(18) $(\exists x)\,[(\exists y)\,(f(x) = y) \wedge (\exists y)\,(b(x) = y) \wedge (\exists y)\,(d(x) = y)]$

(17) ist als falsch, (18) als wahr intendiert. Nach Barrs Ansicht haben die I-Bedingungen die syntaktischen Merkmale von Zustandsvariablen. Zumindest können sie in diese Form überführt werden: "In the analysis of 'ideal condition', the syntactical distinction that is being drawn between formulas that are ideal conditions and (some) formulas that are not ideal conditions is that there are expressions in the former that can be put in the form '$f^n(x_1, x_2, \ldots, x_n) = y$'."[116]

Nicht jede Formel, deren Existenzgeneralisation kontingent falsch ist, soll als idealisierte Bedingung zugelassen werden. Durch (16.ii) will Barr widersprüchliche und unsinnige - also notwendig und immer falsche -

114 Ebd. S. 262

115 Nach Reihenfolge ihres Auftretens in (17) stehen die Variablen für "... 'friction acting on *x*', 'buoyancy acting on *x*', and 'deflecting magnetic forces acting on *x*' " Ebd. S. 263

116 Barr, W. F. (1971), S. 265

Aussagen eliminieren. Es hat den Anschein, daß in den idealisierten Bedingungen nur komparative und quantitative Begriffe auftreten sollen, so daß an den Instanzen, die unter diese Begriffe fallen, ein Ausprägungs*grad* der postulierten Eigenschaft "operativ" ermittelt werden kann. Dies stellt die syntaktische Bedingung, was Barr auch bekannt ist, nicht sicher. Grundsätzlich sind auch qualitative Begriffe in der Form "$f^n(x_1, x_2, ..., x_n)$" darstellbar: wenn $x$ die Eigenschaft $f$ besitzt, gilt $f(x) := 1$, wenn nicht, dann $f(x) := 0$ (auch dies kann man in gewissem Sinn "operativ" feststellen). Bezeichne "$E$" die Eigenschaft, ein Einhorn zu sein und "$S$" die Eigenschaft, zwei Flügel zu besitzen. Die existenzquantifizierte Formel $F$ nach (16) lautet "$(\exists x)\ (e(x) \wedge s(x))$". Laut Bedingung (16.iv) muß aus $F$ eine Formel $F'$ konstruierbar sein, die durch das Ersetzen der den Individuenvariablen zugeordneten Werte durch Variablen entsteht:

(19) $(\exists x)\ [(\exists y_1)\ (e(x) = y_1) \wedge (\exists y_2)\ (s(x) = y_2)]$

$y_1$ ist in diesem Fall nur Platzhalter für die 0, während $y_2$ die Werte 0 und 1 annehmen darf, damit für (19) der Wahrheitsnachweis gelingen kann. Da Barr hier nur verlangt, daß es Substitute für die Zustandsvariablen gibt, aus deren Verwendung ein wahrer Satz resultiert, sind sogar Existenzquantifikationen möglich, die für jedes Objekt trivial verifizierbar sind, z. B. "$(\exists x)\ [(\exists y_1)\ (e(x) = y_1) \wedge (\exists y_2)\ (s(x) = y_2) \wedge (\exists y_3)\ (z(x) = y_3)]$" mit $E$, $S$ und $Z$ für "Einhorn sein", "Flügel haben" und "zehntausend Jahre alt sein". Wenn $y_1 = y_2 = y_3 = 0$, dürfte die Anzahl der verifizierenden Instanzen ziemlich groß sein. Bezüglich der Frage, was als Zustandsvariable noch zulässig ist, gibt Barr selbst wenig Auskunft. Im Hinblick auf (8) vermute ich allerdings, daß er nur wenig ausschließt. Allerdings ist fraglich, welche Art von "Normalverständnis" aus $A'_1, ..., A'_5$ idealisierte Antecedensbedingungen, die (16) erfüllen, machen könnten. Ein Autor, der die Eigenschafts- oder Tätigkeitsprädikate "ist rational", "versucht, politische Unterstützung zu maximieren", "ist selbstsüchtig", "hat ausschließlich politische oder ökonomische Ziele" und "verfügt über faktisch korrekte Informationen" als operationale Ausdrücke bezeichnet, scheint nur über wenig Informationen bezüglich der Probleme ökonomischer Begriffsbildung zu verfügen. Im Hinblick auf die zuvor genannten Prädikate kann man sich zwar Ausprägungsgrade vorstellen, aber viel schwerer Verfahren, diese zu ermitteln. Selbst die Entscheidung zwischen "Eigenschaft ... liegt vor" und "Eigenschaft ... liegt nicht vor" könnte schwierig sein.

(18) hat noch einen kleinen, leicht heilbaren Mangel: Nach Barrs Formulierung wird zur Verifikation der existenzquantifizierten Formel $F'$ ver-

langt, daß für die drei Zustandsvariablen *f*, *b* und *d* nur eine Variable *y* für Wertausprägungen der Zustandsvariablen existiert.[117]

Von Bedeutung ist das Insistieren auf der Verifikation, nicht nur der Verifizierbarkeit von (18). Danach müssen Messungen mit dem Ergebnis bestimmter Meßwerte durchgeführt worden sein, um bestimmte - andere - Werte als Idealisierungen auszeichnen zu können. Diese Bestimmung harmoniert mit der Vorstellung der Idealisierung als deformativer Veränderung von Repräsentationen, die - verkörpert in der zu verändernden Repräsentation - ein Wissen voraussetzt über Merkmale und deren Ausprägungen. Das Vorliegen von Meßwerten indiziert ein Wissen über die in realen Universen für möglich gehaltenen Merkmalsausprägungen.

Als syntaktische und semantische Analyse so komplexer Ausdrücke wie (3) und (4) schlägt Barr das folgende Konzept vor:

(20) "*I-Case*. A formula *F* is an *ideal case* only if
  (i) *F* is logically equivalent to a universal conditional statement *F'* such that the antecedent of *F'* is an ideal condition, and
  (ii) *F* is not logically equivalent to a statement $F^*$ such that (a) $F^*$ is in prenex normal form, (b) the statement function of $F^*$ following the quantifiers is in fully expanded disjunctive normal form, and (c) an ideal condition does not occur in $F^*$."[118]

Die notwendigen Bedingungen in (20) werden von Barr wie folgt erläutert:

ad (i) Logisch äquivalente Reformulierungen von *F*, in deren Antecedens keine idealisierten Bedingungen stehen, sollen nicht ausgeschlossen sein.[119]

ad (ii) Fälle wie

(21) $(\Xi \rightarrow \neg\Xi)$

mit "$\Xi$" als Symbol einer I-Bedingung sollen ausgeschlossen sein, da (21) mit "$\neg\Xi$" logisch äquivalent ist: Die Negation einer I-Bedingung soll nicht die Bedingungen von (20) erfüllen können. Sei $\Xi =: M_1x \wedge M_2x$, d. h. ein

---

117 Vgl. (16.iv)

118 Barr, W. F. (1971), S. 265

119 Nach dieser Bedingung sind sowohl (3) als (4) bzw. Rekonstruktionen des idealen Gasgesetzes, die die idealisierten Bedingungen in die Dann-Komponente schieben, akzeptabel.

Teil des Antecedens von (3). Dann kann (21) zu (21)' bzw. (21)'', (21)''' und (21)'''' umgeschrieben werden:

(21)' $(M_1x \wedge M_2x) \rightarrow \neg(M_1x \wedge M_2x)$
(21)'' $(M_1x \wedge M_2x) \rightarrow (\neg M_1x \vee \neg M_2x)$
(21)''' $\neg M_1x \vee \neg M_2x$
(21)'''' $M_1x \rightarrow \neg M_2x$

Alle Versionen von (21) sind logisch äquivalent. (20.ii) dient auch der Elimination von Fällen wie

(22) $(\Xi \vee \neg\Psi) \rightarrow (\Xi \wedge \Psi)$

$\Xi$ ist wie gehabt eine I-Bedingung und $\Psi$ ein nichtanalytischer Allsatz. Wenn $\Psi$ wahr ist, dann erfüllt das Antecedens von (22) die Bedingungen von *I-Con*" und (22) die von "*I-Case*". Dies darf nicht sein, da (22) und $\Psi$ logisch äquivalent sind: Jede kontingent wahre allgemeine Aussage ohne I-Bedingung wäre als I-Fall zugelassen.[120]

Insgesamt stellt Barrs syntaktische und semantische Analyse keine angemessenen Begriffe zur Verfügung. Die notwendigen Bedingungen, die Barr für das Vorliegen einer I-Bedingung angibt, verlangen die Verwendung von Zustandsvariablen bzw. eine operationale Zuordnung von Meßwerten. Hier hat Barr die Möglichkeit der approximativen Annäherung an den idealisierten Wert zur notwendigen Bedingung verallgemeinert. Diese ist in nichtexperimentellen Wissenschaften kaum erfüllbar. Zwar schließt (16) auch qualitative Prädikate nicht aus, was aber nicht heißt, daß (16) für diese adäquate Bedingungen liefert. Die schwache syntaktische Bedingung, die wenig ausschließt, wird - semantisch betrachtet - zu restriktiv: Nimmt man die Forderung nach Operationalisierbarkeit ernst, so fallen viele qualitative Prädikatidealisierungen aufgrund von (16.iv) als mögliche idealisierte Antecedensbedingungen heraus.

Das Konzept des I-Falles ist - so wie von Barr mit einer "Theorie" im Konsequens dargestellt - verfehlt. Es ist auf dem Hintergrund der Barrschen Bemühungen zu interpretieren, alles Idealisierte in die Antecedensbedingungen abzuschieben, um so wenigstens die physikalischen Gesetze "idealisierungsfrei" zu halten. Aus diesem Grund unterscheidet Barr auch

120 (22) ist auch mit "$\Psi \wedge (\Xi \vee \neg\Xi)$" bzw. mit jeder anderen, mit $\Psi$ konjunktiv verknüpften Tautologie logisch äquivalent.

zwei Arten von Annahmen. Wenn er auch bei der Diskussion des Downs-Beispiels den Eindruck vermittelte, als sei (8) sowohl als I-Bedingung als auch als I-Theorie rekonstruierbar, so will er letztlich darauf hinaus, daß die Verwendung der einen oder der anderen Annahmenart zwischen Theorien semantisch differenziert: "... theories containing the first sort and theories containing only assumptions of the second sort are semantically quite different. For when the assumptions are considered as the conditions under which the theory holds, then the theory will still be true even though the assumptions fail to obtain. But when the assumptions are taken as an economical way of presenting the theory, then, since there will be no other assumptions under which the theory holds and since the assumptions which are axioms in the theory will not hold, the theory is false."[121] Daß die sog. Theorie im ersten Fall bedingt behauptet wird, läßt die Möglichkeit ihrer Falschheit zu, ohne daß falsifizierende Evidenz auf die "Theorie" gelenkt wird. Im zweiten Fall lenkt das Fehlen der Bedingung sofort alle Evidenz auf die "Theorie". Die Axiome der "Theorie", die diese repräsentieren, sind falsch, und damit auch die "Theorie" selbst: "For we have noted that since the idealized theories proposed by social scientists *are* idealized, they are false."[122] Ein Beispiels eines solchen Axioms ist "Alle Personen handeln mit vollständiger Rationalität". Wenn ein Satz wie der eben genannte in einem Axiomensystem einer ökonomischen Theorie enthalten ist, dann ist diese Theorie falsch. Im Gegensatz dazu wird keine physikalische Theorie falsifiziert, weil es keine idealen Gase gibt - dies allein deswegen, weil die I-Bedingung der "Theorie" vorangestellt wird. Vermutlich mit Anlehnung an Barr stellt Hausman im Hinblick auf Idealisierungen in der Ökonomik fest: "Unconditional ideal assertions are always false."[123]

Barr reduziert die Analyse von Idealisierungen ausschließlich auf die von Syntax und Semantik konditionaler Aussagen. Wenn man unter "Theorie" mehr als einen (einige) Allsatz (Allsätze) verstehen will, dann beruht die Feststellung der Bedingungen, unter denen eine Theorie "gilt", auf mehr als der Feststellung der Wahrheit einiger Antecedensbedingungen. Dies ist eine Frage gänzlich anderer Natur als die nach der Semantik universeller Konditionale. Tatsächlich wird weder das Problem idealisierter naturwissenschaftlicher Gesetzesaussagen dadurch gelöst, daß sie so rekonstruiert werden, daß ihnen die idealisierten Annahmen im Verbund

121 Barr, W. F. (1971), S. 269
122 Ebd. S. 270
123 Hausman, D. M. (1981), S. 146

vorangestellt werden, noch das des epistemologischen Stellenwertes von axiomatisierten Theorien besonders tangiert dadurch, daß dem Axiomensystem keine idealisierten Bedingungen voran gestellt werden. Ganz sicher liegen auch in den Naturwissenschaften axiomatisierte Theorien vor. Der epistemologische Status axiomatisierter Theorien bzw. ihrer Axiome ist für die Thematik der Idealisierung sicher relevant, aber nicht auf der vereinfachten Basis, daß "... that theory is simply an incomplete instance of the ideal case and, therefore, would need other assumptions that play the first role to complete the theory."[124]

Wenn die idealisierten Bedingungen zum Gesetz hinzugerechnet werden, vermeidet man die künstliche Trennung zwischen Idealisierung und Gesetz, die durch die von Antecedens und Konsequens eines Konditionals nicht gerechtfertigt wird. Dieses Vorgehen hat den Vorteil, daß der Begriff des I-Falles nicht benötigt wird und keine Nachteile, sobald man sich von der Vorstellung löst, die Empirizität des Gesetzes hinge davon ab, daß es selbst die Idealisierungen nicht enthält. Ein Konzept des I-Falles, das mehr als die Untersuchung idealisierter konditionaler Ausdrücke sein soll, ist daher überflüssig.

Eine Explikation des Begriffs der *idealisierten Theorie* ist auf der Basis linguistischer Versionen der Theorie generell nicht zu erwarten. Diese bedarf der Rekonstruktion der Theorien und ihrer Semantik, die von konkreten linguistischen Formulierungen unabhängig ist. Durch die Analyse der Syntax und Semantik (und einer eventuell noch hinzuzufügenden Pragmatik) von Konditionalen wird kein allgemeines metatheoretisches Konzept für den Begriff der idealisierten Theorie zur Verfügung gestellt. Dieser ist zwar - im Vergleich zu den vorgenannten Konzepten I-Bedingung bzw. I-Fall - relevant, muß jedoch relativ zu einer adäquaten metatheoretischen Theorienkonzeption expliziert werden.

Barrs Konzeption der I-Theorie hat neben - und aufgrund - ihrer Bezugslosigkeit zu den Gebieten der Wissenschaftstheorie, die sich um die Explikation eines adäquaten Theoriebegriffs bemüht, folgende Mängel:

1. Die Konfundation mit dem unklaren Begriff der "Annahme",
2. die Verankerung in dem fragwürdigen Konzept des I-Falles,
3. die Angabe von notwendigen Bedingungen, die keinen kontingenten nichtidealisierten Satz ausschließen, soweit dieser die - unbekannten - Kriterien der Gesetzesartigkeit zu erfüllen vermag.

---

124 Barr, W. F. (1971), S. 269

Daß (10) von nichtidealisierten Gesetzen erfüllbar sein könnte, ist im Hinblick auf Barrs Differenzierung zwischen physikalischen und sozialwissenschaftlichen Idealisierungen konsequent. Diese ist allerdings auch der Grund für die Schwäche der notwendigen Bedingungen in (10) und die Restriktivität der semantischen Bestimmung in (16). Selbst wenn pragmatische Erwägungen ausgeklammert werden, müßte die Konzeption der I-Bedingung modifiziert werden, um einige adäquate notwendige Bedingungen zu erhalten. Sobald pragmatische Erwägungen relevant werden, können hinreichende Bedingungen für idealisierte konditionale Ausdrücke auf der Basis allein syntaktischer und semantischer Bestimmungen nicht gegeben werden.

1974 reicht Barr den Aufsatz "A Pragmatic Analysis of Idealizations in Physics" nach. Die "Pragmatik" bezieht sich jedoch nicht auf die Bestimmung der Idealisierung selbst, sondern - ähnlich wie bei Rudner - nur auf deren *Verwendung*, z. B. in Erklärungsargumenten. Barr will Entscheidungshilfen für die Akzeptanz von Idealisierungen liefern. Er nimmt dabei neben einer Beschränkung auf physikalische Repräsentationen eine semantische Änderung vor, indem er seine Analyse wesentlich auf dem Begriff der *Approximation* aufbaut.[125]

Barr benötigt den Begriff der Approximation mindestens aus drei Gründen:

1. Der Einsatz von idealisierten Gesetzen in DN-Systematisierungen führt zu Explananda bzw. Prädikanda, die die Sätze, die das zu erklärende bzw. vorherzusagende Ereignis beschreiben, im besten Fall nur approximieren.
2. Der Einsatz von idealisierten Bedingungen in DN-Systematisierungen ist nur dann akzeptabel, wenn diese an Beschreibungen aktueller Bedingungen approximieren oder wenn die idealisierten mit den als real angenommenen Bedingungen durch sog. *Zusatzpostulate* verbunden werden.

---

125 Barr benutzt dieses Konzept auf vierfach verschiedene Weise, ohne mögliche Zusammenhänge zu erläutern:
1. Gesetze approximieren andere Gesetze
2. Gesetze gelten mit bestimmtem Approximationsgrad
3. Theorien liefern approximative DN-Erklärungen für Gesetze
4. Explanandumsätze approximieren andere singuläre Sätze
Vgl. Schwartz, R. J. (1978), S. 601

3. Ein idealisiertes Gesetz kann dadurch gestützt werden, daß aus einem allgemeineren ein Gesetz folgt, das es approximiert.

Um idealisierte Gesetze für DN-Erklärungen zuzulassen, benennt Barr zwei weitere Prämissen:

4. Gesetze, die nur approximativ gelten, werden in DN-Erklärungen zugelassen.
5. Idealisierungen können approximativ wahre Gesetze sein.

Barr hat die Semantik der idealisierten Allsätze im Vergleich zur vorher diskutierten Publikation verändert, was allerdings nur aus der Interpretation des Definiens in (23) hervorgeht:

(23) "*I-Theory*. A set of statements *T* is an *idealized theory* if and only if
(i) each statement in *T* is a universal law,
(ii) the conjunction of the statements is contingently false, and
(iii) *T* is known to hold under ideal conditions."[126]

Im Vergleich zu (10) hat Barr folgende Veränderungen vorgenommen: er gibt notwendige und hinreichende Bedingungen an; (i) verlangt mehr, als daß die "I-Theorie"-Anwärter die syntaktischen und semantischen Merkmale von universellen Gesetzen haben - nämlich, daß sie universelle Gesetze *sind*; (iii) ist neu hinzugekommen. Die Bedingungen (i) und (ii) werden von Barr völlig neu kommentiert: "Condition (i) entails that each statement in *T* is at least approximately true, and (ii) entails that at least one of the statements in *T* is at most approximately true. This makes the analysis suffer from the vagueness which is involved in the notion of approximation."[127]

Die Interpretation zu (i) ist nur aufrechtzuerhalten, wenn idealisierte universelle Gesetze wenigstens approximativ wahr sein können. (ii) soll dann zum Ausdruck bringen, daß ein approximativ wahres Gesetz "streng genommen" falsch ist. Barrs Definition basiert weiterhin auf der Annahme, daß nicht alle approximativ wahren Allsätze zugleich Idealisierungen sind (sonst wäre (iii) überflüssig). Ich werde im folgenden nicht nur *T* - also die Konjunktion der "idealisierungsfreien" Gesetze - betrachten, sondern die gesamte kuriose Kombination von idealisierten Bedingungen als Antece-

126 Barr, W. F. (1974), S. 55
127 Ebd.

dens und die Konjunktion von höchstens approximativ wahren Gesetzen als Konsequens. Jeder Satz, der idealisierte Antecedensbedingungen enthält und (23) erfüllen könnte, wird als "idealisierter Allsatz" bezeichnet. Wenn es für alle Sätze gilt, daß sie als präzise behauptet werden, aber nur approximativ gelten, dann kann Approximation nicht die Ausgangsbasis für eine Analyse von Idealisierungen sein (es sei denn, die Semantik der Idealisierung baut auf der Approximation auf oder wird sogar mit ihr identifiziert).

Neben anderen sind folgende Varianten bezüglich der Beziehung zwischen gesetzesartiger Allbehauptung, Idealisierung und approximativer Wahrheit möglich:

$V_1$ Alle Allsätze, die nur als approximativ wahr gelten, sind Idealisierungen.

$V_2$ Einige Allsätze, die nur als approximativ wahr gelten, sind Idealisierungen.

$V_3$ Jeder Allsatz, der idealisierte Bedingungen im Antecedens enthält, ist eine Approximation.

(23) basiert auf Variante 2. Die dritte Variante wird von Humphreys als *approximative* Gesetzesform bezeichnet.[128]

Eine Möglichkeit, Variante 1 aus dem Entstehungszusammenhang von Idealisierungen zu begründen, findet sich bei Nagel[129]. Sie beruht auf der Annahme, daß Gesetze nur durch Idealisierung *exakt formuliert* werden können und gilt als *logische Strategie* zur Formulierung universeller Gesetze für "reine Fälle". Da es nach Nagels Ansicht auch in der Physik kaum perfekte Übereinstimmung zwischen experimentellen Ergebnissen und den Behauptungen universeller Gesetze gibt, hätten letztere ohne die Anwendung der Strategie vermutlich nur statistischen Charakter.[130] Das

---

128 Humphreys, W. C. (1968), S. 129 ff. Im Gegensatz zur sog. exakten Gesetzesform, bei der alle Antecedensbedingungen angegeben sind, fehlen einige bei der sog. approximativen Form. Idealisierungen sind nach Humphreys Konzeption approximative Formen, deren Antecedensbedingungen "streng genommen" falsch sind oder deren Wahrheit bzw. Falschheit nicht entscheidbar ist.

129 Nagel, E. (1961), S. 313 und 463

130 Die Diskrepanz zwischen präzisen Behauptungen und experimentellen Ergebnissen ist nicht ausschließlich in einen statistischen Zusammenhang auflösbar. Gilt ein präzise formuliertes Gesetz nur mit Wahrscheinlichkeit, dann könnte dies auch heißen, daß es in $1-\epsilon$ Prozent der Fälle exakte Ergebnisse gegeben hat. Auch ein probabilistisches Gesetz kann im Prinzip perfekt mit den experimentellen Ergebnissen übereinstimmen.

Fallgesetz würde z. B. nichts weiter zum Ausdruck bringen als eine *Korrelation* zwischen Geschwindigkeit, Gewicht und Gestalt fallender Körper; anstelle einer Proportionalität zwischen der Distanz und der Zeitdauer des Falls ergäbe sich ebenfalls nur eine Korrelation dieser Faktoren. Der Zweck der Idealisierung besteht darin, den Abweichungen zwischen der Behauptung eines Gesetzes und den experimentellen Ergebnissen dadurch gerecht zu werden, daß die Gesetze nur *bedingt* für idealisierte Fälle als gültig angesehen werden. Jeder exakt formulierte Ausdruck müßte laut Nagel idealisiert sein und nur approximativ gelten: "However, the conclusion that all physical theories and laws are 'statistical' is trivial though true, if it is understood in the sense that quantitative data obtained by experimental measurement confirm numerical laws only approximately, and not with absolute precision."[131]

Mit (10) hätte Barr nicht viel als mögliche idealisierte Theorie ausgeschlossen. Jeder Satz, der die - nicht explizierten - syntaktischen und semantischen Merkmale eines universellen Gesetzes erfüllt, bliebe in einer kontingent falschen Konjunktion von Allsätzen zugelassen. Der Rückgriff auf (23) bringt neben dem Hinweis auf die Geltung von *T* unter idealisierten Bedingungen durch die Verbindung mit dem Begriff der Approximation eine mit philosophischen Problemen belastete Einschränkung der nicht idealisierten Gesetze im Konsequens des I-Falles auf mindestens und höchstens approximativ wahre. Diese Einschränkung wird vermutlich dazu führen, daß nur wenige Sätze als Bestandteile der Konsequentia von I-Fällen in Frage kommen: Barr verlangt in der Interpretation von (23.i), daß jede Aussage in *T* wenigstens approximativ *wahr* ist. Ein grundsätzliches Problem ist neben der Explikation des Begriffs der Approximation selbst die Approximation zwischen Allsätzen. Eine Akzeptanz von Barrs Explikat ist daher auch davon abhängig, worauf sich die Auszeichnung von idealisierten Sätzen als approximativ wahre begründet. In welchem Maße ein *singulärer* Satz *E* einen *singulären* Satz *E'* approximiert, ist explizierbar (z.B. auf Basis von Abstandskonzepten, Ähnlichkeitsrelationen etc.), weil man auf die Entitäten, die diese Sätze wahr machen, zurückgreifen kann. Wenn ein singulärer deskriptiver Satz als approximativ wahr bezeichnet wird, wird als Bezugspunkt ein wahrer oder als wahr akzeptierter Satz benötigt. Eine Auszeichnung im Sinne von "*E* ist wahr bzw. als wahr akzeptiert" würde ausreichen. Wann die Abweichung zwischen *E* und *E'* klein genug ist, damit *E'* noch als approximativ *wahr* (bzw. als approximativ

131 Nagel, E. (1961), S. 313

wahr akzeptiert) gilt, dürfte - worauf auch Barr verweist - wesentlich von den pragmatischen Umständen bzw. den jeweiligen Anwendungsintentionen abhängen. Schwartz gibt dafür ein Beispiel: "Defining approximate truth is a tricky affair and I will not attempt that here. In physics, statements like 'Mass A has a velocity of 10 meters per second' may be taken to be true when in fact mass A has a velocity of 10.1 meters per second. But the statement 'Galileo was born in 1566' is generally considered false when given in response to an appropriate question on a history test. Both statements are 'close' to being true, but one is counted as true while one is counted as false."[132]

Es erscheint dennoch als aussichtsreicher, einen Grad der Approximation zwischen singulären Sätzen ermitteln zu können, als bei Allsätzen. Was könnte es heißen, daß ein Allsatz $S'$ als approximativ wahr gilt? Da ein Wahrheitsnachweis - wie auch bei singulären Sätzen - nicht möglich ist, könnte man sich, ähnlich wie bei singulären Sätzen, an einem als wahr akzeptierten Satz $S$ orientieren, an den $S'$ in hinreichendem Maße approximiert. Es gibt mehrere Möglichkeiten, worauf ein als wahr zu akzeptierender Satz seine Akzeptanz begründen könnte, z. B. auf Bestätigungstheorien und/oder eine Form *rationaler Akzeptierbarkeit*. Auf der Basis einer epistemologischen Wahrheitsauffassung könnten idealisierte Allsätze für (23) zur Verfügung stehen, die entweder an bereits akzeptierte Allsätze approximieren oder sich mit akzeptierten Fehlermargen in wissenschaftlichen Systematisierungen bewährt haben. Wenn es möglich wäre, die Approximationsrelation zwischen Allsätzen zu explizieren, dann wäre zumindest eine Voraussetzung für das gegeben, was Barr womöglich im Auge hatte: in den Naturwissenschaften angesiedelte Idealisierungen mit als zulässig angesehenen Abweichungen gegenüber als wahr akzeptierten Allsätzen.

Wenn Barr versucht, Idealisierungen als *Methodik* auf Basis einer Kalkulation des Grades der empirischen Abweichungen der idealisierten von den sog. realen Bedingungen in den Griff zu bekommen, dann sind die Ergebnisse der "Kalkulationen" vermutlich singuläre Sätze bzw. mit solchen äquivalent: "The pivotally important characteristic of idealized theories in science is that they *are* approximated by actual phenomena, and the important characteristic of the ideal conditions under which these theories

---

132 Schwartz, R. J. (1981), S. 606

hold is that they provide a means to account for many of the deviations of the idealized theories from that actually occurs."[133]

Ausdruck und Ergebnis der Bestimmung bzw. Messung der Abweichung sind bei Barr die sog. Zusatzpostulate (additional postulates). Im Optimalfall werden diese gleich zusammen mit den idealisierten Bedingungen entwickelt: Sie geben z. B. im Falle der Kepplerschen Gesetze an, wie stark die Gravitationskräfte anderer Planeten den Planetenorbit um die Sonne beeinflussen, d. h. wie groß die Abweichung vom exakten Orbit ist. Werden die gravitationalen Auswirkungen anderer Planeten berücksichtigt, kann die Umlaufbahn eines Planeten genauer vorausgesagt werden. Nach Barrs Ansicht bedarf es auch bei der Verwendung der I-Fälle in Erklärungsargumenten wesentlich dieser Zusatzpostulate. In der Folge sind in ein Explanans mit einem idealisierten Gesetz als "covering law" in die Prämissenmengen ergänzend Zusatzpostulate aufzunehmen. Daher ist ein solches Argument zwangsläufig komplexer als eines, das kein idealisiertes Gesetz bzw. keinen I-Fall im Explanans enthält: "Along with formulating the ideal conditions ... scientists have developed additional postulates which connect the ideal conditions with actual conditions so that derivations between the laws holding under these ideal conditions ... and actual cases can be taken into consideration and accounted for."[134]

---

133 Barr, W. F. (1974), S. 56

134 Ebd. S. 57. Wie fungiert ein I-Fall als Gesetzesaussage in einer DN-Erklärung? Barr gibt ein Beispiel mit dem idealen Gasgesetz als "covering law", das ich in der rekonstruierten Fassung (3) verwende:

| | |
|---|---|
| I-Fall: | $(\forall x)\ [M^{\sim}x \rightarrow (Gx \wedge Bx \wedge Tx \rightarrow (Vx \leftrightarrow Px))]$ |
| 1. Bedingung: | alle Moleküle von *a* sind perfekt elastisch und kugelförmig, haben gleiche Massen und Volumen, vernachlässigbare Größe und üben - abgesehen von Kollisionen - keine Kräfte aufeinander aus ($M^{\sim}a$) |
| 2. Bedingung: | *a* ist ein Gas (*Ga*) |
| 3. Bedingung: | *a* wird in einen Behälter von variabler Größe gegeben (*Ba*) |
| 4. Bedingung: | *a* wird konstant gehaltener Temperatur ausgesetzt (*Ta*) |
| 5. Bedingung: | das Volumen des Behälters, in dem sich *a* befindet, wird von 0,14 auf 0,07 Kubikmeter gesenkt (*Va*) |
| Explanandum: | der Druck, dem *a* ausgesetzt ist, steigt von 1 auf 2 Atmosphären (*Pa*) |

Für Barr ist das Hauptproblem bei dieser Systematisierung die erste Bedingung: "It is an ideal condition. An ideal condition is a statement that is false" (S. 57). Die Adäquatheitsbedingungen für DN-Erklärungen verlangen jedoch meist, daß die Antecedensbedingungen entweder wahre oder als wahr akzeptierte Sätze sind.

Wenn die Bedingungen 2, 3, 4 und 5 wahr sind bzw. als wahr akzeptiert werden und die Bedingung 1 zugleich falsch ist, dann wurde kein ideales Gas in den Behälter gegeben. Wenn *a* kein ideales Gas ist, wird auch das Explanandum (*Pa*) nicht wahr sein, sondern höchstens ein $P^{*}a$: "der Druck, dem *a* ausgesetzt ist, steigt von 1 auf 2,1 Atmosphären".

Soll (3) in DN-Erklärungsargumenten eingesetzt werden, wird ein praktisches Wissen darum benötigt, welche Abweichungen von den Antecedensbedingungen zu welchen Abweichungen im Konsequens führen. Schon Nagel betonte, daß diese zusätzlichen Annahmen sehr kompliziert, unpräzise und auch nicht immer vollständig bekannt sein können. Ihre Ermittlung wird durch eine Experimentalwissenschaft erleichtert, die die Approximationsgrade ausgetestet hat "... to bridge the gap between the ideal case for which the law is stated and the concrete circumstances to which the law is applied."[135]

Auch bei der Spezifikation der Anwendungsbedingungen eines Gesetzes werden Zusatzpostulate ermittelt. Barr geht es in diesem Zusammenhang insbesondere um die Frage, ob eine Theorie, deren Antecedensbedingungen nicht bzw. nicht vollständig bekannt sind, als idealisiert bezeichnet werden kann. Dies ist dann ein Problem, wenn man wie Barr annimmt, daß die Antecedensbedingungen vollständig erst durch die allgemeinere historische Nachfolgetheorie spezifizierbar sind: "The clarification of antecedent conditions of a theory is, of course, a long range project for scientists working with any theory in a scientific discipline."[136] Erst durch die Nachfolgetheorie ist sicherstellbar, daß *die* idealisierten und die aktuellen Bedingungen eines I-Falles durch Zusatzpostulate verbunden und dieser in Erklärungs- oder Vorhersageargumenten eingesetzt werden kann. Der idealisierte Allsatz ist dann erst anwend- und bewertbar, wenn er de facto überflüssig ist. Barr gesteht jedoch zu, daß I-Fälle auch dann in DN-Systematisierungen verwandt werden können, wenn Teile der idealisierten wie nichtidealisierten Antecedensbedingungen unbekannt sind. Im Wissenschaftsalltag - dies ist ein weiterer pragmatischer Anteil in Barrs Untersuchung - soll die unvollständig spezifizierte Idealisierung dann nicht zurückgewiesen werden, wenn sie zahlreiche Anwendungsfälle hat.

Der I-Fall ist annehmbar, wenn idealisierte Bedingungen vorhanden sind, die von aktuellen approximiert werden: "If it is the case that the more the antecedent is approximated the more the consequent is approximated, then we have reason to accept the ideal case; if this is not the case, then we

---

Da es vermutlich kein ideales Gas gibt, kann Bedingung 1 nicht erfüllt werden. Trotzdem kann die Bedingung im Explanans akzeptiert werden. Die Voraussetzung dafür ist, daß eine Bedingung 1' existiert, die Bedingung 1 approximiert und die Adäquatheitsbedingungen für DN-Erklärungen erfüllt.

135 Nagel, E. (1961), S. 463

136 Barr, W. F. (1974), S. 61

have reason to reject the ideal case."[137] Barr ist streng genommen darauf angewiesen, daß ein komparativer Begriff von Approximation zur Verfügung steht. Im Optimalfall - so könnte man sich vorstellen - steht für jeden im Kontext von Bestätigungstheorien positiv ausgezeichneten idealisierten Allsatz jeweils eine Menge von Antecedentia und Konsequentia zur Verfügung, deren Elemente nach ihrem Approximationsgrad relativ zu einer Standardrepräsentation geordnet sind.

Barrs semantische Charakterisierung der I-Theorie als Menge mindestens und höchstens approximativ wahrer Allsätze ist solange unanwendbar, wie keine Explikation des Konzepts der Approximation erfolgt ist. Auf der Basis einer solchen Explikation läßt sich jedoch die Semantik von Idealisierungen nicht bestimmen: Sie könnten bestenfalls im Rahmen einer Bestätigungstheorie als "approximativ wahr" bewertet werden. Berücksichtigt man Laymons Arbeiten bei der Beurteilung von (23), so ist die Attribuierung von Idealisierungen als "approximativ wahr" aber überflüssig, solange sie keine zusätzlichen Informationen enthält, außer daß eine Theorie bestimmte Überprüfungen bestanden hat. Eine solche Auszeichnung erfolgt meist über die Erstellung approximativer Beziehungen zwischen Modellen oder singulären Sätzen - bei Barr über die Erstellung von Beziehungen zwischen den sog. Real- und Idealbedingungen. Barr verwendet den Begriff der Approximation auf vielfältige, aber nicht immer einleuchtende Weise, wenn er sich auf approximative Beziehungen zwischen linguistischen und nichtlinguistischen Entitäten beruft: Die Möglichkeit der Entwicklung der sog. additional postulates begründet er beispielsweise damit, daß die idealisierten Theorien von den aktuellen Phänomenen approximiert werden.[138]

---

137 Ebd. S. 59. Barr zitiert Galilei, um anhand des Fallgesetzes zu zeigen, wie Körper in einem sukzessive immer weniger Widerstand leistenden Medium fallen. Wissenschaftler geben durch "additional postulates" an, wie die Dichte des Mediums, in dem ein Körper fällt, dessen Falldauer beeinflußt: "... imagine lead to be ten thousand times as heavy as air while ebony is only one thousand times as heavy. Here we have two substances whose speeds of fall in a medium devoid of resistance are equal: but, when air is the medium, it will subtract from the speed of the lead one part in ten thousand, and from the speed of the ebony one part in one thousand, i.e. ten parts in ten thousand. While therefore lead and ebony would fall from any given height in the same interval of time, provided the retarding effect of the air were removed, the lead will, in air, lose in speed one part in ten thousand; and ebony, ten parts in ten thousand. In other words, if the elevation from which the bodies start be divided into ten thousand parts, the lead will reach the ground leaving the ebony behind as much as ten, or at least nine, of these parts. Is it not clear then that a leaden ball allowed to fall from a tower two hundred cubits high will outstrip an ebony ball by less than four inches?" Ebd. S. 58

138 Vgl. ebd. S. 56. Theorien können nicht von Phänomenen approximiert werden. Die Erstellung einer Approximationsrelation setzt einen Vergleich zwischen Entitäten gleicher

Meint Barr mit einem mindestens oder höchstens approximativ wahren Allsatz einen über Bestätigungskonzeptionen ausgezeichneten Allsatz, dann sind idealisierte Theorien nach Barr nur solche Allsätze bzw. deren Konjunktionen, die u. a. einem Überprüfungsvorgang unterzogen werden konnten. Damit hätte man eine Verschärfung der entweder schon zu restriktiven oder zu schwachen Bedingungen - dies hängt von der Explikation der Kriterien der Gesetzesartigkeit ab - in (23) erzielt, indem aus der Menge der I-Theorie-Anwärter eine Teilmenge von Sätzen ausgewählt wird, die mit positivem Ergebnis überprüft wurden. Ausgeschlossen dürften dabei wiederum Sätze bleiben, die nicht aus Experimentalwissenschaften stammen. Hempels Bestreben, die Einheit der Methode ungeachtet der Existenz der Idealtypen zu erhalten, wird durch Explikationen des Begriffs der Idealisierung auf der Basis von Teilkonzepten (wie idealisierten Gesetzen, Antecedentia etc.) und der Bedingungen der operationalen Klarheit und der sog. Extremwertevidenz weitgehend konterkariert.

Seit Jahren beschäftigt sich Laymon mit dem Problem der Überprüfung idealisierter Theorien. Auch mit dem Konzept und der Relevanz der Approximation im Zusammenhang mit idealisierten Theorien hat sich Laymon in der jüngeren Vergangenheit in mehreren Artikeln befaßt.[139] Seine Ergebnisse sollen hier kurz skizziert werden. Aus ihnen geht - wie nicht anders zu erwarten ist - einerseits hervor, daß Approximationen bei der Anwendung idealisierter Theorien eine Rolle spielen; andererseits ist eine Attribuierung von Idealisierungen, die nach Überprüfungen positiv bewertet werden, als approximativ wahr, überflüssig.

Laymons Vorstellungen zur Bestätigung idealisierter Theorien basieren ganz traditionell auf der Ableitung von Prognosesätzen. Ausgangspunkt der Diskussion der empirischen Überprüfbarkeit idealisierter Theorien ist die sog. hypothetisch-deduktive Methode. Diese erfordert ähnlich wie in Barrs Konzeption eine künstliche Trennung zwischen Theorie und Idealisierung:

(24) $$\frac{(T \wedge I) \Vdash P \qquad \neg P}{\neg T \vee \neg I}$$

---

Art voraus, kann also z. B. zwischen jeweils mengentheoretischen oder jeweils linguistischen Entitäten entstehen.

139 Vgl. Laymon, R. (1980), (1982) und (1985)

Nach mißlungener Prognose (P) schützt die Falschheit der Idealisierung (I) die Theorie (T) vor der Widerlegung.[140] Dies ist kein überraschendes Ergebnis, da Idealisierungen aufgrund ihrer Falschheit zu Verzerrungen oder Störungen der Berechnungen führen. Allerdings liegen die Folgen für die hypothetisch-deduktiven Methode nicht in der gewünschten Richtung, da nun nur noch falsche Theorien, die mit verzerrenden Idealisierungen verknüpft sind, zu korrekten Vorhersagen führen können: "Hence, given a true theory, the prediction cannot be true ... Only a false theory, when conjoined with a biased idealization, could lead to a correct prediction."[141] Nach Laymons Ansicht werden dadurch die bekannten Prinzipien auf den Kopf gestellt: eine falsche Vorhersage wird zur notwendigen Bedingung für die Bestätigung, eine korrekte Vorhersage ist ein sicheres Zeichen für die Falschheit der Theorie.[142] Der Vorhersageerfolg, so Laymon, rechtfertige die Einführung von Idealisierungen jedenfalls nicht. Vielmehr gilt, daß "... the use of idealizations shields theories from both praise and blame."[143] Um diesen Schwierigkeiten zu entgehen, wurde die Voraussetzung der Wahrheit der Prämissen in DN-Argumenten häufig zur Forderung nach nur approximativer Wahrheit modifiziert:

(25) BESTÄTIGUNG

| | |
|---|---|
| $(T \wedge I) \Vdash P$ | wahr |
| $I$ | approximativ wahr |
| $\underline{P\qquad}$ | approximativ wahr |
| $T$ | wahr (oder wahrheitsfähig) |

(26) FALSIFIKATION

| | |
|---|---|
| $(T \wedge I) \Vdash P$ | wahr |
| $I$ | approximativ wahr |
| $\underline{P\qquad}$ | nicht approximativ wahr |
| $T$ | falsch[144] |

140 Vgl. Laymon, R. (1985), S. 148

141 Ebd. S. 148/149

142 Für eine Revision der Bestätigungstheorie sieht Laymon allerdings keine Basis: Neben der unterschiedlichen "Sensitivität" von Theorien für Idealisierungen können in Verbindung mit einer Theorie verschiedene Idealisierungen benutzt werden, so daß sich die durch diese entstandenen Fehler gegenseitig nivellieren. Vgl. ebd. S. 148 f.

143 Laymon, R. (1985), S. 149

144 Vgl. ebd.

Wenn die Idealisierung approximativ wahr ist, so die Idee, dann müßten aus der Konjunktion von Theorie und Idealisierung approximativ wahre Voraussagen zu folgern sein. Ein Schluß jedoch aus einer Prämissenmenge, die neben wahren Prämissen eine nur approximativ wahre enthält, ist nicht wahrheitskonservierend und daher nicht deduktiv. Das Konzept ist daher nicht tragfähig; (25) und (26) können nichts zur Rettung der hypothetisch-*deduktiven* Methode in diesem Kontext beitragen: "There is an immediate and obvious lesson to be drawn here about our proposed concept of approximate truth as a truth surrogate. Even if we assume that there exists some measure of the degree to which some input value or condition is approximately true, the theory is in no way obliged to produce this particular degree of approximate truth in its prediction."[145]

Beim Testen idealisierter Allsätze entsteht das Problem, daß neben dem üblichen Meßfehler ein weiterer entsteht, der der Idealisierung zugeschrieben werden soll. Eine mögliche Bestätigung einer Prognose wie auch ein

---

145 Ebd. S. 150. Auch Humphreys ist der Auffassung, daß logische Folgerungen aus sog. approximativen Gesetzesformen nicht deduktiv sind; diese sog. approximative Folgerung ist "... inference based on partially stated laws." Humphreys, W. C. (1968), S. 130. Daher gibt es keine - deduktiv begründete - Garantie, daß Vorhersagen, die aus der sog. approximativen Gesetzesform folgen, wahr oder auch nur annähernd wahr sind. Nach Humphreys Ansicht sind jedoch vier Typen "externer Evidenz" erhältlich, die einen guten "fit" der Vorhersagen indizieren:

1. Man variiert die Antecedensbedingungen und vergleicht den damit verbundenen Prognoseirrtum. Wenn z. B. eine Antecedensbedingung "$p(x) = 0$" gefordert wird, kann man den Prognoseirrtum auf das Vorhandensein von "$p(x) \neq 0$" zurückführen und versuchen, "$p(x) \approx 0$" herbeizuführen.
2. Man führt Zufallsvariationen der Antecedensereignisse bzw. -bedingungen durch.
3. Man bemüht sich um eine grobe Bewertung des Prognoseirrtums, der der scheinbar "größten" Verletzung der Antecedensbedingungen zugesprochen werden kann. Dies führt zu einer Ex-post-facto-Schätzung der Unsicherheit einer Prognose, die bei der Durchführung anderer Prognosen auch ex ante nützlich sein kann.
4. Man bemüht sich um eine generelle Ex-ante-Bewertung der Grenzen des Prognoseirrtums (vgl. ebd. S. 131).

Mittels dieser Methoden sollen einerseits Gesetze falsifiziert werden können, deren Antecedens nicht vollständig spezifiziert ist (idealisierte Gesetze klassifiziert Humphreys als solche, deren Antecedensbedingungen nicht vollständig bekannt, falsch oder unentscheidbar sind); andererseits sollen - insbesondere durch die zweite und dritte Methode - Einflußfaktoren auf das Konsequens separiert werden, da eine Theorie, die alle Faktoren beschreibt, die auf die im Konsequens beschriebenen Ereignisse einwirken können, empirisch bedeutungslos ist.

Diese Vorschläge vermischen die Entstehungs- und Bewertungsthematik von Hypothesen und Gesetzen. Sie sind jedoch mit Barrs Vorschlägen zur Berücksichtigung pragmatischer Aspekte bei der Bewertung von Idealisierungen kompatibel. Auch nach Barrs Auffassung sind die Antecedensbedingungen von Idealisierungen, für die noch keine Nachfolgetheorie existiert, nicht vollständig bekannt.

negatives Urteil müssen daher auf dem Verhältnis von Standard- zu "Surplus"-Bias beruhen. Sei *S* ein als approximativ wahr akzeptierter und *S'* ein idealisierter Allsatz, der an *S* approximiert. Wenn für die Geltung von *S* ein gewisser Fehlerspielraum akzeptiert wird, dann muß dieser Spielraum auch *S'* zugestanden werden *plus* einer Erweiterung, die den idealisierten Bedingungen zugeschrieben wird. D. h. der Fehler, der durch die Idealisierung entstanden ist, kann den Fehler, der der nur approximativen Geltung von *S* zugeschrieben wird, übersteigen.

Wenn z. B. die Sätze *S* und *S'* die gleichen Beobachtungskonsequenzen haben könnten, wäre es dann möglich zu sagen, daß der Fehler, der durch die Abweichung der idealisierten von den sog. realen Bedingungen entsteht, sich empirisch nicht auswirkt, wohl aber der, der die nur approximative Wahrheit von *S* begründet? Oder, daß im Gegenteil der "Abweichungsfehler" den "Unschärfefehler" in bestimmter Weise übersteigt? Dies setzt allerdings voraus, daß man - wie oben bei der hypothetisch-deduktiven Methode - die Verantwortung für die Diskrepanz der Werte splitten und wenigstens partiell auf die Idealisierung lenken kann. Dann gilt die Theorie als bestätigt, auch wenn der erwartete experimentelle Irrtum überschritten ist. Wenn hingegen durch empirische Tests festgestellt werden könnte, daß der Prognoseirrtum weder dem Standard-Bias (Meßfehler), noch den Idealisierungen angelastet werden kann, wäre auch die Theorie selbst falsifizierbar. Es bedürfte besonderer Möglichkeiten, die Abweichungen zu bestimmen bzw. zu messen. Die Idealisierung ist nach dieser Logik dann adäquat, wenn die durch sie verursachten Abweichungen nur zu geringfügigen Prognosefehlern führen, die zudem kontrollierbar sind. Auf ähnliche Überlegungen setzt Simon, der seine Position in der Auseinandersetzung mit Friedmans methodologischem Essay entwickelte. Gegen Friedmans - von Simon so benanntes - "principle of unreality" setzt letzterer das "principle of continuity of approximation". Dieses besagt: "... if the conditions of the real world approximate sufficiently well the assumptions of an ideal type, the derivations from these assumptions will be approximately correct."[146] Die Verwendung sog. unrealistischer Prämissen in Theorien ist für Simon allerdings eher ein notwendiges Übel als analytische Methode, geschuldet den begrenzten Fähigkeiten der Wissenschaftler. Er verlangt die Entwicklung eines - gegenüber der bestehenden

---

146 Simon, H. A. (1984), S. 247. Simon versteht unter dem "principle of unreality" eine "... asymmetry between assumptions and derivations in Friedman's position - what Professor Samuelson called the F-Twist." Ebd. S.245

Verwendungsweise in der Statistik - entsprechend modifizierten und in eine statistische Methodologie eingebauten Begriffs der *Signifikanz*: "Now, in testing extreme hypotheses - ideal types - ... it is far more important to know whether they are significant in the sense that the approximation of theory to reality is beyond the limits of our tolerance."[147] Zur Zeit (der Artikel wurde 1963 verfaßt) sei man allerdings noch weit von einer derartigen Methode entfernt, so daß eine angemessene Behandlung idealisierter Hypothesen nicht möglich sei.

Auch für die nachfolgenden Argumente ist die Trennung von Theorie und Idealisierung, wobei letztere wie theorieexterne Zusatzannahmen behandelt werden, konstitutiv. Zwei Gründe werden für die mangelnde Testbarkeit idealisierter Theorien geltend gemacht: Erstens bestehen allgemeine Schwierigkeiten bei der Beurteilung der Prognosen selbst nichtidealisierter Theorien. Zweitens gibt es Theorien, die nur auf der Basis idealisierter Beschreibungen getestet werden können. Für Laymon liegt die Crux des Problems darin, daß Idealisierungen eingeführt werden, weil die analytischen Methoden und Meßtechniken zur Erstellung korrekter Voraussagen fehlen. Wenn jedoch bereits die Hilfs- und Meßtheorien fehlen, mittels derer die Prognosen nichtidealisierter Theorien kalkuliert werden können, dann kann der speziell durch Idealisierungen hervorgerufene Prognoseirrtum erst recht nicht ermittelt werden: "... we lack the analytic and computational skills to calculate 'correct' theories, but in the absense of these correct theories we cannot compute the predictive bias introduced by our idealization."[148]

Wenn Theorien jedoch als isolierter Prämissenbestandteil nicht zu testen sind, d. h. wenn die künstliche Trennung zwischen einer Theorie *T* und einer Idealisierung *I* nicht zu vollziehen ist, dann sind selbst bereits verfügbare *T*-unabhängige Ermittlungen der "Wahrheitsnähe" der Idealisierung kein Indikator für die Güte der Vorhersagen, die aus der Konjunktion von Theorie *T* und *I* abgeleitet werden können. Laymon gibt mit der Schwarzschild-Lösung der Sternenlichtablenkung ein Beispiel eines Falles, wo eine rigorose Schätzung des erwarteten Fehlers nicht möglich ist. Hierbei geht es um einen Test der Allgemeinen Relativitätstheorie durch Sternenlichtablenkung. Da die Feldgleichungen auf die Newtonschen Beschreibungen eines physikalischen Systems nicht anwendbar sind, ist die Allgemeine Relativitätstheorie nur in Verbindung mit der Schwarzschild-Beschreibung

---

147 Ebd. S. 247

148 Laymon, R. (1985), S. 153

testbar: Voraussetzung für die Anwendung der Feldgleichungen ist die idealisierte Beschreibung eines Systems. Dies ist die Schwarzschild-Beschreibung, die in der Annahme einer nichtrotierenden perfekt symmetrischen Sonne und keiner anderen Massen besteht.

1982 vertritt Laymon, was die Interpretation und Bewertung von Approximationen betrifft, noch eine ähnliche Position wie Barr: Idealisierungen gelten als "approximativ wahr", wenn ihre Modifikation zu "realistischeren" Bedingungen und zu genaueren Vorhersagen führt, d. h. wenn sie für den Vorgang der Überprüfung eingesetzt werden können: "To say that an idealization is approximately true means that it is justified as above."[149] Im Falle der Schwarzschild-Beschreibung bedeutet dies, daß die relativistische Beschreibung des Systems mit einer Berechnung der Abweichung des Sternenlichtes auf euklidischer Basis verglichen wird. Bei diesen Experimenten wird durch euklidische Analysen eine Datenkorrektur versucht. Von expliziter Irrtumskalkulation kann jedoch nicht die Rede sein: "My suspicion is that, if pressed, the best that one could do in the light-bending case would be to make an appeal to the reduction of the general theory of relativity to Newtonian mechanics in special cases and to point out analogies of procedure with past successes."[150]

Die Angemessenheit der Berechnungen auf euklidischer Basis wird durch Behauptungen[151] gerechtfertigt, zu deren Rechtfertigung wiederum "intuitiv einleuchtende Hypothesen" angeführt werden wie "geringfügige Ursache, geringfügige Wirkung" oder "unendliche kleine Ursache, unendlich kleiner Effekt". Nach dieser "traditionellen Folklore einer wissenschaftlichen Ausbildung"[152] ist die Schwarzschild-Beschreibung zwar streng genommen falsch, aber dennoch auch approximativ wahr und eine angemessene Idealisierung ("gerechtfertigt" nach den oben genannten Kriterien). Nach Laymon ist es verfehlt, approximative Wahrheit als Voraussetzung des Testens und der Analyse von Idealisierungen anzunehmen: Approximative Wahrheit ist kein Konzept, das am Anfang der Analyse

---

149 Laymon, R. (1982), S. 115

150 Laymon, R. (1985), S. 153

151 Laymon zitiert S. Weinberg u. a. mit folgenden Beispielen: "... 'at infinity the metric becomes Minkowskian'; ...'(the gravitational field) on the earth's surface is more than 103 times weaker than that of the sun on the sun's surface'." Laymon, R. (1982), S. 112.

152 Laymon, R. (1985), S. 153. Laymon zitiert G. Birkhoff und J. L. Synge auch mit der nachfolgenden Äußerung: "Approximations based on the neglect of small terms are very frequent in mathematical physics, and there is seldom any reason to object to them. One feels that if there is anything wrong, it will show up in some anomaly, and then one can revise the theory."

steht, sondern eines, auf das man in diesem Zusammenhang zurückgreifen kann: "... it is a mistake to begin with a concept of approximate truth. It looks as though approximate truth is something we should back into and not something we should start with."[153]

Zwei Gründe gibt Laymon für diese Empfehlung an: Erstens ist es unklar, wie die Differenzen ("Abstände" etc.) zwischen wahren und nur approximativ wahren Sätzen spezifiziert werden können. Zweitens ist es oft nicht möglich, die Auswirkung der Verwendung idealisierter Prämissen mathematisch für den Vorhersagefall zu kalkulieren - selbst wenn ermittelt werden könnte, mit welchem Grade die Idealisierungen "approximativ wahr" sind.[154]

Laymon hat jedoch ein Konzept der Überprüfung idealisierter Theorien entwickelt, das der Barrschen Idee der komplementären Verbesserung der Antecedens- und Konsequensbedingungen ähnelt - und auf den Approximationsbegriff völlig verzichten kann. Laymons Ausgangspunkt ist der oben bereits erwähnte hypothetisch-deduktive Ansatz. Allerdings werden zur Ableitung von Prognosesätzen zwei andere Arten von Prämissen(-mengen) eingeführt: "(1) an idealized or simplified deductive-nomological sketch (henceforth the *idealized sketch*) and (2) an auxiliary argument or set of arguments showing that if the idealizations of the sketch are improved, i. e., made more exact and realistic, then the prediction of the idealized sketch will be correspondingly more exact and realistic."[155] Den zweiten Teil der Systematisierung nennt Laymon "Modalbehelf" (modal auxiliary), da es ihm nur auf die Möglichkeit, nicht auf die tatsächliche Durchführung der Verbesserung ankommt. Sowohl eine Bestätigung als auch das gegensätzliche Urteil werden von den Modalbehelfen abhängig gemacht: Eine Theorie gilt als bestätigt, wenn gezeigt werden kann, das ihr idealisierter Entwurf (idealized sketch) - im Hinblick auf eine empirische Bestätigung - verbesserbar ist. Kann dies nicht gezeigt werden, ist die Theorie im Einzelfall widerlegt.[156]

Laymon gibt Beispiele für beide Ergebnisse eines Überprüfungsvorgangs. Das erste - "a striking example of a *disconfirmation*"[157] - beinhaltet Newtons Widerlegung des damaligen "Received View" in der Optik, der Annahme eines einzigen Lichtbrechungsindex' für alle Lichtarten mittels

153 Ebd. S. 155
154 Ebd.
155 Laymon, R. (1980), S. 338
156 Ebd.
157 Ebd.

eines Spektrums: "In his famous 1671 optics paper, Newton calculated, on the basis of the recieved view, that the vertical angle of dispersion for the exiting rays of his prism should be 31 minutes. His experimentally determined value, however, was 2°49'. That is, the spectrum was oblong and not circular."[158]

Nach der Logik des Modus tollens hätte die Theorie auf Basis dieses experimentellen Ergebnisses zurückgewiesen werden müssen. Dies habe Newton jedoch nicht getan, sondern vielmehr versucht, das Ergebnis durch die Ausrichtung des Prismas zu verbessern: "... my curiosity caused me again to take my Prisme. And having placed it at my window, as before, I observed that my turning it a little about its *axis* to and fro, so as to vary its obliquity to the light, more then by an angle of 4 or 5 degrees, the Colours were not thereby sensibly translated from their place on the wall, and consequently by that variation of Incidence, the quantity of Refraction was not sensibly varied."[159] Entscheidend ist hier für die negative Bewertung der Standardauffassung, daß der experimentelle Ausgang auch durch eine genauere quantitative Bestimmung der Antecedensereignisse, d. h. insbesondere der Prismaausrichtung, nicht verbessert werden konnte: "Newton has shown, at least with respect to the possibility of better initial data, that an improved idealized sketch is not forthcoming. It is only *after* his representation of this negative modal argument that Newton announces the refutation of the received view."[160]

Barrs und Laymons Konzepte sind durchaus vergleichbar, zumal man von der Bezeichnung "Modalbehelfe" nicht auf deren logische Form schließen kann. Laymons Zusammenfassung des Experimentausganges kann in Barrs Terminologie als der Vorgang der Anpassung des Antecedens einer idealisierten Aussage, der eine des Konsequens folgt, reformuliert werden. Anders als Barr beschreibt Laymon die der Anpassung zugrunde liegenden Ereignisse jedoch ohne Bezugnahme auf den Begriff der Approximation.

Aus Newtons *experimentum crucis* läßt sich zugleich ein Beispiel einer Bestätigung einer idealisierten Theorie erhalten. Während des Experiments wurde Sonnenlicht durch das Prisma geleitet, wodurch sich ein Spektrum bildete. Ein enger Zylinder einfarbigen Lichts wurde separiert und durch einen zweiten Zylinder geleitet. Anders als beim ersten Prisma - so behauptete Newton - gäbe es beim Lichtaustritt aus dem zweiten Prisma keine

---

158 Ebd.

159 Newton, I. (1959), The Correspondence, Vol.I, S. 93/94. Zitiert nach Laymon, R. (1980), S. 338

160 Laymon, R. (1980), S. 338/339

Diffusion oder Separation von Farben. Newton habe, so Laymon, in dem schon oben erwähnten Papier aus dem Jahr 1671 nur einen idealisierten Entwurf, aber keinen Modalbehelf gegeben. Er wurde aber durch die Kritiken des Experimentausganges dazu angeregt, diese nachzuliefern: "Lucas, a continental scientist, asserted that on repetition of the experiment, unlike Newton, he observed color change and separation after the second prism. Such an observation clearly differed from the prediction of Newton's idealized sketch. Newton's response was to *accept* Lucas' description as being more accurate than his own. Newton, though, went on to assert that if aperture size were taken into account, then such an improved idealized sketch would predict color separation at the second prism. Newton *did not actually construct* such an improved idealized sketch; he merely argued for its possibility."[161]

Laymon leitet aus der Untersuchung mehrerer historischer Beispiele ab, daß es zwei Wege gibt "to save the (idealized) theory": Erstens können die Hilfsannahmen der Theorie schon zur Ableitung der Prognose hinzugefügt werden (in der Annahme, daß der aus der Konjunktion von idealisiertem Entwurf und Hilfsannahme folgende Prognosesatz der Beschreibung der experimentell herbeigeführten Ereignisse hinreichend "ähnelt"). Zweitens kann man das vorhergesagte Ereignis so beschreiben, daß es mit der Theorie - auch ohne Modalbehelfe - vereinbar ist und erst nachfolgend die Modalbehelfe konstruieren. Newton folgte bei der Rechtfertigung seines *experimentum crucis* dem zweiten Weg, "... to justify false but tidy misdescriptions of the phenomenon."[162]

Im ersten Fall würden, um noch einmal auf den obigen Vergleich von Barrs mit Laymons Vorschlägen zurückzukommen, die Zusatzpostulate dem Prädikans hinzugefügt (in der Hoffnung, daß das Prädikandum mit der Beschreibung der möglichen Beobachtungen gut übereinstimmt); im zweiten Fall würde das Prädikandum unter Verwendung der Beschreibung der idealisierten Situation deduziert und danach der Darstellung der experimentellen Ergebnisse "angepaßt". Laymons Ansatz harmoniert auch mit den Vorstellungen von Suppe[163] zur Anwendung idealisierter Theorien. Nach dessen Auffassung können mit idealisierten Theorien nicht unmittelbar Prognosen über die Zustände sog. phänomenaler Systeme abgeleitet werden. Vielmehr müssen Hilfstheorien benutzt werden, um zu ermitteln,

161 Ebd. S. 339
162 Ebd. S. 340
163 Suppe, F. (1989). Vgl. Kapitel 3.2

inwieweit eine aktuelle Situation von einer idealisierten abweicht. Erst die idealisierte Theorie und die Hilfstheorie zusammen ermöglichen die Prognose des Verhaltens aktueller Systeme. Die Existenz dieser Hilfstheorien vorausgesetzt, könnten aus ihnen singuläre Sätze folgen, die mit den Sätzen äquivalent sind, die Barr "Zusatzpostulate" nennt.

Der Inhalt dessen, was im Kontext der Modalbehelfe möglich ist, wird von Laymon denkbar weit ausgelegt. Um als bestätigt zu gelten, reicht es aus, daß die Anfangsbedingungen im Prinzip verbesserbar sind. Auch dafür hat Laymon ein Beispiel zur Hand, die Erklärung der Brownschen Bewegung durch Einstein und Smoluchowski: "The idealized sketches used by Einstein and Smoluchowski made predictions that to an outsider must seem blatantly off the mark. Svedberg's experiments indicated displacements six to seven times larger than those predicted. ... Nevertheless, Feyerabend and others have spoken of the 'predictive success' of statistical mechanics and have seen these experiments as confirming the theory. While I agree with this appraisal, it is not for the reason that Feyerabend suggests, namely, the predictive advantage enjoyed by statistical mechanics over classical thermodynamics. My contention is that there were at the time perceived open possibilities for improving the prediction of statistical mechanics. It is these possibilities that made the experiments confirming."[164]

Dieser pragmatische Bestätigungsbegriff kann sich leicht als trivial herausstellen, da eine entsprechende "Verbesserbarkeitsbehauptung" fast immer möglich sein sollte.[165] Aus einem zwei Jahre später erschienenen Artikel läßt sich noch eine Präzisierung des Kriteriums entnehmen: wenn eine Verbesserung zur Zeit nicht möglich ist, sollten wenigstens die Gründe dafür angegeben werden können: "There are many reasons that block actual constructions of improved accounts: absence of necessary auxiliary theory, absence of required data, absence or impossibility of analytic techniques. Given these reasons, one finds arguments of the sort: *if* these difficulties were overcome, then improved experimental fit would be possible."[166]

Laymons Arbeiten wurden hier angeführt, um zu verdeutlichen, daß das Konzept Approximativer Wahrheit als Grundlage der Explikation des Begriffs der idealisierten Theorie, wie von Barr in (23) vorgenommen, verfehlt ist. Es ist verfehlt, wenn es als Ausgangspunkt der Analyse und der

---

164 Laymon, R. (1980), S. 343/344

165 Laymon zeigt in seinem Artikel aus dem Jahr 1980 eine enge Anlehnung an Kuhn und Lakatos und hat daher sicherlich nicht die Entwicklung einer strengen Falsifikationsmethodologie im Auge.

166 Laymon, R. (1982), S. 114

Überprüfung genommen wird. Ist dieses Urteil richtig, dann bedeutet es für Barrs Interpretation von (23) in der Konsequenz: Selbst wenn geklärt werden sollte, was approximative Beziehungen zwischen Allsätzen sind, ist es nicht möglich, ein Konzept Approximativer Wahrheit für Allsätze zu erhalten, das mehr als eine verkleidete Form der Bestätigung ist. Man kann zwar Idealisierungen, wenn sie nach einem Konzept der Bestätigung entsprechend ausgezeichnet sind, zusätzlich als "approximativ wahr" bezeichnen (wie es Laymon in früheren Arbeiten selbst auch getan hat). Das ist aber nicht nur ein abgeleitetes Epitheton, sondern auch ein überflüssiges. Laymon schlägt zur Umgehung der Schwierigkeiten bei der Ermittlung der graduellen Ausprägungen der approximativen Wahrheit eine relative Ordnung einer Menge von Idealisierungen nach ihrem Realitätsgehalt vor: "Now, although claims about the numerical degree of approximate truth are rarely if ever made about idealizations, comparative judgements about the relative realism of idealizations with respect to some background standard historically have been made."[167]

Als Beispiel für eine solche relative Ordnung werden das Van-der-Waals-Gesetz relativ zum idealen Gasgesetz genannt. Obwohl dieses Beispiel sicher einleuchtet, ist es fraglich, ob Laymon in diesem Falle nicht den Teufel mit dem Beelzebub ausgetrieben hat. Es lassen sich gegenüber einer solchen Ordnung dieselben Einwände wie gegen das Konzept der approximativen Wahrheit anbringen: eine aus der Praxis von Anwendungsversuchen motivierte Ordnung einer Menge von Idealisierungen kann zwar ex post noch mittels des Relationsprädikats "ist realistischer als" beschrieben werden; aber auch diese Auszeichnung ist abgeleitet und überflüssig. Ist die Ordnung nicht ex post sondern ex ante, gibt sie nur die historische Relation "Theorie *T* geht Theorie *T'* voran" wieder.

Möglich ist eine relative Auszeichnung der Art und des Grades der Deformationen und damit auch möglicher Approximationen auf pragmatischer Basis gegenüber der *Repräsentation I*, dem aktuellen Ausgangspunkt der Idealisierung. Diese Bewertung bleibt jedoch eine interne - eine, die nur aufgrund metaphysischer Annahmen einen Bezug zur Realität herstellen kann.

Laymons Arbeiten geben einen guten Überblick über das Spektrum der gegenwärtig diskutierten Überprüfungsmöglichkeiten idealisierter Allsätze bzw. Theorien. Auf der Grundlage von "Verbesserbarkeitsbehauptungen" bzw. von Modalbehelfen ist die Entwicklung von Kriterien denkbar, die

---

167 Laymon, R. (1985), S. 155

auch in nichtexperimentellen Wissenschaften Anwendung finden können. Die Entwicklung von Kriterien ist notwendig, soll nicht die Verbesserbarkeitsbehauptung inhaltsleer, weil trivial in allen Fällen, angebbar sein. Die liberalste, weiteste Auslegung dieses Kriteriums (wie noch in Laymon (1980) enthalten), wonach es reicht, die Verbesserbarkeit der Anwendungsbedingungen "im Prinzip" zu behaupten, birgt die Gefahr dieser Trivialität in sich. Nach der später erfolgten Modifikation des Kriteriums (Laymon (1982)) wird die Angabe der Gründe verlangt, die eine Anpassung zur Zeit ausschließen. In diese Richtung sollten weitere Präzisierungen möglich sein. Eine systematische Begründung der "Verbesserbarkeitsbehauptung" wäre durch den Verweis auf die Existenz von Hilfstheorien gegeben, die diese stützen können.

Mit der Ermittlung präziser Abweichungen als Folge der Idealisierungen sind Voraussetzungen verbunden, die nur in Experimentalwissenschaften vorliegen können, da Vergleiche von Standard- und sog. Surplus-Bias nötig sind. Eine präzise Irrtumskalkulation beruht zudem auf der Bedingung, daß eine Theorie sowohl mit als auch ohne Idealisierung testbar ist. Eine solche Konstellation ist in jenen Fällen denkbar, wo die Idealisierung als der Spezialfall einer allgemeineren Theorie aufgefaßt oder ein idealisiertes Gesetz *G* (unter Verwendung von Zusatzannahmen) aus einem Gesetz *G'* gefolgert wird, das als nicht idealisiert interpretiert wird. In den meisten aktuellen Theorien dürfte eine genaue Irrtumskalkulation nicht möglich sein, da die Verhältnisse dort ähnlich wie bei dem von Laymon angeführten Test der Allgemeinen Relativitätstheorie liegen, d. h. Theorie und Idealisierung nicht zu trennen sind.

Die Frage, welche Relevanz die tradierte Überprüfungsmethodologie für idealisierte Theorien hat, ist noch nicht ausreichend diskutiert worden. Sie kann nicht ausschließlich auf der Grundlage bereits entwickelter empiristischer Konzeptionen entschieden werden, sondern verlangt die Integration der Semantik und Pragmatik von Idealisierungen. Aus Laymons Idee, die relative Realitätsnähe von Idealisierungen zu berücksichtigen, läßt sich keine Lösung des Problems gewinnen. Zwar könnte man behaupten, daß eine Idealisierung um so eher mit den bestehenden Methoden prüfbar ist, je "realitätsnäher" sie eingestuft wird. Selbst wenn die von Laymon vorgeschlagene Ordnung der Idealisierungen nach ihrer Realitätsnähe praktikabel wäre, bliebe die Frage offen, woraufhin Idealisierungen geprüft werden, die am "unrealistischen" Ende der Skala stehen. Anders herum: Wenn die Auszeichnung einer Idealisierung *I* als realistischer als eine Idealisierung *I'* das *Ergebnis* eines Überprüfungsvorganges sein soll, dann stellt sich die Frage, auf welcher Grundlage es erzielt wurde.

Die Ergebnisse dieses Kapitels werden wie folgt kurz zusammengefaßt: Die syntaktische und semantische Analyse von Idealisierungen nach Barr ergibt

1. eine einseitige Orientierung an physikalischen Idealisierungen,
2. einerseits zu schwache (Definition (10) von "I-Theorie"), andererseits zu restriktive (Definition (16.iii)) notwendige Bedingungen,
3. keine hinreichenden syntaktischen und semantischen Kriterien.

Barrs sog. pragmatische Analyse der Verwendung von Idealisierungen ergibt

4. eine überflüssige Komplizierung durch den Rückgriff auf das Konzept der Approximation bei der Definition der "I-Theorie" in (23),
5. eine Liberalisierung des Kriteriums der Deduktionsevidenz (vgl. Kapitel 2.1.2), indem Barr die Deduktion der idealisierten aus einer allgemeineren Theorie nicht als notwendige Bedingung für deren Anwendbarkeit auffaßt,
6. zwei - allerdings unpräzise - Akzeptanzkriterien für Idealisierungen: ein idealisierter konditionaler Ausdruck wird positiv bewertet, nur wenn gilt: (1) Durch Zusatzpostulate werden die Abweichungen zwischen idealisierten und aktuellen Bedingungen überbrückt, (2) je mehr das Antecedens approximiert wird, desto mehr wird das Konsequens approximiert.

Laymons Arbeiten zeigen,

7. daß eine Auszeichnung von idealisierten Sätzen im Bestätigungskontext möglich ist,
8. daß die Bewertungskriterien sehr differieren können: von der "Verbesserbarkeitsbehauptung" mittels der sog. Modalbehelfe bis zur möglichst genauen Ermittlung des "Surplus"-Bias,
9. daß eine kritische Reflexion der tradierten Konzeptionen und Theorien der Überprüfung im Hinblick auf die Erfordernisse idealisierter Theorienbildung gerade erst begonnen hat.

### 2. 1. 4 Wesensbestimmung bei W. Krajewski und L. Nowak

Mit den beiden oben genannten Namen - insbesondere mit dem letzteren - ist das "Polish Idealization Model" (PIM)[168] verbunden, das im ersten Abschnitt dieses Kapitels teilweise skizziert wird. Anders als bei Barr werden beim PIM der Vorgang der Idealisierung und der der De-Idealisierung[169] insofern als komplementär betrachtet, als die für den De-Idealisierungsvorgang relevanten Faktoren schon durch den Idealisierungsvorgang bzw. dessen Ergebnis festgelegt werden. Bei Barr bleiben beide *Vorgänge* im dunkeln: seine Untersuchungsobjekte sind die *Ergebnisse* des Idealisierungsvorganges; die Ergebnisse der De-Idealisierung sind die sog. Zusatzpostulate, d. h. singuläre Sätze, die "reale" mit idealisierten Bedingungen verbinden. Diese Zusatzpostulate sind mit den Ergebnissen eines De-Idealisierungsvorganges nach dem PIM nur bedingt zu vergleichen: Während letztere in eine Folge von Gesetzen mit abnehmendem Idealisierungsgrad resultieren sollen, besteht bei ersteren keine so präzise spezifizierte Beziehung zu den Ergebnissen der Idealisierungsvorgänge. Die Vertreter des PIM schöpfen durch die Spezifikation von Idealisierungs- und De-Idealisierungsvorgängen den Spielraum des Begriffs der Galileischen Idealisierung voller aus als Hempel, Rudner und Barr. Sie benötigen jedoch auch "stärkere" metaphysische Grundlagen, so daß ihre Auffassung auch als essentialistisches Idealisierungskonzept bezeichnet werden kann.

In seinen jüngeren Arbeiten hat Nowak[170] eine Typologie deformierender Prozeduren entwickelt, die für eine Charakterisierung der Veränderungen der Repräsentation I nutzbar gemacht werden kann. Dies setzt jedoch eine Erweiterung der von Nowak sehr eng gefaßten, teilweise noch an den Erfordernissen des PIM orientierten Vorschläge voraus. In diesem Kapitel wird zuerst das PIM in der Fassung von Krajewski und Nowak und danach Nowaks Typologie deformierender Prozeduren vorgestellt.

Nach Krajewski beinhaltet die Grundauffassung der Vertreter des PIM, daß die Kombination von Idealisierung und De-Idealisierung die *Hauptmethode* aller fortgeschritten empirischen Wissenschaften ist. Auf der "technischen" Ebene beinhaltet die Methode die Annahme idealisierter Bedingungen, auf deren Basis ein idealisiertes Gesetz formuliert wird. Die

---

168 Vgl. Birner, J. (1990), S. 128. Mittlerweile scheint Nowak jedoch vom PIM abgerückt zu sein. Vgl. Nowak, L. (1990), Anmerkung 6

169 Der De-Idealisierungsvorgang wird von Krajewski als "Faktualisierung", von Nowak als "Konkretisierung" bezeichnet.

170 Vgl. Nowak, L. (1989) und (1990)

idealisierten Bedingungen beruhen auf der - für die "reale" Welt - kontrafaktischen Elimination von Faktoren. In der Folge kann das idealisierte Gesetz nur von einem idealisierten Objekt (ideal model), nicht von einem "realen", exakt und nicht trivial erfüllt werden. Die Anwendbarkeit des idealisierten Gesetzes auf die "reale" Welt soll durch einen Vorgang sukzessiver De-Idealisierungen ermöglicht werden. Der De-Idealisierungsvorgang besteht in der sukzessiven Aufgabe der idealisierten Bedingungen im Gesetz; wenn die kontrafaktische Elimination des Einflusses einer Größe $p$ auf eine Entität $x$ durch die Annahme mit "$p(x) = 0$" angegeben wird, so zeigt sich die De-Idealisierung dieser Größe im Gesetz durch den Ausdruck "$p(x) \neq 0$". Am Ende eines De-Idealisierungsvorganges sollen "reale" oder der Realität "nähere" Gesetze stehen, die unmittelbar angewandt und durch Erfahrung getestet werden können.

Krajewskis Analyse basiert auf dem Begriff des strikt universellen Gesetzes, das syntaktisch als materiales Konditional angegeben wird:

(1) $(\forall x)\,(C(x) \rightarrow F(x) = 0)$

"$C$" steht für die Konjunktion der Antecedensbedingungen, "$F(x) = 0$" für eine mit $F$ bezeichnete funktionale Abhängigkeit zwischen den Variablen $a$, $b$ usw., die den Entitäten, für die die Individuenvariablen stehen, zugeordnet werden können. Mit "$F(a(x), b(x), \ldots) = 0$" ist die funktionale Abhängigkeit genauer angegeben.[171] Nicht nur das Konsequens, sondern (1) insgesamt wird als Gesetz bezeichnet: Aufgrund der Logik der Konditionals ist (1) wahr, unabhängig davon, ob das Antecedens wahr ist oder nicht. Durch das Antecedens wird eine "Bereich des Gesetzes" (domain of a law) genannte Menge von Entitäten festgelegt. Ein idealisiertes Gesetz ($L_I$) enthält im Antecedens zwei Arten von Bedingungen, die sog. faktischen ($C_F$) und die idealisierten ($C_I$):

(2) $C_I(x){:}\ p_1(x) = 0 \wedge p_2(x) = 0 \wedge \ldots \wedge p_n(x) = 0$

Wenn der Bereich (domain) des Gesetzes eine Menge von Objekten ist, die als "real" und "empirisch" bezeichnet werden, heißt das Gesetz ($L_F$) "faktisch". Das idealisierte Gesetz ($L_I$) hat in einer Menge idealisierter

171 Vgl. Krajewski, W. (1977), S. 324. Krajewski bezeichnet die Variablen mit dem Terminus "Parameter".

Objekte seinen Bereich.[172] Da die Antecedentia der idealisierten Gesetze niemals erfüllt sein können, sind diese Gesetze nur für idealisierte Objekte wahr.[173] Diese sind idealisierte Modelle von sog. Realobjekten, denen sowohl "faktische" als auch idealisierte Eigenschaften zugesprochen werden: "The latter are so constructed that some parameters take on extreme values, usually zero. E. g. the material point has a factual property - mass ($m > 0$); and an ideal property - absence of volume ($v = 0$)."[174]

Krajewski gibt nur hinreichende Bedingungen für die Zugehörigkeit eines Objektes zum Bereich eines idealisierten Gesetzes an: Ein Objekt $x$ ist ein idealisiertes Objekt, wenn es durch charakteristische Parameter gekennzeichnet wird und gilt:

1. die Parameter $p_1, \ldots, p_n$ nehmen für $x$ einen idealisierten Grenzwert an,
2. es gibt eine Folge realer Objekte $x_1, \ldots, x_n$[175], denen für die Parameter $p_1, \ldots, p_n$ abnehmende Werte zugeordnet werden können: $p_i(x_1) > p_i(x_2) > \ldots > p_i(x_n)$ mit $1 \leq i < m$.

Im Gegensatz zu theoretischen Termen oder Konstrukten gilt die Nichtexistenz der idealisierten Objekte als *gewiß*: "Ideal models (material points, inertial systems, ideal gases, absolutely black bodies, etc.) do not exist in reality. Maybe the existence of electrons is conjectural but the nonexistence of material points and the other ideal objects is absolutely sure."[176]

Das idealisierte Gesetz ist kontrafaktisch, aber in den idealisierten Modellen exakt erfüllt, während das faktische Gesetz im Realmodell nur approximativ gilt. Empirischen Gehalt haben nach Krajewskis Ansicht auch die idealisierten Gesetze - um diese "direkt" testbar zu machen, müssen sie

---

172 Ebd. S. 325. Nach Dilworth sind die Unterschiede zwischen $L_I$ und $L_F$ durch die intendierten Anwendungen bestimmt: "If the intended ('supposed') domain is a set of real objects $x$, the law may be considered *factual*; but it is often the case that the domain of application is *ideal*." Dilworth, C. (1979), S. 203

173 "Hence, we must introduce a concept of model truth (relation of a sentence to the model) apart from the classical concept of truth as a relation to reality." Krajewski, W. (1977), S. 327

174 Ebd. S. 333

175 Krajewski bezeichnet diese Annahme als konventioneller Natur. Vgl. ebd. S. 338, Fußnote 6

176 Ebd. S. 331

jedoch de-idealisiert werden: "In order to make it directly empirical testable we must transform it. We call this transformation a *factualization*."[177]

Der Faktualisierungsprozeß beruht auf der sukzessiven Aufhebung der idealisierten Annahmen im Antecedens und deren Ersetzung durch sog. faktische Annahmen. Jeder Änderung im Antecedens folgt eine des funktionalen Zusammenhangs im Konsequens. Dieser *De-Idealisierungsprozeß* führt zu einer Folge idealisierter Gesetze, deren Idealisierungsgrad abnimmt; am Schlußpunkt steht das sog. faktische Gesetz:

(3) $L_I$: $(\forall x)\,(C_F(x) \wedge p_1(x) = 0 \wedge p_2(x) = 0 \wedge \ldots \wedge p_n(x) = 0 \rightarrow F(x) = 0)$

(4) $L_{I'}$: $(\forall x)\,(C_F(x) \wedge p_1(x) > 0 \wedge p_2(x) = 0 \wedge \ldots \wedge p_n(x) = 0 \rightarrow F'(x) = 0)$

(5) $L_{I''}$: $(\forall x)\,(C_F(x) \wedge p_1(x) > 0 \wedge p_2(x) > 0 \wedge \ldots \wedge p_n(x) = 0 \rightarrow F''(x) = 0)$

. .
. .
. .

(6) $L_F$: $(\forall x)\,(C_F(x) \wedge p_1(x) > 0 \wedge p_2(x) > 0 \wedge \ldots \wedge p_n(x) > 0 \rightarrow F^n(x) = 0)$[178]

Nach Krajewski ist die Darstellung des Faktualisierungsprozesses von (3) - (6) selbst idealisiert, da eine exakte Durchführung des Vorganges nicht möglich ist. Am Ende eines Faktualisierungsvorganges steht daher kein "exaktes", sondern nur ein approximatives "faktisches" Gesetz:

(7) $L_F$: $(\forall x)\,(C_F(x) \rightarrow F^n(x) \approx 0)$

Krajewski illustriert seine De-Idealisierungsschemata mit der Transformation von Boyle-Mariottes[179] zum Van-der-Waals-Gesetz:

(8) $L_I$: $(\forall x)\,(C_F(x) \wedge a = 0 \wedge b = 0 \rightarrow PV = \text{konstant})$[180]

---

177 Ebd. S. 334. Krajewski spielt hier in seiner Wortwahl auf das in der Marx-Diskussion relevante sog. Transformationsproblem an.

178 Vgl. ebd.

179 Krajewski bezeichnet (8) als Boyle-Mariotte-Gesetz. Die Physiker R. Boyle und E. Mariotte entdeckten beide unabhängig voneinander im 17. Jahrhundert das nach ihnen benannte Gesetz; Mariotte allerdings 17 Jahre später. Der Physiker J. A. C. Charles lebte im 18. Jahrhundert und dürfte schon mit der kinetischen Gastheorie, die 1738 von D. Bernoulli begründet wurde, bekannt gewesen sein.

(9) $L_{I'}$: $(\forall x)\,(C_F(x) \wedge b = 0 \rightarrow (P{+}a/V^2)V = \text{konstant})$
(10) $L_F$: $(\forall x)\,(C_F(x) \rightarrow (P{+}a/V^2)\,(V{-}b) = \text{konstant})$[181]

Auch (10) ist nach Krajewskis Ansicht noch eine Idealisierung, wenn auch in geringerem Ausmaß (two degrees lower) als das Boyle-Mariotte-Gesetz. Er verweist darauf, daß es in der technologischen Physik im Vergleich zu (10) noch weitaus präzisere und kompliziertere Gesetze gäbe. Alle diese sind noch von niedrigerem "Idealisierungsgrad" als (10). Krajewski gibt als Beispiel die folgende "Ingenieurgleichung" an, wobei die Koeffizienten *A*, *B*, *C* und *D* u. a. für unterschiedliche Massen und Temperaturen stehen: $PV = A + Bp + Cp^2 + Dp^3$. Aber auch diese Gleichung ist nur eine Approximation und "=" durch "≈" zu ersetzen. Die Ingenieurgleichungen werden jedoch nicht als Gesetze akzeptiert: "The situation is paradoxical: physicists consider as a law only the equation fulfilled in ideal models and not that fulfilled in real systems."[182]

Wenn das Endergebnis des Faktualisierungsprozesses ($L_F$) bestätigt wird, dann gilt dies auch für das idealisierte Gesetz als Ausgangspunkt der De-Idealisierung. Wird das faktualisierte Gesetz falsifiziert, soll der Faktualisierungsprozeß reorganisiert werden; führen alle Versuche zur Falsifikation des faktualisierten Gesetzes, wird das idealisierte Gesetz zurückgewiesen und die Idealisierung geändert: "... we must refute the idealizational law and try to construct another ideal model."[183]

Krajewskis Bewertungen der Vorgänge von Idealisierung und De-Idealisierung beruhen auf einer methodologischen Konzeption, die er selbst als "idealisierender Empirismus" (idealizational empiricism) oder "idealisierender Hypothetizismus" (idealizational hypotheticism) bezeichnet, die aber einem "idealisierenden Essentialismus" näherkommt: Das idealisierte Modell dient nach dieser Auffasssung zur Erklärung von "Fakten" oder "Sinnesdaten", indem es nur die als *wesentlich* angenommenen Faktoren in das idealisierte Gesetz separiert: "... it is a hypothesis about *the essence* of the process."[184]

---

180 $C_F$(x): Masse eines Gases bei konstanter Temperatur; *a*: durchschnittliche intermolekulare Kräfte; *b*: Molekülvolumen. Vgl. ebd. S. 326 und S. 335

181 Krajewski "unterschlägt" bei diesem Beispiel die de-idealisierten Antecedensbedingungen $a > 0$ bzw. $b > 0$. Vgl. ebd. S. 335

182 Ebd.

183 Ebd. S. 336

184 Ebd. Hervorhebung von mir.

Krajewski bietet in diesem Artikel nicht mehr als diese knappen Ausführungen. Was den Idealisierungs*vorgang* selbst ausmacht, bleibt verborgen; die Bewertung der Ergebnisse ist unklar: Inwiefern ist die Nichtexistenz der idealisierten Entitäten "absolut sicher"? Beruht die Sicherheit auf der Kenntnis der Sinnesdaten? Wenn aber, wie zumindest Nowak annimmt, gerade der Eindruck, den die Sinne von der Beschaffenheit der Welt vermitteln, täuscht, können diese keine Basis der Sicherheit sein. Ist die Methode der Idealisierung als Quelle empirischen Wissens auch die der Sicherheit? Inwieweit bedarf die Faktualisierung (d. h. De-Idealisierung in dieser speziellen Bedeutung als komplementärer Vorgang der Idealisierung) bestimmter philosophischer und erkenntnistheoretischer Voraussetzungen?

Die erkenntnistheoretische Basis des PIM ist von Nowak dezidiert dargestellt worden.[185] Dessen Position basiert qua *ontologischem Essentialismus* auf einer expliziten Metaphysik der Idealisierung; diese ist noch "stärker" als die weitverbreitete Verknüpfung von Idealisierung mit dem *wissenschaftlichen Realismus*, weil sie Annahmen über die strukturelle Verfaßtheit der Welt enthält. Nach Nowaks Auffassung zeigt eine diachronische Analyse der Wissenschaftsentwicklung, daß es eine methodologische Phase vor und eine nach Galilei gibt. Die erste basiert auf einer induktiven Methode, die zweite auf der *Methode der Idealisierung*. Während durch die induktive Methode die phänomenologische Welt der Erscheinungen nach Aristotelischen Grundsätzen systematisiert wird, besteht Galileis Revolution darin, daß er die Falschheit des durch die Sinnesorgane vermittelten Weltbildes aufdeckt: "... in making evident the false nature of the world image which senses reveal. We see only those phenomena which are the results of what is essential and also of what is less important in reality. The aim of science consists in revealing how these phenomena depend on principal factors."[186] Während der naive Realist den Sinneseindrücken über Gebühr vertraut, spricht der "essentialistische Realist" diesen nur beschränkte epistemologische Relevanz zu, da sie nur das phänomenologische Bild der essentiellen Struktur vermitteln.

Nowak liefert eine Analyse von Syntax, Semantik und Pragmatik von Idealisierungen auf Basis des "materialistischen Essentialismus". Sog. prinzipielle und sekundäre Faktoren konstituieren die sog. essentielle Struktur einer Größe (magnitude) *F*. Diese essentielle Struktur ist ontologischer, nicht epistemologischer Natur. Epistemologisch ist nur das Wissen,

185 Vgl. insbesondere Nowak, L. (1980)

186 Nowak, L. (1980), S. 34. Die "prinzipiellen" Faktoren sind auch die essentiellen.

das *image* von der Struktur. Um dieses für eine Größe $F$ zu ermitteln, bedarf es der Separation aller Einflußfaktoren für und auf $F$ in eine Menge $P_F$ (space of essential magnitudes for $F$). Diese ist nach dem Einfluß ihrer Elemente auf $F$ geordnet (die Relation "Einfluß einer Größe $x$ auf eine Größe $y$" in $P_F$ ist transitiv und antisymmetrisch). Alle Faktoren mit gleichem Einfluß auf $F$ werden in den Mengen $D_k$, $D_{k-1}$, ..., $D_1$, $D_0$ zusammengefaßt. Die Mengen $D_k$, ..., $D_0$ werden nach der Einflußstärke ihrer Elemente auf $F$ hierarchisiert: Jeder Faktor in $D_i$ ist wesentlicher für $F$ als es jeder Faktor in $D_{i-1}$ ist. In $D_k$ sind daher die "wesentlichsten" aller für $F$ in $P_F$ enthaltenen Faktoren zusammengefaßt. Sie werden als "prinzipielle Faktoren für $F$" bezeichnet. Alle Faktoren in $D_{k-1}$, ..., $D_0$ heißen "sekundäre Faktoren für $F$". Sowohl die prinzipiellen als auch die sekundären Faktoren gelten als wesentliche Einflußgrößen.[187]

Wenn $D_k$ die prinzipiellen Faktoren $H_1$, ..., $H_n$ enthält und jede nachfolgende Menge $D_{k-i}$ nur ein Element hat, kann die essentielle Struktur von $F$ wie folgt dargestellt werden:

(11) (*k*) $H_1, ..., H_n$ Inneres Niveau

---------------------------------------------------------------------------

(*k-1*) $P_k$ $D_{k-1} = \{P_k\}$

.

.

.

(1) $P_2$ $D_1 = \{P_2\}$

---------------------------------------------------------------------------

(0) $P_1$ $D_0 = \{P_1\}$ Oberflächen-Niveau[188]

Die der Wahrnehmung zugänglichen Phänomene des Oberflächen-Niveaus (surface level) gelten als vom internen oder inneren Niveau (internal level) nomologisch abhängig. Auf Basis der in (11) ausgedrückten Syntax ist das idealisierte Gesetz eine Beziehung zwischen der Größe $F$ und den für $F$ relevanten prinzipiellen Faktoren, d. h. $F$ wird durch eine Funktion $f_k$ spezifiziert:

(12) $F = f_k(H_1, ..., H_n)$, if $p_k = 0$ and $p_{k-1} = 0$ and ... and $p_1 = 0$

---

187 Ebd. S. 97

188 Vgl. ebd. S. 98

Wenn ein idealisiertes Gesetz im Hinblick auf $F$ formuliert wird, dann wird damit die Ordnung der Menge $P_F$ im Hinblick auf die Relevanz der Einflußfaktoren ausgedrückt, d. h. eine Regularität wird als eine für das "innere Niveau" behauptete Relation der Einflußnahme interpretiert.

Die idealisierten Annahmen ($p_k(x) = 0, \ldots, p_1(x) = 0$) drücken die Negation des Einflusses von ($P_k, \ldots, P_1$) auf $F$ aus. "$p(x) = 0$" ist eine idealisierte Annahme genau dann, wenn Null der Minimalwert der Variablen $p$ ist und für alle aktuellen Objekte $a$ gilt, daß $p(a) \neq 0$. Eine sog. realistische Annahme ist dagegen von jedem Objekt des jeweiligen - reale Entitäten enthaltenden - Universums erfüllbar. Idealisierte Prädikate werden mittels idealisierter Annahmen *definiert*: "... a closed economy is defined as an economy where imports are equal to exports; a simply reproducing economy is defined as an economy where the fund of accumulation equals zero."[189]

Ein idealisierter Allsatz enthält - wie bei Krajewski - im Antecedens sowohl "realistische" als auch idealisierte Annahmen:

(13) $(\forall x)\,[G(x) \wedge p_1(x) = 0 \wedge \ldots \wedge p_k(x) = 0 \rightarrow F(x) = f_k(H_1(x), \ldots, H_n(x))]$
mit $k > 0$[190]

Diese Aussage ist - da $k$ idealisierte Bedingungen vorliegen - vom $k$'ten *Idealisierungsgrad.*

Der Vorgang der De-Idealisierung - die sog. Konkretisierung - besteht in der sukzessiven Rücknahme der idealisierten Bedingungen und der Berücksichtigung der Auswirkungen dieser Aufhebungen auf das Konsequens. Letztere werden durch zwei Funktionen zum Ausdruck gebracht: die Korrekturfunktion (correctional function) $h$ steht für den Einfluß der sukzessive de-idealisierten Faktoren $p_k, \ldots, p_1$ auf $F$; die Richtungsfunktion (directional function) $g$ soll die Richtung der Änderung (Stärkung/Abschwächung) von $f_k$ angeben. Syntaktisch stellt sich die erste Stufe der De-Idealisierung von (13) wie folgt dar:

(14) $(\forall x)\,[G(x) \wedge p_1(x) = 0 \wedge \ldots \wedge p_{k-1} = 0 \wedge p_k \neq 0 \rightarrow f_{k-1}(H_1(x), \ldots, H_n(x), p_k(x)) = g(f_k(H_1(x), \ldots, H_n(x), h(p_k(x))]$

---

189 Nowak, L. (1980), S. 29. Im folgenden bezeichnet Nowak mit "Bedingung" und "Annahme" die gleichen Ausdrücke.

190 Vgl. ebd. S. 29

In der letzten Stufe, der "final concretization", wird der Einfluß aller Faktoren $p_1, ..., p_k$ auf $F$ berücksichtigt:

$$(15)\ (\forall x)\ [G(x) \wedge p_1(x) \neq 0 \wedge ... \wedge p_k \neq 0 \\ \rightarrow f_0(H_1(x), ..., H_n(x), p_k(x), ..., p_1(x))]$$

(15) enthält nur nichtidealisierte Antecedensbedingungen; es ist Nowaks Analogon zu Krajewskis "faktischem" Gesetz. Zwischen den faktischen Gesetzen von Nowak und Krajewski gibt es allerdings einen geringfügigen Unterschied: bei Bestätigung von (15) sind aufgrund einer Hypothese über die Aufteilung der Einflußfaktoren auf $F$ in prinzipielle und sekundäre alle idealisierten Bedingungen bekannt. In (13) wird der Einfluß von $p_1, ..., p_k$ Faktoren auf $F$ negiert.[191] Genau diese $p_1, ..., p_k$ Faktoren bzw. deren Einflüsse werden durch De-Idealisierung sukzessive wieder hinzugefügt; erst der als relevantester erachtete Faktor $p_k$, zum Schluß der als der einflußschwächste angesehene Faktor $p_1$. Scheitern kann die Hypothese, die die Einteilung der Faktoren in die nach Einflußnahme gestaffelten Mengen $D_1, ..., D_k$ zum Ausdruck bringt. Daher kann (13) nach Nowaks Auffassung falsifiziert werden, wenn der De-Idealisierungsvorgang scheitert. Zum Gelingen des De-Idealisierungsprozesses bedarf es im allgemeinen aber kaum der "letzten" (finalen) Konkretisierung, da Wissenschaftler den De-Idealisierungsvorgang beenden, wenn sie annehmen, daß der Einfluß der verbleibenden Idealisierungen auf den untersuchten Zusammenhang hinreichend klein ist. In diesem Fall sind - so Nowak - die "realen Werte" der Größe ihren "theoretischen Werten" hinreichend nahe, also jenen Werten, die durch das - noch - idealisierte Gesetz induziert werden.

Wenn die sog. Realbedingungen den idealisierten Bedingungen hinreichend ähnlich sind, dann - so die Behauptung - ist das Konsequens mit analoger Genauigkeit erfüllt. In diesem Fall forderte schon Barr, das idealisierte Gesetz zu akzeptieren. Nach Barr jedoch ist das idealisierte Gesetz approximativ wahr, wobei im Hinblick auf den idealisierten Allsatz nicht spezifiziert wird, *was* dieser approximiert. Nach Nowaks Konzeption wird das idealisierte Gesetz (13) von anderen Gesetzen mit geringerem Idealisierungsgrad approximiert: "Therefore, the usual way of testing idealizational statements is the following: the initial idealizational statement

---

191 Es kann daher der Fall, daß ein idealisiertes Gesetz irrtümlich für ein faktisches gehalten wird, nicht mehr eintreten: Nach Krajewski wurde das Boyle-Mariotte-Gesetz zwei Jahrhunderte lang - bis zur Entwicklung der kinetischen Gastheorie - nicht als Idealisierung betrachtet.

$T^k$ ($T^k$ = (13), M. H.) is approximated, i. e., its approximation $AT^k$ which is a factual statement is established; if the results of observations concerning the magnitude $F$ agree with the theoretical value of $F$ (within the interval defined by $\in$), the statement $AT^k$, and hence $T^k$, are accepted; if not, the concretization of $T^k$ follows and the statement $T^{k-1}$ ($T^{k-1}$ = (14), M. H.) is established which is in turn approximated and the factual statement $AT^{k-1}$ ($AT^{k-1}$ = (16), M. H.) is considered."[192]

$$(16)\quad (\forall x)\,[G(x) \wedge p_1(x) \leq \alpha_1 \wedge \ldots \wedge p_{k-1} \leq \alpha_{k-1} \wedge p_k(x) \neq 0 \\ \rightarrow F(x) \approx f_{k-1}(H_1(x), \ldots, H_n(x), p_k(x))]$$

Dieser Prozeß soll sich solange fortsetzen, bis auf einer De-Idealisierungsstufe eine Approximation des Gesetzes gelingt, die sich in Übereinstimmung mit den beobachteten sog. Fakten befindet, d. h. die Beobachtungen der Größe $F$ in einem zuvor akzeptierten Intervall um $\in$ liegen. Gelingt dies nicht, gilt (13) als falsifiziert. Damit wird die Akzeptanz von Idealisierungen eng mit der Geltung von Sätzen verknüpft, die an sie approximieren.

Ist (13) durch eine Approximation wie z. B. $AT^{k-1}$ bestätigt, dann auch die Hypothese über den Aufbau der essentiellen Struktur. In diesem Sinne und auf der essentialistischen Basis ist die Idealisierung dann eine "natürliche Methode" der Erkenntnis.[193] Sie versucht zu erkennen, wie die untersuchten Phänomene beschaffen wären, wenn in der Realität keine Störfaktoren auftreten würden.[194] Im Idealfall gelungener Konkretisierung reflektiert die wissenschaftliche Erkenntnis die Realität: Die Struktur der Erkenntnis (die idealisierten Gesetze plus deren Konkretisierungen) reflektiert die innere Struktur der Fakten (Essenz und Formen). Diese Reflexion wird als Isomorphismus zwischen der epistemologischen Sequenz $T^k$, $T^{k-1}$, ..., $T^0$ und der ontologischen Sequenz $f_k$, $f_{k-1}$, ..., $f_0$ interpretiert, "... i. e., such a situation as when $T^i$ is the concretization of $T^{i-1}$ if and only if $f_i$ is the form of manifestation of $f_{i-1}$. And the isomorphism of the kind is a goal of scientific activity."[195]

Nowak hat mit seinem Beitrag die Syntax für ein ehrgeiziges Programm zusammengestellt. Letztlich muß sich aber in der Wissenschaftspraxis

---

192 Nowak, L. (1980), S. 30/31

193 Ebd. S. 105

194 Ebd. S. 35. Diese Einstellung ist auch für die Auffassung von Autoren konstitutiv, die nichts mit dem PIM zu tun haben, wie beispielsweise F. Suppe. Vgl. dazu Kapitel 3.2

195 Ebd. S. 108

erweisen, ob und inwieweit seine Idealisierungs- und De-Idealisierungsschemata möglich und sinnvoll sind. Die Probleme fangen schon bei den ontologischen Voraussetzungen an: wenn es eine essentielle Struktur gäbe, könnte sie - entsprechende Realitätszugänglichkeitskonzeption vorausgesetzt - entdeckt werden, selbst wenn es kein sicheres Wissen darüber gibt, *ob* sie entdeckt wurde. Gibt es hingegen keine essentielle Struktur, so braucht niemand eine Methode, eine solche zu entdecken.

Es verhält sich mit Nowaks Idealisierungskonzeption[196] ähnlich wie mit der Korrespondenztheorie der Wahrheit: es gibt eine Definition (des Zutreffens des Attributes "ist wahr") bzw. einen Isomorphismus (zwischen epistemologischer und ontologischer Sequenz), aber kein Kriterium (im ersten Fall kein Kriterium, ob das Attribut "ist wahr" im konkreten Fall tatsächlich zugesprochen werden kann; im zweiten Fall in mehrerer Hinsicht: ob die ontologische Schichtung vorliegt, ob der Isomorphismus besteht etc.). Es ist Nowak natürlich nicht unbekannt, daß die "Methode" die Entdeckung der prinzipiellen Faktoren nicht sicherstellt. Entscheidend ist jedoch, daß die Methode der Idealisierung gemäß ihrer epistemologischen Grundannahmen die Entdeckung der essentiellen Struktur der Fakten möglich macht.

Dennoch bleibt es offen, inwiefern die "Methode" Erfahrungswissenschaftler befähigt, die Beziehungen zwischen den gegebenen Phänomenen und deren grundlegenden Bestimmungsfaktoren zu analysieren. Da letztlich die Fachwissenschaftler die Idealisierungs*vorgänge* durchführen - wie Nowak in seinen Ausführungen über die "Kategorisierung der Welt" beschreibt -, entsteht die Frage, welche Methode der Idealisierung der Nowaksche Wissenschaftler in praxi benutzt. Wenn diese nur im Vorgang der Unterscheidung zwischen als wesentlich und als weniger wesentlich erachteten Einflußfaktoren besteht (indem z. B. als Haupteinflußfaktoren für das Konsumverhalten aus keynesianischer Perspektive das verfügbare Periodeneinkommen, aus neoklassischer Perspektive das erwartete Lebenseinkommen angegeben werden), dann wird eine bestehende Praxis nur philosophisch interpretiert. Der Unterschied zu dem von Nowak kritisierten "Hypothetizismus" (so kennzeichnet Nowak Poppers Methodologie) liegt dann in praxi nur noch darin, daß in der Wenn-Komponente der Hypothese syntaktisch nicht nach Relevanz der Einflußfaktoren geordnet und keine Hierarchie von Hypothesen nach ihrem Idealisierungsgrad angegeben wird.

---

196 In analoger Weise trifft dies auch auf andere Metaphysiken der Idealisierung zu, z. B. auf McMullins kausale Metaphysik.

Eliminationen von als minder relevant erachteten Einflußfaktoren leistet auch der sog. Hypothetizismus, der nach Nowaks Auffassung ungeeignet für den Umgang mit dem Idealisierungsproblem ist. Vermutlich sind die meisten Erfahrungswissenschaftler der Auffassung, daß die vermeintlich wichtigsten Einflußfaktoren in die Wenn-Komponenten von Hypothesen, Strukturgleichungen von Modellen und anderen Ergebnissen der erfahrungswissenschaftlichen Modell- und Theorienbildung separiert werden. Zufallseinflüsse (adventitious factors[197]) brauchen nie neutralisiert zu werden (sie treten höchstens als Störterme in Regressionsgleichungen auf), während weniger relevante - aber systematisch wirkende - Faktoren selektiert werden, z. B. die Einflüsse von Kultur und individueller Psyche im Fall der Konsumfunktion. So gesehen würde Nowaks Methode nur zu einer zusätzlichen "Schichtung" der als relevant erachteten Faktoren führen und dann nicht mehr als der kritisierte Standard der Wissenschaftspraxis leisten. Eine *Methode* der Idealisierung muß mehr bieten, wenn sie über den Standard hinausgehen will: im Optimalfall Kriterien, wie prinzipielle und sekundäre Faktoren und die Auswirkungen ihrer Hinzufügung bzw. Elimination zu ermitteln sind. Darüber hinaus sollte eine Methode die bestehende Praxis der Idealisierungsvorgänge nicht ohne Begründung beschränken. Da sich Nowak und Krajewski zu keiner konsequenten Abkehr der von ihnen kritisierten phänomenalistischen Position entschließen konnten, ist die essentialistische Metaphysik im Hinblick auf die Entstehung und Wahl akzeptabler Idealisierungen zu restriktiv. Die Entstehung von Idealisierungen wird beschränkt, da die Analyse am "Oberflächen-Niveau" ansetzt und dort nach gelungener De-Idealisierung auch wieder enden soll, denn Gegenstand des wissenschaftlichen Interesses ist die Erklärung der sog. Oberflächenphänomene: "What matters is to 'dissect' by means of hypothetical reasoning the result of observation into 'componential influences', distinguish the strongest influence, and 'put them together' again. If the distinction of the principal and secondary factors is correct and the dependencies (the regularity and its successive forms of manifestation) are recognized properly, then the result is what experience provided us at the beginning, but this time the phenomenon will be theoretically understood."[198] Selbst

197 Nowak identifiziert die zufälligen mit den sekundären Faktoren. Dies ist mit der Integration der sekundären Faktoren in die essentielle Struktur einer Größe $F$ nicht vereinbar, da die in den Mengen $D_{k-1}$, $D_{k-2}$, ..., $D_0$ enthaltenen Faktoren einen systematischen Einfluß auf $F$ ausüben. Zufallseinflüsse dürften in der essentiellen Struktur keine Berücksichtigung finden. Vgl. Nowak, L. (1980), S. 96

198 Ebd. S. 105

mit Grundlegung eines "idealisierenden Essentialismus" ist die Beschränkung der Analyse auf beobachtbare Phänomene schwer zu rechtfertigen. Als Antipoden ihrer Position baut Nowak einen sog. ontologischen Phänomenalismus auf. Dieser ist seiner Ansicht nach typisch für alle Konzeptionen, die die Methode der Idealisierung ignorieren. Diese beruhen auf Deskriptionen und nicht auf Repräsentationen, die durch Idealisierung entstehen. Als Beispiele führt Nowak sowohl die induktive als auch die deduktive Methode an: "The description can be done directly by way of induction or indirectly by way of deduction leading from the general schema of description to particular descriptions of facts."[199]

Das Bemühen um das theoretische Verständnis der "Phänomene" ist möglicherweise ihrer Deskription vorzuziehen - gibt es aber Deskription ohne theoretisches Verständnis? Mir erscheint es sinnvoller - rein aus der historischen Perspektive - zwei Arten von Deskription zu unterscheiden: eine, die die sog. Phänomene mit dem relativ zu einer bestimmten Theorie *T* vorgängig verfügbaren - aber durchaus theoretischem - Vokabular beschreibt, und eine, die zusätzlich die theoretischen Begriffe von *T* benutzt. Letzteres könnte man teilweise mit dem, was Nowak "theoretisches Verständnis der Phänomene" nennt, identifizieren. Theoretisches Verständnis beinhaltet nach Nowaks Auffassung, die auf dem "inneren Niveau" angesiedelte Regularität zu erkennen und zu beschreiben. Eine Deskription ist daher defizitär, wenn sie nur die "phänomenale Form" des Zusammenhanges - der Regularität - zum Ausdruck bringt. Der "idealisierende Essentialismus" könnte jedoch auch defizitär sein, wenn nicht alle Zusammenhänge eine phänomenale Form besitzen.

Indem sie die "Fakten" als Ausgangspunkt der Idealisierung setzen, schränken Nowak und Krajewski deren Möglichkeiten ein. Dies zeigt sich z. B. bei Krajewskis Bestimmung des "idealen Objekts", das als idealisiertes Modell (ideal model) eines realen Objektes angegeben wird. Streng genommen werden keine Idealisierungen möglich, die als Ausgangspunkt kein sog. reales Objekt bzw. dessen Repräsentation aufweisen können.[200] Die Setzung der "Fakten" als Ausgangspunkten der Idealisierung sowie Krajewskis wie Nowaks Bemühen, eine Falsifikationsmethodologie aufrechtzuerhalten, indizieren nach Birners Auffassung "... an empirist bias which PIM shares with much of the philosophical literature of the last

199 Ebd.

200 Aus welchen Arten von Entitäten sich die Realität zusammensetzen soll, hängt von den gewählten - z. B. realistisch oder partikularistisch konstituierten - Kategorien ab. Vgl. Nowak, L. (1980), S. 112

decades, and which concentrates on a strategy of theory development which aims at ... an empirical test."[201]

Die Semantik der Idealisierungen ist von Krajewski nicht präzisiert worden. Dennoch erscheint sie mit der Nowakschen nicht generell vereinbar. Nach Krajewski ist das "reale" Objekt ein physikalisches Objekt oder ein Raumzeitgebiet. Was ist aber das idealisierte Objekt? Als konstruierte Entität, welche das idealisierte Gesetz präzise erfüllt, erscheint es als physikalisches - wenn auch als nicht faktisches - Objekt. Der letzte Eindruck wird durch Krajewskis Äußerung verstärkt, das idealisierte Modell *habe* sowohl faktische als auch idealisierte Eigenschaften. Nowak verlangt, daß die essentielle Struktur der Größe *F* die der *Realgröße F* ist. Symbolisiert *F* z. B. den Marktzinssatz der BRD, dann würde ein mögliches idealisiertes Gesetz die wesentlichen Einflüsse auf *F* beschreiben. Die Gesetze auf dem inneren Niveau gelten gerade für das *reale Raumzeitgebiet* BRD und nicht für eine Idelisierung desselben, wie Krajewski annimmt: "In order to explain a set of facts appearing in a process under examination we construct its ideal model. The analysis of that model leads to the formulation of an idealizational law."[202] Doch dieses ist kontrafaktisch und nur im idealisierten Objekt erfüllt.

In zwei Aufsätzen der jüngeren Vergangenheit hat sich Nowak mehr mit dem *Vorgang* der Idealisierung befaßt.[203] Aus seiner Sicht ist darunter eine Auswahl möglicher *deformierender Prozeduren* zu verstehen, die an einem sog. Realobjekt *a* ansetzen.[204] Generell unterscheidet Nowak dabei sog. harte und weiche deformierende Prozeduren. Weiche Deformation (soft deformation) bedeutet - relativ zu *n* vorweg in der Repräsentation I festgehaltenen Eigenschaften des Realobjektes *a* -, daß der Ausprägungsgrad der Eigenschaft reduziert oder erhöht wird (dies zeigen "+" und "-" in den Klammern der Synopse an): "It might be said that potentialization of *a* consists in postulating of a possible object, *a'*, which differs from *a* in that *a'* has some property *P* in a different degree from that in which *a* has *P*; if the new degree ... is greater (resp. lesser) ... we shall speak of positive (resp. negative) potentialization."[205]

---

201 Birner, J. (1990), S. 129

202 Krajewski, W. (1977), S. 336

203 Nowak, L. (1989) und (1990)

204 Nowak unterscheidet nicht zwischen der Deformation des Objektes und der von dessen Repräsentation.

205 Nowak, L. (1989), S. 225

| | | |
|---|---|---|
| weiche Deformation | | |
| | positive Potentialisierung (+) | (Extremfall: Mythologisierung) |
| | negative Potentialisierung (-) | (Extremfall: Abstraktion[206]) |
| harte Deformation | | |
| | Transzendentalisierung (+) | |
| | Reduktion (-) | |

Wird mindestens eine Eigenschaft von *a* kontrafaktisch auf ein Ausmaß von Null vermindert, ohne die Gesamtzahl der Eigenschaften anzutasten, liegt mit *a'* ein Abstraktum vor; der genau umgekehrte Fall wird als "mythologischer Typ" eines gegebenen Objektes tituliert.

*Reduktion* und *Transzendentalisierung* heißen die hart deformierenden Prozeduren (hard deformation). Relativ zum Realobjekt *a* mit *n* Eigenschaften hat das Redukt von *a* $n\text{-}i$ ($1 \leq i < n$) Eigenschaften. Die Transzendentalisierung ist der zur Reduktion analoge Vorgang - nur, daß zu *a* Eigenschaften hinzugefügt werden, so daß *a'* $n+i$ ($i \geq 1$) Eigenschaften besitzt.

In dem 1989er Aufsatz zielen sowohl die weiche als auch die harte Deformation noch auf die Entdeckung der essentiellen Struktur. Erstere dient der Ordnung der Menge $P_F$, die die essentiellen Faktoren enthält (der Hierarchisierung der sekundären Faktoren), letztere der Elimination unwesentlicher Faktoren[207]: "In this manner a possibile (*a'*, M. H.) is postulated (the reduct of the initial, actual object) that is claimed to possess all and only those properties that are essential for *F*."[208]

Als Idealisierung bezeichnet Nowak nur die Kombination von Reduktion und negativer Potentialisierung (insbesondere Abstraktion). Dieses

206 Diese Unterteilung deformierender Prozeduren stammt aus Nowak (1989). In Nowak (1990) wird der Extremfall der Verminderung der Ausprägung einer am Objekt *a* vorhandenen, mit *p* bezeichneten Eigenschaft ($p(a) = 0$), "ideation" genannt. Im Prinzip muß der Extremfall negativer Potentialisierung nicht mit einem Variablenwert von Null übereinstimmen. Wird dieser Fall jedoch mit "Abstraktion" - wie in Nowak (1989) - bzw. mit der kontrafaktischen Negation einer Merkmalsausprägung - wie in Nowak (1990) - identifiziert, ist eine zwar minimierte, aber dennoch positive Ausprägung eines Merkmals nicht nicht mehr als negativer Extremfall zu bezeichnen.

207 "A factor *G* will be said to be essentiell for *F* iff for every value *v* of *G* there exists a non-empty subset of values *V* of *F* such that for every object *x*, if $G(x) = v$, then it is not the case that $F(x)$ belongs to *V*; the set *V* is termed the range of exclusion of *G* relative to *F*. In other words, if one factor *G* influences upon another *F*, then it is excluded that given a definitive value of *G*, *F* can take an arbitrary value." Ebd. S. 228

208 Ebd. S. 229

Vorgehen ist nur auf dem Hintergrund von Nowaks essentialistischer Metaphysik verständlich, wo die Verminderung (negative Potentialisierung) und Elimination (Reduktion) des Unwesentlichen der vorherrschende Gedanke ist. Als Konsequenz fallen schon einige "Standardidealisierungen" nicht mehr unter Nowaks Begriff: das "perfekt kugelförmige Molekül" oder das "Individuum mit vollständiger Information" bedürfen zu ihrer Entstehung eher der positiven Potentialisierung.[209]

Die Kombination z. B. von positiver Potentialisierung und Reduktion akzeptiert Nowak nur als Charakteristikum der Kunst, beispielsweise der Karikaturen.[210]

In seinem jüngsten - hier berücksichtigten - Aufsatz bemüht sich Nowak um erste Schritte in die Richtung einer neuen Metaphysik der Idealisierung. Wie er selbst feststellt, bewegt er sich vom essentialistischen Materialismus weg und auf eine platonistische Ontologie zu.[211] Die Auffassung, daß empirische Erkenntnis der Idealisierung geradezu bedarf, bleibt jedoch erhalten: "The dialectic of scientific knowledge is that in order to explain what is going on in our world we must first recognize how things are in ideal worlds."[212]

Das Konzept der deformierenden Prozeduren wird weiterhin vertreten; Nowak nimmt jedoch an diesem einige Korrekturen vor. Das Ausgangsobjekt der Veränderungsvorgänge wird als "possibilia" bezeichnet: Wenn ein solches Objekt $x$ und ein Universum **P** von Eigenschaften angenommen

---

209 Es ist fraglich, ob sich jede Minimierung einer Eigenschaft $n$ auch als Maximierung einer Eigenschaft $\neg n$ und umgekehrt auffassen läßt. Nur in diesem Fall wäre die positive Potentialisierung formal überflüssig. Die Eigenschaft "besitzt vollständige Information" beispielsweise ist darstellbar mit $n(x) = \alpha$, wobei $\alpha$ der Limes einer Folge $(a_n)^\infty$ ist (positive Potentialisierung, ausgehend von einem über eine bestimmte Menge an Informationen verfügenden Individuum). Ist der Limes $\beta$ einer Folge $(a_m)^\infty$ (negative Potentialisierung, ausgehend von einem Individuum mit der Eigenschaft "besitzt keine vollständige Information") dasselbe? Offensichtlich nicht, da im ersten Fall die Informationsmenge maximiert und im zweiten Fall die Unvollständigkeit der Informationsmenge minimiert wird. Da der Ausgangspunkt der Idealisierung zudem die Repräsentation I des Realobjektes $a$ ist, ist es nicht beliebig, ob die mit "$n$" oder die mit "$\neg n$" bezeichnete Eigenschaft vorliegt.

210 Die Kombination von positiver Potentialisierung und Reduktion wird mit "Fiktionalismus", die von positiver Potentialisierung und Transzendentalisierung als "Absolutismus" tituliert. Absolutismus "... appears in the domain of religion - the creatures postulated there are ontologically richer than the actual beings and their properties are to be of the 'highest'-type: the Highest Power, the Highest Wisdom, the Highest Goodness, etc. ." Nowak, L. (1989), S. 227

211 Vgl. Nowak, L. (1990), S. 205, Anmerkung 6

212 Nowak, L. (1990), S. 200

werden, dann kann $x$ eine nichtleere Teilmenge $S$ von **P** zugeordnet werden. $S$ enthält alle jene Eigenschaften, die $x$ in konkreten Ausprägungsgraden besitzt. Gegeben $S$ und **P** hat daher jedes Objekt die in $S$ zusammengefaßten Eigenschaften, während ihm die in $S^k$ enthaltenen fehlen. Ausgehend von diesem Schema werden nun Varianten gebildet, z. B. der "Idealtyp", der mit dem Ausgangsobjekt mindestens eine der gemeinsamen Eigenschaften in minimalem Grade besitzt; das "Redukt", dem aus der mit dem Ausgangsobjekt gemeinsamen Eigenschaftsmenge S mindestens eine Eigenschaft fehlt; die "Idee" - Kombination von Idealtyp und Redukt.

Darüber hinaus werden "Abstraktion" und "Idealisierung" als zwei grundsätzlich verschiedene Vorgänge aufgebaut: Der Vorgang der Abstraktion führt durch das Weglassen von Eigenschaftsarten zum Wechsel auf ein - mengentheoretisch betrachtet - höheres Niveau, also z. B. von Individuen zu Klassen von Individuen, von Klassen von Individuen zu Klassen, die Klassen von Individuen enthalten usw.: "Idealization does not do this ... Abstraction is generalization. Idealization is not."[213]

Bei gegebenem Universum $U$ und einer durch die Eigenschaft $P$ determinierten Teilmenge $S$ von $U$, heißt von $P$ zu abstrahieren, alle Objekte zu betrachten, für die gilt: $x \in S \vee x \notin S$. Der Vorgang der Abstraktion führt von $S$ zu $S \cup S^k = U$.[214]

Der Vorgang der Idealisierung hingegen resultiert nicht in einen mengentheoretischen Wechsel des Niveaus, sondern in einen Übergang zu einem neuen Universum, für das die eliminativ idealisierten Eigenschaften nicht relevant sind. Die Eigenschaft $P$ zu idealisieren bedeutet daher, jene Objekte zu betrachten, die weder $P$, noch $\neg P$ besitzen, die also $P$-los sind: "This thus implies a passage to a new universe containing objects lacking $P$ and lacking not-$P$ at the same time. The mass-point is neither courageous or not-courageous, it belongs to a universe to which such characteristics do not apply at all."[215]

---

213 Ebd. S. 193

214 Nowak liefert hier nur eine äußerst knappe Skizze des in der modernen Logik entwickelten Begriffs der Abstraktion. Er betrachtet - wenn überhaupt - nur das Verhältnis zwischen dem Ausgangspunkt der Abstraktion - im allgemeinen eine Unterklasse des Abstraktums - und dem Abstraktum selbst. Das Abstraktum ist das, was abstrahiert wird; es ist entweder eine Klasse von Entitäten oder Relationen oder ein Merkmalskomplex. Nur wenn man $S$ als Ausgangspunkt der Abstraktion und $U$ als Abstraktum interpretiert, führt der Vorgang der Abstraktion nach Nowak zu einem mit dem oben erwähnten Begriff kompatiblen Ergebnis. Allerdings kann Abstraktion nicht mit einem Mengenbildungsprozeß nach der Vorschrift "Vereinige die Objekte einer Klasse $S$ mit den Objekten in $S^k$" identifiziert werden. Vgl. Weingartner, P. (1976), S. 212 ff.

215 Nowak, L. (1990), S. 194

Ist in *U* z. B. eine Klasse weißer runder Dinge enthalten, kann - ausgehend von dieser Klasse - die Klasse weißer geometrischer Dinge abstrahiert werden. Beim Vorgang der Abstraktion wird das *universe of discourse* nicht verlassen. Durch die Idealisierung einer Eigenschaft, z. B. der Eigenschaft "ist von weißer Farbe", gelangt man nach Nowaks Konzept zu einem Universum *U'*, für das die Ausgangseigenschaften - die (eliminativ) idealisiert wurden - irrelevant sind. Ihr *Fehlen* in *U'* führt zu keiner Klassifikation in *U*.

Neben dem Begriffspaar "Abstraktion/Idealisierung" unterscheidet Nowak zwischen Idealisierung und der sog. Ideation. Zur Erläuterung des Konzepts der Ideation wird zwischen der *Negation* und dem *Fehlen* einer Eigenschaft differenziert: "The classical notion is this: given the universe *U* composed of Elements *A*, *B*, *C*, ..., *N*, non-*A* is the same as *B* or *C* or ... *N*. In contrast of this, the lack of *A* is not the sum of the remaining properties different from *A*."[216] Die Negation einer Eigenschaft *A* wird von Nowak mit dem Komplement der Menge identifiziert, die durch die Eigenschaft *A* determiniert ist.

Zusammengefaßt lauten Nowaks Vorschläge für eine durch Eigenschaft $\alpha$ gekennzeichnete Menge $A = \{x \mid x \text{ hat die Eigenschaft } \alpha\}$:

1. Die Abstraktion - ausgehend von $\alpha$ bzw. $A$ - führt zur Betrachtung[217] von $A \cup A^k = U$.
2. Die Negation von $\alpha$ führt zur Betrachtung von $A^k = U \setminus A$.
3. Die Idealisierung von $\alpha$ führt zur Betrachtung von $U'$.

Wenn man von einem Objekt $x$ mit der Eigenschaft $\alpha$ ausgeht, so bedeutet die Ideation für $x$ den Übergang zu einem Individuum $x'$, welches sich von $x$ dadurch unterscheidet, daß es die Eigenschaft $\alpha$ im Ausprägungsgrad 0 hat. Ideation entspricht dem Extremfall negativer Potentialisierung - von Nowak (1989) noch mit "Abstraktion" bezeichnet. Unter den Begriff *der Idealisierung* bezeichnet fallen nach Nowak nur bestimmte Kombinationen deformierender Prozeduren, nämlich die von Reduktion und Ideation.

Nowak illustriert 3. mit der Annahme der Erde als Massenpunkt. Diesem fehlen z. B. geologische und klimatische Eigenschaften. Das wesentlichste Merkmal der Idealisierung ist, daß die *fehlenden* Eigenschaften wichtiger

---

216 Ebd. Ich habe im Zitat in dem mit "non-*A*" beginnenden Teilsatz ein Symbol "*Z*" durch "*N*" ersetzt.

217 Diese Formulierung soll nicht zum Ausdruck bringen, daß z. B. *U* das Ergebnis der Abstraktion und *U'* das Ergebnis der Idealisierung sein muß.

sind, als die spezifizierten: "... we ommit that feature(s) in the sense of predicting the lack of it. And *this is what we do when making idealization.* In the constitution of the mass-point is what is explicitly written (i. e., the idealizing condition: "the dimensions of $x$ equal zero") is less important than what is silenced."[218]

Das Ergebnis des deformierenden Vorgangs - der Massenpunkt - ist ein Individuum, das in Anlehnung an Platon als "Idee" (idea) bezeichnet wird.[219] Die Idee ist an Anzahl von Eigenschaften ärmer als das Ausgangsobjekt (die Erde). Die Eigenschaften, die es mit der Erde teilt, sind zudem von geringerem Ausprägungsgrad. Nowaks idealisierte Individuen sind mit Krajewkis idealisierten Objekten erneut vergleich-, aber nicht identifizierbar.[220] Als sog. faktische Eigenschaft besaß der Massenpunkt nach Krajewski eine Masse ($m(x) > 0$) und als idealisierte Eigenschaft ein Volumen ($v(x) = 0$). Der ersten Eigenschaft entspräche bei Nowak die durch negative Potentialisierung verminderte Ausprägung der Eigenschaft; der zweiten eine durch Ideation (dem Extremfall negativer Potentialisierung) auf Null reduzierte Ausprägung der Eigenschaft.[221] Beides sind Eigenschaften, die der Massenpunkt noch mit dem Ausgangsobjekt teilt. Die idealisierten Eigenschaften sind bei Nowak gerade die *nicht erwähnten.* In der Konsequenz wird immer das Ausgangsobjekt bzw. dessen Repräsentation benötigt, um die idealisierten Eigenschaften erkennen zu können, da dies die an der Idee fehlenden Eigenschaften sind. Sowohl die Auswahl der Eigenschaften des Ausgangsobjektes, als auch derjenigen, die als in *U' fehlende* zuvor eliminiert wurden, dürften von historischen und pragmatischen Faktoren abhängig sein.

---

218 Nowak, L. (1990), S. 195. Hervorhebung von mir.

219 "Ideas are not sets over individuals but individuals themselves" (Ebd. S. 200). Auch die "Ideen" bei Platon - die Gegenstände reinen Denkens - existieren als Einzeldinge.

220 Der Vergleich beruht auf der Voraussetzung, daß die idealisierten Objekte als nichtlinguistische Entitäten aufgefaßt werden können. Individuen sind die Grundlage der Mengenbildung und daher mengentheoretische Entitäten.

221 Die Betrachtung der Rekonstruktion des idealen Gasgesetzes von Barr auf dem Hintergrund von Nowaks Typologie zeigt im Antecedens die Angabe von zwei positiv "potentialisierten" Eigenschaften (perfekt elastische und perfekt kugelförmige Moleküle), zwei vergleichende Angaben bezüglich der Massen und des Volumens der Moleküle (diese haben gleiche Massen und gleiche Volumen) und - abgesehen von den nichtidealisierten Bedingungen - eine "Vernachlässigbarkeitsannahme" (bezüglich der Größe der Moleküle) und eine "Negation" (die Moleküle üben keine Kräfte aufeinander aus). Die "Vernachlässigbarkeitsannahme" basiert nicht auf einer - nach Nowaks Vokabular - reduzierbaren, sondern auf einer negierbaren Eigenschaft und wird meist mit $v(x) = 0$ ($v$ = Volumen) ausgedrückt.

Nowak hat einen fruchtbaren Beitrag zur Typologie deformierender Prozeduren geleistet. Ausgehend von einem bestimmten Objekt *x* hat er alle logisch möglichen Deformationen aufgelistet. Weniger gelungen sind Auswahl und Vergabe der Bezeichnungen, die er den Ergebnissen der Prozeduren zuordnet. Neben einer terminologischen Kritik, die hier nur am Rande einfließen soll[222], betrifft dies die Beschränkung des Begriffs "Idealisierung" auf das Ergebnis der Kombination von Reduktion und Ideation bei Nowak. Während es nebensächlich ist, welche Bezeichnungen für die Ergebnisse deformierender Prozeduren vergeben werden, ist es grundsätzlich relevant, daß alle diese Ergebnisse als *mögliche* Idealisierungen zur Verfügung stehen. Wenn man das akzeptiert, hat sich das Bezeichnungsproblem zumindest für die hier interessanten Fälle gelöst: Unter den Begriff "ideal type" sind alle Ergebnisse von Nowaks deformierenden Prozeduren subsumierbar, soweit es Idealisierungen sind. Es ist nicht tragbar, wenn - im Gegensatz zur erfahrungswissenschaftlichen und philosophischen Praxis - beispielsweise perfekt kugelförmige Moleküle oder rationale Wirtschaftssubjekte als "Karikaturen" und damit nur als für den Kunst- und Kulturbetrieb im engeren Sinne interessant klassifiziert werden müßten (in beiden Fällen als Ergebnis von positiver Potentialisierung und Reduktion). Alle Varianten negativer wie positiver Potentialisierung einschließlich des positiven Extremfalls und der Eigenschaftsergänzung sollten als Idealisierungen erfaßt werden *können*. Genauso wenig, wie Idealisierungen auf negative Extremwerte beschränkt sind, sind sie überhaupt auf Extremwerte beschränkt: auch "einfache" negative wie positive Potentialisierungen finden Verwendung. Ein Beispiel dafür ist das Modell des Wirtschaftssubjektes mit "begrenzter Rationalität" (bounded rationality), das angesichts der Informationskosten keine vollständigen Informationen anstrebt. Selbst wenn sog. extremwertgeeignete Variablen - also solche, für die extreme Wertausprägungen denkbar sind - verwandt werden, ist Idealisierung als mögliches Ergebnis der Deformation nicht auf die extremen Variablenwerte beschränkt. Ob Idealisierung überhaupt vorliegt, hängt nicht vollständig vom Grad der Deformierung oder von der Kombination der Deformationsarten ab. Negative wie positive Potentialisierung sind nicht hinreichend für Idealisierung, auch nicht die jeweiligen Extremfälle: Tat-

---

222 Gemeint sind spezielle Namensvergaben wie z. B. "transcendentalia" und "ideas", die mir philosophiegeschichtlich als zu stark vorbelastet erscheinen: "A transcendentale of the actual object *x* is such an object *x'* which does possess in some degree at least one of the properties which *x* is lacking." Nowak, L. (1990), S. 199

sächlich ist nicht einmal die Durchführung der sog. harten deformierenden Prozeduren hinreichend (vgl. Kapitel 2.2.1).

Eine gewisse Liberalisierung von Nowaks Idealisierungsbegriff im Hinblick auf die Frage, welche Ergebnisse deformierender Prozeduren im gegebenen Fall als Idealisierungen bezeichnet werden können, sollte möglich sein, da die Grundlage für die Selbstbeschränkung schließlich entfallen ist: die Separation von primären und sekundären Faktoren auf Basis der essentialistischen Metaphysik, wonach der Vorgang der Idealisierung nur in der graduellen oder vollständigen Elimination von Einflußfaktoren und unwesentlichen Faktoren bestehen konnte.

Auch die Verwendung sog. Realobjekte als Ausgangspunkte der Idealisierung ist eine starke Einengung - selbst, wenn auf den Nachweis des Realen am Realobjekt verzichtet wird. Weder Nowak noch Krajewski erläutern die Begriffe "reales" oder "aktuelles Objekt". Für den Vorgang der Idealisierung werden Repräsentationen benötigt (nach Nowaks Konzeption basieren diese auf den Ausgangsobjekten), aber diese müssen keine Repräsentationen von Realobjekten sein. Für die Entwicklung eines idealisierten Objektes kann der Ausgangspunkt der Idealisierung vielfältigerer Art sein: Anstatt nur eines Ausgangsobjektes können mehrere Ausgangsobjekte bzw. deren Repräsentationen verwandt werden. Unwesentlich ist, ob dies Repräsentationen beobachtbarer oder nicht beobachtbarer Entitäten, ob es solche von Entitäten der Alltagswelt oder der Wissenschaft sind. Es ist vielleicht Zufall, daß Nowak nicht zwischen den Entitäten und ihren Repräsentationen als möglichen Ausgangspunkten der Idealisierung unterscheidet. Der Rückgriff auf Repräsentationen ist aber deshalb sinnvoll, weil er keine Interpretation des ontologischen Status' des Repräsentierten voraussetzt.

Nowaks idealisierte Individuen sind Unikate in Idealwelten. Sie sollen zwar Konstrukte und in diesem Sinne "Ideen", aber nicht beliebig durch Gedanken kreierbar sein: "We do not 'create' by somehow calling it into being but we reach it in an ideal world where it is supposed to exist."[223] Alle mentalen Konstrukte sind definitorisch festgelegt; sie sollen sich von einer realen Entität wie auch von anderen Konstrukten in genau spezifizierbarer Weise unterscheiden. Für Nowak ist es ein Vorteil, daß es nach seiner Methode nur einen Massenpunkt mit genau spezifizierbaren Eigenschaften gibt. Hier scheint er sich eher dem Wirken des *Ockhamschen Rasiermessers* als ungezügeltem Platonismus verschrieben zu haben.

223 Nowak, L. (1990), S. 202

Zumindest für das Universum *U'*, in das man durch den Vorgang des Idealisierens wechselt, wird nur eine bescheidene Ontologie bestimmt.[224]

Nowak hat mit dem Massenpunkt ein Beispiel eines idealisierten Objektes gewählt, über dessen Eigenschaften sich in der Fachwelt weitestgehend Einigkeit eingestellt haben dürfte. Dies ist bei vielen anderen Standardbeispielen sicher ähnlich. Dennoch: Sind der Homo oeconomicus mit rationalen Erwartungen und der Homo oeconomicus mit begrenzter Rationalität ein oder zwei idealisierte Entitäten?[225] Die Theorienentwicklung generiert auch die Entwicklung von Idealisierungen. Idealisierte Eigenschaften werden hinzugefügt, verändert, eliminiert. Sie werden verschiedenen theoretischen Kontexten angepaßt.[226] Eine Beschränkung der Ontologie der idealisierten Objekte auf "von jeder Sorte eines" setzt voraus, daß nach jeder Neuentwicklung das "Auslaufmodell" bzw. die Theorie, die es verwendet, untergeht. Im Prinzip ist Nowaks Begriff jedoch dahingehend erweiterbar, daß einem Ausgangsobjekt eine Klasse genau spezifizierter Ideen zugeordnet werden kann, z. B. eine Klasse von Homo-oeconomicus-Varianten.

Einige Idealisierungen beruhen auf einer Klasse gleicher Individuen, beispielsweise auf einem Argumentbereich für Funktionen, der homogene Entitäten enthält. Dies gilt für physikalische wie nichtphysikalische Idealisierungen gleichermaßen und soll hier nur an einem Beispiel aus der Ökonomik, dem Begriff der "Endproduktivität" (final productivity) der Arbeit bei Clark (1899), erläutert werden. Dieser Begriff impliziert eine imaginäre Reihe unterscheidbarer homogener Arbeitseinheiten, die sukzessive aufeinanderfolgen: "This principle we have undertaken to apply to the productive powers of different agents of production, and just now we are applying it to labor. We may, if we wish, arrange in a similar imaginary series workmen who are of like personal capacity and can be changed, the one for the

---

224 Menger setzt Ockhams Prinzip - Gesetz der Sparsamkeit (Law of Parsimony) genannt - ein "Gesetz gegen den Geiz" (Law against Miserliness) entgegen, das er wie folgt präzisiert: "... it in vain to try do to with fewer what requires more." Menger, K. (1960), S. 415

225 Nach dem Konzept der Rationalen Erwartungen orientieren alle Wirtschaftssubjekte ihre Erwartungen an den Implikationen des erfolgreichsten Modells; darüber wird ein Gleichgewichtsprozeß eingeleitet. In dem Konzept der begrenzten Rationalität wird zudem der Einfluß der Entscheidungsfindungs- und Transaktionskosten berücksichtigt.

226 In der Portfoliotheorie und in monetärkeynesianischen Ansätzen z. B. werden informationsökonomische Aspekte berücksichtigt. Neben der monetaristischen Außenwirtschaftstheorie wurde auch die in den quantitätstheoretischen Modellen verwandte Konzeption Rationaler Erwartungen verworfen.

other."[227] Auf der Grundlage des Konzeptes der Endproduktivität entwikkelt Clark dann das Gesetz abnehmender Grenzerträge der Arbeit.[228] Auch eine makroökonomische neoklassische Produktionsfunktion, die Aggregate homogener Input-Einheiten verknüpft, ist auf der Basis von Nowaks Begriff nicht entwickelbar, soweit sie u. a. nicht mit einem individuellen homogenen Kapitalgut auskommt. Dieses müßte aus der Klasse aller Kapitalgüter entnommen werden, indem

1. alle individuellen Gut-Eigenschaften eliminiert werden,
2. nur die Eigenschaft "ist eine physikalische Quantität" erhalten bleibt,
3. die Eigenschaft unendlicher Teilbarkeit hinzugefügt wird (und eventuell weitere benötigte Eigenschaften).

Diese Vorgänge können an der Repräsentation eines beliebigen Kapitalguts vorgenommen werden, indem von allen Eigenschaften bis zur "beharrenden Substanz" abstrahiert wird, an die die benötigten Eigenschaften "angehängt" werden.[229] Nach Nowaks originärem Konzept wäre die Hinzufügung von Eigenschaften allerdings nicht möglich. Mittels des durch 1.-3. spezifizierten Vorganges kann jedoch die Repräsentation jedes beliebigen Ausgangsobjektes zu der eines homogenen Kapitalguts verändert werden - was auch nicht in Nowaks Sinn liegen dürfte. Wenn mehr als ein homogenes Kapitalgut benötigt wird, muß der Vorgang entweder mit einer größeren Anzahl von Repräsentationen der Ausgangsobjekte durchgeführt oder das Ergebnis der Idealisierung auf eine mysteriöse Weise vervielfältigt werden. Eine Klasse identischer Individuen läßt Nowaks Begriff jedoch ebensowenig zu wie eine Klasse von idealisierten Entitäten ähnlichen Typs,

---

227 Clark, J. B. (1899), S. 163. Clark übertrug die zuvor nur einzelwirtschaftlich formulierte Grenzproduktivitätstheorie auf die gesamte Volkswirtschaft, wo sie als Verteilungstheorie, deren Grundgedanke eine am Grenzprodukt orientierte Entlohnung ist, sehr einflußreich war.

228 Das Gesetz abnehmender Grenzerträge ist eine Aussage über die zusätzlichen Erträge, die durch ständige Vermehrung der Einsatzmenge eines variablen Faktors (z. B. des Arbeitseinsatzes) um gleiche Beträge bei Konstanthaltung aller übrigen Faktoreinsatzmengen (z.B. des fixen Kapitalbestandes) entstehen. Danach führt eine Erhöhung des Arbeitseinsatzes zu einer Steigerung der Produktion; von einem bestimmten Punkt an sinkt jedoch der Ertragszuwachs pro zusätzlich eingesetzter Arbeitseinheit. Der *Grenzertrag* oder das *Grenzprodukt* (in diesem Fall der *Arbeit*) kann als das Differential einer Ertragsfunktion der oben spezifizierten Art angegeben werden.

229 Dieser Vorgang kann aus nominalistischer Perspektive kritisiert werden, wenn er von der Existenz eigenschaftsloser Substanzen ausgeht, denen wechselnde Eigenschaften (Qualitäten) hinzugefügt werden. Vgl. Hahn, H. (1988), S. 26

da diese nicht als Unikate aufgefaßt werden können. Auch sind Repräsentationen als Ergebnis einer Mittelwertbildung ausgeschlossen, da die Repräsentationen einer *Klasse von Individuen als Ausgangspunkte der Veränderung* benötigt werden.[230]

Immer dann, wenn mehr als die Repräsentation eines idealisierten Individuums als Ergebnis oder mehr als die Repräsentation eines realen Individuums als Ausgangspunkt der Idealisierung benötigt wird, sind Nowaks begriffliche Bestimmungen zu eng: Wie bereits oben erwähnt, variieren Art, Anzahl und Ausprägung der Eigenschaften in den Repräsentationen der Ausgangspunkte und der Ergebnisse der Idealisierung mindestens nach historischen und pragmatischen Gesichtspunkten. Wenn Nowaks Konzept adäquat wäre, müßten alle Idealisierungen beispielsweise des Wirtschaftssubjektes in der Ökonomik seit Beginn der ökonomischen Theorienentwicklung auf wundersame Weise zur Entwicklung der einen Idee führen und schon geführt haben. Dies ist zumindest deskriptiv falsch. Deskriptiv richtig wäre die Angabe eines Universums $U'$ oder mehrerer Universen $U'_1$, ..., $U'_n$, in dem bzw. in denen selbst Klassen idealisierter Entitäten enthalten sein können. Es spricht nichts dagegen, auch in idealisierten Universen die Vorgänge von Klassenbildung und Abstraktion zuzulassen: Daß Idealisierung selbst kein Klassenbildungsprozeß ist, heißt nicht, daß auf der Basis eines Universums idealisierter Entitäten kein Abstraktionsvorgang durchgeführt werden kann.

Weder das PIM noch Nowaks jüngste Idealisierungskonzeption (ohne Erweiterung) ergeben angemessene Vorschläge für die Explikation des Begriffs der Idealisierung, noch bieten sie für die bestehende Praxis der Idealisierung eine geeignete Metaphysik. Zwar wird im PIM eine "starke" Metaphysik aufgebaut (Essentialismus, Realismus, Regularität). Diese bietet - im Vergleich z. B. mit McMullins Position - für die bestehende Praxis der Idealisierung in den Erfahrungswissenschaften jedoch keine Vorteile, sondern Einschränkungen. Eine vergleichbare Praxis der De-Idealisierung besteht nicht, so daß dem PIM hier kaum eine Restriktivität vorzuhalten ist.

---

230 In Harré (1990) werden durch arithmetische Operationen die sog. *idealized conceptual models* gebildet: "Let us call these *icm's* for want of a suitable title. The source and subject for an icm is always a class, and the modell represents that class, for certain purposes. The icm has just as many properties in the sense of determinables, as a typical member of the class it represents, but the determinate of an icm are arrived at by any averaging or similar mathematical operation on the set of similar properties." Zwar sind die "icm's" als statistische Repräsentationen nicht sinnvoll als Idealisierungen zu bezeichnen. Mir kommt es in diesem Zusammenhang nur darauf an, daß ihre Erstellung durch Nowaks Konzeption ausgeschlossen wäre. Harré, R. (1990), S. 185

Es ist aber auch nicht zu erwarten, daß das PIM eine solche Praxis induzieren kann. Dazu ist die im PIM verkörperte Kombination von essentialistischer Metaphysik mit Rudimenten positivistischer Positionen nicht geignet:

1. Durch das PIM wird nur eine syntaktische Formulierung der Vorgänge der Idealisierung und der De-Idealisierung vorgeführt. Es wird nicht gezeigt, was eine Methode der Idealisierung über die bestehende Praxis hinaus leistet bzw. leisten könnte.
2. Ähnlich wie bei den Vertretern des Logischen Empirismus erfolgt die Analyse von Idealisierungen wie von De-Idealisierungen durch das PIM unter Konzentration auf gesetzesartige Ausdrücke. In beiden Sichtweisen beruht das erkenntnisleitende Interesse auf Regularitäten.
3. Sowohl im PIM als auch nach Nowaks Typologie deformierender Prozeduren werden aktuelle Idealisierungen der Erfahrungswissenschaften ausgeschlossen.
4. Die essentialistische Metaphysik und ihre Interpretation durch die Vertreter des PIM beschränkt die Entwicklung möglicher Idealisierungen, indem die epistemologische Relevanz der Idealisierung auf die Erkenntnis beobachtbarer "Oberflächenphänomene" reduziert wird.
5. In Nowaks jüngster Konzeption werden einerseits nicht alle Veränderungen einer Repräsentation als mögliche Idealisierungen zugelassen, andererseits die Ergebnisse der Idealisierung als Unikate ontisch überinterpretiert. Positiv ist an dieser Konzeption, daß eine entsprechende Typologie entwickelt und zwischen Universen der realen und der idealisierten Objekte unterschieden wurde. Diese beiden Vorschläge werden in dieser Arbeit aufgegriffen und weitergeführt. Nowaks Konzept hat sich als ausbaufähig und in diesem Sinne als "fruchtbar" erwiesen.

### 2. 1. 5 Kausale Metaphysik bei N. Cartwright

In Nowak (1980) und Nowak (1989) sollte eine Methode der Idealisierung die Entdeckung der essentiellen Struktur ermöglichen. Cartwright nimmt auf diese - noch mit dem PIM verbundenen - Arbeiten Nowaks bezug. Sie teilt mit Nowak die Ansicht, daß die Methode der Abstraktion und Idealisierung wahrscheinlich die wichtigste Methode in den Wissenschaften ist. Cartwright entwirft das wissenschaftliche Bild (scientific image) einer Welt, deren Phänostruktur von interagierenden Kausalkräften ("capacities" bzw. "tendencies to cause") bestimmt wird. Die Kausalkräfte werden von Eigenschaften "mitgeführt": "Properties may carry a variety of different kinds of tendency - tendencies to behave in certain ways, to bear certain fixed relations to other properties, to evolve in a particular manner, or to produce certain kinds of effects. For all of these I use the general word 'tendency'; 'capacity' is reserved for a special subset of these - those tendencies which are tendencies to cause or to bring about something."[231]

Ein Hauptgrund für die Annahme der Existenz von Kausalkräften ist, daß man Information bezüglich konkreter Umstände erhalten kann, die auch für andere, differierende, Situationen nutzbar gemacht werden können. So trägt die Eigenschaft, ein Aspirin zu sein, die Befähigung mit sich, in wechselnden Situationen Kopfschmerzen zu heilen.

Cartwright argumentiert für eine Hierarchie wissenschaftlicher Aussagen, an deren Spitze nicht mehr die Gesetze stehen, sondern die Kausalkräfte-ausdrückenden-Aussagen. Diese werden als Verallgemeinerungen größerer Reichweite den Kausalgesetzen übergeordnet, denen eine universelle Geltung abgesprochen wird. Kausalgesetze sind für Cartwright nur Aussagen über bestimmte Grundgesamtheiten und daher höchstens "lokale Wahrheiten". Ähnliches behauptete J. N. Keynes für die Ökonomik, der alle Kausalgesetze als hypothetisch bezeichnete, weil durch diese nur behauptet würde, daß bestimmte Ursachen bei Absenz gegenläufig wirkener Kausalkräfte bestimmte Effekte hervorbringen.[232]

Die Kausalgesetze bringen nach Cartwrights Ansicht auch keine Regularitäten zum Ausdruck. In einem Raumzeitgebiet wirken ständig zahlreiche Kausalkräfte, so daß anstelle der Regularität eine fortlaufend neue Vermischung der Ursachen und deren Wirkungen gesetzt wird. Formal wird diesem Vorgang innerhalb der Kausalgesetze durch die Verwendung von Ceteris-paribus-Klauseln Rechnung getragen. Bestimmte Kausalkräfte finden nicht nur in ein Kausalgesetz Eingang, sondern werden von verschiedenen nichtuniversellen Kausalgesetzen spezifiziert, die sich im Hinblick auf die Ceteris-paribus-Klausel unterscheiden. Es ändern sich daher die Situationen und damit die Spezifikationen der Klausel - aber nicht die Kausalkräfte selbst. Cartwright vertraut darauf, daß die Kausalkräfte reale Bestandteile der Wirklichkeit sind und begründet dies mit ihrer Konstanz oder Stabilität über verschiedene Situationen hinweg: "The argument maintains that the first causal law gives evidence for a capacity, and that the

---

231 Cartwright, N. (1989), S. 226

232 Keynes, J. N. (1984), S. 86. Die Gesetze der Ökonomik bezeichnete Keynes als "Tendenzaussagen", die zwangsläufig mit einer Ceteris-paribus-Klausel versehen sein mußten.

capacity will exhibit itself in a new causal law in any new test situation. That assumes that the capacity remains intact. It is, of course, part of the point of *taking capacities seriously as things in the world*, and not first particularly strong modalities, that they should remain intact from the one kind of situation to another. But that does not mean, that there can be no exceptions; it means that any exception requires a reason."[233]

Die Geltung der räumlich und zeitlich eingeschränkten Kausalhypothesen hängt von den Durchsetzungsmöglichkeiten der jeweils interagierenden Kausalkräfte ab. Eine Einzelfallwiderlegung eines Gesetzes ist die Folge der Interaktion von Ursachen und Wirkungen, die auch mittels einer Ceteris-paribus-Klausel nicht abgefedert werden konnte. Ein großer Teil der störenden Ursachen soll außerhalb der *einen* Objektbereich untersuchenden Erfahrungswissenschaft liegen. Um überhaupt eine Erfahrungswissenschaft - und nicht nur ein Teilgebiet eines Konglomerates von Erfahrungswissenschaften - betreiben zu können, muß von den störenden Einflüssen *abstrahiert* werden. Deshalb geht für Cartwright ein Vorgang der Abstraktion dem der Idealisierung voran. Die moderne Wissenschaft basiert auf Abstraktion: "My central thesis is that modern science works by abstraction; and my central worry is that philosophers have no good account of how."[234]

Cartwright verwendet den Begriff der Abstraktion in der Tradition von Aristoteles, wo der Vorgang der Abstraktion bedeutet, etwas "wegzunehmen" oder zu "subtrahieren".[235] Ausgehend von der Aristotelischen Klassifikation der Dinge nach Materie, Form und Funktion werden sog. materiale Abstraktionen als wesentliche Voraussetzungen für die Konstruktion wissenschaftlicher Theorien bezeichnet. Diese sind nicht nur unter kausalem Aspekt möglich; vielmehr verbindet der Vorgang der materialen Abstraktion Wissenschaft unter kausalem wie nichtkausalem Aspekt.[236] Cartwright beschränkt sich in der vorliegenden Publikation jedoch auf die Abstraktionen als Subtraktionen kausaler Einflußgrößen, die zu sog. abstrakten Gesetzen oder Gesetzen der Kausalkräfte (laws of capacity) führen. In diesen sollen die Kausalkräfte im Hinblick auf die

---

233 Cartwright, N. (1989), S. 163. Hervorhebung von mir. Die Widerlegung eines mit Ceteris-paribus-Klausel versehenen Gesetzes setzt eine volle Spezifikation der Klausel voraus.

234 Ebd. S. 185

235 Vgl. ebd. S. 197. Vgl. auch Cartwright, N./Mendell, H. (1985), wo Teile von Cartwright (1989) vorweggenommen werden.

236 Vgl. Cartwright, N. (1989), S. 229

nachfolgende Frage isoliert werden: " 'What does this factor produce by its own nature'?"[237]

Alle fundamentalen Gesetze der Physik - insbesondere die der Mikrophysik - sind für Cartwright das Ergebnis teilweise "extremer" Abstraktion. Daher sind die grundlegenden Gesetze der Physik nicht mehr im traditionellen empiristischen Sinne zu interpretieren: sie beschreiben keine Regularitäten - auch keine kausalen Regularitäten. Die abstrakten Gesetze sind einzig *Zuschreibungen* von Kausalkräften[238]; sie *beschreiben generell nichts* - weder reale noch kontrafaktische Situationen: Eine reale Situation wird nicht beschrieben, weil nicht nur situative, sondern selbst materielle Faktoren subtrahiert werden; eine kontrafaktische Situation wird nicht beschrieben, weil Eigenschaften nicht verändert werden. Da von relevanten Faktoren abstrahiert wird, macht es auch keinen Sinn, über die Abweichung der Gesetzesaussage von der Wahrheit zu sprechen: "These questions, which are so important when treating of idealizations, are nonsense when it comes to abstractions."[239]

Abstraktion und Idealisierung sind für Cartwright zwei grundsätzlich verschiedene Dinge. Beide sind jedoch insofern eng verbunden, als zur Konstruktion eines idealisierten Modells die Etablierung eines sog. abstrakten Gesetzes gehört: Solange Abstraktion nicht möglich ist, gilt Idealisierung als nutzlos. Der Vorgang der Idealisierung kann mit der Repräsentation einer konkreten Entität beginnen. Diese wird durch den Vorgang der Idealisierung im Hinblick auf unzweckmäßige, unpassende Eigenschaften geistig "umarrangiert", bevor ein gesetzesmäßiger Zusammenhang formuliert wird. Als sog. paradigmatisches Beispiel führt Cartwright die von Reibungskräften freie Ebene ein. Das Ergebnis des Idealisierungsvorganges ist die sog. *ideale* Ebene. Die "ideale" Ebene ist nach Cartwright ideal für die mit dem Idealisierungsvorgang verbundenen Ziele oder Zwecke geeig-

---

237 Ebd. S. 198. Cartwright vertritt mit ihrer "metaphysic of the major cause" (Ebd. S. 176) annähernd das, was Hausman nach Mill eine "inexact science" nennt. Für Hausman ist eine exakte Wissenschaft diejenige, die alle "major" und "minor causes" aufführt, z. B. für den Weg des fallenden Laubblattes alle beeinflussenden Gesetze und Faktoren: "Economists are ignorant of many relevant laws. They leave out of account significant causal factors. At best theorists believe that they have got that, following J. St. Mill, I shall call an 'inexact science' - an account of the principle causal factors involved." Hausman, D. M. (1981), S. 120

238 Cartwright gibt Beispiele wie "Inversions have the capacity to amplify" oder "Cash-in-pocket can inhibit recidivism". Vgl. ebd. S. 228

239 Cartwright, N. (1989), S. 188

net[240]: "We start with a particular plane, or a whole class of planes. Since we are using these planes to study the inertial properties of matter, we ignore the small pertubations produced by friction. But in fact we cannot just delete factors. Instead we replace them by others which are easier to think about, or with which it is easier to calculate. The model may leave out some features altogether which do not matter to the motion, like the colour of the ball. But it must say something, albeit idealizing, about all the factors which are relevant. In the end we arrive at a model of an 'ideal plane', ideal for purposes of studying inertial motion."[241]

Irrelevante Eigenschaften dürfen eliminiert werden, relevante ebenfalls, wenn sie durch Idealisierungen substituiert werden. Die Eigenschaft der Farbe des Balles *fehlt*, da sie im Kontext nicht relevant ist. Ein Beispiel für eine relevante Eigenschaft, die nicht außer Acht gelassen werden darf, wird anhand eines Balles gegeben, der auf der - idealisierten - Ebene rollt: um die tatsächliche Bewegung zu ermitteln, müssen die Kräfte in alle drei orthogonalen Richtungen berücksichtigt werden. Warum soll gelten, daß Idealisierungen nutzlos sind, wenn ihnen keine Abstraktionen vorausgehen können? Der Grund liegt in der Interpretation der idealisierten Situation oder Umstände. Diese zeichnet sich dadurch aus, daß alle nicht relevanten - störenden - Einflüsse abstrahiert sind: Wenn alle Störfaktoren eliminiert sind, dann drückt das Verhalten der beschriebenen Entität die grundlegenden - realen - Verhaltenstendenzen aus, die auch kausaler Art sein können: "It is a situation in which all the other disturbing factors are missing. And what is special about that? *When all other disturbances are absent, the factor manifests its power explicitly in its behaviour.* When nothing else is going on, you can see what tendencies a factor has by looking at what it does."[242] Das abstrakte Gesetz als Ausdruck der metaphysischen Ergänzung der Idealisierung erlaubt erst die Prognose dessen, was über die idealisierte Situation hinaus in möglichen realen Situationen passieren kann: Die Stabilität und Übertragbarkeit der Kausalkräfte auf verschiedene Situationen macht "Galileische Methoden" nach Cartwrights Auffassung erst sinnvoll.

---

240 Diese Kennzeichnung des Ergebnisses eines Idealisierungsvorganges ist dann nichtssagend, wenn Idealisierungsvorgänge allgemein als zweckorientiert gekennzeichnet werden: Das Ergebnis eines zweckorientierten Vorganges sollte für die vorausgesetzten Zwecke ideal sein. Informativ ist die Charakterisierung "ideal" daher erst, wenn nicht alle Ergebnisse von Idealisierungsvorgängen trivial "ideal" sind.

241 Cartwright, N. (1989), S. 187

242 Ebd. S. 191

McMullin bietet nach Cartwrights Auffassung die richtige Lösung für das falsche Problem. Das falsche Problem ist, darüber nachzugrübeln, was in der idealisierten Situation geschieht. Das richtige Problem entsteht in der Verbindung von idealisierter Situation und Kausalkräften, d. h. in der Frage, wie die Verhältnisse der idealisierten Situation für konkrete, nichtidealisierte Situationen nutzbar gemacht (extrapoliert) werden können. Das abstrakte Gesetz, das "law of capacity", mittels dessen die Kausalkräfte zugeschrieben werden, ist es selbst, aus dem hervorgeht, was in der idealisierten Situation geschieht. In dieser zeigt der Faktor, das Objekt etc. sein *reines* Verhalten: "In this way capacities are much like essences."[243] Erst auf Basis des abstrakten Gesetzes kann über die Ereignisse in der idealisierten Situation hinaus auf das Geschehen in konkreten Situationen extrapoliert werden. Nicht aus der in verschiedenen konkreten Situationen gezeigten Tendenz wird das Verhalten für die idealisierte Situation (metaphysisch) ergänzt, sondern umgekehrt: "I hope by now it becomes apparent: the logic that uses what happens in ideal circumstances to explain what happens in real ones is the logic of tendencies and capacities."[244]

Die Subtraktion kausaler Faktoren erfolgt im Hinblick auf eine konkrete Situation, die - soweit es eine idealisierte ist - durch ein idealisiertes Modell bzw. ein idealisiertes Gesetz beschrieben werden kann. Das idealisierte Gesetz, das die Verhältnisse in idealisierten Situationen beschreibt, ist ein Ceteris-paribus-Gesetz, da die idealisierten Bedingungen im Antecedens von Cartwright als spezielle Formen von Ceteris-paribus-Bedingungen interpretiert werden. Einzig die abstrakten Gesetze kommen ohne Ceteris-paribus-Klausel aus: "In the abstract law the *ceteris paribus* conditions are dropped; and for good reason, since this law is meant to bear on what happens in the more frequent cases where conditions are not ideal."[245]

Das idealisierte und das abstrakte Gesetz sind daher nicht identisch. Unter letzteres ist nicht nur die idealisierte Situation subsumierbar, sondern eine Vielzahl weiterer, möglicherweise auch nicht idealisierter Situationen. Ersteres könnte man als "Konkretisierung" des abstrakten Gesetzes bezeichnen, als eine spezielle Form der "Instantiierung" störender Kausalfaktoren. Alle für die idealisierte Situation relevanten Hauptursachen (major causes) sind realisiert, die weniger relevanten Ursachen (minor causes) sind abstrahiert (dies wird formal durch die Ceteris-paribus-Klausel ausge-

---

243 Ebd. S. 146. Cartwright will darunter verstehen, daß die die Kausalkräfte tragenden Eigenschaften diese in jede neue Situation "mitnehmen".

244 Ebd. S. 190

245 Ebd. S. 192

drückt); die Eigenschaften der modellierten Entitäten sind durch Idealisierung den Modellzwecken angepaßt. Das Vorliegen einer durch die Ceteris-paribus-Klausel ausgedrückten Elimination der weniger relevanten Ursachen ist nicht hinreichend für Idealisierung: Sonst wäre es überflüssig, Abstraktion als Voraussetzung der Idealisierung zu behaupten.

Auf der Basis der situativen Übertragbarkeit der Kausalkräfte erfolgt der zur Abstraktion gegenläufige Prozeß, die sog. Konkretisierung.[246] Folgerichtig ist daher für Cartwright der Versuch der empirischen Anbindung der idealisierten Modelle kein Problem von De-Idealisierung, sondern der Aufhebung von Abstraktionen im idealisierten Gesetz: "... the route downwards involves adding corrections to allow for the effects of the disturbing causes that may be at work in any given situation."[247] Zwar dient die "Galileische Methode" nicht nur dem Studium der Ursachen. Dennoch setzt sie eine Ontologie von "Tendenzen" und "Kausalkräften" voraus. Die gegenläufigen Vorgänge von Abstraktion und Konkretisierung sind ohne die Annahme einer "reichen" Ontologie von konkurrierenden Kausalkräften und Störfaktoren gehaltlos.[248] Natürlich hat auch Cartwright kein Rezept dafür, wie dieser Prozeß der Korrekturen zu verlaufen hat. Vielleicht, so mutmaßt sie, haben Philosophen bezüglich der Anbindung von Theorien an die Realität nur den folgenden trivialen Rat zu vergeben: "Add back all the causes that have been left out and calculate the total effect by combining the capacities."[249] Die Korrekturfaktoren sollen im Optimalfall von einer von der Theorie vorgegebenen Liste stammen. Die Beantwortung der Frage, wie die Faktoren auf die Liste kommen, setzt die Untersuchung von Kausalkraft-Zuschreibungen voraus, da diese als Informationsquelle für störende Ursachen in jedem gegebenen Fall gelten. Es ist jedoch nicht selbstverständlich, daß die Korrekturen ihren Ausgangspunkt in der Theorie haben: Erst die Berücksichtigung der Kausalkräfte soll einen Konkretisierungsvorgang (ausgehend vom abstrakten bzw. idealisierten Gesetz) als "abwärts" gerichtete Route ermöglichen.

Cartwright gibt als Beispiel eines Konkretisierungsprozesses die Beschreibung des Verhaltens eines Quantenzustands $\varnothing$ durch die Schroedinger Gleichung:

---

246 Cartwright verwendet den Ausdruck "Konkretisierung" mit ausdrücklicher Bezugnahme auf Nowak.

247 Cartwright, N. (1989), S. 184

248 Vgl. ebd.

249 Ebd. S. 185

(1) $H\varnothing = -ih\delta\varnothing / \delta t$

"*H* is called the Hamiltonian. It is supposed to describe the possible energy configurations of the system, which can be thought of as the modern-day equivalent of Newton's forces. When we want to set quantum mechanics to describe the actual behaviour of some concrete system, where will the *H* come from? Essentially it is build up by pieces. At the start in quantum mechanics one learns a series of model Hamiltonians: e. g. the Hamiltonian for the hydrogen atom, for the square-well potential, for the harmonic oscillator, and so forth. Later, more and more sophisticated systems are included. These Hamiltonians are not literally true to their names: they are certainly not the Hamiltonians for any real hydrogen atoms, or real harmonic oscillators. Instead, they tell what contribution is made to the total Hamiltonian by the fact that the system is a simple proton-electron pair, or a certain kind of a simple spring. That is, they report what energy configurations hydrogen atoms, harmonic oscillators, and so on *tend* to have, that is, what their capacities are. If one wants to talk in terms of what energy potentials they *do* reveal in a concrete situation, then something like the following is necessary: the Hamiltonian (*H*) for any real hydrogen atom will be the sum of a principal function (call it $H_0$) for the abstract model of a hydrogen atom and then a separate, 'correction' term ($H'$) which is motivated by the particular circumstances. This is usually written $H = H_0 + H'$."[250]

Wie Cartwright angibt, kann jede Hamiltonsche Gleichung auch in der Form

(2) $H = H_0 + (H - H_0)$

geschrieben werden. Jedoch soll $H'$ gerade nicht nur eine Differenz wie in (2) zum Ausdruck bringen, sondern die Hamiltonsche Gleichung sein, die die Kausalkräfte der verbleibenden relevanten Faktoren korrekt beschreibt.

In Cartwright (1983) läuft der Prozeß (wenn auch nicht Konkretisierung, sondern "Korrektur" genannt) - unfreiwillig - in die umgekehrte Richtung. Das Konzept des sog. abstrakten Gesetzes hatte Cartwright in dieser Publikation noch nicht entwickelt. Dort unterscheidet sie zwischen sog. phänomenologischen und theoretischen Gesetzen. Erstere beschreiben, was passiert: "They describe what happens in superfluids oder meson-nucleon scattering as well as the more readily observed changes in Faraday's dense

250 Ebd. S. 205

borosilicate glass, where magnetic fields rotate the plane of polarization of light."[251] Letztere sind die grundlegenden erklärenden Gesetze, die sog. fundamental explanatory laws (im folgenden mit "FEL" abgekürzt), wie z.B. Maxwells Gleichungen, die Schroedinger Gleichungen oder auch die Allgemeine Relativitätstheorie. Die FEL beschreiben weder Fakten, noch die Objekte ihrer Bereiche. Cartwright vermag es nicht, im Vergleich mit den sog. faktischen Gesetzen zu erklären, was die FEL beschreiben: "But ... what do they do? Once we have given up facticity, I do not know what to say."[252]

Die theoretischen Gesetze sollen erklären, indem sie komplexe Phänomene auf simple Komponenten (Ursachen) reduzieren. Auf einer vereinfachenden "Komposition von Ursachen"[253] beruht sowohl ihre Erklärungskraft, als auch ihre mangelnde Faktizität. Cartwright diskutiert das Beispiel des Gravitationsgesetzes, in ihrer Formulierung: $F = Gmm'^{1}/r^{2}$. Dieses müsse im Prinzip mit einem Ceteris-paribus-Präfix dargestellt werden: Wenn ceteris paribus nur Gravitationskräfte präsent sind, dann üben zwei Körper eine Kraft aufeinander aus, die sich invers zum Quadrat ihrer Abstände verhält und mit dem Produkt ihrer Massen direkt variiert. Dieses Gesetz hat nur für idealisierte Situationen Erklärungskraft: "*This* law can explain in only very simple, or ideal, circumstances."[254]

Während die phänomenologischen Gesetze in zahlreichen Fällen bestätigt werden können, erhalten die theoretischen Gesetze, da nicht direkt auf die Realität anwendbar, nur indirekte Bestätigung, indem sie die phänomenologischen Gesetze erklären, d. h. in hinreichend allgemeiner und abstrakter Weise reformulieren. Die direkte Anwendung der FEL indiziert ihre Falschheit: Wenn sie wahr wären, dann würden sie die Situationen, auf die sie angewandt werden, erklären. Die Folgerungen der FEL erweisen sich jedoch regelmäßig als falsch und diese Falschheit richtet sich qua Modus tollens auch gegen die Gesetze. Anwendbar bleiben die FEL nur aufgrund der Korrekturen der "angewandten" Physiker und der Ingenieure.

Unter die FEL faßt Cartwright auch die idealisierten Gesetze. Die FEL sind dann nur für idealisierte Modelle der Entitäten in den Bereichen der Gesetze wahr. Cartwright beschreibt den Idealisierungsvorgang dahinge-

---

251 Cartwright, N. (1983), S. 2

252 Ebd. S. 54/55. Nach der von Cartwright sog. "facticity view of laws" sind Gesetze wahre oder annähernd wahre Beschreibungen der Natur.

253 Cartwright beruft sich auf J. St. Mills "explanation by composition of causes". Vgl. ebd. S. 58

254 Ebd.

hend, daß bestimmte Faktoren, die den untersuchten Effekt beeinflussen, weggelassen werden. Dieser Vorgang wird mit "Simplifikation" bezeichnet und dürfte dem der Abstraktion in Cartwright (1989) entsprechen. Irrelevant ist, wie groß der Einfluß der subtrahierten Faktoren ist; relevant ist, daß der Einfluß *bewertet* und bei versuchten Anwendungen des Modells wieder inkorporierbar ist. Die im Modell beschriebenen Eigenschaften werden als die für die Modellzwecke signifikanten betrachtet: "A model is a work of fiction. Some properties ascribed to objects in the model will be genuine properties of the objects modelled, but others will be merely properties of convenience."[255] Die "Annehmlichkeitseigenschaften" (properties of convenience) werden zweckorientiert eingeführt, z. B. um die Theorie zu mathematisieren. Ein ökonomisches Beispiel für diesen Vorgang könnte die Darstellung von Keynes psychologischem Gesetz des Konsums als zweimal stetig differenzierbare Funktion sein. Dies erfordert eine andere Beschreibung des Ausgabeverhaltens der Wirtschaftssubjekte als die Absicht der Einführung etwa einer Sprungfunktion.

Generell ist es nach Cartwright nicht ausgeschlossen, daß die Annehmlichkeitseigenschaften anderen oder sogar denselben Entitäten in anderen Situationen tatsächlich zukommen können. Es ist auch möglich, daß die modellierten Entitäten und ihre Modelle keine gemeinsamen Eigenschaften haben: "What is important ... is not the sharing of properties, but the sharing of relationships among properties. ... The helium-neon laser and a real triode oscillator need have no properties in common. What is relevant is that the properties each has behave in similar ways, so that both can be treated by the same van der Pol equation."[256]

In ihren Ausführungen zur Anwendung von Theorien ("how theory entry proceeds"[257]) bezeichnet Cartwright die Einführung der

255 Ebd. S. 153

256 Ebd. S. 157

257 Ausgangspunkt ist bei Cartwright die sog. nicht zurechtgemachte Beschreibung (unprepared description), die alle nach Ansicht der Anwender der Theorie relevanten Informationen enthält. Benutzt werden zwar Sprache und Begriffe der Theorie, aber es erfolgt noch keine Einschränkung im Hinblick auf die spezielle Mathematik der Theorie. Die Anwendung der Theorie selbst erfolgt in zwei Stufen: in der ersten ("we prepare the description") werden die Anwendungen so beschrieben, daß sie die Gleichungen der Theorie erfüllen. Dazu gehört auch ein Wissen, unter welchen Umständen und unter Verwendung welcher Approximationsmethoden diese Gleichungen als lösbar gelten. Diese sind allerdings mehr "Daumenregeln", die Vorhersagemöglichkeiten indizieren. Die erste Stufe wird von Cartwright als informell bezeichnet; sie steht als so charakterisierte in scharfem Gegensatz zur zweiten Stufe, "... where principles of the theory look at the pre-

Annehmlichkeitseigenschaften in die vorangehende Repräsentation als "Zurechtmachen" der Beschreibung ("we prepare the description"). Ein Phänomen wird so dargestellt, daß die Theorie bzw. ihre Gleichungen darauf "passen". Im Verlauf der "Präparation" einer vorangehenden Beschreibung für die Theorie werden auch die sog. Annehmlichkeitseigenschaften eingeführt. Unter diese fallen neben den "realen" vor allem die Eigenschaften der Idealisierungen in der Physik, wie beispielsweise die unendlichen Potentiale, die Ebenen ohne Reibungskräfte oder perfekt feste Körper. Nach Cartwright sind jedoch idealisierte Eigenschaften nur die für Grenzwertbetrachtungen geeigneten, an die man sich sukzessive approximativ annähern kann. Als Annehmlichkeitseigenschaften kommen aber auch solche in Frage, die in der Realität keine Entsprechung haben bzw. für die es keine Annäherung gibt; Cartwright bezeichnet diese als "Fiktionen" und nennt die Wahrscheinlichkeitsverteilungen der Klassischen Statistischen Mechanik als Beispiel.[258]

Idealisierungen stellen für Cartwright keine Bedrohung des Wissenschaftsfortschritts dar. Ähnlich wie McMullin erwartet sie, daß die Auswirkungen der eliminierten Faktoren entweder irrelevant sind oder re-addiert werden können. Die Idealisierung ist von Nutzen, wenn bekannt ist, "... how to add back the contributions of the factors that have been left out. In that case the use of idealizations does not seem to counter realism: either the omitted factors do not matter much, or in principle we know how to treat them."[259] Cartwright ist Realistin bezüglich theoretischer Entitäten, aber nicht bezüglich theoretischer Gesetze bzw. Theorien. Für Verteidiger des Realismus auch der theoretischen Gesetze kommen ihrer Ansicht nach die Korrekturen aus der "falschen Richtung": Sie kommen von "unten", nicht von "oben". Sie sind nicht theorieinduziert, sondern Folge experimenteller oder kalkulatorisch ermittelter Anpassungen. Bei der Anwendung des Modells werden also nicht die *Ausgangsgleichungen* sukzessive so modifiziert, daß sie der Beschreibung einer bestimmten Situation angepaßt werden. Nur in diese Richtung aber soll der De-Idealisierungsvorgang bei Nowak (1980) bzw. der Konkretisierungsvorgang bei Cartwright (1989) verlaufen: es ist die sukzessive, (zumindest bei Nowak) nach Relevanz geordnete Aufhebung der Ausschaltung der sekundären Faktoren bzw. minder relevanten Ursachen. In die Terminologie von Cartwright (1983)

---

pared description and dictate equations, boundary conditions and approximations. ... This of course is a highly idealized description." Vgl. ebd. S. 133 und 134

258 Vgl. Cartwright, N. (1983), S. 153 f.

259 Ebd. S. 111

übertragen, ließe sich die Syntax der De-Idealisierung (bzw. nach Cartwright (1989) "De-Abstraktion") wie folgt skizzieren, wobei $K_1$, ..., $K_n$ die re-addierten Korrekturfaktoren symbolisieren:

(3)
1. $FEL + K_1$
2. $FEL + K_1 + K_2$
3. $FEL + K_1 + K_2 + K_3$

.
.
.

n. $FEL + K_1 + K_2 + K_3 + ... + K_n$

Dieses Schema erinnert nicht nur an das Nowaksche; Cartwrights Vorstellungen sind auch in Nowaks Syntax darstellbar. Dennoch ist mit (3) kein praktisch relevantes Verfahren für die Anwendung theoretischer Gesetze gegeben: "It is clear, that we could not do so, since only part of the fault is diagnosed. What we do instead is to add a phenomenological correction factor, a factor that helps produce a correct description, but *that is not dictated by fundamental law.*"[260]

1. In "Nature's Capacities and their Measurement" (1989) entwickelt Cartwright eine kausale Metaphysik der Idealisierung und der Abstraktion. Es wird ein als "Abstraktion" bezeichneter Vorgang der Veränderung einer Repräsentation eingeführt, der - anders als bei Nowak - kein Klassenbildungsprozeß sein soll. Dieser wird als Voraussetzung für einen möglichen Idealisierungsvorgang bezeichnet. Idealisierungen sind nach Cartwright - wie auch Fiktionen - sog. Annehmlichkeitseigenschaften; ihre Einführung setzt sog. grenzwertgeeignete Eigenschaften voraus. In Cartwright (1989) wird die Frage, warum mögliche idealisierte Eigenschaften auf die oben genannte Eigenschaftsgruppe eingeschränkt werden, nicht explizit diskutiert.
2. Epistemologisch ist die Relevanz der Abstraktion in Cartwright (1989) höher einzustufen, als die der Idealisierung. Auf der Basis der Kausalkräfte soll es erst möglich sein, das Geschehen in der idealisierten Situation zu bestimmen. Cartwright charakterisiert die Vorgänge der Idealisierung und der Abstraktion in ihrem Konzept jedoch nicht ausreichend. Insbesondere bleibt unklar, welche Rolle Kausalkräfte in

260 Ebd. Hervorhebung von mir.

Verbindung mit der Theorienbildung und der durch diese spezifizierten Annehmlichkeitseigenschaften spielen. Eine mögliche Verbindung zwischen den Kausalkräften und den Annehmlichkeitseigenschaften wird von Cartwright nicht diskutiert. Die Einbeziehung von Kausalkräften in die Theorienbildung bleibt jedoch nicht ohne Auswirkungen auf die Semantik der betreffenden Theorien. Werden die Kausalkräfte berücksichtigt, d. h. explizit *neben* den idealisierten Eigenschaften eingeführt, dann ist die Antwort auf die Frage, was in der idealisierten Situation geschieht, wenigstens zum Teil von der Entdeckung realer Kausalkräfte abhängig. Die Beachtung dieser kausalen "Superdispositionen" ist dann eine Voraussetzung adäquater Theorienbildung in den betroffenen Bereichen; sie wirkt wie eine ontologisch-semantische Nebenbedingung. Damit ist das Geschehen in der idealisierten Situation nicht mehr ausschließlich nur von der Theorie abhängig, die die Annehmlichkeitseigenschaften angibt, sondern auch von den die Kausalkräfte spezifizierenden Theorien.

3. Die Darstellung des Vorgangs der Konkretisierung in Cartwright (1989) widerspricht der Analyse der *Praxis* des Korrekturvorganges bei der Anwendung der FEL in Cartwright (1983). Offenbar sollen die Defizite des Korrekturvorganges der FEL durch die Kenntnis der Kausalkräfte behebbar sein, indem die Anpassung nicht mehr "von unten nach oben", d. h. praxisgestützt, sondern von "oben nach unten", d. h. theoriegestützt, erfolgt: Konkretisierung als Korrektur der Korrektur.
4. Nach Cartwright (1989) besteht kein Problem der De-Idealisierung: Es geht nicht darum, durch Konkretisierungen die Abweichungen der Idealisierungen von der Realität zu korrigieren. Stattdessen sollen die Einflüsse der zuvor abstrahierten minder relevanten Ursachen reintegriert werden. Mittels der bereits erwähnten Metaphysiken der Idealisierung wurde bisher bestenfalls eine Ex-post-Interpretation der bestehenden Wissenschaftspraxis geleistet. Prima facie sehe ich keinen Grund, die Möglichkeiten der Konkretisierung optimistischer als die der De-Idealisierung einzuschätzen. Es bleibt daher abzuwarten, ob Cartwrights Vorschläge eine erfolgreiche metaphysikgestützte Praxis der Konkretisierung induzieren können.

## 2. 2 Formen der Begriffsbildung

In diesem Abschnitt werden verschiedene Formen der philosophischen und erfahrungswissenschaftlichen Begriffsbildung diskutiert. Diese beruhen auf unterschiedlichen Möglichkeiten der Veränderungen von Repräsentationen.

Neben den Einflüssen von Ideen und Idealen (2.2.3) wird die aktive Rolle wissenschaftlicher Gemeinschaften berücksichtigt. Die Begriffe "Idealisierung" und "Abstraktion" werden im Kapitel 2.2.1 unter Bezugnahme auf pragmatische Aspekte voneinander abgegrenzt. Dazu wird die Abstraktion als eine spezifische Form der Veränderung von Repräsentationen eingeführt - neben dem in der modernen Logik (und auch bei Nowak) verwandten Konzept der Abstraktion als Klassenbildungsprozeß. Die Relevanz metaphysischer Aspekte bei der Durchführung und Begründung insbesondere von Idealisierungs- und De-Idealisierungsvorgängen wird betont. Im Kapitel 2.2.2 wird diskutiert, ob es auf dem Hintergrund der Konzeption *Galileischer Idealisierung* sinnvoll ist, Fiktionen von Idealisierungen als methodologisch eigenständige Variante der Begriffsbildung zu unterscheiden. Dazu werden die Auffassungen verschiedener Autoren zum Begriff der Fiktion vorgestellt.

## 2. 2. 1 Das pragmatische Konzept der Idealisierung

In Nowak (1989) wurde unter "Abstraktion" der Vorgang der Minimierung des Einflusses von minder relevanten (sekundären) Faktoren bis auf deren negativen Extremwert verstanden. Cartwright will unter "Abstraktion" vermutlich generell das Subtrahieren von kausalen wie nichtkausalen Einflüssen wie Eigenschaften fassen. In ihrer Publikation aus dem Jahr 1989 betont sie die Relevanz der kausalen Abstraktion[261] für die Interpretation der idealisierten Situation und den Vorgang der Konkretisierung. Epistemologische und methodologische Bedeutung erhält in dieser Konzeption insbesondere die Abstraktion der kausal minder relevanten Ursachen (minor causes): Diese kann sowohl als Abstraktion von Eigenschaften *der*, als auch von Einflüssen *auf* Entitäten auftreten. Beide Varianten sind nicht mit der in der modernen Logik explizierten Klassen- oder Merkmalsabstraktion[262] zu identifizieren. Aristoteles - auf dessen Verwendungsweise des Begriffs sich Cartwright beruft - verstand unter "Abstraktion" nur eine Betrachtungsweise und versuchte nicht, durch einen Vorgang der Abstraktion aus dem "Sinnlichen" eine Idee oder einen Allgemeinbegriff zu "lösen".

---

261 Im Hinblick auf Cartwrights Konzeption bezieht sich Kapitel 2.2.1 nur auf diese Form der Abstraktion.

262 Vgl. z. B. Beth, E. W. (1965), Weingartner, P. (1976) und Borkowski, L. (1977). Nicht berücksichtigt habe ich generell die Abstraktion als universelle und existentielle Generalisierung durch Quantifikation oder "normative Abstraktion".

Während bei der sog. Einflußabstraktion von Einflüssen auf Entitäten abstrahiert wird, werden durch extensionale (intensionale) Abstraktion Klassen (Klassen von Merkmalskomplexen) gebildet. Eine "Einflußabstraktion"[263] läßt sich in die Konzeption der Abstraktion als Klassenbildungsprozeß integrieren, da Einflüsse *auf* Entitäten ebenso prädikadisierbar sind wie deren Eigenschaften selbst; sie sind formell wie die letztgenannten zu behandeln. Wenn z. B. von einem Raumzeitgebiet - einer Volkswirtschaft - von möglichen Cartwrightschen minder relevanten Ursachen, d. h. außerökonomischen Einflußfaktoren, wie der Qualität der Opernhäuser, der Anzahl der Mitglieder des Regierungskabinetts oder der Anzahl der Zoos in den Städten mit mehr als 100000 Einwohnern, abstrahiert werden soll, dann können diese Einflüsse *auf* das Raumzeitgebiet auch als dessen Eigenschaften prädikadisiert werden (z. B. "verfügt über Opernhäuser mittlerer Qualität"). Es ist also nicht relevant, daß einerseits von Einflüssen auf Entitäten und andererseits von Eigenschaften derselben abstrahiert wird.

Während Idealisierungen als Veränderungen - Deformationen - von Repräsentationen aufgefaßt werden können, sind extensionale und intensionale Abstraktionen Klassenbildungsprozesse. Die zu bildende Klasse - das Abstraktum - ist im erstgenannten Fall eine Klasse, die Individuen bzw. Klassen enthält, im zweitgenannten Fall eine Klasse, die Merkmale bzw. Klassen von Merkmalen enthält. Bei jeder Abstraktion wird zwischen dem *Vorgang*, dem *Ausgangspunkt*, dem *Abstraktum* (dem, was abstrahiert wird) und dem *Reliktum* (dem, wovon abstrahiert wird) der Abstraktion unterschieden. Der Ausgangspunkt der Abstraktion ist eine Unterklasse des Abstraktums. Meistens wird nicht vom ganzen Universum abstrahiert, so daß das Reliktum als Unterklasse der Komplementärklasse des Abstraktums ($\text{Reliktum}_1$) oder als Unterklasse des Abstraktums ($\text{Reliktum}_2$) angegeben wird.

Zwei Beispiele sind die Bildung der Klasse $M$ der Menschen als (extensionales) Abstraktum (1) und die Bildung der Klasse $D$ aller Obermengen der Merkmale der Menschen als (intensionales) Abstraktum (2):

1. Abstraktum: $\{x \mid Mx\}$
2. Abstraktum: $\{D \mid M \subseteq D\}$

---

263 Die "Einflußabstraktion" wird hier nur aufgrund ihrer besonderen Präsenz sowohl bei Nowak (1989) als auch bei Cartwright (1989) besonders hervorgestellt. Sie bildet keine eigene Form der Abstraktion.

3. Reliktum$_2$: $\{y \mid (\exists B)\,(B \subset M \wedge y \in B)\}$
4. Reliktum$_1$: $\{E \mid (\exists F)\,(F \subset M^k \wedge F \subseteq E)\}$[264]

Das Reliktum$_2$ (3.) für 1. ist eine Teilmenge *B* des Abstraktums *M*, z. B. die Klasse der sechszehigen Menschen; das Reliktum$_1$ (4.) für 2. ist eine Teilmenge *F* des Komplements von *M*, z. B. die Klasse der Merkmale der Meeressäugetiere.

Cartwright intendiert, neben bzw. vor den Vorgang der Idealisierung einen davon völlig unabhängigen Vorgang der Abstraktion zu schalten. Durch diesen sollen kausal minder relevante - aber relevante - Einflußfaktoren auf bzw. der Entitäten eliminiert werden. In ihrem sog. paradigmatischen Beispiel der Idealisierung - der friktionslosen Ebene - werden durch Friktionen verursachte Störungen der idealen Situation im Modell "ignoriert". Wenn der Vorgang der Abstraktion von den friktionalen Kräften zu einer Klasse geneigter Ebenen im atmosphärelosen Raum führen würde, wären die Ebenen selbst noch nicht deformiert, d. h. deren mögliche Idealisierung würde erst noch folgen.[265] In Nowaks Universum *U* wären diese Ebenen keine Realobjekte, weil sie in einer für Objekte in *U* unmöglichen Umgebung sind: es gibt keine Entitäten in *U*, in denen bzw. auf die Friktionen nicht wirken. Erst wenn das Prädikat "befindet sich in einem friktionsfreien Raum" bzw. "ist Bestandteil eines friktionsfreien Systems" den Ebenen als Eigenschaft attribuiert wird, sind auch die *Ebenen* deformiert, d. h. der Ausprägungsgrad der Friktionen wurde auf den negativen Extremwert reduziert oder die Eigenschaft gänzlich eliminiert. Nach Nowaks Typologie läge hier entweder eine kontrafaktische Negation oder die Reduktion einer Eigenschaft und damit Idealisierung und nicht Abstraktion vor - sofern der Vorgang an einer individuellen Ebene und nicht an einer Klasse von Ebenen ansetzen würde. Cartwright bezeichnet einen Vorgang als Abstraktion, der - zumal sie keine Abstraktion als Klassenbildungsprozeß beabsichtigt - nach Nowak ein Idealisierungsvorgang ist. Dieser hat in Nowak (1989) allerdings den Extremfall negativer Potentialisierung selbst noch als "Abstraktion" eingeführt: Auch dabei ging es nicht um einen Klassenbildungsprozeß. Die Unterscheidung zwischen einem Begriff der Abstraktion, der ausschließlich für einen Klassenbildungsprozeß reserviert wird und dem Begriff der

264 Vgl. Weingartner, P. (1976)

265 Cartwright und Nowak unterscheiden in ihren Beispielen nicht zwischen der Veränderung einer Entität und der ihrer Repräsentation. Im Hinblick auf den folgenden Absatz übernehme ich nur diesen Sprachgebrauch.

Idealisierung im Kontext einer Typologie von Deformationen, erfolgt erst in Nowak (1990).

Cartwright könnte es um eine Differenzierung zwischen zwei Formen der Veränderung einer Repräsentation gehen: Die Veränderung durch "wegnehmen" bzw. "abziehen" von kausal als minder relevant eingestuften Einflußfaktoren soll dann etwas anderes sein, als die Veränderung durch Deformation. Unter den Begriff der Idealisierung fallen dann nur die Veränderungen der bereits für den Zweck der Repräsentation als relevant eingestuften Faktoren. Nach meiner Terminologie sind dies die Bestandteile, die von der Repräsentation I in die Repräsentation II übernommen wurden. Als nicht relevant wird beim Beispiel der friktionsfreien Ebene die Farbe des Balles, der auf der Ebene rollt, angenommen: "The model may leave out some features altogether which do not matter to the motion, like the colour of the ball."[266] Diese Eigenschaft dürfte schon in der sog. nichtzurechtgemachten Beschreibung (unprepared description)[267] fehlen. Tatsächlich jedoch werden in Cartwright (1989) durch Idealisierung auch relevante Eigenschaften oder Einflüsse *eliminiert*. Der Elimination folgt allerdings unmittelbar die Substitution: "But it (the model, M. H.) must say something, albeit something idealizing, about all the factors which are relevant."[268]

Der Zweck des Idealisierungsvorganges besteht in der Einführung der sog. Annehmlichkeitseigenschaften (properties of convenience). Diese sind theoretisch motiviert, indem Entitäten unter Verwendung des theoretischen Vokabulars einer Theorie beschrieben bzw. diese Beschreibungen unter den Begriffsrahmen der Theorie subsumiert werden sollen. Cartwright begründet dieses Vorgehen im wesentlichen mit dem mathematischen Formalisierungsgrad der physikalischen Theorien. Idealisierung ist dann nur die Folge eines *Übersetzungsproblems*, d. h. resultiert weitestgehend aus den Anforderungen der Übersetzung von Beschreibungen von einer natürlichen in ei-

266 Cartwright, N. (1989), S. 187

267 Diese kennzeichnet nach Cartwright die erste Stufe der Theorieanwendung und enthält alle nach Ansicht der Anwender relevanten Informationen.

268 Cartwright, N. (1989), S. 187. Cartwright läßt es offen, was genau unter einer solchen "Substitution" zu verstehen ist: Es ist sowohl möglich, daß eine Eigenschaft in einer bestimmten Ausprägung erst subtrahiert und dann durch die gleiche nur in einer differierenden Ausprägung ersetzt wird - ein Vorgang, dessen *Ergebnis* nach Nowaks Typologie nicht unter Elimination, sondern unter "weiche Deformation" fallen würde. Es ist aber auch möglich, daß eine ganz andere Eigenschaft eingeführt wird, da zwischen Repräsentiertem und Repräsentation nach Cartwright auch nur Strukturgleichheit bestehen kann. Nach Nowaks Typologie würde hier eine Eigenschaftsergänzung, d. h. eine sog. harte Deformation, vorliegen.

ne mathematische Sprache. Ein ähnliches Argument wurde schon von E. Nagel vorgetragen. Dieser rechtfertigt den Gebrauch der idealisierten oder Grenzbegriffe (limiting notions) mit dem Argument, daß mit ihrer Hilfe eine Repräsentation so vereinfacht werden kann, daß sie der mathematischen Analyse zugänglich wird: "With their help a theory may lend itself to a relatively simple formulation - simple enough, at any rate, to render it amenable to treatment by available methods of mathematical analysis."[269]

Wenn durch Idealisierung in der Repräsentation II Faktoren fehlen, die nicht parallel substituiert wurden, d. h. der subtrahierende Anteil der Idealisierung über die obige Interpretation hinausgehen sollte, könnte Cartwright zwischen einer Elimination durch Abstraktion und einer Elimination durch Idealisierung nur unter Berufung auf Metaphysik diskriminieren: Ganz eindeutig der Idealisierung zuzuordnen sind in ihrem Konzept allein Veränderungen von in der Repräsentation II nichteliminierten Eigenschaften.

Die Elimination von Eigenschaften ist grundsätzlich etwas anderes als ihr *Fehlen*. In der Repräsentation I fehlende Eigenschaften sind im Kontext nicht relevant und daher kein möglicher Gegenstand von Idealisierung oder Abstraktion ("Abstraktion" nicht als Klassenbildungsprozeß verstanden). Sie sind daher nicht eliminierbar. Die Elimination von Eigenschaften der Repräsentation I führt erst zu ihrem Fehlen in der Repräsentation II. In Nowak (1990) ist das, was in der Repräsentation II eliminativ idealisiert wurde, wichtiger als das, was deformativ idealisiert wurde. D. h. erst die Elimination der Eigenschaft ist in seiner Konzeption hinreichend für Idealisierung: Die kontrafaktische *Reduktion* einer Eigenschaft führt zu ihrem *Fehlen* - einer Systematisierungsirrelevanz - in *U'*. Dazu mußte sie aber zuvor als relevante in den Ausgangspunkt der Idealisierung - die Repräsentation I - eingegangen sein. Es muß daher zwischen dem Fehlen einer Eigenschaft in *U* und *U'* unterschieden werden. Der Begriffsinhalt von Idealisierung ist insofern bei Nowak rein eliminativer Natur, als daß er neben der harten Deformation des Eigenschaftsverlustes nur eine Variante der weichen Deformation zuläßt: die Ideation, der Extremfall negativer Potentialisierung, wird von Nowak auch als Negation einer Eigenschaft eingeführt (die dann, im Gegensatz zu den eliminierten Eigenschaften in *U* systematisierungsrelevant bleibt).[270]

---

269 Nagel, E. (1961), S. 132

270 Man könnte Nowaks Idealisierungsbegriff in (1990) als systematisierungsrelevant eliminativ (Reduktion) und als systematisierungsirrelevant eliminativ (Ideation) bezeichnen.

Da sowohl die Negation als auch die Abstraktion ("Abstraktion" als Klassenbildungsprozeß) in Nowaks Konzept innerhalb eines Universums durchgeführt werden, gibt es Verbindungen. Sei eine Klasse $K = \{x \mid Fx \wedge Gx \wedge Rx\}$ Ausgangspunkt der Abstraktion und die Klasse $K' = \{x \mid Fx \wedge Gx\}$ ein Abstraktum. Da $K \subset K'$, kann $K'$ auch charakterisiert werden als $\{x \mid Fx \wedge Gx \wedge (Rx \vee \neg Rx)\}$. Wenn bezüglich $K$ oder eines Elementes aus $K$ die durch das Prädikat "$R$" ausgedrückte Eigenschaft *negiert* wird, führt dies zur Betrachtung der Menge $K' \backslash K = \{x \mid Fx \wedge Gx \wedge \neg Rx\}$. Immer dann, wenn $K' \backslash K \neq \varnothing$, war die Negation nur relativ zum Individuum, aber nicht relativ zu $U$ kontrafaktisch. Wenn die Negation auch relativ zu $U$ kontrafaktisch ist, dann ist das Abstraktum mit der Ausgangsklasse der Abstraktion extensionsgleich. Diese Situation tritt dann ein, wenn Eigenschaften negiert werden, die bezüglich der Entitäten in $U$ nur relativ zum gesamten Universum $U$ kontrafaktisch negierbar sind, d. h. wenn $K' \backslash K = \varnothing$. In einem solchen Fall enthält *U keine* Entität mit der negierten Eigenschaft. Dies ist häufig der Fall bei Eigenschaften, die z. B. bei Beschreibungen nicht einmal erwähnt werden, weil sie nicht dazu verwendbar sind, bestimmte Entitäten von anderen zu unterscheiden. Typischerweise sind das situative Faktoren, wie die Annahme, daß sich Objekte in einer Atmosphäre befinden oder allgemeine Voraussetzungen über die Beschaffenheit makroskopischer Körper, z. B. daß diese über eine Ausdehnung verfügen. Viele idealisierte Objekte zeichnen sich gerade durch die Negation solcher Eigenschaften aus.

Eine weitere Basis der kontrafaktischen Negation relativ nicht nur zu einer Entität bzw. einigen Entitäten, sondern zu $U$, liegt in der Negation von Eigenschaftskomplexen, d. h. einer Menge von Eigenschaften. Nachfolgend ein konstruiertes Beispiel, das auf zwei Annahmen beruht:

1. Das Universum enthält nur Wirbeltiere.
2. Für diese werden nur fünf verschiedene Gelenkarten unterschieden: Scharniergelenke ($G_1$), Walzgelenke ($G_2$), Sattelgelenke ($G_3$), Eigelenke ($G_4$) und Kugelgelenke ($G_5$).

Wenn durch $E_1, ..., E_n$ beliebige Eigenschaften von Objekten in $U$ bezeichnet werden und für alle Objekte $x$ in $U$ gilt: $G_1x \vee G_2x \vee G_3x \vee G_4x \vee G_5x$, dann ist folgende Menge $\Gamma$ in $U$ leer: $\Gamma = \{x \mid x \,\hat{e}\, (E_1 \vee ... \vee E_n) \wedge x \,\hat{e}\, (\neg G_1 \wedge \neg G_2 \wedge \neg G_3 \wedge \neg G_4 \wedge \neg G_5)\}$. Diese Form der kontrafaktischen Negation ist jedoch rückführbar auf die kontrafaktische Negation einer Eigenschaft[271], die in einer mit "$\mathbf{E}^*$" bezeichneten Menge enthalten ist: Sei **E** die Menge aller Eigenschaften der Objekte in *U* und $\mathbf{E}^* \subset \mathbf{E}$ die Menge jener Eigenschaften, die keinem Objekt nach Auffassung einer wissenschaftlichen Gemeinschaft in einer bestimmten historischen Periode in *U* fehlen können. Die Differenzmenge $\mathbf{E} \setminus \mathbf{E}^*$ enthält dann alle Eigenschaften, die auch nur individuell negiert werden können. Wenn *x* ein Objekt aus *U* ist, dann kann es mit den in **E** enthaltenen Eigenschaften beschrieben werden:

1. $(\forall x)\,(x \in U \rightarrow x\ \hat{e}\ (E_1 \vee \ldots \vee E_n))$ mit $\{E_1, \ldots, E_n\} \subseteq \mathbf{E}$

Die Menge jener *x*, bezüglich derer eine universell negierbare Eigenschaft negiert wurde, ist die leere Menge:

2. $\{x \mid x\ \hat{e}\ (\neg E^*_1 \vee \ldots \vee \neg E^*_m)\} = \emptyset$ mit $\{E^*_1, \ldots, E^*_m\} \subseteq \mathbf{E}^*$

Die Menge derjenigen *x*, bezüglich derer ein ganzer Komplex von Eigenschaften kontrafaktisch negiert wurde, *kann* ebenfalls die leere Menge sein. Dies hängt von der Art und Anzahl der abstrahierten Eigenschaften ab.

Es ist unproblematisch, als Abstraktum eine Klasse $A = \{x \mid \Phi x\}$ anzugeben, mit "$\Phi$" als einer Abkürzung für eine Reihe von Eigenschaftszuschreibungen - u. a. "befindet sich im Vakuum" -, so daß das Zeichen "$\Phi$" genau die Klasse der geneigten Ebenen im Vakuum denotiert. Das Abstraktum entspricht der Extension des komplexen Prädikates "$\Phi$". In diesem Fall ist es von der Wahl des Universums abhängig, ob der Begriff der geneigten Ebene im Vakuum als Ergebnis eines Vorgangs der Abstraktion in *U* eine von der leeren Menge verschiedene Extension hat. Nach Nowaks Konzeption könnte das Universum *U* sog. Realobjekte bzw. diverse aus diesen gebildete Klassen enthalten. Eine möglicherweise ähnliche Konzeption - "ähnlich", weil Nowak nicht angibt, was er unter einem "Realobjekt" versteht - werde ich im folgenden methodisch voraussetzen: *U* wird als eine Menge interpretiert, die aus den Entitäten aller *universes of discourse* aller Fachwissenschaften besteht. Bezüglich der in diesem Universum zusammengefaßten Entitäten und deren Eigenschaften bestehe eine ontologische und referentiell-semantische Verpflichtung.[272]

---

271 Auf der Grundlage der beiden Annahmen über Wirbeltiere und ihre Gelenke in *U*, könnte die Negation der mit "$G_1, \ldots, G_5$" bezeichneten Eigenschaften mit der Negation der Eigenschaft "$G_6$ ... besitzt ein Gelenk" identifiziert werden.

272 Vgl. Moulines, C. U. (1991a). Moulines faßt unter "semantischen Realismus" die Auffassung, daß das "... Verhältnis, das zwischen unserem Begriffsapparat (unserer 'Sprache')

Relativ zu diesem Universum werden die oben angeführten Abstrakta jetzt betrachtet. Wird versucht - ausgehend von einer Teilmenge des Abstraktums, z. B. der Klasse geneigter Ebenen im atmosphärehaltigen Raum, die Klasse derjenigen geneigten Ebenen zu abstrahieren, die sich sowohl im atmosphärehaltigen Raum befinden oder auch nicht, erhält man als Abstraktum eine Klasse, die mit dem Ausgangspunkt der Abstraktion identisch ist. Wenn die Aussageform "$\Phi x$" mit dem Abstraktionsoperator "$\{\ |\ \}$" verbunden wird, entsteht ein Ausdruck "$\{x \mid \Phi x\}$" für die Menge $A$ derjenigen $x$, für die gilt: $\Phi x$. Die Menge $A$ ist jedoch in $U$ leer. Bezüglich des Begriffs der friktionslosen Ebene könnte man auch sagen, daß seine mit "$\{x \mid \Phi x\}$" angegebene Extension die leere Menge ist. Dann hätte der Begriff in $U$ zwar eine Extension, aber in der $U$-determinierenden aktuellen Welt keine Referenz im Sinne der oben angenommenen referentiell-semantischen Verpflichtung. Für dieses Ergebnis ist ausschlaggebend, daß die Eigenschaft "befindet sich nicht im Vakuum" kontrafaktisch negiert wurde. Daß diese Eigenschaft normalerweise nicht in der Menge der Eigenschaften des Ausgangsobjektes der Idealisierung - oder in einer entsprechenden Menge als Ausgangspunkt der Abstraktion - genannt ist, liegt daran, daß bestimmte für die Objekte in $U$ relevante "Normalbedingungen" bei deren Beschreibung kaum erwähnt werden.

Legt man als Maßstab der Differenzierung zwischen Abstraktion und Idealisierung nur die Antwort auf die Frage an, ob eine durch den Abstraktionsoperator gebundene Aussageform den Namen einer Menge bildet, die in $U$ nicht leer ist, erhält man nur eine notwendige Bedingung für Idealisierung. Da sich entsprechende Namensfunktionen beliebig bilden lassen, ließen sich auf diese Weise Namen von Mengen, die idealisierte Entitäten enthalten, und Namen von Mengen, die Fabelwesen enthalten, d. h. Idealisierungen und Fiktionen, nicht unterscheiden. Vergleicht man die ohne Bezugnahme auf einen Ausgangspunkt der Abstraktion *benannten* Mengen mit solchen, die ausgehend von einem solchen Ausgangspunkt aus $U$ *gebildet* wurden, dann sind erstere nicht extensionsgleich mit den Abstrakta, sondern mit der Differenz zwischen Abstraktum und einer Menge, die den

und dem, worauf sich dieser Apparat bezieht, besteht, dem Realismus eine präzise Bedeutung *und* eine gültige Begründung verleiht. Anders gesagt: Die unleugbare Tatsache, daß unsere Sprache eine semantische Komponente hat, erlaubt es, die naive Aussage 'Es gibt andere Dinge außer mir selbst' nicht nur sinnvoll auszulegen, sondern auch zu begründen" (S. 164). Als "referentieller Realismus" wird eine Form des semantischen Realismus bezeichnet, die unter Verwendung des Begriffs der Bezugnahme zu explizieren versucht, was es heißt, daß sich die Ausdrücke der Wissenschaft wenigstens teilweise auf die geistesunabhängig, objektiv existierenden Dinge beziehen können. Vgl. S. 166

Ausgangspunkt der Abstraktion bilden würde. Sind die Abstrakta mit dem Ausgangspunkt der Abstraktion identisch, dann werden mittels Abstraktionsoperator Namen von Mengen gebildet, die in $U$ alle leer sind. Nach dem Extensionalitätsaxiom[273] sind alle Mengen mit gleichen Elementen identisch, d. h. die Verwendung des Abstraktionsoperators im Rahmen dieses Vergleiches würde zu zahlreichen unterschiedlichen Bezeichnungen für die leere Menge führen.

Auch durch intensionale Abstraktion ist es nicht möglich, von Merkmalsklassen der Entitäten in $U$ zu Merkmalsklassen idealisierter Entitäten zu gelangen. Ein mögliches intensionales Abstraktum ist die Klasse der Merkmale einer individuellen Ebene: $A' = \{m \mid a \text{ ê } m\}$. Ist $a$ eine geneigte Ebene, $m_1$ eine Eigenschaft von $a$ und $\{m_1\}$ der Ausgangspunkt der Abstraktion, dann ist das Abstraktum $A'$ die Menge der Merkmale von $a$. Die Eigenschaft "befindet sich im Vakuum" kann daher in $A'$ nur enthalten sein, wenn $a$ sich im Vakuum befindet. Dasselbe gilt, wenn der Merkmalskomplex einer Menge, z. B. der der geneigten Ebenen im Vakuum abstrahiert werden soll. Wenn der Vorgang der Abstraktion von einem wie oben gekennzeichneten Universum $U$ ausgeht, kann das Ergebnis keine Klasse sein, die eine oder mehrere Ebenen im Vakuum enthält bzw. eine Klasse, die deren Merkmale als Elemente enthält.

Es ist dennoch nicht sinnvoll, alle Vorgänge, bei denen die Abstraktion einer Klasse zu einer mit dem Ausgangspunkt der Abstraktion identischen oder leeren Klasse führt, nicht der Abstraktion zuzurechnen. Gleiches gilt für die Bewertung der intensionalen Abstraktion beispielsweise von Merkmalskomplexen, die keine idealisierten Merkmale enthalten. Die Durchführung dieser Vorgänge mag zwar unzweckmäßig sein, aber noch unzweckmäßiger ist es, sie deshalb nicht als "Abstraktionen", sondern als "Idealisierungen" oder "Fiktionen" zu bezeichnen, da die letztgenannten Begriffe mit anderen Inhalten versehen werden sollen. Dies entspricht der Entscheidung, etwas auch dann als Vorgang der extensionalen Abstraktion zu bezeichnen, wenn dessen Ergebnis - die benannte oder zu bildende Klasse - leer oder mit dem Ausgangspunkt der Abstraktion identisch ist. Damit ist keine Entscheidung darüber verbunden, in welchem Universum Abstraktionen durchgeführt werden können. Um den Unterschied der Abstraktion zur Idealisierung zu wahren, ist es zwar für Nowak wichtig, daß

273 Das Extensionalitätsaxiom ist die Umkehrung des Theorems "$A = B \rightarrow (\forall x)\ (x \in A \leftrightarrow x \in B)$": $(\forall x)\ (x \in A \leftrightarrow x \in B) \rightarrow A = B$. Nach dem Extensionalitätsaxiom genügt es zum Nachweis der Identität zweier Mengen $A$ und $B$ zu zeigen, daß $A$ und $B$ die gleichen Elemente enthalten.

das Universum *U* durch den Vorgang der Abstraktion nicht verlassen wird. Es ist allerdings eine rein philosophisch zu motivierende Festsetzung, daß im Universum *U'* der idealisierten Entitäten keine Abstraktionsvorgänge durchgeführt werden dürfen. Wenn man sich in einem *universe of discourse* befindet, indem über idealisierte Entitäten "gesprochen" wird, könnte von deren Eigenschaften selbst wieder abstrahiert werden. Nowak will dies nicht zulassen, weil er nicht von *dem* Massenpunkt zur Klasse der Massenpunkte gelangen will. Im Prinzip jedoch sind die Vorgänge der Abstraktion und der Idealisierung iterativ durchführbar. Nowaks Auffassung der Abstraktion ist zu eng, wenn man seinen Voraussetzungen nicht folgen will. Die Bewertung von Cartwrights Behauptung, daß ein Vorgang der Abstraktion notwendig dem der Idealisierung vorangehen muß, ist davon abhängig, ob sich ein Konzept der Abstraktion, das auf keinen Klassenbildungsprozeß zielt, von dem der Idealisierung unterscheiden läßt. Diese Frage wird weiter unten wieder aufgenommen.

Sind alle Abweichungen von der Repräsentation I als *mögliche* Idealisierungen auch tatsächlich Idealisierungen? Oder nur diejenigen, die für alle Entitäten in *U* kontrafaktisch sind? Die Praxis und der Zweck der Idealisierung spricht für die letztgenannte Variante. Die Rolle, die Idealisierungen in Theorien spielen, ist durch zaghafte, eventuell unbemerkbare "Deformationen" nicht zu erfüllen. Im allgemeinen sind deutliche Deformationen, d. h. relativ zum ganzen Universum *U* kontrafaktische Annahmen erforderlich. Auf dieser Basis kann man relativ zum Universum *U* idealisierte Eigenschaften bzw. Entitäten aussondern. Zugleich können die Universen $U'_1, \ldots, U'_n$ angegeben werden, in denen jene idealisierten Entitäten enthalten sind. Zusätzlich müssen an die Repräsentation I bestimmte Anforderungen gestellt werden, z. B. daß sie relativ zu einer wissenschaftlichen Gemeinschaft und einer Zeitperiode ausgewiesen wird. Sowohl die Beschaffenheit des Universums *U* ist von dieser Relativierung abhängig, als auch die Beschaffenheit möglicher Universen $U'_1, \ldots, U'_n$, die idealisierte Entitäten enthalten.

Die oben eingeführte Annahme, wonach alle *universes of discourse* aller Fachwissenschaften in einem Universum *U* zusammengefaßt werden, wird jetzt aufgehoben. Es gibt Gründe dafür, nicht nur von einem Universum *U*, sondern von einer Klasse von Universen $U_1, \ldots, U_m$ auszugehen. Diese liegen in einer möglichen Differenzierung zwischen den *universes of discourse* verschiedener historischer Perioden und Fachwissenschaften. Es ist beispielsweise wenig sinnvoll, die *universes of discourse* der Erfahrungswissenschaften mit denen der formalen Wissenschaften zusammenzufassen. Diese könnte man durch Beschränkung auf die Erfahrungswissenschaften ausklammern, was bei der Analyse *Galileischer Idealisierung* als einem erfahrungswissenschaftlichen Konzept legitim und auch angebracht ist.

Wissenschaftliche Gemeinschaften sind die Instanzen, die entscheiden, wo die Extensionen von Prädikaten anzusiedeln sind. Das Konzept *Galileischer Idealisierung* ist insofern ein Spezialfall der Pragmatischen Idealisierung, als bestimmte Grundannahmen bezüglich der nichtidealisierten Universen vorausgesetzt werden: Diese enthalten nach Auffassung der wissenschaftlichen Gemeinschaften als real angenommene Entitäten. Das Konzept Galileischer Idealisierung, wie auch das allgemeinere, welches keine "realen" Universen angibt, wird als Relation für zwei Mengen konzipiert, die jeweils Universen eines unterschiedlichen Typs beinhalten. Im Falle *Galileischer Idealisierung* werden die "realen" Universen in **U** und deren Idealisierungen in **U'** zusammengefaßt. Aus dem kartesischen Produkt von - im einfachsten Fall - **U** x **U'** wird mittels der Relation "wird idealisiert durch" eine Menge geordneter Tupel von Universen separiert:

(1) $R^{ij}$ ist eine Idealisierungsrelation genau dann, wenn **U** und **U'** existieren, so daß gilt
- (A) **U** ist eine Familie nichtidealisierter Universen (für alle $U \in \mathbf{U}$ gilt: $U \neq \varnothing$)
- (B) **U'** ist eine Familie idealisierter Universen (für alle $U' \in \mathbf{U'}$ gilt: $U' \neq \varnothing$)
- (C) $\mathbf{U} \cap \mathbf{U'} = \varnothing$
- (D) $R^{ij} \subseteq \mathbf{U}^i \times \mathbf{U'}^j$ mit $1 \leq i \leq m$ und $1 \leq j \leq n$

Der Vorbereich der Relation $Vb(R^{ij})$ enthält die Universen (oder Tupel von Universen), deren Idealisierung beabsichtigt ist:

(2) $Vb(R^{ij}) = \{U_g$ oder $\langle U_g, \ldots, U_h \rangle \mid$ es gibt ein $U'_k$ oder es gibt ein $\langle U'_k, \ldots, U'_l \rangle$, so daß $U_g$ durch $U'_k$ oder $\langle U_g, \ldots, U_h \rangle$ durch $\langle U'_k, \ldots, U'_l \rangle$ idealisiert wird$\}$ mit $1 \leq g \leq h \leq i$ und $1 \leq k \leq l \leq j$

Auf dem Hintergrund der Konzeption Galileischer Idealisierung ist die Annahme notwendig, daß $Vb(R^{ij})$ nur Universen (oder Tupel von Universen) der sog. Realobjekte enthält. Wenn die Relation $R^{ij}$ binär ist, wurde einem "realen" Universum in einer historischen Periode von einer wissenschaftlichen Gemeinschaft nur ein idealisiertes Universum zugeordnet. Prinzipiell ist jedoch nicht auszuschließen, daß in einer Fachwissenschaft in einer Zeitperiode mehrere - sogar inkompatible - Idealisierungen verwandt werden. Mehrere Universen idealisierter Entitäten selbst während einer historischen Periode sind immer dann erforderlich, wenn ein Universum sonst wechselseitig nicht miteinander vereinbare Elemente enthalten würde.

Als binäre Relation ist *R* asymmetrisch: Für alle Universen $U \in \mathbf{U}$ und für alle $U' \in \mathbf{U}'$ gilt, daß, wenn *U* durch *U'* idealisiert wird, *nicht U'* durch *U* idealisiert wird. Dies impliziert die Annahme, daß kein Universum durch sich selbst idealisiert wird (Irreflexivität) und daß die Relation nicht transitiv ist.

Nowaks Typologie deformierender Prozeduren wird im folgenden mit dem Konzept *Galileischer Idealisierung* auf pragmatischer Basis verbunden: Idealisierungen einer Repräsentation umfassen die sog. weichen Deformationen (negative und positive Potentialisierung) mit $p(x) = 0$ oder $p(x) \pm \infty$ mit oder ohne Extremfall und die sog. harten Deformationen (Elimination und Addition von Ausdrücken für Merkmale). Diese Klassifikationen gelten jedoch nur unter zwei Voraussetzungen: Erstens ist die Bezugnahme auf eine Repräsentation unerläßlich, bei der alle zweck- und kontextirrelevanten Faktoren *fehlen*. Zweitens ist der Rückgriff auf weitere pragmatische und soziohistorische Aspekte unerläßlich. Schon die erste Bedingung verlangt eine Bezugnahme auf wissenschaftliche Gemeinschaften bzw. Teilgruppen derselben, die Repräsentationen erstellen und dabei Vorentscheidungen über in bestimmten Kontexten als relevant und weniger relevant erachtetes fällen. Aber auch bei der Beantwortung der Frage, ob die Durchführung der oben genannten Deformationen hinreichend dafür ist, daß das Ergebnis als "idealisierte Repräsentation" bezeichnet werden kann, spielt die Pragmatik eine Rolle. Warum sollte es hinreichend für Idealisierung sein, daß jemand z. B. bei der Beschreibung eines Objektes eine Eigenschaft mehr oder weniger erwähnt, als in der vorausgesetzten Repräsentation I enthalten ist? Ähnlich wie die Vielzahl möglicher Repräsentationen nur über den Zweck und den Kontext der Beschreibung eingrenzbar ist, ist die Elimination eines Faktors oder die Hinzufügung eines nicht in der Repräsentation berücksichtigten Faktors nicht hinreichend ohne die Absicht der Idealisierung - selbst dann nicht, wenn der fehlende oder hinzugefügte Faktor zu einer relativ zum gesamten Universum *U* kontrafaktischen Repräsentation führt. Diesen Umstand soll die Kennzeichnung des Ergebnisses der Idealisierung als "Deformation" - und nicht nur als "Veränderung" - deutlich machen. In der Entwicklung von Theorien werden auch differierende Varianten idealisierter Entitäten (beispielsweise die unterschiedlichen Definitionen des perfekt festen Körpers oder die verschiedenen Merkmalsausprägungen des Homo oeconomicus) verwandt. Wissenschaftshistorische und -soziologische Aspekte beeinflussen die möglichen Formen der Veränderung von Repräsentationen und ihre Bewertung. Konkrete Idealisierungen erhalten in den verschiedenen wissenschaftlichen Gemeinschaften eines Fachgebiets nicht immer dieselbe Akzeptanz.[274]

Nur über die Pragmatik, d. h. in diesem Fall, die Absicht der *Veränderung einer Repräsentation*, ist die Abgrenzung der Idealisierungen zu fiktiven Entitäten möglich: Fabeltiere beispielsweise sind auch durch Eigenschaften charakterisierbar. Bei diesen sind allerdings weniger die spezifischen Eigenschaften deformiert, sondern deren Zusammenfügung ist das Ungewöhnliche, auf der die Funktion dieser Fabelwesen in Geschichte und Dichtung beruht. Für die Entstehung des Fabeltieres Pegasus könnte die Repräsentation eines pferdeartigen und eines flügeltragenden Individuums vorausgesetzt oder die Repräsentation eines Pferdes durch eine Variable für die Merkmalsausprägung der Flügel ergänzt werden. Rein vom Vorgang der Veränderung her betrachtet, kann nicht festgestellt werden, ob Pegasus eine relevante fachwissenschaftliche Idealisierung ist oder nicht. Man könnte höchstens die Information heranziehen, daß für die Entstehung von Fabelwesen keine Repräsentationen benötigt und daher nicht verwandt werden.

Werden Eigenschaften relativ zum Ausprägungsgrad in der Repräsentation einer Entität vermindert (negative Potentialisierung), so ist dies nur dann als kontrafaktisch zu bezeichnen, wenn man von einem Ausprägungsgrad der Eigenschaften zum Zeitpunkt oder für ein Zeitintervall ausgeht. Was relativ zu einer Entität kontrafaktisch ist, muß - analog zur Kontrafaktizität der Negation einer Eigenschaft - schon nicht für eine andere Entität gleicher Art in derselben Menge gelten. Einer weichen Deformation entspricht z. B. die experimentelle Reduzierung der Auswirkungen des Luftwiderstandes, des Luftauftriebes und der magnetischen Kräfte, d. h. die Reduzierung der Auswirkungen möglicher minder relevanter Ursachen nach Cartwright. Dies ist nicht hinreichend für die experimentelle Herstellung oder Rekonstruktion der idealisierten Situation, sondern dient in den meisten Fällen nur der Annäherung an dieselbe. Der negative Extremfall der weichen Deformation ist typisch für die Erstellung einer idealisierten Repräsentation. Wenn jedoch die nach Cartwrights Konzeption als "minder relevante Ursachen" bezeichneten Einflüsse in der experimentellen Repräsentation der aktuellen Welt tatsächlich eliminierbar sind - so daß ihre

274 Es gibt auch den Fall, daß die Verwendung von Idealisierungen von Teilen einer wissenschaftlichen Gemeinschaft insgesamt abgelehnt wird.

Messung den negativen Extremwert[275] ergeben *könnte* -, kann zwar von der Erstellung einer physikalischen Repräsentation, aber nicht von Idealisierung gesprochen werden. Im Hinblick auf das Fallgesetz würde dem die experimentell hergestellte Erfüllung der Vakuum-Bedingung entsprechen. Bei solchen Veränderungen der Repräsentationen ist nicht prinzipiell ausschließbar, daß sie in der aktuellen Welt eine Entsprechung haben können: Der Extremfall der sog. weichen Deformation ist ebenfalls nicht hinreichend für Idealisierung. Der positive Extremfall ist zwar für Experiment und Gedankenexperiment weniger typisch, aber auf gleiche Weise zu systematisieren. Der negative Extremfall ist jedoch der relevantere.

Auf der Basis der Veränderung von Repräsentationen könnte auch Cartwrights Abstraktionsbegriff[276] rekonstruiert werden: als eine Veränderung der Repräsentation I, die darauf beruht, daß nur eine Teilmenge der für die erste Repräsentation verwandten Faktoren oder Variablen ohne weitere Veränderung in die Repräsentation II übernommen wird. Diese Form der Repräsentation kann, muß aber nicht generell kontrafaktisch sein. Die mögliche Kontrafaktizität beruht auf der Nichtausschaltbarkeit der nicht abstrahierten Faktoren oder Variablen; die mögliche Faktizität auf deren Ausschaltbarkeit. Ob die Repräsentation kontrafaktisch oder faktisch ist, kann von Situation zu Situation differieren. Die Faktizität kann sogar künstlich hergestellt sein, wie es für experimentelle Repräsentationen typisch ist.

Idealisierung und Abstraktion werden als mögliche Formen der Veränderung von Repräsentationen aufgefaßt. Dies ist eine Bestimmung, die die Existenz von mindestens zwei Repräsentationen voraussetzt: Eine, die als Ausgangspunkt (RI) und eine, die als Ergebnis (RII) der Veränderung gilt. RI beruht auf von wissenschaftlichen Gemeinschaften während bestimmter historischer Perioden selektierten Merkmalsklassen. Der Begriff der Repräsentation selbst enthält keine Vorentscheidung über ihre Beschaffenheit: Die Repräsentation kann formaler, mentaler, experimenteller, linguistischer oder gegenständlicher Natur sein (ohne daß sich diese Merkmalsgruppen gegenseitig ausschließen). Die Vorgänge der Abstraktion und der Idealisierung werden auf der Grundlage eines allgemeinen pragmatischen Konzeptes eingeführt. Sei eine beliebige Repräsentation aus $n$ Merkmalen und $m$ Ausprägungen derselben aufgebaut, die von einer Gruppe von Wissen-

275 Jede Meßbarkeit von Größen nahe des Extremwertes wurde von Vertretern der sog. Extremwertevidenz der Idealisierung (Rudner, Barr) als Approximation der idealisierten Situation interpretiert.

276 Diese Identifikation wird Cartwright vermutlich ablehnen, da zumindest der "capacity-claim" keine Repräsentation sein soll.

schaftlern gerade zum Zweck der Erstellung dieser Repräsentation selektiert wurden. Allgemein kann nun eine Repräsentation II als ein Konzept angesehen werden, welches direkt an diesem Selektionsergebnis ansetzt: RII entsteht durch einen Vorgang der Veränderung der in RI angeführten, dargestellten, aufgebauten etc. Merkmalen und Merkmalsausprägungen. Im Fall der Abstraktion werden von *n* in RI zur Verfügung stehenden Merkmalen *i* ($1 \leq i < n$) *unverändert* in RII übernommen - diese werden abstrahiert bzw. von den verbleibenden wird abstrahiert. Durch den Vorgang der Idealisierung hingegen werden die in RI enthaltenen Merkmalsausprägungen verändert, d. h. *deformiert*. Hier übernehme ich die von Nowak entwikkelte Typologie deformierender Prozeduren, allerdings ohne - wie Nowak - nur bestimmte Formen der Veränderung als Idealisierungsvorgänge zuzulassen:

1. Verringerung der Merkmalsausprägung (inklusive des negativen Extremfalls)
2. Steigerung der Merkmalsausprägung (inklusive des positiven Extremfalls)
3. Elimination eines Merkmals
4. Ergänzung eines Merkmals

Für die Begriffe der Idealisierung und der Abstraktion werden die nachfolgenden Definitionen angegeben:

(3) RII ist eine (galileisch) idealisierte Repräsentation genau dann, wenn *G*, *h*, RI, **U**, **U'** und $R^{ij}$ existieren, so daß gilt
  (A) *G* ist eine wissenschaftliche Gemeinschaft zur Zeit der Periode *h*
  (B) RI ist eine Repräsentation, die $\tau$ von *G* nach dem Kriterium der Zweckrelevanz ausgewählte Merkmale ausdrückt
  (C) *G* intendiert - ausgehend von RI - in *h*, eine kontrafaktische Repräsentation II zu erstellen
  (D) RII basiert auf der Durchführung von $(\tau - i) + j$[277] deformierenden Prozeduren mit $j \geq 0$ und $0 \leq i \leq \tau$
  (E) $\mathbf{U} = \{U_1, ..., U_m\}$ ist eine Familie (galileisch) nichtidealisierter Universen; $U_i \neq \varnothing$ (i = 1, ..., m)

277 Die Variable "*j*" steht für die Hinzufügung von Merkmalen. $\tau$ kann gleich *i* sein, wenn $j>0$, d. h. wenn die Idealisierung nur in der Ergänzung mindestens eines Merkmals besteht. Für alle anderen Fälle gilt: Wenn $j = 0$, dann $i < \tau$

(F) $\mathbf{U}' = \{U'_1, ..., U'_n\}$ ist eine Familie (galileisch) idealisierter Universen; $U_j \neq \varnothing$ (j = 1, ..., n)

(G) $\mathbf{U} \cap \mathbf{U}' = \varnothing$

(H) $R^{ij} \subseteq \mathbf{U}^i \times \mathbf{U}'^j$ mit i≤m und j≤n

(I) $G$ betrachtet die Entitäten in $U_1, ..., U_m$ als Ausgangspunkte von RI und die Entitäten in $U'_1, ..., U'_n$ als Ergebnisse der Idealisierung nach RII

(J) $G$ intendiert $U_g$ mit $U'_k$ oder $<U_g, ..., U_h>$ durch $<U'_k, ..., U'_l>$ zu idealisieren (1≤g≤h≤i; 1≤k≤l≤j) und $<U_g, U'_k> \in R^{ij}$ und $<U_g, ..., U_h, U'_k, ..., U'_l> \in R^{ij}$

Durch (A) und (B) werden die Relativierung des Idealisierungsvorganges auf Wissenschaftlergruppen, der Zeitbezug und die Zweckorientierung festgehalten. Da die Durchführung der deformierenden Vorgänge weder einzeln noch in der Gesamtheit hinreichend für Idealisierung ist, wird die in (C) geforderte *Intention* notwendig. Mit (E), (F), (G) und (H) wird die Idealisierungsrelation angegeben. Dabei korrespondieren die nichtidealisierten Entitäten mit den Repräsentationen I und die idealisierten Entitäten mit den Repräsentationen II. Nach (I) beruht diese Korrespondenz auf den Überzeugungen der Wissenschaftlergruppe *G*. Diese können im Einzelfall spezifiziert werden. Durch (J) wird festgelegt, daß die nichtidealisierten Entitäten in den Universen in **U** nicht nur mit RI bzw. die idealisierten Entitäten in den Universen in **U'** nicht nur mit RII korrespondieren können, sondern daß *G* die Universen $U'_1, ..., U'_n$ zur Idealisierung der Universen $U_1, ..., U_m$ einsetzt bzw. benutzt.

(4) RII* ist das Ergebnis eines Abstraktionsvorganges genau dann, wenn *G*, *h*, RI und $U_1, ..., U_m$ existieren, so daß gilt

(A) *G* ist eine wissenschaftliche Gemeinschaft zur Zeit der Periode *h*

(B) $U_1, ..., U_m$ sind Universen von Entitäten, die mit RI korrespondieren

(C) RI ist eine Repräsentation, die $\tau$ von *G* nach dem Kriterium der Zweckrelevanz ausgewählte Merkmale ausdrückt

(D) RII basiert auf der Selektion von $\tau$-$i$ (0≤i<τ) Merksmalen von RI

(E) Das Ergebnis des Selektionsvorganges ist von *G* relativ zu $U_1, ..., U_m$ nicht als kontrafaktisch intendiert

Die Definition des Abstraktionsbegriffes basiert auf der Annahme von nicht als kontrafaktisch *intendierten* Selektionsvorgängen. Auch hier ist es erforderlich anzugeben, wer (*G*) dies wann (*h*) intendiert und worin die Selektionsgrundlage (RI) besteht:

Mit (4) wird ein pragmatisches Konzept der Abstraktion vorgestellt, das auf keinem Klassenbildungsprozeß beruht. Cartwrights Behauptung, daß ein Abstraktions- einem Idealisierungsvorgang vorausgehen muß, wird damit nicht positiv entschieden: Erstens erfolgt die Abstraktion von Einflußgrößen nicht generell unter kausalen Aspekten; zweitens können sich Abstraktions- und Idealisierungsvorgänge ständig abwechseln; drittens beruhen die Definitionen des Abstraktions- und des Idealisierungsbegriffes auf den mit wissenschaftlichen Gemeinschaften verbundenen *Intentionen* der Repräsentationserstellung. Einengende Vorschriften, die unter Berufung auf Metaphysik begründet werden müssen, erscheinen zudem wenig zweckmäßig in einem Konzept, das metaphysische Annahmen im Hinblick auf einen breiten Anwendungsbereich möglichst vermeiden bzw. minimieren möchte.

Der in (3) festgehaltene Idealisierungsbegriff ist im Hinblick auf mögliche metaphysische Auffassungen, wie sie von Seiten der Erfahrungswissenschaftler vertreten werden können, offen. Die einzige Einschränkung ist, daß im Falle *Galileischer* Idealisierung in den Universen $U_1$, ..., $U_m$ als "real" angenommene Entitäten enthalten sind. Der Grad bzw. das Ausmaß der damit verbindbaren ontologischen Verpflichtungen ist nicht festgelegt. Die Durchführung und Bewertung von Idealisierungen wird jedoch auch von Wissenschaftsphilosophen häufig mit metaphysischen Interpretationen versehen. Aus den von ihnen angegebenen, mit den deformierenden Prozeduren verbundenen, Zielen ergeben sich Hinweise, wie eine metaphysische Interpretation der Idealisierungsvorgänge aus erfahrungswissenschaftlicher oder philosophischer Perspektive begründet werden könnte. Cartwright beruft sich bei ihrer Explikation der Vorgänge der Idealisierung und der Abstraktion sowohl auf den wissenschaftlichen Realismus als auch auf Kausalität. In Cartwright (1989) führt sie zudem das Geschehen in der idealisierten Situation explizit auf Kausalität zurück: Eine Entität zeigt in der idealisierten Situation ein durch keine interagierenden Kausalkräfte gestörtes Verhalten. Die Frage nach approximativer Wahrheit ist ihrer Ansicht nach nur bei Idealisierungen, nicht bei sog. capacity-claims stellbar. Daß ein sog. abstraktes Gesetz direkt Anwendungsfälle hat, ist ausgeschlossen, da die interagierenden Kausalkräfte in der Realität niemals vollständig eliminierbar sind. Das abstrakte Gesetz beschreibt daher nichts, sondern schreibt nur zu. Der phänomenologische Gehalt der "capacity-claims" wird nach Cartwright durch die nichtuniversellen Kausalgesetze ausgedrückt. In diesen werden mit den minder relevanten Ursachen nur die Wirkungen einiger, nicht (wie im abstrakten "Gesetz") aller (nicht durch das "Gesetz" zugeschriebenen) Kausalkräfte ausgeschlossen. Daher enthält Cartwrights Begriff der Abstraktion eine Einschränkung des oben eingeführten Konzeptes der Veränderung einer Repräsentation: Wenn auch die Kausalkräfte selbst real[278], keine Deformationen oder Übersteigerungen vorhandener oder Ergänzungen nicht vorhandener Anlagen sein sollen, so ist doch eine unmittelbare Faktizität der "capacity-claims" ausgeschlossen. Ontologisch haben die Kausalkräfte[279] jedoch einen höheren Stellenwert als Repräsentationen, wie z. B. Modelle.

Ist die Entität, die in der idealisierten Situation ihr durch keine interagierenden Kausalkräfte gestörtes Verhalten zeigt, eine reale Entität bzw. deren Repräsentation, die nur in besonderen Umständen agiert? Oder ist es eine idealisierte Entität, die - insbesondere über die Kausalkraft - mit einer realen Entität verbunden ist? Rekonstruiert man die Kausalkräfte im Konzept Pragmatischer Idealisierung, so erhält man ein Universum $U'$ der idealisierten Entitäten, die mit sog. grenzwertgeeigneten Eigenschaften *plus* einer allgemeinen Kausalkraft ausgestattet sind. Die Kausalkraft, die ja nach Cartwrights Intention "real" sein soll, erscheint aus dieser Perspektive wie eine unter kausalen Aspekten zu explizierende dispositive Eigenschaft. Diese wird der idealisierten Entität nur dann zugesprochen, wenn die reale Entität, deren Repräsentation der Ausgangspunkt der Idealisierung ist, sie bereits besitzt. Die Kausalkraft wird faktisch von der realen auf die idealisierte Entität übertragen; es findet ein - vom eigentlichen Vorgang der Idealisierung unbeeinflußter - Kausalkraft-Transfer statt.

Die Vertreter des PIM haben häufig eine erkenntnisleitende Relevanz der Idealisierung betont und unter Bezugnahme auf einen essentialistischen Materialismus begründet. Soweit diese Begründungsbasis in Nowak (1990) entfallen ist, ist ein epistemologisches Vakuum entstanden. Wenn die Idealisierungen nur zur Kreation platonistischer Individuen dienen, ist diesem Ansatz möglicherweise ein wichtiges Merkmal *Galileischer* Idealisierung verloren gegangen: die Auffassung der Idealisierung als Methode zur Wirklichkeitserkenntnis.

Bisher liegen drei Ansätze der Erklärung des Geschehens in der idealisierten Situation vor: neben der definitorischen Festlegung bei Hempel basiert diese auf der metaphysischen Ergänzung von Experimenten und Gedankenexperimenten (McMullin, Rudner, Barr) sowie auf der metaphysischen Zuschreibung von Kausalkräften und deren möglichen Manifestationen in der durch minder relevante Ursachen störbaren Situation. Die zweite Variante hat zahlreiche Anhänger in den Experimentalwissenschaften,

278 "... Aristotle's abstract properties are to be found in the real world." Cartwright, N. (1989), S. 197

279 Cartwright erwägt diesen Status auch für allgemeine Arten von "Tendenzen". Vgl. ebd. S. 226

während ihr Insistieren auf extremwertgeeignete Variablen und deren - so ein Kriterium für die Akzeptanz von Idealisierungen bei Rudner und Hempel - operationaler Klarheit die Sozialwissenschaften in Verlegenheit bringen kann. Die dritte Variante bietet vielleicht gerade für diese Wissenschaften eine Alternative. Die Diskussion, z. B. um den methodologischen Status von Poppers Rationalitätsprinzip, könnte durch die Vorstellung, daß es sich bei der Rationalitätsannahme weder um eine erfahrungswissenschaftliche Hypothese, noch um eine analytische Aussage, sondern um die Zuschreibung einer Kausalkraft handelt, neue Impulse erhalten. Die Kausalkräfte sollen einen Konkretisierungsvorgang ermöglichen (*diese* Kausalkraft haben), der von der Theorie ausgeht, d. h. "abwärts" gerichtet ist. Nach Cartwrights Auffassung setzt der Ansatz in Nowak (1980) eine Ontologie von Kausalkräften geradezu voraus, da Nowak sonst keinen Hinweis gebe, wie die Willkürlichkeit und die Beliebigkeit der Korrekturen zu verhindern seien: "... without such robust attendant concepts, anything can explain anything by the method of abstraction and concretization."[280]

Die zuvor zitierte Behauptung wird von Cartwright allerdings nicht ausreichend begründet. Zudem bedeutet "Konkretisierung" bei Nowak De-Idealisierung und nicht De-Abstraktion, so daß unklar ist, ob sich Cartwrights Behauptung nur auf einen der beiden Vorgänge oder auf beide bezieht. Ein Konkretisierungsvorgang nach Nowak setzt voraus, daß das wissenschaftliche Bild (scientific image) eines Raumzeitgebietes oder Systems dessen essentielle Struktur korrekt wiedergibt, d. h. daß die in der Repräsentation enthaltene Aufteilung in wesentliche und unwesentliche Faktoren sowie die Dichotomisierung der wesentlichen Faktoren in prinzipielle und sekundäre Faktoren zutreffend ist. Rückschlüsse auf die Korrektheit bestehender De-Idealisierungsversuche werden aus der Durchführung bzw. dem Abschluß von De-Idealisierungsvorgängen gezogen. Der Konkretisierungsprozeß in Nowak (1980) ist daher nicht willkürlich, sondern beruht auf einer Hypothese über die Differenzierung und Dichotomisierung möglicher Einflußfaktoren. Wenn, nach Aufstellung einer solchen Hypothese, der Einfluß von $p_1, ..., p_n$ Faktoren nicht berücksichtigt wird, so werden genau diese $p_1, ..., p_n$ Faktoren im Konkretisierungsprozeß wieder hinzugefügt. Wenn eine defizitäre Praxis der De-Idealisierung insofern nicht vorliegt, als überhaupt keine Praxis vorliegt, könnte Cartwright höchstens die epistemologischen Grundlagen der De-Idealisierung kritisieren bzw. zeigen, daß diese ein systematisches Verfahren ausschließen. Cart-

280 Cartwright, N. (1989), S. 206

wright hat jedoch einerseits nicht gezeigt, daß kein systematischer Konkretisierungsvorgang nach Nowaks Konzept möglich ist; sie hat andererseits nicht gezeigt, daß ein Konkretisierungsvorgang, der auf der Basis von Nowaks Vorschlägen zumindest nicht als systematischer möglich ist, als solcher durchführbar wäre, wenn er auf Kausalkraft-gestützter-Grundlage erfolgt. Es geht im Grunde bei einem Konkretisierungsprozeß darum, Gründe für die Hinzufügung bestimmter Repräsentationsbestandteile anzugeben, d. h. für ihre Bevorzugung gegenüber möglichen anderen. Cartwright behauptet nur, daß ihre Diskriminierungsbasis besser als Nowaks geeignet sei. Es wird jedoch weder ein Argument dafür gegeben, daß die kausale einer essentialistischen Metaphysik prinzipiell vorzuziehen sei, noch wird begründet, warum eine Konkretisierung (interpretiert als "De-Abstraktion" oder als "De-Idealisierung) auf kausalistischer gegenüber einer auf essentialistischer Basis zu präferieren ist. Willkürlichkeit läßt sich zudem durch kein Konzept verhindern, da sie eine Folge schlechter Verhaltensweisen ist, die hier nicht zur Debatte stehen. Maßgebend ist vielmehr, welche Möglichkeiten diejenigen zur Verfügung haben, die einen De-Idealisierungs- oder Konkretisierungsprozeß im Sinne Nowaks oder Cartwrights durchzuführen wünschen. Ein möglicher Anwendungserfolg der Idealisierung kann dann - wie bei McMullin - darauf zurückgeführt werden, daß die erfolgte Konkretisierung - da erfolgreich - die reale Beschaffenheit der Wirklichkeit spiegelt. Ist es nicht möglich, nach einer annähernd systematischen Prozedur zu Korrekturfaktoren zu kommen, so bleibt nur noch "trial and error". Selbst dieser Umgang mit dem Problem dürfte sich von willkürlichen "Verfahren" noch unterscheiden. Wenn die Willkürlichkeit der De-Idealisierung bzw. Konkretisierung systematisch zu erfolgreichen Anwendungen der Theorie führen kann, dann ließe sich die Instrumentalismus-Realismus-Debatte jedenfalls um neue Argumente bereichern. Es ist jedoch zu vermuten, daß, wenn es je Konkretisierungs- oder De-Idealisierungsvorgänge nach der Rezeptur von Cartwright oder Nowak gegeben haben oder noch geben sollte, diese einer Systematik bedurften bzw. bedürfen. Anhänger von Nowaks Konzept müssen für die Unterteilung in wesentliche und unwesentliche, sowie eine Rangordnung der sekundären Faktoren argumentieren. Anhänger von Cartwrights Auffassung müssen z. B. zeigen, daß im idealisierten Gesetz die Hauptursachen abstrahiert wurden und am Konkretisierungsprozeß demonstrieren, wie sich die Berücksichtigung von Nebenursachen auswirkt: "... they must be appropriately motivated. I take it that means they must genuinely describe other causes, inferences, impediments and the like. But it follows from that that the scheme can only work if we are already in control of a rich set of non Humean, capacity-related concepts."[281]

Es würde sich auch für Cartwrights Konzeption anbieten, die Korrekturfaktoren nach Relevanz geordnet hinzuzufügen. Dieses Vorgehen ist schon deshalb vorteilhaft, weil dadurch der Konkretisierungsvorgang nicht bis zu seinem formalen Ende durchgeführt zu werden braucht. Eine Konkretisierung bzw. De-Idealisierung bis zum formalen Ende (bei Nowak z. B. bis zum sog. faktischen Gesetz) gilt sogar nach Nowaks wie auch Cartwrights Angaben als nicht möglich. Cartwright nennt dies das "Problem der materiellen Abstraktion": "... given a theory, the factors come *from a list*. But the list provided by any given theory, or even by all our theories put together, will never go far enough."[282] Nach Auffassung beider Autoren muß also von einem bestimmten Konkretisierungs- bzw. De-Idealisierungsschritt aus approximiert werden. Entscheidend ist aber letztlich, ob die Epistemologie der Korrekturverfahren auch zu ihrer Ermittlung beiträgt oder ob es sich nur um Ex-post-Interpretationen der von Praktikern ermittelten Anpassungen handelt. Nur im erstgenannten Fall ist es gerechtfertigt, von einer *Methode* der Idealisierung und De-Idealisierung zu sprechen. Für die Praxis der Ex-post-Interpretation hat Cartwright selbst in "How the Laws of Physics Lie" (1983) einige Hinweise gegeben. Bei ihrem neuen Konzept bleibt eine entsprechende Entwicklung von Kausalkraft-gestützten-Listen von Korrekturfaktoren noch abzuwarten. Eine reine Auszeichnung pragmatisch ermittelter Korrekturfaktoren in einer Terminologie der Kausalkräfte wäre nur als Änderung des Sprachgebrauchs zu werten.

Vielleicht sind die Kausalkräfte selbst Idealisierungen, geprägt durch den Wunsch, den lebensweltlichen Erfahrungen mit Kausalität eine ontologische Basis zu geben? Ein in der Struktur ähnliches Argument[283] wurde schon zugunsten des Realismus bezüglich theoretischer Entitäten abgegeben. Beide Argumente - dasjenige für die Existenz von Kausalkräften und dasjenige für den Realismus bezüglich theoretischer Entitäten - lassen sich durch den Kausalgedanken verknüpfen, da auch die mutmaßliche Manipulation theoretischer Entitäten auf der Annahme von Kausalprozessen beruhen soll. Wenn man die Kausalkräfte als Idealisierungen interpretiert,

---

281 Ebd. S. 202

282 Ebd. S. 207

283 Ich meine das experimentelle Argument für die Position des wissenschaftlichen Realismus. Vgl. Hacking, I. (1983), S. 265

könnte man sie nach Erweiterung des Nowakschen Idealisierungsbegriffs als Eigenschaftsergänzungen auffassen, z. B. als Kombination von Ideation und Transzendentalisierung.

Idealisierungsvorgänge werden in der Wissenschaftspraxis vermutlich immer metaphysikgestützt sein. Ein nicht als Klassenbildungsprozeß, sondern als Form der Veränderung von Repräsentationen interpretierter Vorgang der Abstraktion kann ebenfalls unter metaphysischen Vorzeichen vorgenommen werden; wenn sich Cartwrights - und auch F. Suppes[284] - Beispiel verallgemeinern läßt, sind hier meist kausale Aspekte relevant. Ist die Durchführung von De-Idealisierungsvorgängen bzw. Konkretisierungen in der Praxis der Erfahrungswissenschaften ohne Metaphysik und ohne Schemata möglich? Wenn man sich mit dem zufriedengeben würde, was in der Praxis an Anpassungen geleistet wird - ja. Allerdings wird eine solche Anpassung kaum als De-Idealisierung bzw. Konkretisierung akzeptiert werden. Will man mehr als eine praxisgestützte Anpassung, ist ein Verzicht auf metaphysische Annahmen nicht nur undenkbar, sondern - aus der Perspektive derjenigen, die diese Vorgänge propagieren - auch eine notwendige Voraussetzung für deren Durchführbarkeit. Damit ist jedoch längst nicht gesichert, daß das Gewünschte auch möglich ist. Mit metaphysischen Argumenten wird die Annahme der Existenz einer Methode der Idealisierung bzw. Abstraktion und De-Idealisierung bzw. Konkretisierung häufig begründet. Die Vorgänge der Idealisierung und Abstraktion sind dabei authentisch, die der De-Idealisierung und Konkretisierung bisher nur Programm.

1. Das in diesem Abschnitt entwickelte Konzept der Veränderung von Repräsentationen basiert auf Nowaks Typologie deformierender Prozeduren. Der Begriff der "Deformation" selbst wird jedoch nicht an den konkreten Vorgängen und Ergebnissen der sog. weichen wie harten Deformationen festgemacht, sondern pragmatisch interpretiert. Wenn auch bestimmte deformierende Prozeduren, wie die Elimination von Eigenschaften oder die negative Potentialisierung von Eigenschaftsausprägungen, im Zusammenhang mit Idealisierungen häufig auftreten, ist ihre Durchführung nicht hinreichend dafür, daß eine Repräsentation idealisiert wird. Weder einzeln noch in der Gesamtheit sind die deformierenden Prozeduren hinreichend oder notwendig für Idealisierung.

284 Vgl. Kapitel 3.2

2. Neben der Idealisierung ist das wichtigste Ergebnis der Veränderung einer Repräsentation die sog. Abstraktion. Während Idealisierungen Repräsentationen sind, die für alle Entitäten der Universen der sog. Realobjekte kontrafaktisch sind, gilt dies für Abstraktionen nicht: Sie können faktisch sein. Der Vorgang der Abstraktion zeichnet sich dadurch aus, daß nur eine Teilmenge der in der Repräsentation I angeführten Variablen in die Repräsentation II separiert und diese zudem nicht verändert (deformiert) werden. Neben den Deformations- und den Abstraktionsvorgängen sind weitere Formen der Veränderung denkbar, die auch mit eigenständigen Bezeichnungen versehen werden können (z. B. "Vereinfachungen"). Diese Formen werden in dieser Arbeit jedoch nicht berücksichtigt.
3. Jeder Versuch, hinreichende syntaktische oder semantische Merkmale für Idealisierungen zu finden, muß scheitern, da nur unter Bezugnahme auf die Ersteller - meist wissenschaftliche Gemeinschaften - eine Repräsentation als Idealisierung zu bezeichnen ist. Das Konzept der Idealisierung ist wesentlich pragmatisch; es wird daher auch als *Pragmatische Idealisierung* bezeichnet. Dies gilt auch für das in dieser Arbeit entwickelte Konzept der Abstraktion. Beide Formen der Veränderung von Repräsentationen werden häufig unter Berufung auf metaphysische Annahmen durchgeführt und interpretiert.
4. *Galileische* Idealisierung fällt unter das Konzept Pragmatischer Idealisierung. Mit Galileischer Idealisierung werden allgemein die Repräsentationen bezeichnet, durch die ein über die aktuelle Welt determiniertes Universum oder ein Tupel dieser Universen mittels der Idealisierungsrelation ("wird idealisiert durch") mit einem einzelnen Universum idealisierter Entitäten bzw. mit einem Tupel dieser Universen verbunden wird. Entscheidend ist für diese Charakterisierung, daß die Vorbereiche der Idealisierungsrelationen keine Tupel bzw. einzelnen Universen idealisierter Entitäten enthalten. Nicht entscheidend ist, in welchem Ausmaß und in welcher Form sich eine wissenschaftliche Gemeinschaft den in den "realen" Universen spezifizierten Entitäten ontologisch verpflichtet fühlt.
5. Idealisierungen werden von wissenschaftlichen Gemeinschaften in Theorien verwandt bzw. innerhalb von Theorien entwickelt. Die Semantik der Theorien wird durch die Idealisierungen beeinflußt: Wenn die Idealisierung pragmatisch ist, dann auch die durch sie bestimmte Semantik. Eine Analyse von Idealisierungen erfordert die Berücksichtigung der Auffassungen von wissenschaftlichen Gemeinschaften über die Rolle von idealisierten Theorien bei der Entwicklung und epistemologischen Bewertung empirischen Wissens.

## 2. 2. 2 Die Eigenständigkeit der Fiktionen

Die Begriffe "Abstraktion", "Idealisierung" und "Fiktion" werden häufig in wechselnder Bezugnahme aufeinander erläutert und dabei zumeist entweder Idealisierung und Abstraktion oder Fiktion und Idealisierung miteinander konfundiert. Nach der Konzeption Galileischer Idealisierung sind Fiktionen zwar im Kontext von Idealisierung und Abstraktion, aber als methodologisch eigenständige Variante der Begriffsbildung anzusiedeln.

Explikationen des Begriffs der Fiktion, die die Idealisierungen den Fiktionen klassifikatorisch unterordnen, sind mit der Konzeption Galileischer Idealisierung nicht vereinbar, wenn den Fiktionen keine oder nur eine eingeschränkte epistemologische Relevanz zugesprochen wird. Dies ist z.B. in dem umfangreichsten mir bekannten Werk über Fiktionen von Vaihinger der Fall. Der Neukantianer Vaihinger, der sich selbst auch als "Kritischen Positivisten" bezeichnete, hat seine Habilitationsschrift über Fiktionen als erkenntnistheoretisch wirksame "Kunstgriffe des Denkens, die Art, wie dieses sich *behilft*, um sein Ziel indirekt zu erreichen"[285], schon 1877 vorgelegt. Die Welt gilt für Vaihinger als unerkennbar; es "... existieren nur die beobachteten Sukzessionen und Koexistenzen der Phänomene ... Jede Erklärung, welche weitergeht, kann nur mit den Hilfsmitteln des diskursiven Denkens sich weiter behelfen, also mit Fiktionen."[286] Begriffe und Theorien liefern kein "... *Abbild der Wirklichkeit* ... - es ist dies eine ganz unmögliche Aufgabe - sondern ein *Instrument, um sich leichter in derselben zu orientieren.*"[287] Es ist daher für Vaihinger nur methodischer Kunstgriff, eine "... Anbequemung an die gewöhnliche Anschauung, wenn wir zunächst den Standpunkt einnehmen, der letzte Zweck des Denkens sei die Erkenntnis des Wirklichen."[288]

Die Konzeption des Fiktiven beruht bei Vaihinger auf der Annahme einer nur durch Sinnesdaten erfahrbaren Wirklichkeit. Damit werden alle Repräsentationen, die nicht unmittelbar auf diesen "primären Qualitäten" beruhen, zu Fiktionen, denen nur eine beschränkte epistemologische, nämlich handlungsanleitende, Relevanz zugesprochen wird. Trotz - oder gerade wegen - dieser epistemologischen Beschränkung war daher nach Auffassung Vaihingers die Entwicklung von Fiktionen nicht beliebig, sondern erforderte im Hinblick auf ihre Handlungsrelevanz ein System von

285 Vaihinger, H. (1927), S. 18
286 Ebd. S. 115
287 Ebd. S. 22
288 Ebd. S. 95

Bewertungen.[289] In der Folge entwickelte Vaihinger eine umfangreiche Typologie von Fiktionen, deren Zweck es sein sollte, ein Handeln zu ermöglichen. Da neben der elementaren Qualität der "primitiven Empfindungen" für ihn nur die - auf den Sinneswahrnehmungen basierenden - Sukzessionen und Koexistenzen als wirklich gelten, fallen unter den Typus der Fiktion alle Repräsentationen, die nicht von Sukzessionen und Koexistenzen entwickelt wurden, d. h. sowohl Idealisierungen als auch Nicht-Idealisierungen: "Als allgemeinen Typus der Fiktion haben wir ... die Formulierung solcher Vorstellungsgebilde erkannt, welche in der Wirklichkeit keinen Vertreter finden."[290]

Der allgemeine Typus der Fiktion wird von Vaihinger in zahlreiche Untergruppen geteilt. In dieser Klassifikation finden sich auch die Begriffe wieder, die von anderen Autoren als Idealisierungen, Abstraktionen, Reduktionen etc. bezeichnet werden. Die "abstraktiven (neglektiven) Fiktionen" nach Vaihinger ähneln z. B. dem Ergebnis der sog. hart deformierenden Prozedur der "Reduktion" bei Nowak sowie auch dem Ergebnis der Elimination der minder relevanten Ursachen bei Cartwright. Nach Vaihinger sollen sie die "Verflochtenheit der Tatsachen" durch Vereinfachung auflösen: "Das gemeinsame aller in dieser Klasse zusammengefassten Fiktionen ist ... eine *Vernachlässigung wichtiger Wirklichkeitselemente*. Die *abstrahierende* Tätigkeit ist hier in anderer Weise wirksam, als bei der Bildung der Allgemeinbegriffe oder abstrakten Begriffe. Bei den Allgemeinbegriffen werden in einer Menge gleichartiger (ähnlicher) Erscheinungen die hemmenden Elemente vernachlässigt, so dass ein allgemeines Bild ihres gemeinsamen Typus entstehen kann. Hier dagegen, bei dieser Gattung handelt es sich um etwas Anderes. Meistenteils ist der Grund zur Bildung dieser Fiktionen die allzu grosse Verflochtenheit der Tatsachen, welche der theoretischen Bearbeitung in dieser ungemeinen Kompliziertheit zu grosse Schwierigkeiten entgegenstellt. Hier können die logischen Funktionen ihr Geschäft nicht ungestört vollziehen, weil es noch nicht gelingt, alle Fäden auseinander zu halten, aus denen das Gewebe der Wirklichkeit besteht. ... Wenn also das Material zu kompliziert und verworren ist, um dem Denken zu gestatten, es allmählich bis auf seine einzelnen Fäden zu entwirren, wenn die gesuchten kausalen Faktoren wahrscheinlich komplizierterer Natur sind, als dass sie *unmittelbar* zu bestimmen sind, so wendet

289 E. Laas, bei dem Vaihinger die Habilitation einreichte, forderte zur Kontrolle der Fiktionen eine normative Methodologie.

290 Vaihinger, H. (1927), S. 24

das Denken den *Kunstgriff an, vorläufig und einstweilen eine ganze Reihe von Merkmalen zu vernachlässigen und nur die wichtigsten Erscheinungen herauszugreifen.*"[291]

Als Standardbeispiel für eine sog. neglektive Fiktion, die zudem irrtümlich jahrelang für eine Hypothese gehalten worden sei, gibt Vaihinger die Annahme A. Smiths an, wonach die ökonomisch motivierten Handlungen des Menschen nur vom Egoismus bestimmt seien: "Die empirischen Erscheinungsweisen des menschlichen Handelns sind so ungemein verwickelt, dass sie der theoretischen Erfassung und Reduktion auf ihre kausalen Faktoren geradezu unübersteigliche Hindernisse entgegenstellen. Smith hatte nun zum Aufbau seines nationalökonomischen Systems nötig, die Handlungen der Menschen *kausal* zu begreifen. Mit sicherem Takte griff er die Hauptursache heraus, nämlich den Egoismus, und formulierte seine Annahme so, dass alle menschlichen Handlungen, vornehmlich diejenigen geschäftlicher und nationalökonomischer Natur, so betrachtet werden können, *als ob* ihr treibendes Motiv einzig und allein der Egoismus wäre. Hier werden also alle anderen Nebenursachen und mitbedingenden Faktoren, wie z. B. *Wohlwollen, Gewohnheit* u. s. w. vernachlässigt. Mit Hilfe dieser abstrakten Ursache nun gelang es Smith, die ganze Nationalökonomie in ein geordnetes System zu bringen."[292]

Selbst Musgraves "Lebensphasenmodell" der Annahmen ist bei Vaihinger schon angelegt. Dem Endstadium der Entwicklung von Vernachlässigbarkeits- (negligibility) über Bereichs- (domain) zu heuristischen Annahmen (heuristic assumptions) in Musgrave (1981) entsprechen bei Vaihinger die "heuristischen Fiktionen", die etwas ganz und gar "Unwirkliches" an die Stelle des "Wirklichen" setzen. Vaihinger nennt diese "abgedankte Hypothesen" oder "Notbehelfe" und gibt u. a. die Ätherhypothese und das Ptolemäische Weltbild als Beispiele an.

Der Begriff der Idealisierung ist bei Vaihinger an die Vorstellung des *Idealen* gebunden. Die "idealisierende Phantasie" schafft nur "ideale Fiktionen": "... diese entwirft Muster und Normen, nach denen wir z. B. den Wert einer Sache, z. B. den ästhetischen bemessen."[293]

S. Körner hingegen subsumiert die Idealisierungen unter die sog. pragmatischen Fiktionen (von denen er u. a. die "ästhetischen" unterscheidet): "Beispiel einer idealisierenden Fiktion ist der Begriff des Massenpunktes in

291 Ebd. S. 29
292 Ebd. S. 29/30
293 Ebd. S. 67

der klassischen Physik."[294] "Pragmatisch" heißen diese Fiktionen, weil sie einerseits praktischen Zwecken dienen, andererseits - wenn auch nur begrenzt - mit Entitäten der aktuellen Welt identifiziert werden können.

Soweit die Bedeutung von "fiktiv" mit "erfunden" und "erdichtet" gleichgesetzt wird, ist die Identifizierung des Begriffs der Galileischen Idealisierung mit dem der Fiktion unzweckmäßig. Nur im Kontext einer Aristotelischen Auffassung von Idealisierung ist es sinnvoll, den Bedeutungsschwerpunkt des Begriffs bzw. der Begriffsbildung bei dem Vorgang des Erfindens und Erdichtens zu sehen. Was jedoch für Aristoteles und auch viele mittelalterliche Gelehrte noch als unvereinbar mit der aktuellen Welt galt, wurde im 17. Jahrhundert zu deren legitimem Grenzfall.[295] Aristotelische und Galileische Idealisierung unterscheiden sich in der Bewertung der Idealisierung: Erstere verweigert, letztere behauptet eine Signifikanz der idealisierten für die realen Welt. Die idealisierten Welten der Galileischen Idealisierungen sind keine reinen Erfindungen und insofern keinen fiktiven Welten.

Für Cartwright sind Idealisierungen sowohl nicht real, als auch nicht fiktiv. Idealisierte Eigenschaften sind solche, die approximiert werden können und als Grenzfälle der Realität gelten. Doch einige Eigenschaften sind nicht einmal näherungsweise erreichbar: "They are pure fictions."[296] Klant verwendet die Bezeichnung "fiktive Welt" ganz im Sinne der Galileischen Idealisierung: "According to Mill's methodology, an economic theory is 'hypothetical' because it involves abstraction. It describes *a fictious world as an approximation to the state of affairs in the real world*."[297] Auf dieser Grundlage ist es möglich, den Begriff der Fiktion in dem der Galileischen Idealisierung "aufzulösen". Dann wäre der Erstgenannte allerdings überflüssig, da diese Bedeutung von "fiktiver Welt" schon mit der Bezeichnung "idealisierte Welt" gegeben ist.

---

294 Körner, S. (1977), S. 230. Vaihinger bezeichnet die Konzeption des Massenpunktes als "Notbehelf" und "abgedankte Hypothese", da "... die Atome und Massenpunkte eines Systems sich so bewegen, '*als ob* sie die geringste Unlustsumme produzieren wollten'." Vaihinger zitiert Zöllner. Vaihinger, H. (1927), S. 58

295 "With the usage of ideal experiments in the seventeenth century many such imcompossibles became limiting cases of our universe; even if they do not describe our universe, they are necessary to explain it." Funkenstein, A. (1986), S.17

296 Cartwright, N. (1983), S. 153. Wie in Cartwright (1989) wird als Beispiel einer fiktiven Eigenschaft die Wahrscheinlichkeitsverteilung der Klassischen Statistischen Mechanik angeführt: "It is better, I think, to see these distributions as fictions, fictions that have a powerful organizing role in any case and that will not mislead us too much even should we take them to be real in the simple cases." Ebd. S. 154

297 Klant, J. J. (1984), S. 85. Hervorhebung von mir.

Cohen und Nagel wiederum argumentieren für eine Abgrenzung der Fiktionen von Idealisierungen und Abstraktionen. Sie meinen, daß letztere nicht unbedingt fiktive Elemente enthalten müssen und trennen deren Bedeutungen von der der Fiktion: "Through this process of abstraction we develop the notions of limiting or ideal patterns of structure and behavior. We thus arrive at the concepts of a perfectly straight line, of a frictionless surface, of a pure economic motive, of a rigid body, and so on, each of which represents a phase of some situation or other, but none of which can be identified with the whole concrete nature of anything ... If we recognize the reality of abstractions, then there is nothing fictional (in the sense of false) about perfectly straight or circular lines ... and other entities which seem imaginary and indeed are known to be incapable of separate existence. ... While there exist no free bodies (that is, bodies not acted upon by any forces), all existing bodies do move in such a way that we can find the part played by inertia (what would happen if all other forces ceased to act); similarly, while no actual engine is frictionless, we can from certain data compute the part that friction plays in the total work of any engine. It is not true that 'artifical' lines of latitude or longitude are fictional merely because such lines are not actually marked on the earth. They do represent certain actual geometric relations on our earth. No map is ever a perfect picture of the country it represents. It must neglect all except a very few traits. But it may be perfectly accurate, truthful, within the required limits."[298]

Für Cohen und Nagel ist die epistemologische Signifikanz der Abstraktionen oder Idealisierungen und nicht deren deskriptive Akkuratesse entscheidend. Ihres Erachtens geben diese relevante Merkmale der Ausgangspunkte der jeweiligen Vorgänge wieder, wenn auch nur ausschnittsweise und verzerrt. Wenn man jedoch - wie die beiden vorgenannten Autoren - die Bezeichnungen "fiktiv" und "falsch" gleichsetzt, wird wiederum eine der beiden überflüssig. Das ist kein sinnvolles Ergebnis. Etwas, das falsch ist, kann erfunden sein. Aber nicht jedes Falsche ist erfunden. Und nicht alles Erfundene ist wiederum falsch. Es erscheint daher weder sinnvoll, Fiktionen mit Idealisierungen, noch generell mit Falschem zu identifizieren.

Einige Autoren - z. B. Krajewski und Nowak - haben versucht, die epistemologische Relation zwischen dem Ausgangspunkt und dem Ergebnis der Idealisierung auf der Annahme von *Real*objekten als mögliche Ausgangspunkte zu basieren. Dabei geht es letztlich darum, die Empirizität der

298 Cohen, M. R./Nagel, E. (1944), S. 372/373

Idealisierung zu sichern, d. h. den Vorwurf der Erfindung und der empirischen Falschheit abzuwehren. Ist die Möglichkeit der Erstellung einer - beispielsweise binären - Relation, die zusätzlich bestimmte Bedingungen erfüllt (z. B., daß die geordneten Paare jeweils aus einem Realobjekt und "dessen" Idealisierung bestehen), eine notwendige oder hinreichende Bedingung für die Empirizität der Idealisierung? Letzteres kann sicher verneint werden, da es sonst für die Empirizität jeder beliebigen Idealisierung hinreichend wäre, daß sie an einem realem Ausgangsobjekt bzw. dessen Repräsentation ansetzt. Das hängt aber letztlich davon ab, was unter "Empirizität" generell verstanden werden soll. Wenn alle Theorien und Begriffe empirisch sind, die sich mit mutmaßlich realen Objekten oder Systemen *befassen* - d. h. diese nicht nur im Sinne einer *Abbildung*sbeziehung beschreiben -, dann ist auch jede Idealisierung empirisch, deren Ausgangspunkt ein Realobjekt oder -system ist. Je komplexer die Anforderungen an den Begriffsinhalt von "Empirizität" werden, desto weniger wird die Empirizität der Idealisierung allein durch den Ausgangspunkt gesichert werden können. Das Stellen einer solchen Anforderung erinnert an gewisse Vorbehalte gegen sog. hypothetische Konstrukte, die Machlup in der Frage zusammenfaßte: "Muß man nicht alle seine Begriffe der realen Wirklichkeit entnehmen, wenn man mit ihnen die reale Wirklichkeit erklären will?"[299]

Wenn es für die Empirizität der Idealisierung notwendig sein soll, daß sie an einem realen Ausgangspunkt ansetzt, hätte man sich strenggenommen eine unüberwindliche Barriere geschaffen, die mittels auch nichtidealisierter Repräsentationen nicht zu überwinden ist. Da der Nachweis des Realen am Realobjekt oder -system nicht zu erbringen ist, ist eine solche Forderung methodologisch ohne Wert.

Für die Unterscheidung zwischen Idealisierungen und Fiktionen kann man noch diejenige zwischen "finden" und "erfinden" nutzbar machen - auf dem Hintergrund der weitverbreiteten Auffassung, daß beispielsweise Naturgesetze "gefunden" oder "entdeckt" werden. Die Differenzierung zwischen "finden" und "erfinden" kann auf der Basis Galileischer Idealisierung eine Deutung der Beziehung zwischen dem Ausgangspunkt und dem Ergebnis der Idealisierung enthalten und dazu verwandt werden, die Voraussetzungen für mögliche Verwendungen des Begriffs der Fiktion abzustecken: Die Fiktion ist das rein Erfundene bzw. wird dafür gehalten. Das Erfundene ist zwar möglicherweise in Repräsentationen enthalten, aber es steht nicht in derselben Beziehung zu dem *Repräsentierten* wie eine ideali-

---

299 Machlup, F. (1971), S. 249

sierte Repräsentation. Eine Idealisierung ist die Repräsentation des "Gefundenen" bzw. dessen, was dafür gehalten wird. Nach dem Konzept Galileischer Idealisierung repräsentiert die Fiktion daher - wenn überhaupt - nicht in demselben Sinn wie die Idealisierung: Ihr wird kein Universum nichtfiktiver Entitäten zugeordnet; sie dient nicht der Erkenntnis der Wirklichkeit.

Nachfolgend werden nicht nur fiktive Entitäten per se - wie z. B. Fabeltiere - unter "Fiktionen" gefaßt, sondern auch bestimmte *Bestandteile* erfahrungswissenschaftlicher Repräsentationen. Die Grundlage meines Vorschlages ist, daß an letzteren nicht die Repräsentation bestimmter Eigenschaften, Merkmale, Tätigkeiten etc., sondern ihre *Funktion*[300] innerhalb oder sogar nur *für* die Repräsentation die entscheidende Rolle spielt. Zwei Beispiele dafür sollen beigebracht werden, der Friedmansche Geldhubschrauber und der Walrasianische Auktionator.

Am Friedmanschen Geldhubschrauber werden keine Eigenschaften spezifiziert, die ein Objekt als Hubschrauber kennzeichnen.[301] Im Modellkontext relevant ist nicht einmal, daß das Geld aus dem Hubschrauber heraus in eine Modellökonomie abgeworfen wird - also diese oder eine andere Tätigkeit. Dieses Geld hätte auch eines morgens vor den Haustüren liegen, von einem Ungeheuer ausgespuckt werden oder aus einem UFO fallen können. Entscheidend ist im Kontext der Friedmanschen Analyse der Realkassenhaltung neben der Einmaligkeit des Ereignisses die Kostenlosigkeit des Geldangebotes.[302] Die Funktion des Geldhubschraubers ist es, beides sicherzustellen.

Eine andere Aufgabe hat in L. Walras' "Bildungs-Gesetz der Gleichgewichts-Preise" der die Preise ausrufende Auktionator, nach denen "... jeder Tauscher seine Nachfrage nach jeder der Waaren in derjenigen, welche er besitzt"[303] kalkuliert. Auch hier spielen die individuierenden Eigenschaften des Auktionators keine Rolle (beispielsweise, ob er eine

300 Cartwright versucht Beschreibungen von Objekten nach deren Abstraktionsgrad zu ordnen. Die Basis dieser Einstufung sind die sog. vier Ursachen, die jedem Objekt nach Aristoteles wesentlich zukommen: "source (efficient cause), constituent (matter), structure (form), and perfection or function (final cause)." Die Beschreibung eines Objektes nur über seine Funktion ist nach diesem Ansatz abstrakter als die Beschreibung eines anderen Objektes z. B. mittels Funktion und Materie. Die Funktion ist nach Aristoteles' Konzept mit dem konkreten Objekt noch verbunden, nicht von diesem ablösbar. Die Funktion von Fiktionen innerhalb oder für Repräsentationen ist dagegen von dem Repräsentierten völlig losgelöst. Vgl. Cartwright, N. (1989), S. 212 ff.

301 Vgl. Friedman, M. (1970), S. 14

302 Vgl. Riese, H. (1986), S. 22

303 Walras, L. (1972), S. 33

natürliche Person oder eine Maschine ist), sondern nur die Funktion, die er bei der Modellierung des sog. Tâtonnement-Prozesses - eines Preisbildungsmechanismus in einem Markt mit vollkommener Konkurrenz - spielt. Diese *Funktion* ist ein wesentlicher Bestandteil der Repräsentation, weil sie ein theoretisches Problem lösen soll: Die Figur des Auktionators ist nötig, weil sonst nicht klar ist, wie sich die Preise in einem Markt mit vollkommener Konkurrenz - wo alle Wirtschaftssubjekte Preis*nehmer* sind - ändern können. Ähnlich wie der Geldhubschrauber, der den Anlaß eines exogenen Schocks für die Modellökonomie symbolisiert, ist der Auktionator das Ergebnis eines methodischen Kunstgriffes.

Fiktionen in den Fachwissenschaften können entweder als methodisch legitimierte Bestandteile von Repräsentationen aufgefaßt werden, die aber selbst nicht repräsentieren, oder als Konzepte, die einer Repräsentation beigefügt werden. Sie sind selbst keine Repräsentationen von Entitäten, auch nicht von Tätigkeiten, Funktionen und Mechanismen. Soweit sie etwas symbolisieren, kann dadurch jedoch eine Tätigkeit, eine Funktion, ein Mechanismus erhellt werden. Mit der Figur des Geldhubschraubers, des Ungeheuers oder des UFOs beispielsweise soll nur ein exogener Schock ausgedrückt, aber nicht der Geldangebotsprozeß erklärt werden. Mit der Figur des Auktionators wird in Verbindung mit dem sog. Tâtonnement-Prozeß dagegen der Preisanpassungsprozeß modelliert. Beide sind fiktive Entitäten, wenn auch mit unterschiedlicher Funktion für die Repräsentationen, die sie enthalten.

Nach der Konzeption Galileischer Idealisierung werden Fiktionen von Idealisierungen dadurch unterschieden,

1. daß erstere nicht als Bestandteil einer Methode der Wirklichkeitserkenntnis aufgefaßt werden,
2. daß sie nur Bestandteil einer Repräsentation sein können, indem sie symbolisieren anstatt selbst zu repräsentieren,
3. daß ihnen nichts Repräsentiertes - wie den (Galileischen) Idealisierungen etwas Nichtidealisiertes - gegenübersteht.

### 2. 2. 3 Der Einfluß der Ideen und Ideale

Bestimmte Erkenntnisprinzipien oder -richtlinien wirken sich auf die Produkte wissenschaftlicher Erkenntnis (Modelle, Gesetze, Theorien) ebenso aus wie menschliche (Ideal-) Vorstellungen bezüglich der Beschaffenheit des erfahrungswissenschaftlichen Objektbereiches. Dies gilt für alle Wissenschaften, die Wissenschaftstheorie nicht ausgenommen. In der Anfangsphase der Entwicklung der Wissenschaftstheorie in der zweiten Hälfte des 19. Jahrhunderts beeinflußten die Ideale der Naturwissenschaftler auch die der Wissenschaftstheoretiker - ein Sachverhalt, der durch den Umstand, daß zwar nicht alle Naturwissenschaftler auch Wissenschaftstheoretiker, die meisten Wissenschaftstheoretiker jedoch auch Naturwissenschaftler waren, positiv beeinflußt wurde. Ein gerade für die Wissenschaftstheorie folgenreiches Ideal benennt Hempel: "Viele große Wissenschaftler haben die Überzeugung ausgedrückt, daß die grundlegenden Naturgesetze einfach sind."[304] Funkenstein berichtet von einer "Besessenheit" (obsession) der Astronomen bezüglich des Ideals der perfekten Zirkularität der Orbits der Himmelskörper ebenso wie von den Idealen der Arithmetisierung, der Unzweideutigkeit und der Homogenität. Er kommentiert: "Ideas constitute science; ideals ... chart its goals."[305] Viele antike bis mittelalterliche Vorstellungen über die Konstitution der Natur haben sich dabei bis in die Gegenwart gehalten. Beispielsweise wird erwartet, eine mathematische Ordnung oder harmonische Struktur der Natur zu "entdecken": "Nature itself was expected to reveal mathematical order and harmony - elusive properties indeed, the meaning of which could be either that nature is homogeneous and symmetrical, or, again, that nature tends to reify those configurations and formulae that the mathematical tradition labelled 'perfect', 'regular', or 'simple'."[306]

Als Kantsche Problemstellung galt im 19. Jahrhundert die Frage, inwieweit der menschliche Verstand der Natur ihre Gesetze "vorschreibt". Im Mittelalter waren die Ideale noch mit Vorstellungen über göttliche Allmacht, Gestalt und Allgegenwärtigkeit verbunden. Die Idee des die Natur beherrschenden göttlichen Regelwerks wurde im 17. Jahrhundert von J. Locke auf die Human- oder Sozialwissenschaften übertragen. Es bestand die Auffassung, daß sich die moralischen Gesetze, die die Gesellschaft ordnen, und die Naturgesetze, die die Natur ordnen, nicht substantiell unterscheiden: Beide gehören zur gottgewollten "natürlichen Ordnung". Die natürliche Ordnung ist Ausdruck eines Ideals, nicht der Verfaßtheit der realen Gesellschaft: "Nature in the language of the moral philosophers is something quite different from the inescapable and immutable nature that was

---

304 Hempel, C. G. (1977), S. 63

305 Funkenstein, A. (1986), S. 18

306 Ebd. S. 29/30

decribed for them so impressively in the laws of the experimental natural philosophers. It is an *ideal*."[307]

Bekannte Bestandteile der natürlichen Ordnung sind das Laisser-faire-Prinzip, die Idee der "natürlichen Freiheit" oder die Betrachtung des Menschen als selbstbestimmtes Wirtschaftssubjekt. Nach Vaihinger sind dies "praktische ethische Fiktionen".[308] Aufgabe der Politik sollte es sein, die gegebene "positive Ordnung" im Hinlick auf die Erreichung der natürlichen Ordnung zu beeinflussen. L. Walras formulierte diese Auffassung als Verbindung zwischen der Wissenschaft vom Seienden (science étant) und der Politik des Seienden (art étant): "... la science étant definie l'idéalisation de la réalité; et l'art étant definie la réalisation de l'idéal."[309] Wenn die Gesellschaft durch Politik nach bestimmten idealen Vorstellungen geformt werden soll, so setzt dies die - wenigstens teilweise - Realisierbarkeit der Prinzipien der natürlichen Ordnung bzw. den Glauben daran, daß dies möglich ist, voraus. In diesem Sinne ist das Ideal bei Vaihinger eine "praktische Fiktion", die "weltüberwindenden Wert" hat.[310]

Zu einem späteren Zeitpunkt wurde die Trichotomie "positive Ordnung/natürliche Ordnung/Politik" durch die von "positiver Wissenschaft", "normativer oder regulativer Wissenschaft" und "Politik"[311] ersetzt. Aus den einstigen natürlichen Prinzipien, die das Zusammenleben der Menschen durch Vorschriften regeln sollten, wurden die *Werte*: "Today we class the 'natural' principles - prescriptions in accordance with which life is or may be lived - as *values*."[312] Die Unterscheidung zwischen positiver und normativer Theorie ist insbesondere in der Finanzwissenschaft noch lebendig. Sohmen motiviert diese wie folgt: "Da die Aufstellung von Kriterien für ein gesamtwirtschaftliches 'Optimum' ... notwendigerweise bestimmte Werturteile voraussetzt, zählt man die Allokationstheorie zum Bereich der 'normativen' Ökonomik. Im Gegensatz zu ihr will die 'positive' Ökonomik keine Wertungen vornehmen, sondern objektive Tatbestände und Zusammenhänge aufzeigen, die - zumindest unter idealen Bedingungen -

---

307 Klant, J. J. (1988), S. 87. Auch die Annahmen der Unentrinnbarkeit und Unveränderlichkeit der Beziehungen in der Natur können als Ideale bezeichnet werden.

308 "Auf der Schwelle dieser Fiktionen begegnet uns sogleich einer der wichtigsten Begriffe, den die Menschheit gebildet hat: es ist der Begriff der *Freiheit*; die menschlichen Handlungen werden als freie und darum als verantwortliche betrachtet und dem notwendigen Naturlauf gegenüber gestellt." Vaihinger, H. (1927), S. 59

309 Walras, L., zitiert nach Klant, J. J. (1988), S. 93

310 Vgl. Vaihinger, H. (1927), S. 67

311 Vgl. beispielsweise Keynes, J. N. (1984) und Friedman, M. (1953)

312 Klant, J. J. (1988), S. 88

empirisch überprüfbar wären, oder auch nur Schlußfolgerungen aus vorgegebenen Prämissen ziehen."[313] Wie aus Sohmens Bemerkungen schon hervorgeht, wäre es zu einfach, Idealisierungen ausschließlich der normativen Ökonomik zuzuordnen. Dennoch sind Idealisierungen nicht selten durch Wertungen beeinflußt oder werden als wertende Aussagen interpretiert: "And ... we know regard perfect competition as a norm which prices under imperfect competition more or less closely approximate."[314]

Häufig jedoch ist die Klassifikation von Theorienbestandteilen oder Theorien als "normativ" als Versuch interpretierbar, Idealisierungen unter eine vertraute Begrifflichkeit zu subsumieren. Eine Entstehung der Idealisierung auf einer wertenden Grundlage - einer Normvorstellung - gilt als hinreichend für die Auszeichnung des Ergebnisses der Idealisierung als "normativ". Für Riese z. B. liefert die Handlungs- und Markttheorie der Preistheorie die "... normativen Grundlagen der liberalen Ökonomie."[315] Aus Rieses Theorie rationaler Handlungen auf Märkten sollen keine empirisch überprüfbaren Verhaltenshypothesen folgen. Stattdessen unterstellt er sog. *normale* Reaktionsmuster: "In jedem Fall sind die Normen stilisierte Erfahrungen von einzelnen, Gruppen und der gesamten Gesellschaft mit der sozialen Realität, Erfahrungen, die der Wissenschaftler in sein Modell verarbeitet."[316] Beispiele "normaler Reaktionsmuster" sind die linear-homogene Produktionsfunktion, die Differenzierbarkeit der Funktionen, die Annahme vollkommener Konkurrenz. Diese gelten nicht als "Abstraktionen von der Realität", sondern dienen einzig der Ableitung von Gleichgewichten. Riese differenziert daher zwischen *Repräsentationen* ("Abstraktionen von der Realität") und den konkreten - hier normativen - Grundlagen der Idealisierung, der *Normalvorstellung*: "Regelmäßigkeiten werden als Repetitionsphänomene interpretiert ... und erhalten damit eine Norm(al)vorstellung, gleichgültig, ob in der Form eines Trends, einer

---

313 Sohmen, E. (1976), S. 1. In H. Alberts Aufsatz "Wertfreiheit als methodisches Prinzip" (1972) wird die Wertfreiheit der Wissenschaft dadurch gesichert, daß der Fachwissenschaftler nach der sog. "metawissenschaftlichen Relevanzentscheidung" seine Sätze von präskriptiven Aussagen freihält: "Die normative Grundlage der Untersuchung tritt niemals in der Form präskriptiver Formulierungen in Erscheinung. ... Das eigentliche Werturteilsproblem bezieht sich auf Werturteile innerhalb sozialwissenschaftlicher Aussagenzusammenhänge, also auf die von einem Methodologen zu behandelnde Objektsprache" (S. 188 und 189). Nach Alberts Kriterien ist die Allokationstheorie trotz normativer Grundlage ("Wertbasis") nicht normativ, wenn ihre Aussagen selbst keine Wertungen enthalten.

314 Chamberlin, E. H. (1950), S. 4, Fußnote 3

315 Riese, H. (1980), S. 43

316 Riese, H. (1975), S. 38

Regressionsgeraden oder eines simultanen Gleichgewichtssystems. Selbst die *statistischen Testverfahren* enthalten Normvorstellungen, wie die Methode der kleinsten Quadrate, die eine Normalverteilung der Abweichung von der Normallage impliziert."[317]

Normalvorstellungen sind zwar in genauso starkem Maße Grundlage von Idealisierungsvorgängen wie Idealvorstellungen. Dies ist jedoch kein hinreichender Grund, der Idealisierung ihren Status als Repräsentation generell abzusprechen. Ein Wissenschaftsphilosoph, der Idealisierung ausschließlich auf der Basis des "Idealen" abhandelt, ist R. Harré. Dieser ordnet Idealisierungen als "Verbesserung" bestehender Repräsentationen in seine Typologie von Modellen ein. Ausgangspunkt der Idealisierung ist eine Entität mit $p_1, ..., p_n$ zuvor im Hinblick auf bestimmte Zwecke selektierten Eigenschaften. Das Modell der Entität hat die gleichen $p_1, ..., p_n$ Eigenschaften, nur sind diese gemäß einer - vorausgesetzten - Bewertungsskala perfekter, feiner oder reiner als die Eigenschaften des Ausgangsobjektes. Neben einer Verbesserung oder Perfektionierung von Eigenschaften befaßt sich Harré im Zusammenhang mit Idealisierungen auch mit der Signifikanz menschlicher Vorstellungen bezüglich der Beschaffenheit der Erkenntnisprodukte. Dabei gilt *Einfachheit* als Prinzip der Idealisierung: "The most straightforward kind of idealization is simplification."[318] Wird Objekten, Modellen, Gesetzen etc. "Einfachheit" attribuiert, so kann dies folgendes bedeuten:

1. Die einfache Repräsentation besteht nur aus wenigen Bestandteilen oder Bestandteilstypen geringer Zahl.
2. Nicht (nur) die Bestandteile oder Bestandteilstypen selbst sind geringzahlig, sondern ihre Zusammensetzung ist (zudem) unkompliziert.[319]

Die Einfachheit einer mathematischen Beschreibung ist das Ergebnis eines Idealisierungsvorganges, der sich nach Harré an drei Kriterien festmachen läßt:

$K_1$ Kriterium der natürlichen Zahlen: Wenn ein Ausdruck, der eine Reihe von Experimenten in einem exakten Ausdruck zusammenfaßt, von einer Darstellung in natürlichen Zahlen abweicht, wird er in diese Rich-

317 Ebd. S. 36
318 Harré, R. (1990), S. 186
319 Ebd.

tung angepaßt, z. B. statt "$V^{1.01} = IR$" nun "$V = IR$" für das Ohmsche Gesetz angegeben.

$K_2$ Kriterium der geringsten Einflußnahme: Terme, die vernachlässigbar wenig zu den Implikationen eines sonst einfachen Satzes beitragen, werden weggelassen.

$K_3$ Kriterium der Reduktion von Beobachtungsgrößen: Die Beschreibung experimenteller Ergebnisse, die mit der geringsten Anzahl von Variablen auskommt, wird vorgezogen.

Abweichungen zwischen Werten, die den gewünschten einfachen Verlauf der Funktion garantieren würden und den tatsächlich ermittelten Werten, müssen ignoriert oder korrigiert werden, um eine ideale, einfache Verallgemeinerung des funktionalen Zusammenhangs zu erhalten. Dieser Vorgang der Datentransformation ("fitting facts to equations"[320]) hat seinen Preis: "... the price of simplicity and generality is idealization and approximation even at the observable level."[321] Idealisierung ist jedoch keine Datenmanipulation; diese entsteht erst durch ihre Anwendung. Ebenso ist Idealisierung keine syntaktische Manipulation von Ausdrücken: Von Idealisierung kann nur die Rede sein, wenn nicht nur auf der syntaktischen Ebene die Ausdrücke "vereinfacht" werden, d. h. nicht nur "$V = IR$" statt "$V^{1.01} = IR$" angegeben wird, sondern zudem die Bedingungen verdeutlicht werden, für die der "vereinfachte" Ausdruck angenommen wird.

Bei der Entwicklung allgemeiner Theorien spielt nach Harrés Auffassung insbesondere das dritte Kriterium eine Rolle: "Concrete expressions of the use of this criterion are the very general theories in physics, the unified field theories in which, for example, attempts are made to find a single field expression from which the characteristics of the electric, magnetic and gravitational fields can be derived."[322] Nun ist eine Theorie allerdings keine noch so vereinfachte Beschreibung von Beobachtungsaussagen (was $K_3$ auch nicht nahelegt). Aufgrund ihrer über Beobachtbares hinausgehenden Bedeutung (surplus meaning) ist sie nicht in eine Klasse von Beobachtungsaussagen übersetzbar.[323] Nur wenn zwischen Beschreibungen der gleichen "Fakten" gewählt werden soll, kann es sinnvoll sein, die einfachste

---

320 O'Hear, A. (1989), S. 125
321 Ebd.
322 Harré, R. (1990), S. 187
323 Vgl. Nagel, E. (1961), S. 131

zu wählen: Im Falle von Hypothesen oder Theorien müssen die mit ihnen erzielbaren Voraussagen ebenfalls berücksichtigt werden.[324]

Für das Streben nach "einfachen" Ausdrücken in den Produkten der Erfahrungswissenschaften können mehrere Gründe angegeben werden:

1. Das Geschehen in Natur und Gesellschaft wird durch Gesetzmäßigkeiten beherrscht, die selbst "einfach" sind (ontische Annahme). Ein Mitglied des *Wiener Kreises* präzisierte diese "... übliche Auffassung ... Aus der Erfahrung entnehmen wir gewisse Tatsachen, die wir als 'Naturgesetze' formulieren; da wir aber durch das Denken *die allgemeinsten in der Realität herrschenden gesetzmäßigen Zusammenhänge* (logischer und mathematischer Natur) erfassen, so beherrschen wir aufgrund der der Beobachtung entnommenen Tatsachen die Natur in viel weiterem Umfange, als sie beobachtet wurde."[325] Eine ähnliche Einstellung wie Hahn macht auch Funkenstein in der Wissenschaft aus: "... scientists since the seventeenth century also demanded of nature itself that it be homogeneous, uniform, symmetrical. The same laws of nature should apply to heaven and earth alike ... The same kind of matter ought to build all parts of the universe, and it ought to be governed by the same causes or forces."[326]
2. Die Gesetze der Naturwissenschaften sind weder a priori gültig, noch empirisch zu diskriminieren. Es sind Konventionen, mittels derer die Wissenschaft versucht, nur eine möglichst ökonomische oder "sparsame" Beschreibung der Welt zu liefern (epistemologische Annahme): "... allgemeine Hypothesen, die Naturgesetze ausdrücken sollen, (sind) ökonomische Denkhilfen zu dem Zweck, eine unbegrenzte Anzahl von Fällen (z. B. viele Fälle des freien Falls) in einer einfachen Formel (z. B. Galileis Gesetz) zusammenzufassen."[327]
3. Einfachere Gesetze sind leichter überprüfbar, d. h. sowohl zu bestätigen als auch zu falsifizieren. Nach dem Prinzip der Einfachheit konstruierte Ausdrücke sind leichter in ein deduktives System integrierbar (methodologische Annahme).

---

324 Vgl. Hempel, C. G. (1977), S. 62 f.

325 Hahn, H. (1988), S. 148. Hervorhebung von mir.

326 Funkenstein, A. (1986), S. 29

327 Hempel, C. G. (1977), S. 63. Hempel kann man allerdings nicht als Vertreter einer konventionalistischen Position bezeichnen.

Eine gewisse Nähe zur ontischen Annahme sowie zur beispielsweise von D.M. Hausman und F. Suppe vertretenen "Modalen Modellauffassung" (modal model view) bringt Harré zum Ausdruck, wenn er meint, daß die mathematischen Repräsentationen von experimentellen Ergebnissen die Ergebnisse ausdrücken, die die Experimentatoren bei Absenz störender Einflüsse erzielt hätten.[328] Nur unter der Voraussetzung, daß z. B. Variablen für Störfaktoren im Gesetzesausdruck "stören", ist ein einfaches Gesetz überhaupt formulierbar. Ein Grund dafür, daß Störfaktoren beispielsweise über Ceteris-paribus-Klauseln eliminiert werden, besteht in der ontischen Annahme, daß sie keine systematisch wirkenden Faktoren und im Hinblick auf die Erkenntniszwecke eliminierbar sind.

Die Absenz von Variablen für Störfaktoren ist eine Voraussetzung für die Entwicklung "exakter" Gesetzesformulierungen. Unter Verwendung der Differenzierung zwischen einem durch die Wissenschaft und einem durch die Erfahrung spezifizierten Weltbild, gibt Niiniluoto mögliche ontische Rechtfertigungen der Einfachheit von Ausdrücken, von deren angenommen wird, daß ihre Präzision und Exaktheit mit den Möglichkeiten der gegebenen Meßmethoden nicht harmoniert. Nach Niiniluotos Ansicht dient daher eine "Methode der Idealisierung" der Entwicklung exakter Gesetze, die zwar im Hinblick auf die Erfahrung, aber nicht im Hinblick auf die Realität idealisiert sein müssen: "... a mathematical realist may assume that increasingly precise measurements give values which converge towards the *true value* of a quantity (just as we may indefinitely approximate the true value of $\pi$ without ever reaching it), and that there may exist a *true* functional relationship between the values of such exact quantities."[329]

Das exaktere Gesetz muß durchaus nicht immer das einfachere sein. Es ist zwischen der Exaktheit der Formulierung eines Ausdrucks und der Exaktheit seiner Anwendung zu unterscheiden. Ein in der Anwendung exaktes Gesetz ist als Ausdruck meist weniger einfach als ein nur in der Formulierung einfaches Gesetz. Ein typisches Beispiel ist das Verhältnis der sog. Ingenieurgleichungen zum Van-der-Waals-Gesetz. Erstere sind exakter in der Anwendung als das Gesetz, aber nicht einfacher in der Formulierung. Das Van-der-Waals-Gesetz ist exakter - d. h. hier auch einfacher - in der Formulierung, aber nicht in der Anwendung.

Einfachheit spielt als Ideal der Theorienbildung mit Sicherheit eine Rolle für die Durchführung von Idealisierungsvorgängen. Wie Hempel feststellt,

---

328 Harré, R. (1990), S. 187
329 Niiniluoto, I. (1990), S. 15

wird "... Einfachheit in der Wissenschaft sicherlich hoch geschätzt."[330] Präzise Kriterien der Einfachheit der verschiedenen Repräsentationsformen liegen jedoch nicht vor. Möglicherweise wird die Explikation dieses Begriffs von soziokulturellen und historischen Faktoren nicht unabhängig zu machen sein. Mir geht es in diesem Zusammenhang um den Hinweis darauf,

1. daß als jeweilige Ausgangspunkte der Idealisierung eine Vielzahl von Repräsentationen einer Entität möglich sind,
2. daß relativ zu einem Ausgangspunkt der Idealisierung, d. h. einer Repräsentation I, eine Vielzahl von Veränderungen dieser Repräsentation I möglich sind,
3. daß es auch von den jeweiligen Idealen der Wissenschaft bzw. der Wissenschaftler abhängt, welche Veränderung letztlich durchgeführt bzw. von welchen Gesichtspunkten der Vorgang der Idealisierung beeinflußt wird.

---

330 Hempel, C. G. (1977), S. 61 f.

Kapitel 3

# Die Berücksichtigung von Idealisierung in drei Theorienkonzeptionen

In diesem Kapitel geht es um die Frage, ob und wie Idealisierung in drei ausgewählte Theorienkonzeptionen eingeht. Diese sind metatheoretische Ansätze der Rekonstruktion wissenschaftlicher Theorien, also Vorschläge zur Rekonstruktion der "hinter" den linguistischen Formulierungen verborgenen logischen oder mengentheoretischen Strukturen wissenschaftlicher Theorien.

Der *Received View* (3.1) wird aufgrund seiner historischen Relevanz berücksichtigt. Er war bis in die sechziger Jahre die vorherrschende Theorienauffassung in der Wissenschaftstheorie. Nach umfangreicher Kritik aus synchronischer wie aus diachronischer Perspektive[331] sind mittlerweile alternative Konzeptionen entwickelt worden. Diese werden allgemein als semantische Konzeptionen bezeichnet, da für die Spezifikation einer Theorieidentität nicht nur ihre Struktur, sondern auch ihre Modelle als notwendig angesehen werden. Während der *Received View* als syntaktische Konzeption Theorien als reine Kalküle auffaßte, die eine sog. Partielle Interpretation durch ein sog. Beobachtungsvokabular erhalten sollten, sind für die semantischen Konzeptionen die Modelle der Theorie und deren Struktur der Ausgangspunkt der Rekonstruktionen.

Aus den bestehenden Varianten der sog. *Semantic Conception*[332] habe ich neben dem *Strukturalismus* (3.3) die Konzeption von F. Suppe (3.2) ausgewählt. Nicht berücksichtigt wurden folglich vergleichbare, ähnliche Versionen, beispielsweise G. Ludwigs Ansatz zur Rekonstruktion physikalischer Theorien oder B. C. van Fraassens "state space conception"[333]. Die von mir präferierten Konzeptionen bieten im Hinblick auf die Thematik dieser Arbeit mehr Ansatzpunkte. In der strukturalistischen Konzeption

331 Vgl. z. B. Kuhn, T. (1962), Putnam, H. (1962a), Achinstein, P. (1963) und (1968), Suppe, F. (1977)

332 Grundlagen der bestehenden Varianten der *Semantic Conception* sind insbesondere die Arbeiten von Beth, Suppes und Adams. Vgl. z. B. McKinsey, J. C. C./Sugar, A. C./Suppes, P. (1953), Adams E. W. (1959), Suppes, P. (1957), (1960) und (1962), Beth, E. (1948) und (1949)

333 Vgl. z. B. Ludwig, G. (1978) und van Fraassen, B. C. (1980)

liegen u. a. Definitionen des "idealisierten Theorie-Elementes" und der "idealisierten empirischen Behauptung" des Theorie-Elementes vor; die Theorie in Suppes Fassung der Semantic Conception determiniert eine Klasse theorieinduzierter (physikalischer) Systeme, die als idealisierte oder abstrakte Replikationen phänomenaler Systeme aufgefaßt werden. Beide Konzeptionen basieren auf einer gemeinsamen Grundidee (daß Theorien nichtlinguistische Strukturen sind) und haben gemeinsame modelltheoretische Grundlagen. Die wichtigsten Unterschiede bestehen darin, wie die Analyse der Strukturen von Theorien in allgemeinere Fragestellungen integriert wird. Sowohl Suppe als auch Vertreter der strukturalistischen Konzeption ordnen das Verständnis der Theorienstrukturen der Analyse wissenschaftlichen oder empirischen Wissens unter. Suppes Ansatz der physikalischen Interpretation von Theorien mittels kontrafaktischer Abbildungs-Beziehungen (mapping-relations) kann als Ergebnis einer epistemologischen Spezialisierung der Semantic Conception angesehen werden. Der Strukturalismus dagegen ist im Hinblick auf mögliche physikalische Interpretationen von Theorien neutral.

## 3. 1 Der Received View

Diese Theorienkonzeption wurde von Vertretern des Logischen Empirismus entwickelt. Zur Aufdeckung der logischen Struktur und der Präzisierung der empirischen Bestandteile der Theorien sollten diese in die Prädikatenlogik 1. Ordnung mit Identität - die sog. Standardformulierung - übersetzt werden.[334] Da der Received View ein Ansatz ist, der sich über Jahrzehnte entwickelt und dabei zahlreiche Änderungen (genauer gesagt, *Abschwächungen* relativ zum empiristischen Programm) erfahren hat, orientiere ich mich an Suppes Rekonstruktion der letzten und - relativ zu den ursprüngli-

334 Es war ein gewichtiger Anlaß der Entwicklung informeller mengentheoretischer Axiomatisierungen, daß kaum Übersetzungen in die sog. Standardformulierung bekannt wurden. Als einziges ihm bekanntes Beispiel einer Axiomatisierung 1. Ordnung erwähnt Sneed die der Klassischen Partikelmechanik von Montague. Der Grund dafür liegt nicht in prinzipiellem Unvermögen, sondern in der enormen Komplexität der erforderlichen Übersetzung. Das Problem besteht bei informeller mengentheoretischer Axiomatisierung nicht: Sneed zitiert Suppes mit der Bemerkung: "Any theory that can be understood at all can be axiomatized set-theoretically." Sneed, J. (1971), S. XXIII

chen Zielen der Logischen Empiristen - schwächsten Fassung, der sog. *Final Version*.[335]

Der Received View als *sprachanalytisches* Programm basiert auf einer zweifachen Distinktion der empiristischen Grundsprache $L$: unabhängig von allen konkreten Theorien sollte das gesamte wissenschaftliche Vokabular in logisches ($V_L$) und nichtlogisches ($V_{NL}$) und letzteres zudem in theoretisches Vokabular ($V_T$) und Beobachtungsvokabular ($V_O$) unterteilt werden. Die Darstellung der $V_O/V_T$ - Distinktion nur als Zweiteilung der Sprache ist eine Verkürzung einer eigentlich doppelten Distinktion: einer der Sprache und einer der Entitäten und Eigenschaften. Die Trennung der nichtlogischen Terme der formalen Sprache $L$ wird aufgrund einer zuvor vollzogenen Trennung der Objekte und Eigenschaften in beobachtbare und nicht beobachtbare durchgeführt.[336]

Wenn auch Idealisierungen vom Received View de facto ignoriert wurden, so ist damit noch nicht die Frage beantwortet, ob sie in das Konzept prinzipiell integriert werden könnten. Wo müßten Idealisierungen relativ zu den vorgenannten Distinktionen eingeordnet werden? Sind sie beispielsweise Begriffe oder Sätze der sog. theoretischen Sprache ($L_T$)? Es ist zu vermuten, daß ein Hauptproblem für den Received View in der Differenzierung zwischen theoretischen und idealisierten Termen liegt. Hausman etwa wirft Nagel vor, theoretische mit idealisierten Termen zu verwechseln: "Even a philosopher as eminent and sensible as Ernest Nagel conflates idealizations and theoretical terms."[337] Wenn Hausman recht hat, sind dann Idealisierungen nach der Zweisprachenkonzeption Beobachtungsbegriffe bzw. Sätze der sog. Beobachtungssprache ($L_O$)? Diese Auffassung ließe sich durch die Vorgehensweise von Received-View-Vertretern im Zusammenhang mit sog.

---

335 Vgl. Suppe, F. (1977). Zur Erläuterung einiger relevanter Teilkonzepte, z. B. denen des experimentellen und theoretischen Gesetzes, nehme ich auch auf die Arbeiten anderer Autoren - insbesondere E. Nagels Standardwerk "The Structure of Science" - Bezug.

336 Diese Differenzierung der Objekte und Eigenschaften in beobachtbare und nicht beobachtbare ist selbst für paradigmatische Beispiele beobachtbarer Eigenschaften wie "ist blau" oder "ist wärmer als" in einer *natürlichen* Sprache nicht konsistent durchführbar. Da die Attribute-Distinktion eher auf Basis des *Auftretens* der Attribute, als aufgrund dieser selbst zu ziehen ist, folgt für eine Zweiteilung der Sprache auf dieser Basis, daß die sog. Beobachtungsbegriffe sowohl beobachtbare wie nicht beobachtbare Extensionen haben können (für "blau" z. B. "blaue Beeren" und (fiktiv) "blaue Elektronen") oder Begriffe wie *blau*($V_O$) und *blau*($V_T$) einzuführen sind, deren konsistente Verwendung durch semantische Regeln gesichert werden müßte. Auch idealisierten Entitäten können Eigenschaften zugesprochen werden, die beobachtbare wie nichtbeobachtbare Extensionen haben.

337 Hausman, D. M. (1981), S. 146

experimentellen Gesetzen sogar stützen. Insgesamt jedoch setzt die Beantwortung der Frage nach dem möglichen Status der Idealisierungen im Received View eine genauere Betrachtung der Bestimmung von Syntax und Semantik von Theorien nach dieser Theorienkonzeption voraus. In diesem Kapitel werden daher zuerst die für den Received View grundlegenden Dichotomien und Konzepte - wie das der *Partiellen Interpretation* - skizziert, um auf dieser Grundlage zu diskutieren, inwiefern der Received View idealisierte Theorien rekonstruieren könnte.

Nagel gibt drei Hauptbestandteile der rekonstruierten Theorie an:

1. Ein abstrakter Kalkül, der Grundbegriffe implizit "definiert", ist die logische Basis des theoretischen Systems.
2. Regeln versehen den Kalkül durch Anbindung an beobachtbare oder experimentelle Vorgänge mit empirischem Gehalt.
3. Ein formales oder gegenständliches Analogiemodell liefert eine "Interpretation" des Kalküls unter Verwendung von bekannten begrifflichen oder materiellen Bestandteilen.[338]

Die logische Rekonstruktion der Theorie ergibt in der ersten Stufe den Kalkül $K$ bzw. mit $K_O$ und $K_T$ jeweils die Beschränkung von $K$ einerseits auf die Beobachtungssprache $L_O$, andererseits auf die theoretische Sprache $L_T$ (beides Subsprachen von $L$). Nur der abstrakte Teilkalkül $K_O$ ist durch Interpretation direkt mit beobachtbaren Objekten und Eigenschaften verbindbar. Die Interpretation des theoretischen Vokabulars $V_T$ sollte durch die Postulate der Theorie und deren Korrespondenzregeln in mit der Interpretation von $K_O$ kompatibler Weise erfolgen, indem durch die Korrespondenzregeln die als epistemologisch problematisch geltenden theoretischen Begriffe mit den als unproblematisch aufgefaßten Beobachtungsbegriffen verbunden und derart als empirisch bzw. kognitiv signifikant legitimiert werden. Der Status der Korrespondenzregeln und des Interpretationssystems, das diese für $V_T$ konstituieren sollten, ist umstritten. Das betrifft insbesondere die nur *Partielle Interpretation* des theoretischen Vokabulars durch die Postulate und die Korrespondenzregeln. Dieses Konzept wurde ohne vorangehende Definition und Unterscheidung im Hinblick auf Terme, Sprachen und Theorien angewandt.

---

338 Vgl. Nagel, E. (1961), S. 90. Das Modell nach Nagel ist kein Modell im Sinne der Modelltheorie, d. h. keine Entität, die den Kalkül erfüllt, sondern mehr ein Analogie- oder Vorstellungsbild. Für die Unterschiede der von Suppe und Nagel verwendeten Modellbegriffe vgl. Suppe, F. (1977), S. 97 und Achinstein, P. (1968), S. 227 ff.

Suppe versuchte die Vorwürfe von Putnam und Achinstein[339], daß das Konzept der *Partiellen Interpretation* notorisch unklar und der Received View deshalb zu verwerfen sei, zu entkräften, indem er eine mit der *Final Version* kompatible Präzisierung des Konzeptes vorlegte. Danach ist es legitim, die Interpretation von Postulaten und Korrespondenzregeln nur an die Beobachtungsinterpretation des Subkalküls $K_O$ bzw. der Subsprache $L_O$ zu binden. Diese Beobachtungsinterpretation sei $I_I$[340] genannt. Alle von Postulaten und Korrespondenzregeln unabhängigen semantischen Interpretationen von $K$ und $L$, die mit $I_I$ nicht kollidieren, sind zulässig. Dadurch wird es möglich, auch nichtempirische ("nichtempirisch" interpretiert als "nicht mit dem Beobachtungsvokabular verbunden") Bedeutungsanteile der theoretischen Terme durch die Rekonstruktion zuzulassen, da mit vielen theoretischen Entitäten kaum beobachtbare Manifestationen, dafür aber zahlreiche außerempirische Assoziationen, verbunden sein sollen. Dies betrifft viele Terme der natürlichen Wissenschaftssprache, wie z. B. "Elektron", für die gilt, daß ein Teil ihrer Bedeutung mit Beobachtbarem verbunden werden kann. Insgesamt jedoch weist die Bedeutung der theoretischen Terme über Beobachtbares hinaus; diese "Überschuß-Bedeutung" (surplus-meaning) ist für den theoretischen Fortschritt unverzichtbar: "If we look at theoretical terms such as 'electron', we find that while part of the conceptual content of the concepts these terms embody is observational (for example, electrons are entities which leave tracks in bubble chambers), much of the meaning concerns extra-observational associations - for example, for electrons there might include various features of the billiard-ball model, various classical intuitions about macroscopic point-masses, and so on. Such features contribute to the meaning of theoretical terms in ordinary scientific language, and it is quite likely that without them little scientific progress could be made."[341]

Wenn der Received View so interpretiert wird, daß er sich nur darauf verpflichtet, in der Rekonstruktion den empirischen Gehalt der Theorie in Form der beobachtbaren Manifestationen zu explizieren, kann er nichtempirische Bedeutungsanteile akzeptieren: "... for all they are committed to doing is presenting a reconstructive analysis of theoretical terms so as to explicate the ways in which they have empirical content, and the ways in

---

339 Vgl. Putnam, H. (1962a) und Achinstein, P. (1963) und (1968)

340 Wenn auch ein fixes System von Designata für die $V_O$ - Terme erwünscht ist, so sind unterschiedliche semantische Interpretationen für $L_O$ prinzipiell zulässig.

341 Suppe, F. (1977), S. 91

which the empirical aspects of their meanings interrelate with observation reports or statements and with empirical laws."[342]

Nur zur Illustration von Suppes Konzept der Partiellen Interpretation dient die folgende modelltheoretische Darstellung.[343] Sei $L_{O'}$ der Teil der Beobachtungssprache $L_O$, der zur Formulierung eines Subkalküls $K_{O'}$ verwendet wurde und $L'$ der Teil der zur Formulierung von $K'$ verwandten Sprache $L$. $K_{O'}$ ist der Subkalkül von $K'$, der nur das in $L_{O'}$ enthaltene Vokabular benutzt. Die Modelle von $K_{O'}$ und $L_{O'}$ sind $n$+1-Tupel: $<U_O, O_1, ..., O_n>$ mit $U_O$ als der Menge aller beobachtbaren Objekte und $O_1, ..., O_n$ beobachtbaren Relationen. Jedes Modell von $K_{O'}$ und $L_{O'}$ bestimmt eine mögliche Interpretation von $L_{O'}$, indem jeder Individuenvariablen in $L_{O'}$ das Universum $U_O$ als Wertebereich und den Prädikaten $P_1, ..., P_n$ in $L_{O'}$ die Relationen $O_1, ..., O_n$ als Denotate zugeordnet werden. Sei $I_1$ die präferierte semantische Interpretation von $K_{O'}$ und $L_{O'}$ und $M_o = <U_O, O_1 ..., O_n>$ ein Modell von $L_{O'}$. Die mit $K_{O'}$ und $L_{O'}$ kompatiblen Interpretationen von Postulaten und Korrespondenzregeln seien $I_2, ..., I_{10}$. Diesen Interpretationen entsprechen Modelle $M_2, ..., M_{10}$, die als *Erweiterungen* von $M_o$ betrachtet werden können.[344] Von den Interpretationen $I_1, ..., I_{10}$ seien $I_4, ..., I_8$ derart, daß die gesamte Konjunktion von Theorie und Korrespondenzregeln wahr wird, d. h. Modelle hat. Sei $M$ die Klasse der mit $K_{O'}$ bzw. $L_{O'}$ kompatiblen Modelle: $M = \{M_4, M_5, M_6, M_7, M_8\}$. Alle Modelle in $M$ sind Erweiterungen von $M_o$. Wenn der beobachtbare Gehalt der theoretischen Terme voll spezifiziert, d. h. die gleichen Sätze - nicht nur die $L$-wahren und die Theoreme von $TC$[345] - in jedem Modell in $M$ wahr wären, dann wären die Modelle in $M$ extensional äquivalent. Die Elemente in $M$

342 Suppe, F. (1989), S. 47

343 Der *Received View* kann nicht als modelltheoretischer, sondern eher als sprachanalytischer Ansatz bezeichnet werden. Eine modelltheoretische Darstellung der "Logik empirischer Theorien" in der Tradition des Logischen Empirismus findet sich z. B. in Przelecki, M. (1969).

344 Ein Modell $M_i$ ist eine Erweiterung eines Modells $M_j$, wenn das Universum $U_j$ von $M_j$ eine Teilmenge des Universums $U_i$ von $M_i$ ist und die Relationen von $M_j$ aus denen von $M_i$ durch Einschränkung von $U_i$ auf $U_j$ gewonnen werden. $U_j$ entspricht in diesem Fall $U_O$ und enthält nur beobachtbare Objekte, während $U_i$ einem Universum $U$ entspricht, das sowohl beobachtbare wie nichtbeobachtbare Objekte enthält: $U_O \subset U$. Eine in $L$ enthaltene Sprache $L'$ ist eine Erweiterung der Sprache $L_{O'}$, wenn die Menge der nichtlogischen Terme von $L_{O'}$ ($\{O_1, ..., O_n\}$) eine Teilmenge der nichtlogischen Terme von $L'$ ist (wobei $L' = \{O_1, ..., O_n, T_1, ..., T_m\}$). $M_i$ ist daher als Modell von $L'$ bzw. des Kalküls $K'$ ein $n+m+1$-Tupel: $<U_i, O_1, ..., O_n, T_1, ..., T_m>$. Vgl. Przelecki, M. (1969)

345 $TC$ ist die Rekonstruktion der Theorie auf der Basis von theoretischen Postulaten und Korrespondenzregeln bzw. von $L$ und $K$.

sind jedoch unterschiedlich, da die Klasse der Intendierten Interpretationen nur über die Beobachtungskonsequenzen festgelegt ist und die über $K_{O'}$ bzw. $L_{O'}$ hinausgehenden Interpretationen von $K'$ und $L'$ differieren können. Solange $L_{O'}$ konsistent ist, legt die angenommene Wahrheit von Postulaten und Korrespondenzregeln der Theorie eine Restriktion bezüglich möglicher Ausweitungen von $L_{O'}$ auf. D. h. die Annahme einer bevorzugten semantischen Interpretation $I_I$ beschränkt die möglichen Interpretationen - die Klasse der möglichen Modelle - für $K'$ bzw. $L'$.

Die Theorie zu behaupten heißt dann, sich auf eine $I_I$-wahre und -zulässige Interpretation von $L'$ zu verpflichten, ohne daß man sich aus empirischen Gründen für eine bestimmte Interpretation entscheiden könnte. In diesem Sinne erhält die Theorie nur eine partielle Beobachtungsinterpretation für $L_T$ bzw. $V_T$. Suppes Rekonstruktion des Konzeptes der *Partiellen Interpretation* entspricht einer in Achinstein (1968) enthaltenen Auffassung:

> "A term *t* is partially interpreted means that the term has a meaning but only part of that meaning has been given."[346]

Putnam machte den folgenden Vorschlag:

> "To partially interpret $V_T$ terms and sentences of $L$ is to specify a nonempty class of intended models having more than one member."[347]

Nach Putnams Ansicht ist jedoch auf Basis des *Received View* die Klasse der *Intendierten* Anwendungen der Theorie nicht zu spezifizieren: Wenn $M$ die Klasse aller mit den Postulaten und Korrespondenzregeln kompatiblen Modelle ist, dann ist die Klasse der Intendierten Anwendungen $M^I$ eine Teilmenge von $M$. Die Modelle in der Klasse $M^I$ sind jene, die mit der Beobachtungsinterpretation von $K_{O'}$ und $L_{O'}$ übereinstimmen, aber unterschiedliche Interpretationen von $K'$ und $L'$ wahr machen. Jede Spezifikation der Menge $M^I$ basiert auf undefinierten Termen, die nicht zu $V_T$ gehören. Die Bedeutung dieser, von Suppe bzw. Putnam als *framework concepts* oder *broad-spectrum terms* bezeichneten Begriffe, wie z. B. "physikalische Größe", "physikalisches Objekt", "ökonomische Größe", "ökonomisches Objekt", ist nicht im voraus festgelegt; durch den Wissenschaftsprozeß selbst wird vielmehr erst ermittelt, was darunter fällt. Deshalb

---

346 Suppe, F. (1977), S. 87

347 Ebd. S. 88. Vgl. Putnam, H. (1962a)

gibt es in $M$ eine große Anzahl von Modellen, für die nicht entscheidbar ist, ob sie zu $M^I$ gehören: $M^I$ ist nicht definierbar. Wenn zudem die Klasse Intendierter Modelle nur über $I_I$ festgelegt ist, ließe sich weder $M^I$, noch eine Klasse, in der $M^I$ enthalten ist, spezifizieren.

Nach Suppes Rekonstruktion des Konzeptes der Partiellen Interpretation der *Final Version* ist die Klasse $M$ spezifizierbar, da er die "Überschuß-Bedeutung" der $V_T$ - Terme berücksichtigt. Er verlangt die Spezifikation einer Klasse der Intendierten Modelle nicht, sondern nur die der Klasse der mit Postulaten und Korrespondenzregeln kompatiblen Modelle (in der die Klasse der Intendierten Modelle eine Teilklasse ist). Die Klasse der möglichen Modelle $M$ enthält jede Interpretation, die mit der angenommenen Wahrheit von $TC$ kompatibel ist. Einige dieser Interpretationen haben mit den Absichten der Theorie-Anwender allerdings nicht die geringste Ähnlichkeit.[348] Auf diese Weise läßt sich eine Klasse $M^I \subset M$ - wenn auch nicht vollständig und endgültig - spezifizieren. Putnam ist daher rechtzugeben, wenn er darauf hinweist, daß die *intendierten* Modelle nicht rein formal zu bestimmen sind. Dieses Problem hat Suppe auch nicht gelöst. Der Vorteil von Suppes Rekonstruktion ist, daß sie explizit macht, was für den Received View im Kontext der Partiellen Interpretation möglich ist.

Ferner wandte Putnam gegen den Received View ein, daß Theorien mit *falschen Beobachtungskonsequenzen*, d. h. Theorien, deren in der Sprache $L_O$ formulierte Folgerungen falsch sind, kein Modell haben. Nach Suppes Auffassung konfundiert Putnam hier die empirische mit der semantischen Wahrheit einer Theorie: Semantisch sind alle $L_O$-Folgerungen in jedem Modell in $M$ wahr; solange $TC$ nicht kontradiktorisch ist, ist $M$ niemals leer. Bezüglich der Frage, ob das semantische Modell auch der Realität oder einem Fragment der Realität entspricht, ist zudem zu berücksichtigen, daß kein Satz aus $L_O$ unter keiner Interpretation buchstäblich wahr sein kann, da für eine vollständige semantische Interpretation von $L_O$ niemals hinreichende Beobachtungsdaten zur Verfügung stehen. Durch die Differenzie-

---

348 Daß Suppe das Konzept der *Partiellen Interpretation* in Übereinstimmung mit seiner Interpretation der *Final Version* rekonstruieren konnte, heißt daher nicht, daß es ein angemessener Vorschlag der semantischen Interpretation erfahrungswissenschaftlicher Theorien ist. Wenn sich auf der Basis der semantischen Interpretation, beispielsweise von $I_I$, und der Kompatibilität mit $TC$ eine Klasse möglicher Modelle von $TC$ spezifizieren ließe, so enthielte diese - wie von Suppe angegeben - viele unintendierte Interpretationen. Als konsistente Satzmengen haben auch idealisierte Theorien mindestens ein Modell. Eine ganz andere Frage ist es zudem, wie sich die Semantik der idealisierten und nichtidealisierten Theorien unterscheidet.

rung zwischen semantischer und empirischer Wahrheit und die Verwendung identischer Designationsregeln[349] werden die Sätze aus $L_O$

1. als Aussagen über eine mögliche - der realen Welt ähnliche - Welt interpretiert: Diese Welt wird durch *TC* spezifiziert,
2. als Sätze über die reale Welt interpretiert: Deren Wahrheitsbedingungen werden anhand von Objekten und Ereignissen der realen Welt spezifiziert.

*TC* kann semantisch wahr sein, ohne empirisch wahr zu sein. Wenn *TC* empirisch falsche Beobachtungskonsequenzen hat, dann entsprechen die von *TC* beschriebenen möglichen Zustände nicht denen der aktuellen Welt. Empirisch wahr ist *TC* genau dann, wenn die von *TC* beschriebenen Zustände und die aktuellen Zustände übereinstimmen.

Neben der bereits erwähnten Dichotomie zwischen dem theoretischen und dem Beobachtungsvokabular ist für den Received View die Analytisch-synthetisch-Dichotomie relevant. Die grundlegendere von beiden ist die letztgenannte, da sie die Basis der $V_O/V_T$ - Distinktion und damit der Bedeutungsbestimmung der theoretischen Terme im Received View ist. Da für $L_O$ eindeutig entschieden werden kann, ob ein Satz analytisch oder synthetisch ist, kann von jedem $V_T$ - Satz, der auf $L_O$ rückführbar ist, behauptet werden, daß er ebenfalls synthetisch ist. Die $V_O/V_T$ - Distinktion ist daher die Grundlage entsprechender Unterteilungen der natürlichen Wissenschaftssprache, der formalen Sprache *L* und eines in *L* formulierten Kalküls *K*. Da in $L_T$ die theoretischen Aussagen, in $L_O$ die Beobachtungssätze zu formulieren sind, ist zu erwarten, daß analog die theoretischen Gesetze in $L_T$ und die experimentellen Gesetze in $L_O$ formuliert sind. Newtons Bewegungsgesetze werden von beispielsweise von Nagel als theoretische Gesetze eingeführt, da sie keine Aussagen über Beziehungen zwischen experimentell spezifizierten Eigenschaften sind; theoretische Gesetze werden als Postulate interpretiert, die eine Reihe von Grundbegriffen implizit definieren.[350] Für Nagel erhalten die grundlegenden theoretischen Terme - die nicht durch Korrespondenzregeln oder Definitionsketten mit dem Beobachtungsvokabular verbunden sind - *keine* andere Bedeutung als die, die sich

---

349 Suppe stellt sich spezielle Designationsregeln vor, die z. B. besagen, daß Objekte in einer möglichen Welt rot sind, wenn sie in einer anderen - vielleicht der *realen* Welt - grün sind. Daß die Designationsregeln identisch sind, heißt, daß beide Situationen durch prüfbare Sätze in $L_O$ beschrieben werden können.

350 Nagel, E. (1961), S. 160

aufgrund ihrer Stellung in den Postulaten der Theorie ergibt. Wenn die Theorie als abstrakter deduktiver Kalkül axiomatisiert ist, dann sind ihre grundsätzlichen Annahmen nur eine abstrakte relationale Struktur; diese Postulate definieren die theoretischen Terme implizit. Nagel gibt dafür ein ausführliches Beispiel:

"A rather simple example of implicit definitions is provided by the following set of abstract postulates. In addition to the terminology of arithmetic, the postulates employ the language of the calculus of classes. ... The system has four postulates:

1. $K$ is a class, and $F$ is the class of subclasses of $K$ such that if $A$ is any member of $F$ so is $A^k$; and if $B$ is also a member of $F$ so are $A \vee B$ and $A \wedge B$. (In technical language, $F$ is called the 'field of classes on $K$'.)
2. For any $A$ in $F$, there is a real number $p(A)$ associated with $A$ such that $p(A) \geq 0$.
3. $p(K) = 1$.
4. If $A$ and $B$ are in $F$ and $A \wedge B = \varnothing$, then $p(A \vee B) = p(A) + p(B)$.

It is possible to derive a large number of theorems from this set, for example, the theorem that for any $A$ in $F$, $0 \leq p(A) \leq 1$, or the theorem that for any $A$ and $B$ in $F$, $p(A \vee B) = p(A) + p(B) - p(A \wedge B)$. However, our present interest is not in the theorems, but in the implicit definitions that the postulates (and in consequence also the theorems) supply. The postulates leave completely undisclosed what specific classes are under discussion and what is the significance of the number $p$ associated with each class. Nevertheless, the postulates impose certain conditions upon any set of classes and any set of associated numbers, if these latter are to satisfy the postulates. In particular, though the postulates do not state what definite properties of classes are measured by the associated numbers $p$, the numbers must lie in the interval from 0 to 1; moreover, the numbers must be so assigned that the number coupled with the logical sum of two classes is never less than the number coupled with either one of the summands. Accordingly, the property of classes that the number $p$ measure is only implicitly defined. *The postulates specify only the structure of systems of classes* and associated numbers, not the substantive character of any particular system."[351]

351 Ebd. S. 92/93. Hervorhebung von mir.

Weil Theorien nach Nagels Ansicht "freie Kreationen des Geistes" sind, haben ihre grundlegenden Begriffe keine operational bestimmte Bedeutung; theoretische Terme können nicht unabhängig von der Theorie, die sie implizit definiert, verstanden werden.

Experimentelle Gesetze hingegen sind semantisch genau bestimmt; sie geben Beziehungen zwischen Dingen oder Eigenschaften wieder, die selbst beobachtbar sind - entweder unmittelbar durch "bloße" oder mittelbar durch instrumentell unterstützte Beobachtung. Jeder deskriptive Term $t$ in einem experimentellen Gesetz $G$ hat eine durch Beobachtung oder Experiment festgelegte Bedeutung. Die *operationale* Bedeutungsfestlegung kann völlig unabhängig von $G$ durchgeführt werden, d. h. $t$ hat eine $G$-unabhängige Bedeutung. Deshalb ist die erhaltbare Evidenz für $G$ von $G$ unabhängig. Nagel gibt einige Beispiele für experimentelle Gesetze:

$G_1$ Wenn immer Wasser in einem offenen Gefäß erhitzt wird, dann verdampft es.

$G_2$ Kinder blauäugiger Eltern sind blauäugig.

$G_3$ Das Gewicht des Sauerstoffs, welcher sich mit Wasserstoff zu Wasser verbindet, ist (approximativ) achtmal höher als das des Wasserstoffs.

$G_4$ Der Druck eines idealen Gases mit konstanter Temperatur variiert invers mit seinem Volumen.[352]

Diese Gesetze entstehen nach Nagels Auffassung durch induktive Verallgemeinerungen, die auf Beobachtungsdaten beruhen. Wenn man beispielsweise das Antecedens des idealen Gasgesetzes nicht berücksichtigt, d.h. das ideale Gasgesetz nicht im Licht der Kinematik, sondern in der Fassung von Boyle-Mariotte betrachtet, dann kann man es als durch Beobachtungsdaten (annähernd) bestätigbar ansehen: "Boyle based the law named after him *on observations* obtained by studying the changes in the volumes of gases at constant temperature when the pressures are varied; and he asserted the inverse variation of pressure and volume to hold in general."[353]

---

352 Vgl. ebd. S. 79/80

353 Ebd. S. 85. Hervorhebung von mir. Andere experimentelle Gesetze, wie Galileis Fallgesetz, erhalten neben der direkten durch Beobachtungsdaten noch eine indirekte Bestätigung dadurch, daß sie mit anderen, ebenfalls gut bestätigten Gesetzen, eng verbunden sind: "Thus Galileo's law for freely falling bodies can be directly confirmed by data on the distances traversed by such bodies during various times; the law can also be indirectly confirmed by experiments on the periods of simple pendulums, since Galileo's law and the law of simple pendulums are intimately related by virtue of their inclusion in the system of Newtonian mechanics" (ebd.). Für eine Analyse der Beziehungen zwischen Theorien bzw.

Der Klassifikation des idealen Gasgesetzes liegt bei Nagel nur der Sachverhalt zugrunde, daß es - ohne Angabe speziell der Prädikate $M^{\sim}$ im Antecedens[354] - in $V_O$ - Termen formuliert ist; ob es tatsächlich experimentell zu bestätigen ist oder nicht, ist trotz der Namensgebung irrelevant. Auch nach Achinsteins Auffassung ist das ideale Gasgesetz in rein nichttheoretischem Vokabular formuliert: "From the set of axioms containing purely theoretical sentences and correspondence rules we can derive the ideal gas law, which uses only nontheoretical terms and can be expressed as $PV$ = const. $T$, where $V$ is the volume of the gas and $T$ is its absolute temperature."[355] Die Ableitung von Sätzen mit nichttheoretischen Termen aus den Axiomen erfordert nach Achinsteins Auffassung nicht, daß die theoretischen Terme durch $TC$ interpretiert sind. Es wird daher eine rein syntaktische Folgerungsbeziehung zugrundegelegt. Da Achinstein eine $TC$-externe Interpretation nicht in Erwägung zieht, können auch die von Suppe erwähnten "klassischen Intuitionen" über makroskopische Massenpunkte und damit diese Idealisierungen keine Rolle für die $L_O$-Interpretation des Ausdrucks "$PV$ = const. $T$ " spielen. Ohne diese ist es aber fraglich, auf welcher Grundlage der Ausdruck als *ideales* Gasgesetz bezeichnet werden kann. Es handelt sich dann höchstens um eine nach Harrés "Kriterium der Natürlichen Zahlen"[356] zusammengefaßte, d. h. *vereinfachte* Formel, eventuell auch um die Idealisierung einer experimentellen Repräsentation. Ohne zusätzliche Spezifikation ist die Klassifikation idealisierter als experimentelle, d. h. unter Verwendung von Beobachtungsbegriffen formulierte, Gesetze unhaltbar. Die vollständige Formulierung, z. B. des idealen Gasgesetzes, muß die idealisierten Antecedensbedingungen berücksichtigen. Auf dieser Grundlage ist die Frage nach der Beobachtbarkeit der im Antecedens formulierten Bedingungen erneut zu diskutieren: "But how can we observe perfect gases?"[357] Solange die $V_O/V_T$ - Distinktion die Grundlage für eine Klassifikation von Gesetzen ist, kann ein ideales Gasgesetz mit spezifiziertem Antecedens kein experimentelles Gesetz in Sinne Nagels sein.

---

Theorienbestandteilen, z. B. einzelnen Gesetzen, stand im *Received View* nur das Instrumentarium der Logik zur Verfügung, dessen Anwendbarkeit zudem die Übersetzung der in der möglichen Beziehung stehenden Theorien in die formale Sprache voraussetzte. Im Vergleich dazu bietet die strukturalistische Konzeption mehr Möglichkeiten der Analyse intra- wie intertheoretischer Beziehungen, ohne daß eine Übersetzung in eine formale Sprache benötigt wird.

354 Vgl. die Rekonstruktion des idealen Gasgesetzes in Kapitel 2.1.3

355 Achinstein, P. (1968), S. 71

356 Vgl. Kapitel 2.2.3

357 Nowak, L. (1972), S. 539

Wenn idealisierte Gesetze nicht als Sätze in $L_O$, d. h. nicht als sog. experimentelle Gesetze klassifiziert werden können, bleiben noch zwei weitere Möglichkeiten[358]: Entweder gehören sie zu den Bedeutungspostulaten oder zu den Gesetzen in $L_T$ - wobei die "Gesetze in $L_T$" für die faktische Komponente in $L_T$ stehen sollen. Hier wirkt sich die negativ gefaßte Bestimmung von "nicht beobachtbar" als "theoretisch" aus: Wenn "nichtbeobachtbare" Eigenschaften idealisiert werden, gehört das Ergebnis in $L_T$. Carnap versuchte, auch $L_T$ - ähnlich wie $L_O$ - in eine "faktische" und eine Bedeutungskomponente zu trennen. Gilt das Verhalten des idealen Gases z. B. als definitorisch festgelegt - wie dies nach Hempels Auffassung der Fall war -, dann gehört diese Definition zu den analytischen Aussagen in $L_T$ bzw. einer Subsprache, in der sowohl $V_O$ -, als auch $V_T$ - Terme vorkommen (wie dies z. B. für die Korrespondenzregeln der Fall ist). Es ist um einiges schwieriger, die Bedeutungskomponente in $L_T$ zu separieren, als für $L_O$. Postulate, die die Bedeutung von Begriffen festlegen, treten nicht nur in der Form expliziter Definitionen auf. Axiomensysteme, die Grundbegriffe implizit "definieren", Reduktionssätze zur Einführung von Dispositionsprädikaten oder die Korrespondenzregeln[359] wurden als zu den Bedeutungspostulaten zugehörig gerechnet.[360] Carnap versuchte, die faktische von der Bedeutungskomponente in $L_T$ mittels des *Ramsey-Satzes* ($TC^R$) zu separieren, indem er die empirische Komponente mit dem Ramsey-Satz identifizierte. Der die Bedeutungskomponente wiedergebende Ausdruck "$TC^R \rightarrow TC$" wurde u. a. als Carnap-Satz oder als *Analytizitätspostulat* ($A_T$[361]) bezeichnet. Stegmüller führt aus, daß $A_T$ als analyti-

---

358 Da der Received View auf der Analytisch-synthetisch-Distinktion basiert, ist jeder Satz in *L* entweder analytisch oder synthetisch. Sollte es Sätze geben, die sich in dieses Schema nicht einordnen lassen, dann sind diese entweder kognitiv sinnlos (dies war die Auffassung der Logischen Positivisten) oder die Dichotomie ist - zumindest in der Form, in der sie Carnap noch (1966) publiziert hat - unhaltbar.

359 Teilweise werden auch explizite Definitionen theoretischer Terme durch Beobachtungsbegriffe und die Reduktionssätze als "Korrespondenzregeln" bezeichnet.

360 Vgl. Przelecki, M./Wojcicki, R. (1968/69). Für Stegmüller ist die Wahl sowohl der Axiome der Theorie als auch der Korrespondenzregeln als Bedeutungspostulate unbefriedigend, da in ersteren die *empirische*, in letzteren die *strukturelle* Bedeutungskomponente vernachlässigt werde. Diesem Mangel würde die Wahl von *TC* als Bedeutungspostulat zwar abhelfen; gleichzeitig könnte *TC* jedoch nicht mehr als empirische Theorie bezeichnet werden. Es ist daher zweifelhaft, ob die Erweiterung der Klasse der *L*-wahren zur Klasse der *A*-wahren Sätze (die alle logisch wahren Sätze und alle, die aus den Bedeutungspostulaten folgen, enthält) für $L_T$ sinnvoll ist. Stegmüller kommt zur Auffassung, "... *daß in einer partiell empirisch interpretierten Theorie Bedeutungskomponente und Tatsachenkomponente unlöslich miteinander verwoben sind.*" Stegmüller, W. (1970), S. 418

361 Stegmüller, W. (1970), S. 419

scher Satz frei von Tatsachengehalt sein muß: "Das Postulat $A_T$ erzwingt somit eine bestimmte Deutung der theoretischen Terme, unabhängig von deren Tatsachengehalt, indem es, in etwas gröberer Formulierung, besagt: 'Wenn die Welt so beschaffen ist, wie der Ramsey-Satz dies besagt, dann sind die theoretischen Terme so zu deuten, daß sie die Theorie erfüllen.'"[362]

Sowohl der Versuch, die Sätze in *L* in zwei disjunkte Klassen (eine, die nur die analytischen und eine, die nur die synthetischen Aussagen enthält) aufzuspalten, ist kritisiert worden[363], als auch die Subsumtion der Bedeutungspostulate unter die logisch wahren Sätze.[364] Nach Carnaps Auffassung sind zudem alle Bedeutungspostulate als Reformulierung der Bedeutungskomponente in *TC* implizit enthalten, d. h. in *TC* redundant. Nach Suppe jedoch widerspricht die behauptete Redundanz der wissenschaftlichen Praxis, da die in *TC* enthaltenen, nicht diskriminierbaren Konzepte, eher *TC*-externer, als *TC*-interner Herkunft seien: "This is contrary to actual scientific practice where the principles assumed as undeniable often are from without the theory, not from within the theory - for example, in geophysics' use of classical mechanics, the principles from classical mechanics tend to be treated as definitional whereas those from geophysics are not."[365] Wenn man - entgegen Carnaps Intention - akzeptiert, daß Bedeutungspostulate *TC*-extern und zudem eher aufgrund einer - revidierbaren - Entscheidung als aufgrund fehlenden "faktischen" Gehalts ausgezeichnet werden, kann man z. B. das ideale Gasgesetz als aufgrund der Definition des "idealen Gases" als in *TC* definitorisch geltende Aussage betrachten, bezüglich der man sich *entschieden* hat, sie aufrechtzuerhalten. Legitime semantische Regeln für idealisierte Terme können dann Bedeutungspostulate (Definitionen des idealen Gases, des Massenpunktes, des perfekt festen Körpers, des vollkommenen Wettbewerbs) sein, in die einerseits Analogien, Ideale und auch Normen, andererseits auch empirische Anteile eingehen können.

---

362 Ebd. S. 420

363 Den "Fehdehandschuh" warf als erster Quine. Nach seiner Ansicht sind das Prinzip der Rückführbarkeit aller synthetischen Aussagen auf die Erfahrung, d. h. die verschiedenen Kriterien empirischer und kognitiver Signifikanz und die Analytisch-synthetisch-Dichotomie miteinander identifizierbar. Vgl. Quine, W. V. O. (1951)

364 Maxwell argumentierte gegen Quines Schlußfolgerung der Unhaltbarkeit der Analytisch-synthetisch-Dichotomie, daß die "analytischen" Bedeutungspostulate nicht "analytisch" in der strengen - Carnapschen - Wortbedeutung seien, da die Entscheidung für ihre Annahme zurückgenommen werden kann. Vgl. Maxwell, G. (1962), Putnam, H. (1962b) und Suppe, F. (1977)

365 Suppe, F. (1977), S. 78

Die Bedeutung der meisten deskriptiven Terme in den theoretischen Gesetzen wird nicht durch experimentelle Prozeduren bestimmt - dies entspräche einer Anbindung oder Rückführung auf das Beobachtungsvokabular. Nagel benennt drei andere Möglichkeiten der Bedeutungszuweisung:

1. Theoretische Terme sind mit Vorstellungen und Bildern aus den mit dem Kalkül verbundenen Analogiemodellen verknüpft.
2. Die operationalen Bedeutungen der theoretischen Terme sind entweder durch die theoretischen Postulate, in die sie inkorporiert sind, nur implizit "definiert",
3. oder sie werden durch die Anwendungen der Theorie indirekt festgelegt.[366]

Terme, für die keine Korrespondenzregeln gegeben werden können, haben letztlich nur den Status von Variablen.[367] Wenn es keine operationalen Verfahren gibt, mittels derer die Extension sog. theoretischer Terme wie "Elektron", "Neutrino" oder "Gen" spezifiziert werden kann, dann ist eine Aussage, die diese Ausdrücke enthält, nur eine Aussagefunktion, deren Wahrheitswert nicht ermittelbar ist, solange nicht die Prädikatvariablen durch Konstante ersetzt werden. Der Unmöglichkeit, Aussagenfunktionen Wahrheitswerte zuzuordnen, wollte Ramsey durch die existentielle Bindung der Prädikatvariablen im sog. *Ramsey-Satz* abhelfen. Dieser Ramsey-Satz kann als ontologische Verpflichtung auf das *Etwas*, dessen Eigenschaften durch die Prädikatvariablen prädiziert wurden, interpretiert werden. Bei realistischer Interpretation von Theorien ist man auf die Existenz des "Etwas", das die entsprechenden beobachtbaren Erscheinungen mit sich bringt, verpflichtet: Wenn Wissenschaftler den theoretischen Term "Elektron" in einer Theorie verwenden, dann zeigt die Rekonstruktion der Theorie unter Verwendung des Ramsey-Satzes eine Verpflichtung auf ein "Etwas", mit dem die von *TC* spezifizierten beobachtbaren Manifestationen verbunden werden können. Damit wird nicht angenommen, daß die bereits spezifizierten beobachtbaren Manifestationen die Bedeutung des Terms "Elektron" vollständig erfassen.[368] Auch nach Hempels Auffassung kann

---

366 Vgl. Nagel, E. (1961), S. 85

367 Für die molekulare Gastheorie z. B. gab es eine für den Durchschnittswert der Geschwindigkeit von Molekülen, aber keine für die Geschwindigkeit eines individuellen Moleküls. Vgl. ebd. S. 132

368 Vgl. Suppe, F. (1977), S. 35

der Ramsey-Satz nicht zur Vermeidung theoretischer Terme eingesetzt werden: "... the Ramsey-sentence associated with an interpreted theory *T'* avoids reference to hypothetical entities only in letter - replacing Latin constants by Greek variables - rather than in spirit. For it still asserts the existence of certain entities of the kind postulated by *T'*, without garanteeing any more than does *T'* that those entities are observable or at least fully characterizable in terms of observables. Hence, Ramsey-sentences provide no satisfactory way of avoiding theoretical concepts."[369]

Eine ontologische Verpflichtung auf theoretische Entitäten kann sinnvoll sein, wenn diese nicht für alle Entitäten und deren Eigenschaften in gleicher Ausprägung gelten muß. Eine ontologische Verpflichtung auf ein "Etwas" muß auch keine auf ein theoretisches Individuum sein - und wenn es eine ist, können ganz unterschiedliche Grade der Verpflichtung angenommen werden. Für Shapere wird die Unterscheidung zwischen existierenden und nicht existierenden Objekten innerhalb einer Fachwissenschaft gezogen, ohne dabei als unabänderlich betrachtet zu werden. Das Elektron z. B. machte eine "Karriere" von einem - schwach verpflichtenden - sog. hypothetischen Konstrukt zu einer sog. theoretischen, experimentell manipulierbaren Entität.[370] Zu behaupten, daß ein theoretisches Individuum Φ existiert, hat nach Shapere die folgenden Implikationen:

1. Φ kann mit anderen existierenden Dingen interagieren.
2. Φ hat Eigenschaften, die noch nicht entdeckt wurden.
3. Φ ist etwas, über das differierende Theorien möglich sind.[371]

Eine derartige ontologische Verpflichtung auf idealisierte Entitäten wie ideale Gase, den absolut festen Körper oder den Homo oeconomicus macht keinen Sinn. Der Unterschied zwischen theoretischen und idealisierten Entitäten beruht auf dem Wissen darüber, wie die Objekte unserer Erfahrungs- und Wissenschaftswelt beschaffen sind. Nach Auffassung z. B. von Rudner und Krajewski sind idealisierte Entitäten solche, von deren Nichtexistenz Wissenschaftler überzeugt sind: "An ideal entity or property is one

369 Hempel, C. G. (1958), S. 81

370 Für Hacking ist die Möglichkeit, mit theoretischen Entitäten zu experimentieren, noch nicht hinreichend für eine ontologische Verpflichtung. Dies ist erst ihre Manipulierbarkeit. Auf Elektronen trifft dies zu; diese dienen zum "... creating phenomena in some other domain of nature as tools", anstatt nur mit beobachtbaren Phänomenen übereinzustimmen oder die "Organisation der Gedanken" zu stützen. Vgl. Hacking, I. (1983), S. 262

371 Vgl. Shapere, D. (1969), S. 155

which one knows cannot be real."[372] Dies gilt selbst für spekulative theoretische Entitäten nicht: Bezüglich dieser besteht relativ zu einer historischen Periode und einer wissenschaftlichen Gemeinschaft kein Wissen darüber, ob sie existieren oder nicht.

Eine weitere Differenz zwischen theoretischen und idealisierten Entitäten ist, daß eine idealisierte Entität als Referent eines $V_T$ - Terms keine beobachtbaren Manifestationen hervorbringen *kann*, die beispielsweise mit dispositiven Eigenschaften (klassische Beispiele sind: Magnetismus, Wasserlöslichkeit, Rationalität) zu verbinden sind. Wenn die idealisierte Entität auch über beobachtbare Eigenschaftsausprägungen verfügen kann, so sind diese - als Eigenschaftsausprägungen der idealisierten Entität - in der aktuellen Welt niemals beobachtbar. In diesem Sinn sind nach der Konzeption *Galileischer Idealisierung* theoretische Entitäten Bestandteil der Ontologie der von wissenschaftlichen Gemeinschaften als aktuell aufgefaßten Welt, idealisierte Entitäten Bestandteil der Ontologie der von wissenschaftlichen Gemeinschaften entwickelten idealisierten Welten. Diese Welten sind nicht identisch. Eine semantische Interpretation von *TC*, die für eine idealisierte Entität wahr ist, kann nicht gleichzeitig für eine nichtidealisierte wahr sein - zumindest nicht ohne spezielle Designationsregeln. Tatsächlich jedoch können die Entitäten der aktuellen Welt Eigenschaften der idealisierten Entitäten besitzen, wenn auch in veränderten Ausprägungsgraden. Dies ist die Grundlage der Anwendung der sog. Grenzfälle (limiting cases): "... the law states some relation of dependence which supposedly holds only under certain limiting conditions, even though these conditions may be rarely if never realized. For example, Galileo's law for freely falling bodies is formulated for bodies

---

372 Hausman, D. M. (1981), S. 146. Hausman ist der Ansicht, daß aus physikalischen Theorien hervorgeht, daß es keine perfekt festen Körper oder Punktpartikel geben kann, während keine ökonomische Theorie offenbare, daß es keine vollständigen Zukunftsmärkte oder Individuen mit vollständiger Information gäbe. Diese Behauptung trifft aber im Hinblick auf die Physik nur insofern zu, als daß bestimmte physikalische Idealisierungen mit bestimmten Theorien unvereinbar sind. Nach der Definition z. B. des perfekt festen Körpers in der Klassischen Partikelmechanik gilt, daß der Abstand zwischen jeweils zwei konstituierenden Partikeln gleichbleibt. D. h. wenn auf den Körper eine Kraft ausgeübt wird, muß sie augenblicklich - mit unendlicher Geschwindigkeit - auf alle Bestandteile des Körpers verteilt werden. Da sich nach der Speziellen Relativitätstheorie kein Körper schneller als mit Lichtgeschwindigkeit bewegen kann, kann es keinen perfekt festen Körper nach klassischer Definition geben. Sobald die Verwendung des Begriffs auf Bereiche eingeschränkt wird, in denen keine externen Kräfte wirken oder eine Definition auf relativistischer Basis entwickelt wird, ist diese Unvereinbarkeit aufgehoben. Vgl. Shapere, D. (1969).

moving in a vacuum, although terrestrial bodies normally if not always move through some resisting medium; and the law of the lever is stated for perfectly rigid and homogeneous bars, although actual levers only approximate to this condition."[373]

Fall- wie Hebelgesetz werden von Nagel als experimentelle Gesetze eingeordnet, obwohl weder das Vakuum noch homogene Stäbe je beobachtet worden sein dürften. Wenn man jedoch von beobachtbaren Eigenschaften ausgeht, deren Ausprägungsgrad verändert wird, könnte die Klassifikation damit gerechtfertigt werden, daß das Gesetz nur für den nichtbeobachtbaren Grenzfall - den perfekt festen Körper - formuliert wurde, während für seine - bei Nagel induktive - Entstehung beobachtbare Eigenschaften und Relationen maßgebend waren. Bei den sog. experimentellen Gesetzen in $L_O$ können zudem die speziellen Designationsregeln von $L_O$ zur Anwendung kommen, die die aktuelle mit der idealisierten Welt verbinden. Diese Argumentationen sind jedoch nicht überzeugend, da weder der Rechtfertigungs- noch der Entdeckungskontext von Gesetzen die Grundlage der Klassifikation eines Gesetzes nach der Zweisprachenkonzeption sein können. Es muß daher eine Entscheidung darüber getroffen werden, ob die zentralen Begriffe der idealisierten Theorien - hier der des perfekt festen Körpers - in die Formulierung eines experimentellen Gesetzes gehören oder nicht. Eine positive Entscheidung in dieser Frage und eine Klassifikation des Gesetzes in $L_O$ sind nicht vereinbar.

Auch in den theoretischen Gesetzen treten die sog. Grenzbegriffe (limiting notions) sowie der Grenzfall auf. In Newtons Bewegungsgesetzen wird angenommen, daß die räumlichen Dimensionen und Zeitperioden unendlich oft teilbar sind, so daß die mit den entsprechenden Vektoren verbundenen Werte sich der Null annähern: "The axioms also assume that the velocities and accelerations ascribed to point-masses are those which point-masses possess in the limiting case when the temporal periods involved approach zero - in brief, the axioms assume *instantaneous* velocities and accelerations for point-masses."[374] Newtons Bewegungsgesetze sind Postulate, durch die die grundlegenden Begriffe der Newtonschen Mechanik implizit definiert werden. Wenn die Newtonschen Gesetze für Massenpunkte formuliert sind, dann können die Gesetze für die aktuelle Welt nicht wahr werden[375]: Die Restriktion auf Massenpunkte hat zur

---

373 Nagel, E. (1961), S. 463

374 Ebd. S. 160

375 "Newton asserts in the second law that the direction of acceleration of a body under the action of a force is along *the* straight line upon which the force itself acts. However, if a

Konsequenz, daß kein räumlich ausgedehntes Objekt Modell von Newtons zweitem Gesetz sein kann. Eine solche Einschränkung wird erst bei semantischer Interpretation des Kalküls explizit; während mit der Präsentation des Hebelgesetzes - mit idealisierten Antecedensbedingungen - sofort deutlich wird, daß das Gesetz in der *U* determinierenden aktuellen Welt keine Modelle hat.

Im Hinblick auf die empirische Interpretation der Idealisierungen in sog. theoretischen Gesetzen besteht eine Schwierigkeit, die bei den sog. experimentellen Gesetzen nicht auftritt. Beim Hebelgesetz beispielsweise ist die Extension des Prädikates "homogener Stab" in der aktuellen Welt leer. Während die Differenz zwischen einem aktuellen und homogenen Stab Gegenstand von Suppes Designationsregeln sein könnte, fehlen diese bei den theoretischen Gesetzen. Ein mögliches Analogon sind vielleicht die Korrespondenzregeln, die einige der theoretischen Terme mit einer Beobachtungsinterpretation versehen sollen. Diese sind Bestandteile der Theorie und enthalten als sog. gemischte Sätze mindestens einen theoretischen sowie mindestens einen nichttheoretischen Term. Die Form der Korrespondenzregeln ist völlig unterschiedlich. Sie können notwendige und hinreichende Bedingungen für die Beschreibung einer experimentellen Situation in theoretischen Termini sein, nur notwendige oder nur hinreichende Bedingungen für die Verwendung theoretischer Ausdrücke, metalinguistische Regeln oder noch anders und noch komplexer sein.[376] Achinstein gibt für einen "rein theoretischen Satz" der kinetischen Gastheorie Beispiele dieser Regeln: "The kinetic theory will contain some purely theoretical sentences. In symbolic form one of these will be $p = \frac{1}{2}mn\underline{v}^2$, where *p* is the pressure of all the molecules on the walls of the container, *m* is the mass of a molecule, *n* is the number of molecules per unit volume, and $\underline{v}^2$ is the mean square velocity of the molecules. (Of

---

body has any appreciable spatial dimensions and if the force acts upon the whole of it, there is no *unique* straight line that determines the direction of the acceleration - for the different parts of the body are then accelerated along distinct straight lines. Accordingly the axioms of motion must be supposed to be formulated for so-called 'point-masses' - for bodies whose masses are in theory concentrated at a 'point'." Ebd. Diese Argumentation beruht auf der Auffassung, daß, wo ein Raumpunkt ist, zugleich nur ein Teilchen sein kann, das dimensionslos, d. h. ebenfalls nur ein Punkt ist. Nach Balzer (1982) ist diese Auffassung nicht zwingend: "Die Redeweise, daß ein Teilchen sich an einem Raumpunkt befindet, scheint mit unseren intuitiven Vorstellungen nicht in Einklang zu stehen. Denn wo ein Raumpunkt ist, kann nicht zugleich ein Teilchen sein, wenn man die beiden als verschieden ansieht. Wir gestehen diese Skrupel gerne zu, betonen aber, daß die Physiker auch keine solchen haben" (S. 160).

376 Vgl. Nagel, E. (1961), S. 97 ff.

course, all these are to be construed as mere symbols with no interpretations assigned). The kinetic theory will also contain correspondence rules. One such will be the following: $\frac{1}{2}\, m\underline{v}^2$ = const. *T*, where $\frac{1}{2}\, m\underline{v}^2$ is the mean kinetic energy of a molecule and *T* is absolute temperature. Another will be $p = P$, where *p*, as before, is the pressure of all molecules on the walls of the container and *P* is the pressure of the gas."[377]

Von einer eindeutigen Korrespondenz zwischen theoretischen Begriffen und experimentellen Prozeduren kann jedoch keine Rede sein. Neben der Vielfalt experimenteller Vorgänge, die mit einem theoretischen Begriff verbunden werden können[378], ist dafür die Präzision und Rigorosität der theoretischen Postulate verantwortlich - insbesondere deren Formulierung in einer mathematischen Sprache. Innerhalb der Axiome einer Theorie sind die Relationen zwischen den theoretischen Begriffen präzise formuliert. Bei der impliziten Definition einiger Grundbegriffe in der Hilbertschen Axiomatisierung der Euklidischen Geometrie wie "Punkt", "Linie" und "Ebene" könnten entsprechende Prädikatvariablen durch keine Konstanten ersetzt werden, die diese Präzision erhalten: "However, when the geometrical calculus comes to be used in some area of empirical inquiry, the coordination of these notions with experimental ideas is usually far from exact. For example, the word "plane" as it is used in contexts of empirical inquiry is not a precisely defined term. Which surfaces are to count as planes are sometimes specified by rules for grinding bodies so that their surfaces will eventually fit snugly when placed adjacent to one another; sometimes by rules that simply involve perceptual judgements based on using the naked eye; sometimes by rules requiring the use of complicated optical instruments. The correspondence between the notion of plane and the experimental one is thus neither unique nor precise."[379]

Die Korrespondenzregeln eignen sich schon deshalb nicht als Analoga der Suppeschen Designationsregeln für $L_O$, da die Semantik der theoretischen Terme durch die Korrespondenzregeln - wenn überhaupt - nur partiell bestimmt wird. Die Korrespondenzregeln liefern höchstens *Hinweise* für mögliche Anwendungen der Theorie. Von einer *empirischen Interpretation* des "idealen theoretischen Systems" - wie noch von Hempel zur Sicherung

---

377 Achinstein, P. (1968), S. 70/71

378 "For example, the theoretical notion of electron transition in the Bohr theory corresponds to the experimental notion of a spectral line; but that theoretical notion can also be coordinated ... with experimentally determinable temperature changes in black-body radiation." Nagel, E. (1961), S. 99

379 Nagel, E. (1961), S. 100

der Eignung von Idealisierungen zur Verwendung für Erklärungs- oder Vorhersageaufgaben gefordert, kann nur begrenzt die Rede sein: "... an ideal theoretical system, as indeed any theoretical system at all, can assume the status of an explanatory and predictive apparatus only if its area of application has been specified; in other words, if its constituent concepts have been given an empirical interpretation which, directly or at least indirectly, links them to observable phenomena."[380] Wenn man sich von der Vorstellung löst, daß die Korrespondenzregeln als *Bestandteil* der Theorie die Semantik der theoretischen Terme bestimmen sollen, können sie durchaus eine Rolle bei der Spezifikation von Anwendungsbereichen idealisierter Theorien spielen. Für *T*-externe Hilfshypothesen ist Vielzahligkeit durchaus kein Nachteil. Genau betrachtet sind im *Received View* die theoretischen Begriffe, Postulate etc. doppelt nur partiell interpretierte Konzepte: Erstens ist die *TC*-interne Semantik nur partiell spezifiziert, zweitens werden diese Konzepte durch die Korrespondenzregeln nur mit partieller empirischer oder - wie Suppe es formuliert - physikalischer Interpretation versehen. Diese doppelte Partialität betrifft sowohl die Semantik der sog. theoretischen Terme als auch die Idealisierungen.

Idealisierungen haben sich sowohl bei sog. theoretischen wie bei sog. experimentellen Gesetzen gezeigt: Bei den experimentellen Gesetzen sind idealisierte Antecedensbedingungen vorhanden, oder sie sind Idealisierungen experimenteller Repräsentationen, was dann letztlich auch nichts anderes heißt, als daß sie für idealisierte Bedingungen behauptet werden. Dies ist bei den theoretischen Gesetzen von den - möglicherweise verschiedenen - linguistischen Formulierungen der Theorie abhängig. Ob sich die Idealisierungen bei linguistischen Formulierungen der Theorie in den jeweiligen Formulierungen der theoretischen Gesetze finden oder als "wissenschaftliche Folklore" (vgl. Kapitel 2.1.3) betrachtet und als Bedeutungsinhalte nicht explizit formuliert werden, ist - im Hinblick auf ihre Berücksichtigung - unerheblich, solange im Received View *TC*-unabhängige Bedeutungsanteile zugelassen sind.

Die $V_O/V_T$ - Distinktion ist keine relevante Grundlage der Analyse wissenschaftlicher Theorien, so daß es nur verwundern würde, wenn sie im Kontext von Idealisierungen eine große Rolle spielte. Die $V_O/V_T$ - Distinktion zeigt dort Wirkung, wo sie die Beziehungen zwischen Theorie und Empirie berührt und in diesem Kontext Idealisierungen eine Rolle spielen. So sind empirische Interpretationen der Grenzfälle von sog. Beobachtungs-

380 Hempel, C. G. (1965), S. 170

begriffen oder operationalen Begriffen erhältlich - wie sie Hempel im Falle der "Theorie des idealen Gases" im Auge hatte "... by interpreting the theoretical parameters 'P', 'V', 'T', in terms of the 'operationally defined' magnitudes of pressure, volume, and temperature of gases at moderate or low pressures and at moderate or high temperatures".[381] Streng genommen erhält jedoch nicht der Grenzfall diese empirische Interpretation, sondern der Begriff, dessen Grenzfall er ist. Für viele andere, insbesondere nichtphysikalische Begriffe und Idealisierungen dürfte es schwierig, wenn nicht aussichtslos, sein, einen derartigen "Beobachtungsgehalt" auszumachen, um auf diesem die Legitimität der Idealisierungen zu begründen. Wenn durch Idealisierungen Eigenschaften deformiert werden, spielt es letztlich keine Rolle, ob diese Eigenschaften beobachtbar sind oder nicht. Es ist eine epistemologische Frage, ob man mögliche Idealisierungsvorgänge so einschränken will, daß nur Repräsentationen beobachtbarer Eigenschaftsausprägungen deformiert werden dürfen, weil man sich dadurch eine höhere Akzeptanz der Idealisierung erwartet. Im Prinzip sind auch die Eigenschaften sog. theoretischer Individuen deformierbar, egal ob beobachtbar oder nicht. Shapere z. B. unterscheidet zwischen dem Elektron "wie es wirklich ist" und dem Elektron als Idealisierung. Dies setzt natürlich voraus, daß man ein Wissen über dessen Eigenschaften hat. Aus Lorentz' Theorie folgt, daß ein Elektron kein dimensionsloses Partikel sein kann, da es sonst eine unendliche Energie oder Masse hätte: Dennoch ist es unter bestimmten Umständen angenehm, das Elektron so zu behandeln, *als ob* es ein Massenpunkt wäre. Neben der Idealisierung aus Annehmlichkeit könnte Idealisierungen möglicherweise auch eine heuristische Relevanz bei der Suche nach den Eigenschaften theoretischer Individuen oder Objekte zugesprochen werden.

Die Beziehungen zwischen Theorie und Empirie werden durch die $V_O/V_T$ - Distinktion alles andere als erhellt, da für sie nicht die Gegenüberstellung zwischen dem unproblematischen Beobachtbaren und dem problematischen Nichtbeobachtbaren maßgeblich ist. Die Verbindung zwischen Theorie und Empirie wird vom Received View als zu einfach und schematisch und auf nicht haltbarer epistemologischer Grundlage (der Analytisch-synthetisch-Dichotomie mit der Zweisprachenkonzeption als Folge) gedacht. Kritiker des Received View haben in Konsequenz an diesem Punkt angesetzt und die Korrespondenzregeln zugunsten von Hierarchien von Theorien oder Theorien über experimentelles Design und

381 Ebd.

Meßtechniken ersetzt.[382] Ein wichtiger Kritikpunkt ist, daß Theorien nicht direkt auf "Phänomene" angewandt werden, sondern auf Repräsentationen oder sog. "harte Daten", die durch Korrekturvorgänge aus den Beobachtungsdaten hervorgehen, aber die "Phänomene" nicht mehr beschreiben. Letztlich ist also die Beziehung zwischen Repräsentation und Theorie relevant und nicht die Zweiteilung der Wissenschaftssprache. Es geht dabei nicht um eine Reformulierung des Problems derart, daß die Repräsentationen auf Beobachtungsevidenz zurückgeführt werden, sondern um die Reinterpretation der Beziehungen zwischen Theorie und Empirie als epistemologisches und nicht als linguistisches Problem. Daß der *Received View* - als aus dem *Logischen Empirismus* hervorgegangene Theorienkonzeption - das Verhältnis von Theorie und Empirie nicht adäquat wiedergibt, ist ironischerweise seinen epistemologischen Grundlagen geschuldet. Diese beziehen auch Idealisierungen nicht ein. Die Konzeption der *Idealisierten Theorie* existiert daher im Received View nicht. Auch wenn Idealisierungen beispielsweise bei der Interpretation der theoretischen Postulate oder bei der Anwendung experimenteller Gesetze eine Rolle spielen, d. h. selbst wenn die Theorien, die im Received View formal axiomatisiert werden sollten, idealisierte Theorien sind, wäre diese Eigenschaft wissenschaftlicher Theorien in der Rekonstruktion verlorengegangen. Der Grund dafür ist, daß alle Bemühungen auf das Ziel ausgerichtet sind, nur den beobachtbaren Gehalt der theoretischen Terme (der mit dem empirischen Gehalt identifiziert wird) wiederzugeben.

Die nachfolgend genannten Umstände indizieren die Nichtberücksichtigung idealisierter Theorien im Received View:

1. In der Metatheorienkonzeption finden idealisierte sprachliche Entitäten, wie z. B. Prädikate, Sätze und Gesetze, keine Beachtung. Da eine rekonstruktive Praxis aufgrund der Übersetzungsschwierigkeiten der Theorien in eine formale Sprache nicht existierte, gab es auch keine Diskriminierung idealisierter gegenüber nichtidealisierten Theorien in dieser Hinsicht. Nur von wenigen Autoren, die der Tradition des Logischen Empirismus zugeordnet werden können, z. B. Hempel, Rudner und Barr, werden Idealisierungen diskutiert bzw. Explikationsversuche unternommen. Diese Arbeiten wurden allerdings zu einer Zeit verfaßt, wo die Entwicklung des Received View mehr oder weniger beendet war bzw. abgebrochen wurde.

---

382 Vgl. Suppes, P. (1962) und - in Anlehnung an Suppes - Suppe, F. (1989)

2. Idealisierung und Ramsey-Satz sind aus mindestens zwei Gründen inkompatibel. Die Verwendung des Ramsey-Satzes in theoretischen Postulaten führt erstens zu unsinnigen Ergebnissen, wenn nicht zwischen theoretischen und idealisierten Entitäten und Eigenschaften unterschieden wird.[383] Idealisierungen haben zweitens keine Beobachtungskonsequenzen; nur ein Teil ihrer physikalischen Interpretation könnte durch Korrespondenzregeln formuliert werden. Die Ersetzung der idealisierten Terme durch Prädikatvariablen und die damit verbundenen ontologischen Ansprüche des Ramsey-Satzes machen für Idealisierungen keinen Sinn. Im Received View erhalten Idealisierungen wie die theoretischen Terme als implizit definierte Ausdrücke nur Bedeutung aufgrund ihrer Stellung in den Postulaten der Theorie. Wäre der Received View ein modelltheoretischer Ansatz, würde damit nur die strukturelle Komponente der Modelle festgelegt. Die Möglichkeit, über die empirische Wahrheit von Postulaten zu entscheiden, die ohne die existentielle Bindung der Prädikatvariablen nur Aussageformen darstellen, ist für idealisierte Sätze ohne Belang. Wenn zudem die faktische Komponente von $TC$ mit $TC^R$ identifiziert wird, können Idealisierungen nur zur Bedeutungskomponente der Theorie - nach Carnaps Auffassung zu den Analytizitätspostulaten - gerechnet werden. Dieses Vorgehen ist besonders inadäquat, wenn analytische Sätze als unrevidierbar angesehen und $TC$-externe Bedeutungsbestandteile nicht zugelassen werden.
3. Der Versuch der Verbindung von idealisierten Postulaten mit experimentellen Ergebnissen oder andersweitig beobachtbaren "Phänomenen" durch Korrespondenzregeln beruht auf der epistemologischen Basis, daß etwas problematisches Unbeobachtbares dadurch unproblematisch wird, daß es mit etwas Beobachtbarem - auf eine zudem unspezifizierte Weise - *verbindbar* ist. Dieses Prinzip wurde, wie Hempel (1965) demonstriert, vom Umgang mit sog. theoretischen Termen auf Idealisierungen übertragen. Die mögliche Evidenz, die Autoren wie Hempel, Rudner und Barr idealisierten Gesetzen über Extremwerte in Experimenten und Gedankenexperimenten zubilligen, ist

383 In Shapere (1969) wird eine weitere - über die Distinktion zwischen theoretischen Termen und Beobachtungsbegriffen hinausgehene - Differenzierung des Vokabulars $V$ in sog. *entity* und *idealization terms* vorgeschlagen: "entity terms" sind solche, die im Kontext von Existenzbehauptungen verwandt werden; diese Klasse enthält sowohl Begriffe aus $V_O$, wie aus $V_T$ "Idealization terms" designieren selbst nicht, sind aber mit Termen, die designieren, indirekt verknüpft.

durch Korrespondenzregeln partiell erhältlich, wenn diese als *TC*-externe Hilfshypothesen bei der Anwendung der Theorie aufgefaßt werden. Korrespondenzregeln können höchstens partielle physikalische Interpretationen - auch idealisierter - Theorien vermitteln. Sie sind keine Antwort auf die Frage nach der *TC*-internen Semantik. Die an sich schon eingeschränkte empirische Interpretation erfolgt zudem über den Umweg des Begriffs, dessen Grenzfall der idealisierte Begriff ist. Selbst wenn idealisierte Theorien in irgendeinem Sinn *empirisch* wären, bliebe dies in der Rekonstruktion nach der Standardauffassung verborgen, da sich deren Interesse auf die beobachtbaren Manifestationen der theoretischen wie nichttheoretischen Entitäten beschränkt.

4. Eine Berücksichtigung von Idealisierungen im Received View würde in eine Trichotomie von beobachtbaren, unbeobachtbaren und idealisierten Entitäten und deren Eigenschaften münden. Ausgehend von der bestehenden $V_O/V_T$ - Dichotomie müßte die Kategorie der idealisierten Entitäten eingeführt werden, bezüglich derer keine beobachtbaren Manifestationen in der aktuellen Welt zu erfassen sind. Da unbeobachtbare wie beobachtbare Entitäten beobachtbare wie unbeobachtbare Eigenschaften haben können, sind die Repräsentationen der beobachtbaren wie unbeobachtbaren Entitäten idealisierbar.
5. Ist die zu rekonstruierende Theorie eine idealisierte, so kann ihre Rekonstruktion - ausgehend davon, ob $V_O$ - oder $V_T$ - Terme idealisiert wurden - wieder in die Teilkalküle $K_O$ und $K_T$ unterteilt werden. Ihre Modelle können nicht über eine Beobachtungsinterpretation von $K_O$ "gebunden" oder indiziert werden. In den Universen der "realen" Entitäten gibt es keine Elemente, die als Modelle der idealisierten Theorie in Frage kämen bzw. mit diesen korrespondieren. Ob eine Entität ein Modell eines Satzes (Satzsystems) ist, das $V_O$ - oder $V_T$ - Vokabular enthält, ist bezüglich ihres Enthaltenseins in einer *U*-determinierenden Welt irrelevant. Im Falle *Galileischer Idealisierung* korrespondieren die Modelle der idealisierten Theorie mit einem Universum *U'*, welches *U* idealisiert. Keines dieser Modelle kann als eine Erweiterung eines - nichtidealisierten - Modelles, das mit einem Element aus *U* korrespondiert, angesehen werden. Es ist daher nicht möglich, Substrukturen von Modellen, die mit Entitäten idealisierter

Universen korrespondieren, mit Strukturen zu verbinden, die mit Entitäten sog. realer Universen korrespondieren.[384]

### 3. 2 Die Semantic Conception in der Version von F. Suppe

Suppes Version der *Semantic Conception* (im folgenden auch als *"Semantic Conception* (*S*)" bezeichnet) wird in diesem Kapitel zuerst skizziert. Anschließend erfolgt die Diskussion und Bewertung dieses Ansatzes.

Die Semantic Conception (S) basiert auf einer Semantik möglicher Welten. Naturgesetze wie auch die sog. Abbildungs-Beziehung (mapping-relation) enthalten einen *kausalen Notwendigkeitsoperator*. Die Annahme von Regularitäten wird danach mit kausalen Notwendigkeiten begründet. Naturgesetze legen fest, welche logisch möglichen Welten physikalisch möglich sind oder welche der physikalisch möglichen Welten der aktuellen Welt am meisten ähneln. Die durch die Naturgesetze ausgedrückten Regularitäten gelten dann für alle Welten, die entweder physikalisch möglich oder der aktuellen Welt hinreichend ähnlich sind.[385]
Theorien sind nach Suppes Auffassung als nichtlinguistische Entitäten metamathematische Modelle ihrer verschiedenen - möglicherweise nichtäquivalenten - linguistischen Formulierungen. Sie sind relationale Systeme[386] mit einem Bereich (domain), der alle logisch möglichen Zustände (states) aller für die Theorie logisch möglichen physikalischen

---

384 Von van Fraassen stammt das Konzept der Bewertung von Theorien nach ihrer sog. *empirischen Angemessenheit* (empirical adequacy). Als angemessen gilt die Theorie, wenn sie wenigstens ein Modell hat, mit dessen Substrukturen die Erscheinungen (appearances) isomorph sind. Van Fraassens Ansatz ist auch nach Suppe (1989) zur Rekonstruktion der bestehenden wissenschaftlichen Theorien nicht geeignet, da Substrukturen idealisierter Modelle kaum mit Erscheinungen isomorph sein werden. Vgl. van Fraassen, B. C. (1980)

385 Vgl. Suppe, F. (1989), S. 280. Die Semantic Conception (*S*) ist nicht nur als metatheoretischer rekonstruktiver Ansatz für die Physik gedacht. Bei der allgemeinen Einführung in seine Konzeption bedient sich Suppe allerdings physikalischer Beispiele. Als Vertreter der *Semantic Conception* in der Ökonomik wird von Suppe Hausman angeführt. Dieser vertrat in der Diskussion von Idealisierungen in der Ökonomik eine sog. *Modale Modellauffassung* (modal model view), wonach Modelle bzw. Theorien so interpretiert werden, daß sie modale Behauptungen über die mögliche Beschaffenheit von Dingen machen: "According to the modal model view, sentences like 'Entrepreneurs attempt to maximize profits' do not merely define predicates in models and make inexact claims in theories. Rather they state truths about certain *possible* economies." Hausman, D. M. (1981), S. 146 und folgende

386 In Suppe (1989) findet sich keine formale Darstellung der Theorie als relationales System. Suppe verweist auf Tarski/Vaught (1957). Vgl. Fußnote 393

Systeme, deren Attribute durch die Gesetze der Theorie verkörpert werden, enthält. Genauer gesagt, *sind* die Attribute als Relationen die Gesetze der Theorie. Das metamathematische Modell $T$ determiniert eine Klasse theorieinduzierter physikalischer Systeme, hier $S^T$ genannt. Ein physikalisches System $S$ kann als eine Restriktion der Theorie auf eine einzelne Zustandstransition bzw. Sequenz[387] konstruiert werden: $S$ ist ein Element der - über die Gesetze - theorieinduzierten Klasse $S^T$ der physikalischen Systeme der Theorie. Die Gesetze der Theorie geben an, welche Zustände der Systeme physikalisch möglich sind und welche Zustandssequenzen ein physikalisches System annehmen kann.[388] Die Theorie wird von Suppe auch als ikonisches Modell[389] betrachtet, das alle möglichen Zustandsänderungen der Systeme in seiner Reichweite unter möglicherweise kontrafaktischen Umständen charakterisiert.

Die Theorie verfügt über eine Klasse von Anwendungsentitäten $I$, in der Semantic Conception (S) *Intendierte Reichweite* (intended scope) genannt. $I$ ist eine sog. Menge Natürlicher Arten (natural kind set).[390] Diese enthält nicht nur bestimmte beobachtbare phänomenale Systeme, sondern alle kausal für die Theorie möglichen phänomenalen Systeme.[391] Es sind jedoch nicht die phänomenalen Systeme direkt, auf die die Theorie angewandt wird, sondern eine Klasse kausal möglicher physikalischer Systeme $S^K$:

---

387 "For example, the theory of ideal gases defines various equivalence classes of states in terms of the relation $PV = nRT$ and determines the set of all sequences of states such that the states in the sequence are equivalent. Each of these sequences is the behavior of some physical system in the class of theory-induced physical systems, and so the restrictions of the theory to individual sequences are physical systems." Suppe, F. (1989), S. 90

388 "For example, in the case of classical particle mechanics, a system has $n$ bodies, each characterized by three position and three momentum coordinate variables; the simultaneous values at time $t$ of these $6n$ variables determine the state of the system, and the laws of the theory specify admissible change-of-states patterns. If one represents the states as points in $6n$-dimensional spaces, the theory structure is construed as a configurated state space (van Fraassen). One can also construe the state transition structure as a relational system consisting of the set of possible states as a domain on which various sequencing relations are imposed (Suppe)." Ebd. S. 4. Die Theorie wird von Suppe nicht mit dem Phasenraum identifiziert; sie kann jedoch, falls sie meßbare "Parameter" enthält, auch als solcher dargestellt werden.

389 Ein *ikonisches Modell* ist "... an entity which is structurally similar to the entities in some class". Ebd. S. 167, Fußnote 3

390 Durch diese Bestimmung ist Suppes "... version of the Semantic Conception to an anti-nominalism (to a view that some classes correspond to real divisions of nature and others do not)" verpflichtet. Ebd. S. 98

391 "The problems of characterizing causally possible universes are many, but they can be viewed roughly as the class of universes in which alle the laws assumed nonproblematic relative to the theory in question hold." Ebd. S. 76, Fußnote 25

Aufgabe der Theorie ist es, auf der Basis jener physikalischen Systeme zu erklären oder voherzusagen, die mit den phänomenalen Systemen in einer sog. replikativen Beziehung stehen. Suppes Konzeption basiert daher sowohl auf der Einführung einer theoretisch determinierten Klasse physikalischer Systeme $S^T$, die eine echte Teilklasse der Klasse aller logisch möglichen physikalischen Systeme ist, als auch auf einer über eine sog. Replikations-Relation determinierten Klasse sog. kausal möglicher physikalischer Systeme $S^K$. Eine der wichtigsten Aufgaben jeder wissenschaftlichen Theorie ist es, die Klasse $S^K$ präzise zu charakterisieren.

Sowohl physikalische als auch phänomenale Systeme sind relationale Systeme. Phänomenale Systeme, die als mögliche Elemente von $I$ angesehen werden, fasse ich in einer Menge $P^* \subset I$ zusammen. Ein phänomenales System $P \in P^*$ kann als geordnetes Paar zwischen einer Bereich von Einzeldingen (domain of particulars)[392] und den diesen Einzeldingen zugeschriebenen Attributen aufgefaßt werden. Ein physikalisches System $S \in S^T$ ist ein geordnetes Paar mit einem Bereich von Zuständen (domain of states), der in dem Bereich der Theorie enthalten ist und einer Sequenz dieser Zustände.[393] Die möglichen Zustandssequenzen (state occurences) werden durch die Gesetze geordnet; das Ergebnis ist eine Klasse theorieinduzierter *einfacher Ordnungen.* Auch Gesetze sind als Relationen nichtlinguistische Entitäten.

Suppe befaßt sich nicht nur mit dem metamathematischen Modell der zu rekonstruierenden Theorie, sondern auch mit deren linguistischen Formulierungen. Dabei sind Propositionen[394] die Grundlage einer linguistisch formulierten Theorieversion: Eine Formulierung einer Theorie ist eine

---

392 "By a particular I mean 'particular, individual, existing things or substances, mental or physical, or both (or perhaps neither), each of which has many characteristics, that is qualities, properties, or relations'." Suppe, F. (1973), S. 200, Fußnote 10. Suppe zitiert C. A. Baylis (1965), S. 14. In dem Bereich der Einzeldinge sind nach Suppe (1989) keine nichtphysikalischen Einzeldinge wie Sinnesdaten, sondern nur physikalische Konkreta enthalten.

393 Das physikalische System als relationales System wird als Subsystem der Theorie aufgefaßt. Diese Beziehung wird in Tarski/Vaught (1957) am Beispiel zweier relationaler Systeme **R** und **G** erläutert: "The relational system $\mathbf{R} = \langle A, R \rangle$ is said to be a *subsystem* of the system $\mathbf{G} = \langle B, S \rangle$ if $A$ is a subset of $B$ ($A \subseteq B$) and $R = S \cap A^3$. Under the same conditions **G** is called an *extension* of **R**; it is called a *proper extension* if, in addition, $A \neq B$" (S. 84). $A$ ist eine nichtleere Menge und $R$ in diesem Beispiel eine dreistellige Relation.

394 Die Annahme oder Angabe einer Proposition soll nicht mit ihrer Behauptung identisch sein. Sie müssen bei Suppe eine Mehrfachverwendung (amplified usage) zulassen, d. h. simultan auf Theorie, physikalische und phänomenale Systeme anwendbar sein. Vgl. Suppe, F. (1989), S. 113, Fußnote 18

Zusammenstellung von wahren Propositionen. Diese Propositionen sind in der "theory formulation language" (im folgenden mit "TFL" abgekürzt) angegeben; dies ist i. a. (Suppe schließt die Verwendung künstlicher Sprachen nicht aus) eine natürliche Sprache, die mit logischem und mathematischem Vokabular ergänzt werden kann. Eine linguistische Formulierung einer Theorie soll als eine deduktiv abgeschlossene Menge von Propositionen, z. B. von Gesetzesaussagen, verstanden werden.

Die Parameter[395], mit denen die phänomenalen Systeme beschrieben werden, sind der TFL entnommen und insofern "theoretische Parameter". Sie sind die sog. verhaltensdeterminierenden Parameter der physikalischen Systeme; diese gelten durch die Parameterwerte als zu jeder Zeit in einem bestimmten Zustand beschreibbar. Die Theorie beschreibt die Phänomene jedoch nicht in ihrer ganzen Komplexität; vielmehr werden von diesen die sog. grundlegenden Parameter, mit denen das phänomenale System in theoretischer Sprache beschrieben wird, *abstrahiert.*[396]

Ein Zustand ist eine Menge simultan ermittelter deterministischer oder statistischer Parameterwerte, durch die die Attribute der Einzeldinge beschrieben werden. Das *Verhalten* eines physikalischen Systems ist seine Zustandsänderung im Zeitablauf: Seien $\pi_1, ..., \pi_g$ die grundlegenden Parameter einer Theorie, wobei $t$ als Zeitvariable mit zu den Parametern gezählt werden kann, und sei $q_i(t)$ der Wert des Parameters $\pi_i$ $(i = 1, ..., g)$ zum Zeitpunkt $t$, dann ist der Zustand eines Systems $S$ zum Zeitpunkt $t$: $s(t) = \langle q_1, ..., q_g \rangle$ mit $s(t) < s'(t')$ genau dann, wenn $t < t'$.[397] Jedes physikalische System ist durch die Spezifikation der parameterabhängigen möglichen Zustände und der Sequenz der tatsächlichen Zustände, die es im Zeitablauf annimmt, vollständig charakterisierbar.

395 Der Terminus "Parameter" soll zum Ausdruck bringen, daß die den Attributen zugeordneten Zustandsvariablen nicht meßbar sein müssen; nicht, daß es sich um feste Werte von Variablen oder Konstante handelt: "Physical quantities need not be measurable quantities. For example, if color were a parameter, then the physical quantities which were possible values of the parameters might be colors as differentiated in a Munsell color table. Physical quantities also might be probability distribution functions, as in quantum theory." Ebd. S. 112, Fußnote 8

396 Der Begriff der Abstraktion in der Verwendung von Suppe wird von mir in Übereinstimmung mit dem in Kapitel 2.2.1 entwickelten Konzept interpretiert. Danach kann unter "Abstraktion" die von der Theorie vorgegebene Auswahl bestimmter Variablen verstanden werden, die in einer möglichen Repräsentation I der phänomenalen Systeme enthalten wären. Diese Variablen werden *ohne* Veränderung in eine Repräsentation II eingebracht.

397 Zustände sind keine Funktionen von $t$, sondern geordnete Paare: $\langle s, t \rangle$. Vgl. Suppe, F. (1989), S. 167, Fußnote 10

Um - ausgehend von den Klassen $S^T$ und $P^*$ - die Klasse $S^K$ zu spezifizieren, ist ein Abstraktionsvorgang notwendig. Durch diesen werden - ausgehend von den phänomenalen Systemen - die die physikalischen Systeme definierenden Parameter abstrahiert; diese werden dadurch so betrachtet, als ob sie von weiteren Einflüssen isoliert wären: Die von der Theorie determinierten Zustandssequenzen der physikalischen Systeme indizieren, wie sich die möglichen Systeme innerhalb der Intendierten Reichweite der Theorie verhielten, wenn nur die abstrahierten Parameter einen nicht vernachlässigbaren Einfluß innerhalb der phänomenalen Systeme ausüben würden. Nach dieser sog. Modalen Modellauffassung behandelt z. B. die Klassische Partikelmechanik die mechanischen Phänomene so, *als ob* sie nur von den - abstrahierten - Parametern, die Position und Impuls angeben, abhingen: "In point of fact, however, other unselected parameters usually do influence the phenomena; so the theory does not characterize the actual phenomena, but rather characterizes the contribution of the selected parameters to the actual phenomena, describing what the phenomena *would have been had* the abstracted parameters been the only parameters influencing them. For example, classical particle mechanics does not describe actual inclined plane phenomena, but instead describes what inclined plane phenomena *would be* in frictionless environments. In effect, then, what the theory does is directly describe the behavior of abstract systems, known as *physical systems*, whose behaviors depend only on the selected parameters. However, these physical systems are abstract replicas of actual phenomena, being what the phenomena *would have been* if no other parameters exerted an influence. Thus by describing the physical systems, the theory indirectly gives a counterfactual characterization of the actual phenomena."[398]

Der Abstraktionsvorgang ist notwendig für die Kontrafaktizität der physikalischen Systeme. Dennoch sollen diese mit den phänomenalen Systemen *korrespondieren*: Ein physikalisches System $S$ ist, was das korrespondierende phänomenale System $P$ wäre, wenn $P$ nur von den abstrahierten Parametern beeinflußt würde. Die theoretischen Gesetze selbst sind keine kontrafaktischen Konditionale, d. h. sie beschreiben das Verhalten der physikalischen Systeme nicht kontrafaktisch. Nicht im Gesetzesausdruck selbst, sondern in der physikalischen Interpretation der Theorie ist das kontrafaktische Element zu lokalisieren: in der Beziehung zwischen den

---

398 Suppe, F. (1989), S. 82 f.

durch die Gesetze spezifizierten physikalischen Systemen und den aktuellen, tatsächlichen Umständen.

Der Abstraktionsvorgang ist jedoch nicht hinreichend für die Kontrafaktizität der physikalischen Systeme. Auch wenn durch Abstraktion bestimmte, durch Parameter repräsentierte Eigenschaften des phänomenalen Systems selektiert wurden, kann es dennoch möglich sein, daß die phänomenalen Systeme die für die Elemente von $S^T$ formulierten Bedingungen realisieren: "Under certain circumstances this fiction can be approximately realized - if, for example, the experimental setup is such that other bodies and other parameters exert a negligible influence."[399]

Meistens ist jedoch der Einfluß der Faktoren und Dinge, die nicht von den sog. theoretischen Parametern reflektiert werden, nicht vernachlässigbar, so daß die abstrakte Repräsentation kontrafaktisch ist. In diesen Fällen sind beispielsweise die experimentell erstellten Repräsentationen keine reibungsfreien Systeme, die Bewegung von Körpern wird durch die Dichte des Mediums beeinflußt, in dem sie sich befinden oder die Körper üben Anziehungskräfte aufeinander aus. In all diesen Fällen stimmen die den physikalischen Systemen zugeordneten Parameterwerte nicht mit denen überein, die für die korrespondierenden phänomenalen Systeme angegeben werden. Wenn die Parameterwerte eines physikalischen Systems $S$ im Zustand $s(t)$ nicht mit den Werten des korrespondierenden phänomenalen Systems $P$ in $t$ übereinstimmen, dann stehen sie in einer sog. *Replikations-Relation* zu den Werten in $P$: "If $P$ were an isolated phenomenal system in which all other parameters exerted a negligible influence, then the physical quantities characteristic of those parameters abstracted from $P$ would be identical with those values characteristic of the state at $t$ of the physical system $S$ corresponding to $P$."[400]

Jede Proposition $\Pi$ der erweiterten TFL, die faktisch wahr bezüglich $S$ ist, wäre von $P$ nur "kontrafaktisch wahr".[401] Dieses "counterfactual" kann jedoch auf zwei Arten von $P$ kontrafaktisch wahr sein - darin unterscheiden sich Abstraktion und Idealisierung bei Suppe:

1. Es ist für $P$ kausal möglich, die von $S$ indizierten Bedingungen zu erfüllen.

---

399 Ebd. S. 95

400 Ebd.

401 "... any proposition ... true of $S$ would be counterfactually true of $P$ (being an assertion about what $P$'s behavior would be were certain conditions met)." Ebd.

2. Es ist für *P* kausal unmöglich, die von *S* indizierten Bedingungen zu erfüllen.

In dem ersten Fall liegt *reine Abstraktion*, im zweiten Fall *Idealisierung* vor.

Ein physikalisches System *S* steht jedoch nur dann in einer Replikations-Relation zu einem phänomenalen System *P*, wenn die grundlegenden Parameter von dem phänomenalen System abstrahiert wurden. Die Voraussetzung der Klasse kausal möglicher physikalischer Systeme ist die Existenz der physikalischen Konkreta mit jenen Eigenschaften, die als definierende Parameter wirksam werden können. Voraussetzung auch einer idealisierten Replikation ist daher, daß die *abstrakte* Replikations-Relation erfüllt ist: Jedes Attribut, das in jedem Zustand jedes kausal möglichen physikalischen Systems beschrieben wird, ist ein Attribut - oder dessen Idealisierung - von Einzeldingen in den Bereichen der phänomenalen Systeme in der Klasse der Intendierten Reichweite *I* der Theorie. In der Klassischen Partikelmechanik z. B. steht ein Parameter für die räumliche Position, dessen mögliche Werte Koordinaten von Punkten im Raum sind; die Körper sind folglich Massenpunkte. Es ist kausal unmöglich, daß die Elemente von $P^*$ Parameterwerte aufweisen, die jenen der theorieinduzierten physikalischen Systeme der Klassischen Partikelmechanik entsprechen: dies würde erfordern, daß Körper über ein unendliches Gravitationspotential verfügen - eine Schlußfolgerung, die der Wahrheit der Klassischen Partikelmechanik nicht vereinbar wäre.

Die Zustände sind als Menge simultaner Parameterwerte und als Restriktionen der Theorie "theoretische Entitäten". In den Bereichen der Theorie und der physikalischen Systeme sind nur Zustände, aber keine Einzeldinge enthalten; in den Bereichen der phänomenalen Systeme gilt das Gegenteil. Die Zustände selbst sind niemals Einzeldinge. Die Einzeldinge, ihre Eigenschaften und die Beziehungen, in denen sie zueinander stehen, können beobachtbar sein oder auch nicht. Dies hat auf die Art der Replikations-Relation keinen Einfluß. Wenn Suppe den Ausdruck "theoretische Entität" mit existentieller Verpflichtung benutzt, dann handelt es sich bei den physikalischen Systemen um abstrakte Replikationen der phänomenalen Systeme; wird der Ausdruck nichtexistentiell benutzt, geht es um idealisierte Replikationen: "... idealizations typically are theoretical entities used nonexistentially. Thus idealizations can be employed in theories without committing oneself to their existence."[402]

Bereits durch die Behauptung der Theorie ist man nach Suppe allerdings auf die Existenz einer Klasse kausal möglicher physikalischer Systeme, die abstrakte oder idealisierte Replikationen der phänomenalen Systeme innerhalb der Klasse der Intendierten Reichweite sind, verpflichtet. Wenn die physikalischen Systeme in $S^K$ sog. reine Abstraktionen sind, ist man darauf verpflichtet, daß die Parameterwerte Attribute der physikalischen Konkreta in den Bereichen der phänomenalen Systeme widerspiegeln; sind die physikalischen Systeme in $S^K$ Idealisierungen, dann besteht diese Verpflichtung nicht. Stattdessen verpflichtet man sich darauf, daß die Parameterwerte jene sind, die den idealisierten Beschreibungen der Einzeldinge zukommen können.

Ähnlich wie in Cartwright (1983) erfordert die Anwendung der Theorie eine idealisierte Beschreibung der Phänomene bzw. die Schaffung sog. harter Daten. Die sog. Rohdaten, d. h. die Daten über die aktuellen Parameterwerte der betrachteten phänomenalen Systeme, sind nicht in einer mit der Theorie kompatiblen Form. Um eine Theorie auf ein phänomenales System *P* anzuwenden, müssen Daten über *P* in Daten des korrespondierenden physikalischen Systems *S* transformiert werden. Die Replikations-Relation wird dadurch "erstellt": "... the raw data must be corrected so as to obtain *reduced data* about what the phenomenon would have been had the 'outside' influences not been present. In addition, if the theory idealized the phenomena, the idealization conventions involved must be used to further alter the data."[403]

Bei der Anwendung der Theorie soll eine zweistufig aufgebaute experimentelle Methodologie zum Einsatz kommen. In der ersten Stufe werden die sog. Rohdaten der phänomenalen Systeme in sog. harte Daten der physikalischen Systeme konvertiert. Dies ist Suppes Form des Zurechtmachens der Beschreibung der Anwendungsentitäten für die Theorie, die zur Anwendung gelangen soll. Es ist "... a 'translation' from the phenomena to an idealized description of it in the vocabulary of the theory's formalism."[404] In der zweiten Stufe erfolgt der Übergang von "harten Daten" bzw. physikalischen Systemen zu den Postulaten der Theorie. Die erste Stufe wird von Suppe als "empirisch" oder "experimentell", die zweite

---

402 Ebd. S. 100. Suppe wendet hier die Unterscheidung zwischen "entity" und "idealization terms" von Shapere, D. (1969) an.

403 Suppe, F. (1989), S. 135

404 Ebd. S. 69

als "mathematisch" oder "kalkulatorisch" bezeichnet. Erst nach Durchführung der zweiten Stufe kann mit der Theorie vorhergesagt oder erklärt werden. Durch einen Vorgang, der an den "idealized sketch" von Laymon erinnert (vgl. Kapitel 2.1.3) werden nach der Konjunktion von Gesetzen der Theorie und "harten Daten" Prädikanda oder Explananda deduzierbar, die - im Hinblick auf die spezifizierten Werte - kalkulatorischen Charakter haben: "For example, in classical particle mechanics they might encompass solving the basic equations of motion for special case solutions, and then 'plugging in' values of the parameters to calculate subsequent states of the physical system."[405]

Die Erstellung der Replikations-Relation erfolgt, soweit die Parameter meßbar[406] sind, durch Messung vermittelt. Neben der Festlegung einer Skala bedeutet dies die Bestimmung der Parameterwerte der kausal möglichen phänomenalen Systeme. Zugleich nimmt Suppe an, daß die Meßskalen eine Ordnung der intrinsischen Eigenschaften der Einzeldinge reflektieren: "... measurement scales are systematic linguistic procedures for designating intrinsic attributes of objects" bzw. "... measurement procedures are systematic ways of determining which attributes particulars have."[407]

Das experimentelle Design, wie auch die sog. Theorie des experimentellen Designs[408], sind unabhängig von *T*: Sie basieren auf *T*-externen Regularitäten oder anderen Theorien. Dies heißt beispielsweise, daß für Körper, die in zähflüssigen Medien fallen, Gesetze der Hydrodynamik zur Bestimmung der verzögernden Effekte herangezogen werden oder die Reibungskoeffizienten der geneigten Ebenen von verschiedenen Theorien spezifiziert werden können. Zum "experimentellen Design" gehört nach Suppe aber auch, daß ein Körper als Massenpunkt angenommen wird:

---

405 Ebd.

406 Eine durch einen Parameter symbolisierte Eigenschaft ist meßbar, wenn sie durch ein transformierbares Zahlensystem beschrieben werden kann. Da alle Messungen relativ zu einem Bezugsrahmen vorgenommen werden und die Verwendung verschiedener Bezugsrahmen zu differierenden Meßwerten führt, müssen die Messungen "... be equivalent under some *system of transformations* (e. g., the Galilean system of transformations in classical particle mechanics or the Lorentz system of transformations in the special theory of relativity)." Ebd. S. 105

407 Ebd. S. 132

408 Unter Suppes "theory of experiment" werden neben einer "theory of experimental design" und einer "theory of data" auch die Ceteris-paribus-Klauseln gefaßt. Diese haben in Suppes Konzeption eine ähnliche Funktion wie in Cartwright (1983) und (1989), indem sie die Ausschaltung der nicht eliminierten Einflußfaktoren symbolisieren. Es ist die "theory of data", aus der hervorgehen soll, wie die "raw experimental data" in Daten über das Verhalten des korrespondierenden physikalischen Systems zu transformieren sind.

"... for falling bodies we idealize the fiction that the position of the body is its center of gravity."[409]

Neben der Verwendung von Gesetzen, die von der konkret zu rekonstruierenden Theorie unabhängig sind, der Berücksichtigung von Regularitäten usw. werden bei der Konversion der Rohdaten mit der Theorie verknüpfte Idealisierungskonventionen eingesetzt. Die Form der Idealisierung wird konventionell bestimmt, ohne deshalb willkürlich zu sein. Die Idealisierung wird *benutzt*, um die sog. reduzierten Daten zu ändern. Nach Suppes Auffassung gibt es keine empirisch wahren Gesetze oder Theorien, aus denen beispielsweise hervorgeht, daß bei einem Massenpunkt Lage und Gravitationszentrum koinzidieren. Daher wird diese Annahme nur als eine Konvention aufgefaßt: "Rather, this is a convention built into the idealization itself."[410] Die Einführung der Konvention ist zweckorientiert: Im Fall der Klassischen Partikelmechanik dient sie der Reduktion der Festkörpermechanik auf die erstgenannte Theorie.

Ein weiteres Beispiel für eine idealisierte Replikation entnimmt Suppe der Mikroökonomik: "Consider a microeconomic theory concerning the interplay of supply and demand schedules for goods. According to this theory, goods will be priced at an equilibrium price wherein supply equals demand ... As such, the theory is one whose variables are price, quantity of supply, and quantity of demand, with deterministic laws of coexistence such that for a given price, supply quantity equals demand quantity. The theory in effect says that the behavior of supply-demand-price market system will be such that the system always will be in a state where supply equals demand at the given price."[411] Dies ist nach Suppes Auffassung die Beschreibung eines idealisierten ökonomischen Systems, dessen Verhalten nur von den Variablen für die angebotene und die nachgefragte Menge bei gegebenem Preis abhängt (diese drei "Parameter" wurden abstrahiert). Die Idealisierungen bestehen nach Suppe darin, daß perfekter Wettbewerb vorliegt, keine Cobweb-Situationen auftreten und die Preise ohne Zeitverzögerung auf Änderungen von Angebot und Nachfrage reagieren.[412] Die

---

409 Suppe, F. (1989), S. 103/104

410 Ebd. S. 116, Fußnote 34

411 Ebd. S. 154

412 Wenn perfekter Wettbewerb herrscht, dann reagieren die Preise ohne Zeitverzögerung. Das Cobweb-Modell ist als dynamisches Modell nur begrenzt mit einem komparativ-statischen zu vergleichen. Im Cobweb-Modell wird z. B. eine Angebotskurve unter Verwendung einer Erwartungsbildungshypothese angenommen, nach der die Anbieter bei dem Preis $P_t$ der laufenden Saison die Angebotsmenge $S_{t+1}$ der nächsten Saison planen. Auf

Theorie charakterisiert das Verhalten der - ökonomischen - Phänomene unter idealisierten Bedingungen: "Although this idealized situation often fails to obtain in the market, such failures do not show the theory to be wrong; for the theory here *only* purports to describe what the supply-demand-price behavior *would be* for that market *were it the case that these idealized conditions were met.*"[413]

Wenn die idealisierten Bedingungen erfüllt wären, dann könnte mit der Theorie unmittelbar prognostiziert werden. Da jedoch kaum jemals eine Marktsituation - interpretiert als phänomenales System *P* - mit einem ökonomischen System - interpretiert als "physikalisches" System *S* - identifiziert werden kann, müssen Hilfstheorien benutzt werden, um die möglichen Zustände des phänomenalen ökonomischen Systems zu prognostizieren. Diese Hilfstheorien müssen Informationen über die Auswirkungen nicht vernachlässigbarer Einflußfaktoren - z. B. der Präsenz von Kartellen - auf die abstrahierten Parameter enthalten. Während also mit der idealisierten Theorie der Zustand des idealisierten Systems prognostiziert wird, beschreibt die Hilfstheorie die Abweichungen zwischen idealisiertem und aktuellem ökonomischen System: Liegen diese Informationen vor, dann kann auf ihrer Basis exakt das Verhalten des aktuellen Systems prognostiziert werden. Unter Umständen jedoch enthalten auch die Hilfstheorien idealisierte Bedingungen, die erfüllt sein müssen, wenn diese Theorien erfolgreich zur Anwendung kommen sollen.

Ähnlich wie in der *Final Version* des Received View unterscheidet Suppe auch in der Semantic Conception (S) zwischen zwei Wahrheitskonzeptionen. Während er allerdings in der Final Version zwischen semantischer und empirischer Wahrheit differenzierte, geht es in der Semantic Conception (S) um eine Kopplung bzw. Verschmelzung von semantischer und empirischer Wahrheit. Diese basiert auf der Trennung zwischen der modelltheoretisch bestimmten "internen" Semantik und der empirisch bestimmten "externen" Semantik einer Theorie. Letztere wird von Suppe als "physikalische Interpretation" bezeichnet. Daneben steht eine korrespondenztheoretisch bestimmte Konzeption faktischer Wahrheit von Propositionen. Die physikalische Interpretation der Theorie wird durch eine sog. *Abbildungs-Beziehung* (*) bestimmt:

---

einem Markt mit perfektem Wettbewerb ist die Angebotskurve einer Unternehmung der sog. aufsteigende Ast ihrer Grenzkostenkurve.

413 Suppe, F. (1989), S. 154

(*) "The sequences of states (behaviors) determined by the theory indicate what the behaviors of the possible (phenomenal) systems within the theory's scope *would be were it the case* that only the defining parameters of the theory exerted a nonnegligible influence on those behaviors."[414]

Wie bereits erwähnt, wird diese Beziehung als kausal notwendige interpretiert, deren Zutreffen Suppe mit dem Vorliegen empirischer Wahrheit der Theorie identifiziert:

"Let *T* be a theory with intended scope *I* whose defining parameters are $p_1$, ..., $p_n$. Then *T* is *empirically true* if and only if

(a) *I* is a natural kind set of causally possible phenomenal systems whose domains contain particulars of which $p_1, ..., p_n$ are characteristic kinds of attributes.

(b) The possible values of the parameters $p_1, ..., p_n$ allowed by *T* are attributes which particulars in the phenomenal systems in *I* do possess or else are idealizations of such attributes.

(c) The set of theory-induced physical systems for *I* is identical with the class of causally possible physical systems for *T*.

If any of these three conditions fail to be met by *T*, then *T* is *empirically false*."[415]

Wann immer (c) erfüllt ist, ist es auch (b)[416], da jedes *T*-mögliche Attribut, das in kausal möglichen physikalischen Systemen auftritt, auch in den Elementen von *I* vorkommt. Aus der Bedingung (c) geht hervor, daß *T* nur dann empirisch wahr sein kann, wenn alle Anwendungsabsichten für *T* bekannt und erfolgreich sind. Die Extension von *I* zu spezifizieren, ist jedoch Aufgabe und Folge der Theorieentwicklung. Tatsächlich ist *I* nicht nur unendlich, sondern auch aufgrund der jeweils bestehenden meßtechnischen und meßtheoretischen Möglichkeiten nicht vollständig angebbar. Folglich ist in bestimmten historischen Phasen nur eine geringe Anzahl der phänomenalen Systeme in *I* "identifiziert" bzw. "identifizierbar". Um mögliche Elemente von *I* im Laufe der Theorieentwicklung bestimmen zu können, muß auf eine implizite Charakterisierung unter Verwendung der sog.

---

414 Ebd. S. 279

415 Ebd. S. 97/98

416 Ebd. S. 142

theoretischen Parameter zurückgegriffen werden: Danach wird die Intendierte Reichweite der Klassischen Partikelmechanik durch Rückgriff auf eine Klasse mechanischer Phänomene indiziert. Die Charakterisierung erfolgt mittels der Verwendung der sog. definierenden Parameter der Klassischen Partikelmechanik, indem beispielsweise endliche Mengen bewegter massiver Körper, die über Position und Impuls verfügen, angegeben werden. Durch diese Verfahrensweise wird mit der Charakterisierung der Intendierten Reichweite einer Theorie bereits immer auch die Wahrheitsbedingung (a) erfüllt.[417] Darüber hinaus verpflichtet man sich durch die Behauptung der Theorie nach Suppe auch auf die Existenz wenigstens einiger derjenigen phänomenalen Systeme, die bereits für *I* spezifiziert werden konnten bzw. die noch spezifiziert werden können - sowie auf die Annahme, daß es für die restlichen Elemente von *I* kausal möglich ist, zu existieren.[418]

Empirische Wahrheit im Sinne einer "absoluten Bestätigung"[419] der Theorie auf der Basis, daß (c) - und folglich auch (b) - zutreffen, hält Suppe nicht für möglich, sondern nur eine "relative Bestätigung" auf der Grundlage, daß empirisches Testen der Theorie höchstens zu dem Ergebnis führen kann, daß (c) und (b) mit Wahrscheinlichkeit gegeben sind.

Eine Grundlage der relativen Bestätigung von *T* sind Einzelfallbestätigungen. Diese sind für die Theorie erhältlich, wenn - ausgehend von den phänomenalen Systemen - physikalische Systeme bestimmt werden können, die mit den phänomenalen Systemen korrespondieren und zudem in der Klasse der theorieinduzierten physikalischen Systeme $S^T$ enthalten sind. Ein Bestätigungsvorgang beruht auf einer sog. Determination physikalischer Systeme; darunter werden im Falle quantitativer Theorien auch die Meßvorgänge gefaßt. Ein empirischer Test der Theorie *T* erfolgt zweistufig:

1. Es wird festgestellt, daß ein mit einem phänomenalen System *P* korrespondierendes physikalisches System *S* in den Zuständen $s_0$, ..., $s_l$ zu den Zeitpunkten $t_0$, ..., $t_l$ ist.
2. *T* wird benutzt, um zu kalkulieren bzw. zu prognostizieren, in welchen Zuständen $s^T{}_0$, ..., $s^T{}_l$ das System *S* zu den Zeitpunkten $t_0$, ..., $t_l$ ist bzw. sein müßte.

---

417 Vgl. ebd. S. 150, Fußnote 34

418 Vgl. ebd. S. 114, Fußnote 27

419 Suppe verknüpft die Semantic Conception (*S*) mit einer "traditionellen" induktiven Bestätigungstheorie auf wahrscheinlichkeitstheoretischer Grundlage.

Führt die Konjunktion von Theorie und harten Daten zu einer Vorhersage der Parameterwerte des physikalischen Systems $S$ und entsprechen die ermittelten "harten" Daten der Zustände $s_0, \ldots, s_l$ in $t_0, \ldots, t_l$ den prognostizierten Werten in den Zuständen $s^T{}_0(t_0), \ldots, s^T{}_l(t_l)$, wird dieser Vorgang als Einzelfallbestätigung von $T$ gewertet: $S$ gilt als bestätigende Instanz, wenn $s_i(t_i) = s^T{}_i(t_i)$ und (i = 0, ..., l). Wenn für beliebiges $i$ gilt, daß $s_i(t_i) \neq s^T{}_i(t_i)$, dann ist das physikalische System $S$ keine bestätigende, sondern eine falsifizierende Instanz. Negativ kann der Bestätigungsversuch auf zweierlei Weise ausfallen. Erstens, ein Zustand $s_i(t_i)$ kann sich als $T$-unmöglich herausstellen, d. h. kein Element von $S^T$ sein. Zweitens, alle Zustände $s_0(t_0), \ldots, s_l(t_l)$ können $T$-möglich, aber keine Zustände einer Replikation eines kausal möglichen phänomenalen Systems, d. h. eines Elementes aus $I$ - und damit kein Element aus $S^K$ - sein. Im ersten Fall trifft die Bedingung empirischer Wahrheit (b), im zweiten Fall die Bedingung (c) nicht zu.[420]

Die absolute Bestätigung einer Theorie in der *Semantic Conception* (*S*) ist auf die Frage reduzierbar, ob die Klasse der theorieinduzierten physikalischen Systeme $S^T$ und die Klasse der kausal möglichen physikalischen Systeme $S^K$ (die Klasse der abstrakten und idealisierten Repliktionen phänomenaler Systeme) für $T$ koextensiv sind oder nicht. Während die Klasse der theorieinduzierten physikalischen Systeme im Prinzip spezifiziert werden kann, liefert empirisches Testen der Theorie nur vereinzeltes Wissen über einzelne Elemente aus $S^K$. Man könnte höchstens angeben, daß die Theorie relativ zu ihren bisher erzielten Einzelfallbestätigungen empirisch wahr ist.

Wenn die Konjunktion von (a), (b) und (c) nicht zutrifft, dann gilt $T$ als empirisch falsch. Eine empirisch falsche Theorie soll jedoch auch als eine Art "begrifflicher Kunstgriff" (conceptual device) für eine eingeschränkte Menge $I' \subset I$ approximativ wahr sein können. So gelten die idealen Gasgesetze einerseits als empirisch falsch, andererseits als "approximativ wahr": "In such a case, the theory is propounded as *being approximately true for a restricted scope* $I' \subset I$, which carries the commitment that the restrictions of (a) through (c) to $I'$ are satisfied."[421]

Eine noch weitergehende Einschränkung besteht darin, die Theorie nur als Vereinfachung (simplifikation) anzunehmen. In diesem Fall kann die Wahrheitsbedingung (c) nicht erfüllt werden, was für die empirische

---

420 Suppe vermutet, daß das Feststellen des Zutreffens der Bedingung (c) "... is a species of goodness-of-fit problem concerning the identity of two populations and that the inductive inference required to confirm $T$ will be sanctioned by some goodness-of-fit statistic." Suppe, F. (1989), S. 145

421 Suppe, F. (1989), S. 98

Falschheit der Theorie hinreichend ist. So werden für bestimmte Zwecke - empirisch falsche - astronomische Theorien benutzt, die zirkuläre Planetenorbits annehmen. Für die bewußten Zwecke liefern diese Theorien noch hinreichend gute Prognosen, obwohl sie nicht einmal für eine Teilmenge der jeweiligen "Intendierten Reichweite" wahr sind.

In einer Fußnote diskutiert Suppe die Frage, ob Theorien, die Idealisierungen enthalten, überhaupt empirisch wahr sein können und deshalb aus (b) der Teilsatz "or else are idealizations of such attributes" entfernt werden sollte. Dies hängt seiner Ansicht nach von der Interpretation der kausalen Modalitäten, die im Begriff "kausal mögliches physikalisches System" implizit enthalten sind, ab. Falls man sich zu diesem Schritt entschließe, könne man z. B. die kontraintuitive Schlußfolgerung vermeiden, daß die Klassische Partikelmechanik (KPM) nicht empirisch wahr sein kann, indem man eine Klassische Partikelmechanik* (KPM*) von der erstgenannten unterscheidet. KPM* ist eine um das Prinzip, daß die Position eines Partikels der Punkt seines Gravitationszentrums ist, erweiterte KPM. Nach der unbeschränkten Bedingung (b) kann KPM* nicht empirisch wahr werden, nach der beschränkten Bedingung (b) aber KPM.[422]

Suppes Konzept "faktischer Wahrheit" ist auf linguistische Formulierungen der Theorie bzw. Propositionen angewiesen. Empirische Propositionen können benutzt werden, um zu behaupten, daß in der Welt bestimmte Zustände vorliegen. Wenn die behaupteten Zustände eintreten, dann sind die Propositionen wahr. Der Sinn einer möglichen Proposition "*S* ist *P*" legt mutmaßliche Referenten für *S* und *P* fest; die angenommene Referenz für *S* ist ein "particular", die für *P* eine intrinsische Eigenschaft. Dann gilt:

" '*S* is *P*' is factually true if and only if
(i) the ostensible referent of *S* is an actual particular in the world, and
(ii) the ostensible referent of *S* has an intrinsic property which has the same extension as does the ostensible referent of the predicate *P*."[423]

Elementare Propositionen können zu Behauptungen verwendet werden, z.B. daß ein bestimmter Parameter $\pi$ in $t$ einen Wert $q$ annimmt. Insofern die Propositionen auf Einzeldinge referieren, können sie faktisch wahr oder falsch sein. Da die Propositionen der TFL nach Suppe eine "erweiterte Nutzung" (amplified usage) zulassen müssen, können sie gleichermaßen zur

---

422 Vgl. ebd. Fußnote 28

423 Ebd. Voraussetzungen der Definition werden a. a. O. und in Suppe, F. (1973) erläutert.

Beschreibung von Theorie, physikalischen und phänomenalen Systemen benutzt werden.[424]

Bezüglich der Parameterwerte $q_1, ..., q_e$ eines Zustandes $s(t) = <q_1, ..., q_e>$ im Bereich von $T$ ist eine elementare Proposition $\Pi$ wahr, wenn $s(t)$ so beschaffen ist, wie $\Pi$ behauptet. Für jede Proposition gibt es eine Erfüllungsfunktion (satisfaction function) $h(\Pi)$, mittels der $\Pi$ die Teilmenge von Zuständen der Theorie zugeordnet wird, für die $\Pi$ wahr ist. Physikalisch unmögliche Zustände können in keiner Menge $h(\Pi)$ enthalten sein; aber nicht alle physikalisch möglichen Zustände sind in einer Menge $h(\Pi)$ enthalten.

Durch die Menge elementarer Propositionen, die Theorie, $h$ und die jeweilige(n) Logik(en) der Theorie wird eine Teilsprache der TFL, die sog. Sprache der physikalischen Beschreibung (language of physical description) determiniert. Mittels dieser Sprache kann jeder physikalisch mögliche Zustand in der Theorie oder Mengen solcher Zustände beschrieben werden, ebenso jeder physikalisch mögliche Zustand der physikalischen Systeme. Wie bereits erwähnt, kann jedes Element in $S^T$ als Restriktion der Theorie interpretiert werden. Da alle theorieinduzierten physikalischen Systeme in $S^T$ durch die TFL beschrieben werden können, ist nicht jede bezüglich der Theorie wahre Proposition auch wahr im Hinblick auf jedes physikalische System in $S^T$: Eine wahre Aussage über ein aus vier Körpern bestehendes System in der Klassischen Partikelmechanik kann nicht sinnvoll für ein Zwei-Körper-System behauptet werden. Wenn die Theorie empirisch wahr ist, d. h. wenn jedoch $S^K = S^T$, dann sind die semantischen Relationen zwischen $T$ und $S^T$ auch die von $T$ und $S^K$. Jede Proposition der TFL, die von einem System in $S^T$ wahr ist, ist es auch für ein System in $S^K$. Jede Proposition, die für $S^K$ wahr ist, ist es auch für $T$. Wenn die Theorie empirisch falsch, d. h. $S^T \neq S^K$ ist, dann gibt es keine Sicherheit, daß Propositionen, die von einem kausal möglichen System wahr sind, auch für ein theorieinduziertes System wahr sind oder vice versa. Eine Proposition $\Pi$ der (logisch erweiterten) TFL, die von dem physikalischen System $S$ fak-

---

424 "For example, suppose we are predicting the velocity of a block on an inclined plane at $t'$ whose friction is negligible, and we experimentally determine at $t$ ($<t'$) the velocity is 32 ft./s. This yields the proposition 'the body has velocity 32 ft./s. at $t'$ ', which describes the phenomenon. But ... this proposition also must be taken as describing the initial state of the physical system corresponding to the phenomenon and as describing a state in the theory structure itself ... Hence amplified usage is necessary for predicting phenomena with theories." Suppe, F. (1989), S. 88/89

tisch wahr ist, ist von dem phänomenalen System *P* kontrafaktisch wahr, wenn die Replikations-Relation zwischen *P* und *S* gegeben ist.

Auf der Grundlage von Suppes Wahrheitsauffassungen wie beipielsweise der Einführung der "kontrafaktischen Wahrheit" von Propositionen ist die Semantic Conception (S) mit dem *wissenschaftlichen Realismus* nicht ohne die Vornahme von Modifikationen vereinbar. Suppe stellt die Unterschiede zwischen der Semantic Conception (S) und dem wissenschaftlichen Realismus in drei Punkten zusammen. Danach würde ein die Semantic Conception (S) vertretender wissenschaftlicher Realist behaupten,

1. daß die für *T* wahren Propositionen der TFL von den in *I* zusammengefaßten phänomenalen Systemen faktisch wahr sind, wenn die Theorie empirisch wahr ist,
2. daß die beobachtbaren wie nicht beobachtbaren Einzeldinge in *I* existieren und die - beobachtbaren wie nicht beobachtbaren - Eigenschaften haben, bezüglich derer die Parameter definiert sind,
3. daß die theoretischen Parameterwerte mögliche phänomenale Parameterwerte sind.

Wenn eine Interpretation von Theorien im Lichte des wissenschaftlichen Realismus impliziert, daß jeder theoretische Term auf reale Entitäten referiert und ihre theoretische Charakterisierung buchstäblich wahr sein soll, dann sind wohl nur wenige existierende Theorien als "realistisch" zu bezeichnen. Nach Suppes *quasirealistischer* Auffassung ist die buchstäbliche Wahrheit von Theorien nur eine Art Grenzmarkierung (limiting benchmark). Da nach 2./3. die Klasse der kausal möglichen physikalischen Systeme keine Idealisierungen enthalten kann, es aber Theorien gibt, die Idealisierungen enthalten, ist der *wissenschaftliche Realismus* zumindest deskriptiv falsch: "Basically, my position is that while theories do not offer literal descriptions of how the real world behaves, they do purport to describe how it *would* behave if the world *were* 'nice and clean'. By this I mean, how it *would be* if the parameters used to specify states were orthogonal to, or independent of, all neglected parameters not definable in terms of the incorporated theoretical parameters. Thus theories provide a counterfactual description how the world *would be if* neglected parameters *did not* influence the phenomena the theory purports to describe."[425]

---

425 Ebd. S. 348

Folgende Irrtümer von Vertretern des *wissenschaftlichen Realismus* sollen eliminiert werden:

1. Die Identifikation der empirischen und faktischen Wahrheit bzw. Falschheit einer Theorie.
2. Die Verbindung der Bezugnahme auf theoretische Entitäten in Theorien mit einer ontologischen Verpflichtung auf deren Existenz als Einzeldinge.

An Suppes Konzeption ist positiv anzumerken, daß sie ohne Distinktion des *Vokabulars* in unproblematische Basiskonzepte und problematische theoretische Terme auskommt. Die sog. verhaltensdeterminierenden Parameter der physikalischen Systeme sind die grundlegenden Parameter der Theorie, d. h. die gleichen theoretischen Terme führen sowohl zur Charakterisierung der Theorie wie auch der "harten Daten". Dennoch beruht die Anwendung der Theorie auf einer Distinktion zwischen harten Daten einer Theorie *T*. Um einen semantischen Zirkel zu vermeiden, ist es notwendig, daß die Transformation aller "Rohdaten" aufgrund *T*-externer Daten-, Meß- und Hilfstheorien erfolgt: "... a body of 'hard' data is obtained from experimentation and is taken to be relatively nonproblematic ... It is to this body of 'hard' data that the theory is applied."[426] Suppe erwähnt das Problem möglicher *T*-Theoretizität nicht. Er verlangt jedoch explizit, daß die Konversion von Daten der phänomenalen in die der physikalischen Systeme die Verwendung von Gesetzen, Theorien, Regularitäten etc. erfordert, die kein Teil der anzuwendenden Theorie sind. Dies soll unabhängig davon gelten, welche Idealisierungen mit der fraglichen Theorie verbunden werden. Kann der negative Ausgang eines Anwendungsversuchs einer Theorie auf diesen Transformationsvorgang zurückgeführt werden, ist nicht die Theorie zu verwerfen, auf deren Basis die Ergebnisse der Transformationen - die harten Daten - zu Deduktionen oder Kalkulationen benutzt wurden, sondern die externen Theorien. Dies ist insofern unproblematisch, da jene - anders als die Korrespondenzregeln im *Received View* - nicht Bestandteil der Theorie sind. Wenn die "Zweistufenkonzeption" im Prinzip[427] die Beziehungen zwischen Theorie und Empirie adäquat erfaßt, dann können letztlich auch die Korrespondenzregeln nichts anderes verbinden als die Theorie und "harte Daten". Eine Distinktion zwischen theoretischen Termen

426 Ebd. S. 63/64

427 Vermutlich ist die Verbindung bisher überwiegend programmatischer Natur.

und Beobachtungsbegriffen wäre dann überflüssig. Der grundlegende Unterschied zwischen Theorie und "harten Daten" ist nach Suppes Auffassung nicht linguistischer, sondern epistemologischer Natur. Dieser kann daher in den linguistischen Formulierungen nicht reflektiert werden: Aus diesem Grund ist der Received View nach Suppes Ansicht als inadäquat zu verwerfen.

Suppe unterscheidet explizit eine formale semantische von der *physikalischen Interpretation* von Theorien. In letzterer wird berücksichtigt, daß Theorien nicht unmittelbar auf die empirischen Phänomene, sondern auf Repräsentationen derselben, die auch idealisiert sein können, angewandt werden. Nachfolgend wird die Verwendung der kausalen Modalitäten zur Charakterisierung der Vorgänge von Abstraktion und Idealisierung diskutiert. Diese erscheint einerseits in wesentlichen Teilen als unklar und andererseits auch als problematisch. Ähnlich wie bei Cartwright soll der Vorgang der Abstraktion dem der Idealisierung notwendig vorausgehen; ähnlich wie bei Cartwright bleibt der Vorgang der Idealisierung weitgehend unspezifiziert. Abstraktionen führen zu Bedingungen, die die phänomenalen Systeme erfüllen *können*. Durch Idealisierungen werden Bedingungen formuliert, die kein phänomenales System erfüllen kann. Was für die phänomenalen Systeme kausal notwendig ist, wird durch die Gesetze der Theorie spezifiziert. Zwar wird die Theorie auf die physikalischen Systeme angewandt und auch deren Verhalten in den Gesetzen formuliert: Im Falle empirischer Wahrheit der Theorie verhalten sich die physikalischen Systeme jedoch kausal notwendig so, wie sich die phänomenalen Systeme verhalten würden, wenn die durch Abstraktionen und Idealisierungen formulierten Bedingungen auf sie zuträfen. Das idealisierte physikalische System ist als Element der Klasse der theorieinduzierten physikalischen Systeme $S^T$ eine Restriktion der Theorie und eine theoretische Entität per se. Die Theorie gibt an, welche Zustände physikalischer Systeme physikalisch möglich sind und welche nicht. In diesem Sinne müßte die Idealisierung auch von der Theorie kommen und "kausal notwendig" sein können, soweit sie einen gesetzlichen Zusammenhang ausdrückt. Dann würde das idealisierte Gesetz mit "kausaler Notwendigkeit" etwas behaupten, was für die phänomenalen Systeme, die mit den physikalischen Systemen der Theorie in replikativer Beziehung stehen, kausal unmöglich ist.

Neben der konventionellen Bestimmung dient das Begriffspaar "kausal möglich/kausal unmöglich" der zweiten allgemeinen Auszeichnung der Idealisierungen. Diese beruht auf der Unterscheidung der abstrakten von den idealisierten Replikationen: Alle Ergebnisse von Idealisierungsvorgängen korrespondieren mit theoretischen Entitäten, die sich in für phänomenale Systeme kausal unmöglichen Zuständen befinden. In diesem Sinne ist es - am Beispiel der KPM* - für die Partikel in den Bereichen der phänomenalen Systeme kausal unmöglich, für das Attribut "Masse" Parameterwerte anzunehmen, wie sie für die Zustände der korrespondierenden physikalischen Systeme spezifiziert werden. Kein Partikel in den phänomenalen Systemen in *I* ist ein Massenpunkt bzw. hat ein unendliches Gravitationspotential. Im Fall des Beispiels der - empirisch falschen - astronomischen Theorie ist es für Himmelskörper kausal unmöglich, eine zirkuläre Umlaufbahn "anzunehmen". Keine empirisch wahre Theorie behauptet, daß Partikel Massenpunkte *sind* oder *die* Planeten *die* Sonne in zirkulären Bahnen umkreisen. Allerdings ist nicht alles, was empirisch wahre Theorien *nicht* behaupten, kausal unmöglich.

Andere Idealisierungen sind relativ zu einer Theorie "kausal unmöglich". Nach Lorentz' Theorie ist es z. B. unmöglich, daß Elektronen Punktpartikel sind, weil sie sonst eine unendliche Masse oder Energie hätten. Suppe beruft sich bei der Charakterisierung der Idealisierungen auf D. Shapere.[428] Wie bereits im vorangehenden Kapitel angeführt, ist es nach Shaperes Ansicht möglich, ein Elektron so zu behandeln, *als ob* es ein Punktpartikel wäre. Da Shapere in seinen Beispielen idealisierter Entitäten solche herausstellt, die mit bestimmten Theorien inkompatibel sind, könnte Suppe unter "kausal unmöglich" auch $T^i$-unmöglich verstehen, während die Idealisierung in der Theorie $T^j$ ($j \neq i$) verwandt wird (wobei $T^i$ und $T^j$ beliebige Theorien sind). Shapere hat Beispiele dafür gegeben, wie solche Widersprüche - z. B. durch Änderung der Definition des "perfekt festen Körpers" - umgangen werden können. Der spezielle Inhalt der Definition kann mit anderen Theorien kompatibel gemacht werden. Im Falle des vorgenannten Körpers wurde die klassische Definition auf Bereiche eingeschränkt, in denen keine externen Kräfte wirken bzw. eine der Speziellen Relativitätstheorie angepaßte Fassung der Definition entwickelt. Dieses Vorgehen fällt um so leichter, da keine "... of the sharpened idealizations of theoretical physics is to be thought of as actually existing - they are like the point of Euclidean geometry."[429]

Idealisierungen werden auch nach Suppes Ansicht konventionell festgesetzt, z. B. durch Nominaldefinitionen. Jede Idealisierungskonvention ist zulässig, wenn sie begründet werden kann - selbst wenn diese mit anderen Theorien nicht vereinbar ist. Shapere zeigt mit möglichen Änderungen der

---

428 Nach Shapere (1969) können theoretische Entitäten in Theorien ohne ontologische Verpflichtung benutzt werden. In diesem Sinne interpretiert Suppe die idealisierten Replikationen.

429 Shapere, D. (1969), S. 137. Shapere zitiert J. L. Synge.

Definitionen eine Folge der konventionellen Bestimmung von Idealisierungen auf, aus der sich keine Basis für die Interpretation dessen ergibt, was unter "kausal möglich/kausal unmöglich" überhaupt verstanden werden kann.

Suppes Beispiel einer mikroökonomischen Idealisierung läßt weitere Interpretationsprobleme bezüglich des Begriffspaares "kausal möglich/kausal unmöglich" entstehen. Bezüglich idealisierter mikroökonomischer Systeme soll es nicht als kausal unmöglich gelten, sich in Gleichgewichtssituationen zu befinden; vielmehr seien nur "häufig" keine Gleichgewichtssituationen auf den Märkten anzutreffen:"... this idealized situation often fails to obtain in the market."[430] Nach dieser Charakterisierung ist das Auftreten einer Situation vollkommenen oder perfekten Wettbewerbs nicht kausal unmöglich; es dürfte sich nach Suppes Kriterien bei dem ökonomischen System folglich "nur" um eine abstrakte Replikation handeln. Eine Situation perfekten Wettbewerbs kann mit einer vollkommen elastischen Nachfragekurve der Einzelunternehmungen identifiziert werden. Notwendige Bedingungen sind z. B. das Vorliegen vollkommener und kostenloser Informationen, die ohne jede Zeitverzögerung erhältlich und verarbeitbar sind. Unter ungewöhnlichen Bedingungen ist die - kurzfristige - Realisierung einer solchen Situation denkbar. Damit wird bei Suppe jedoch unklar, was er meint, wenn es für phänomenale Systeme kausal unmöglich sein soll, die Bedingungen eines idealisierten Systems zu erfüllen. Soll die Entscheidung bezüglich jedes einzelnen phänomenalen Systems und nicht im Hinblick auf die zur Anwendung kommende Theorie getroffen werden, also aus einer Mikroperspektive? Dann wäre für bestimmte Robinson-Crusoe-Ökonomien eventuell etwas kausal möglich, was für die meisten anderen Märkte unmöglich ist. Bezüglich jedes einzelnen phänomenalen Systems müßte entschieden werden, was eine Idealisierung ist. Suppe selbst schließt diese Interpretation jedoch aus: "Cases of idealization also involve abstraction, but in a way that imposes conditions on the phenomena which are causally impossible for *any* phenomena to meet."[431]

Da die Phänomene in allen kausal möglichen Welten liegen können, die den Gesetzen der Theorie nicht widersprechen, müssen die Idealisierungen nicht nur relativ zu einer einzelnen Welt, sondern relativ zu allen kausal möglichen Welten ausgezeichnet werden. Möglicherweise will Suppe den einzelnen Fachwissenschaften überlassen, was sie - bezüglich der Idealisie-

430 Suppe, F. (1989), S. 154

431 Ebd. S. 96. Hervorhebung von mir.

rungen - als kausal möglich ansehen wollen. Insgesamt bleiben im Hinblick auf eine Charakterisierung von Idealisierungen mittels kausaler Modalitäten Fragen offen. Auch die Integration der Semantik von Idealisierungen in eine Semantik möglicher Welten steht noch aus. Dieses gilt auch für die physikalische Interpretation kausaler Modalitäten der phänomenalen Systeme und damit für die Spezifikation der Menge *I* für eine Theorie.

Suppe übernimmt von Shapere die Auffassung, daß nicht alle theoretischen Terme Entitäten-bezeichnende-Terme (entity terms) oder Terme sind, die Nichtidealisiertes wie Eigenschaften, Prozesse oder das Verhalten der Entitäten denotieren. Idealisierungen-bezeichnende-Terme (idealization terms) referieren nach Shaperes Ansicht selbst nicht, sind aber mit Termen, die referieren, wenigstens indirekt verknüpft: "Thus their reference to existing things ... is indirect."[432] Shapere macht einen Unterschied zwischen Entitäten, die aus wissenschaftlichen Gründen existieren können oder nicht und Idealisierungen, die aus Gründen der Annehmlichkeit eingeführt werden: "... for the sake of dealing with certain scientific problems, it is possible and convenient to 'idealize' that entity."[433] Daher ist ein möglicher Ausgangspunkt der Idealisierung eine Entität, welche existieren kann, und ein Ergebnis der Idealisierung ist eine Entität, die nicht existieren kann. Bei Anwendung der Theorie - der Konstruktion eines replikativen physikalischen Systems - ist der Ausgangspunkt der Idealisierung die Repräsentation eines phänomenalen Systems. Dieses kann in seinem Bereich Entitäten enthalten, die nach dem *Received View* als "theoretische Entitäten" bezeichnet würden, wie z. B. Elektronen. In Suppes Konzeption sind Elektronen als Einzeldinge mögliche Elemente des Bereichs eines phänomenalen Systems. Hier zeigt sich auch die Bedeutungsveränderung des Begriffs "theoretische Entität" relativ zum *Received View*, der bei Suppe ohne Bezugnahme auf Beobachtbarkeit oder eine Sprache entwickelt ist.

Wenn die Idealisierungen *T*-induziert sind, dann existiert - modelltheoretisch - eine Klasse $S^T$ theoretischer Entitäten - auch ohne ontologische Verpflichtung und unabhängig von der Antwort auf die Frage, ob diese auch Replikationen phänomenaler Systeme sind. Diese Frage entsteht jedoch im Zusammenhang mit der nach der Empirizität von *T*. Die Theorie gilt als empirisch wahr, wenn die Klasse theoretisch induzierter physikalischer Systeme und die Klasse empirisch induzierter physikalischer Systeme identisch sind. Obwohl empirische und faktische Wahrheit bei Suppe

432 Shapere, D. (1969), S. 150
433 Ebd. S. 149

auseinanderfallen und eine Einzelfallbestätigung von $T$ auf der Erfüllung der Replikations-Relation beruht, d. h. eine bezüglich des physikalischen Systems $S$ wahre Proposition $\Pi$ von dem phänomenalen System $P$, mit dem $S$ korrespondiert, nur "kontrafaktisch wahr" sein kann, ist es fraglich, ob idealisierte Theorien nach Suppes Konzeption im Einzelfall empirisch bestätigt oder sogar empirisch wahr sein können. Suppe selbst bezeichnet die Klassische Partikelmechanik* und die idealen Gasgesetze als empirisch falsch, ohne die Gründe dafür im einzelnen zu diskutieren. Wenn die Klassische Partikelmechanik* nicht empirisch wahr ist, dann erfüllt sie die Bedingungen (b) oder (c) von Suppes Definition empirischer Wahrheit nicht. Gilt (b) nicht, sind die ermittelten physikalischen Systeme KPM*-unmöglich. Sie sind zwar Replikationen der jeweiligen phänomenalen Systeme aus $P^* \subset I$ und damit mögliche Modelle, aber keine Modelle von KPM*. Ist (c) nicht erfüllt, dann stimmen die Zustände der physikalischen Systeme nach den Vorhersagen der Theorie nicht mit den Ermittlungen der aktuellen Zustände überein, d. h. sie sind keine Replikationen der jeweiligen phänomenalen Systeme. Daß Suppe Idealisierungen aus der Bedingung (b) der Definition empirischer Wahrheit nicht generell ausgeschlossen hat, läßt vermuten, daß das Vorhandensein von Idealisierungen nicht bei jeder Interpretation der kausalen Modalitäten hinreichend für die empirische Falschheit der idealisierten Theorie sein soll.

Bei der Ermittlung der aktuellen Zustände wird der übliche Meßfehler als normal- oder Chi-Quadrat-verteilt unterstellt. Wie der "Surplus-Bias", der durch die Idealisierung entstehen kann, in Suppes Theorie der Daten berücksichtigt wird, ist unklar. Ohne entsprechende Theorien der Abweichung (die Hilfstheorien) gibt es keine Hinweise auf die vorzunehmenden Änderungen der Daten (Parameterwerte). Allerdings sind die Hilfstheorien auch kein Garant erfolgreicher bzw. korrekter Kalkulation des "Surplus-Bias", da diese auch idealisiert sein können. Suppe weist selbst darauf hin, daß die idealisierten Bedingungen der Hilfstheorien erfüllt sein müssen, sollen diese erfolgreich zur Anwendung kommen.[434] Wie sich an dem Beispiel aus der Mikroökonomik zeigt, werden die Existenz und die gegenwärtigen Möglichkeiten solcher Hilfstheorien in der Ökonomik von Suppe überschätzt. Andere Probleme, wie die Gefahr eines Regresses idealisierter Hilfstheorien, setzen zumindest deren Existenz voraus.

In manchen Fällen kann es sich als unmöglich erweisen, Daten für die physikalischen Systeme zu erhalten. In diesem Fall gelingt es mit keiner

---

434 Vgl. Suppe, F. (1989), S. 167, Fußnote 6

experimentellen Methodologie, zu "reduzierten" oder sog. harten Daten zu gelangen. Dann ist es nicht möglich festzustellen, in welchen Zuständen $s_1$, ..., $s_l$ ein physikalisches System $S$ in den Zeitpunkten $t_1$, ..., $t_l$ ist. In solchen Fällen kann bezüglich einer Theorie $T$ nicht festgestellt werden, ob die Bedingung (b) erfüllt ist. Dennoch muß sie nicht als empirisch sinnlos angesehen werden, sondern kann als sog. begrifflicher Kunstgriff sogar empirische Theorien induzieren.[435]

Eine Theorie $T$ jedoch *nur* als "begrifflichen Kunstgriff" zu bezeichnen, die immerhin für eine Teilmenge von $I$ als "empirisch wahr" gilt, erscheint als zu restriktiv. Die Restriktion liegt eher darin, daß die Theorie im Fall ihrer empirischen Wahrheit kein begrifflicher Kunstgriff sein soll, als darin, daß sie es im Fall beschränkter Anwendungsfälle ist. Kontraintuitiv ist es, wenn eine solche Theorie dann zusätzlich als "approximativ wahr" - eigentlich müßte es "approximativ empirisch wahr" heißen - bezeichnet wird. Nach Suppe sind z. B. die idealen Gasgesetze in diesem Sinne approximativ wahr, d. h. sie gelten nur für eine eingeschränkte Menge $I' \subset I$. Die Auszeichnung einer Theorie als "approximativ empirisch wahr" ist davon abhängig, daß für eine nichtleere Teilmenge $I' \subset I$ die Bedingungen (a) - (c) erfüllt sind. Es wäre einleuchtender, wenn Suppe für diesen Fall z. B. die Bezeichnung "eingeschränkt empirisch wahr" vergeben hätte, da an diesem nichts Approximatives ist: Bezüglich $I'$ ist die Theorie empirisch wahr, bezüglich $I \setminus I'$ empirisch falsch. Es gibt hier keine Approximation.

Suppes Version der Semantic Conception ist eine Theorienkonzeption, die mit dem epistemologischen Hintergrund Galileischer Idealisierung harmonieren könnte. Sie bietet nicht nur den formalen rekonstruktiven Ansatz, sondern auch eine Metatheorie des Verhältnisses der Theorie bzw. der theoretischen Entitäten zu dem, was ihr "außerhalb" ist (den phänomenalen Systemen), d. h. eine Metatheorie der physikalischen Interpretation. Das Verhältnis der Theorie zur Welt muß epistemologisch gedeutet werden - das ist die Konsequenz, die Suppe aus seiner Kritik des *Received View* gezogen hat und als Voraussetzung jeder alternativen Konzeption setzt. Die Theorie induziert eine Menge $S^T$ theoretischer Entitäten; der Versuch ihrer Anwendung liefert mit der Menge $S^K$ empirisch vermittelte theoretische Entitäten: die abstrakten oder idealisierten Replikationen phänomenaler Systeme. Zumindest empirisch wahre Theo-

435 Für Hausman hat z. B. die Allgemeine Gleichgewichtstheorie einen derartigen heuristischen Wert, da sie zur Entwicklung sog. empirischer ökonomischer Theorien geführt habe. Vgl. Hausman, D. M. (1984)

rien stehen damit zwar überwiegend in kontrafaktischer, aber dennoch in über die Gesetze genau spezifizierbarer Beziehung zu den Phänomenen: Die kontrafaktische Replikations-Relation gibt an, wie sich die Verhältnisse in der aktuellen Welt darstellen würden, wenn diese "nice and clean" wäre. Wenn Idealisierungen hier mit einbezogen sind, dann könnte dies die Kommensurabilität bzw. die epistemologische Relevanz der Idealisierung für die aktuelle Welt ausdrücken. Eine Verbindung zwischen Suppes Version der Semantic Conception und der Konzeption der Galileischen Idealisierung ist unschwer zu erstellen: Die idealisierten Replikationen beruhen auf der Idealisierung von Attributen, die den Einzeldingen als intrinsische Merkmale in dem Bereich der replizierten phänomenalen Systeme zuschreibbar sind. Der Ausgangspunkt der Idealisierung ist formal das phänomenale System in seiner "gesamten Komplexität" bzw. dessen - fiktive - Repräsentation I. Der eigentliche - epistemologische - Ausgangspunkt der Idealisierung ist jedoch die Theorie. Sie gibt vor, welche Merkmalskomplexe zu abstrahieren und welche Idealisierungen durchzuführen sind. Sie gibt an, wie die Repräsentationen der konkreten phänomenalen Systeme im Einzelanwendungsfall zu deformieren sind. Idealisierung kann nur relativ zu ihrer Funktion für Theorien adäquat erfaßt werden.

Die Unzulänglichkeit von Nowaks jüngster Konzeption zeigt sich gerade darin, daß sie die Idealisierung von der Theorie abkoppelt und auf individuelle "Ideen" in einem Universum *U'* beschränkt. Die Unzulänglichkeit von Suppes Konzeption könnte dann aus der Perspektive Galileischer Idealisierung darin bestehen, daß sie der Idealisierung keine epistemologische Rolle zuweist und daher auch keine ausreichende Verbindung zur Theorie herstellt. Denn es bleibt unklar, was den Vorgang der Idealisierung eigentlich ausmacht ("... the process of abstraction from the phenomena goes one step further"[436]). Außer dem Hinweis auf konventionelle Aspekte gibt es keine Auskunft darüber, wie, warum und welche mutmaßlich intrinsischen Merkmale der Einzeldinge idealisiert werden. Das ist kein prinzipieller Nachteil für eine rekonstruktive Theorienkonzeption, die Explikate für Begriffe wie "Theorie" oder auch "idealisierte Theorie" liefert. D. h. eine solche Konzeption muß (idealisierte) Theorien rekonstruieren können, aber den Begriff der Idealisierung selbst nicht explizieren. Suppe will jedoch weit mehr als Theorienstrukturen spezifizieren. Er will eine physikalische Interpretation von Theorien auf Basis des sog. Quasi-Realismus in eine allgemeine Theorie wissenschaftlichen Wissens integrieren. Auf

436 Suppe, F. (1989), S. 65

diesem Hintergrund ist eine Charakterisierung der Idealisierungen unter rein konventionellen Gesichtspunkten unbefriedigend. Suppe erwägt sogar die Möglichkeit der Änderung der zu rekonstruierenden Theorie. Anstelle der physikalischen Interpretation der originären idealisierten Theorie KPM* soll die der "idealisierungsfreien" KPM die "kontraintuitive" Schlußfolgerung vermeiden helfen, daß die Klassische Partikelmechanik aufgrund der in ihr enthaltenen Idealisierung nicht empirisch wahr sein kann. Eine Differenzierung zwischen einer nichtidealisierten KPM und einer idealisierten KPM*, um die bestehende Definition empirischer Wahrheit aufrechtzuerhalten, erinnert an die methodologischen Umgangsweisen einzelner Vertreter in der Tradition der Wissenschaftsphilosophie des Logischen Empirismus (beispielsweise an die von Barr vorgenommene Trennung zwischen "idealisierungsfreiem" Gesetz und idealisierten Antecedensbedingungen) mit dem Problem der Idealisierung. Dabei hat Suppe möglicherweise folgendes Problem: Wenn die idealisierte Theorie empirisch wahr ist, dann wird von ihr aus der Menge aller logisch möglichen Zustände eine Teilmenge von physikalisch möglichen Zuständen ausgesondert, die für phänomenale Systeme kausal unmöglich sind. Die von der Theorie determinierten Parameterwerte sind keine für phänomenale Systeme kausal möglichen Werte. D. h. wenn idealisierte Theorien empirisch wahr sein können, dann wird etwas als für die phänomenalen Systeme kausal Unmögliches zugleich als physikalisch möglich und - indirekt über die Abbildungs-Beziehung (*) vermittelt - auch als kausal notwendig bezeichnet.

Die Stärken von Suppes Konzeption der physikalischen Interpretation von Theorien scheinen mehr im Verständnis von Abstraktionen als von Idealisierungen zu liegen. Die Verwendung von kausalen Notwendigkeitsoperatoren ist in Verbindung mit abstrakten Replikationen weniger problematisch als bei idealisierten Replikationen. Ein Grund dafür ist die Interpretation der abstrakten Replikations-Relationen: Jedes Attribut, das in jedem möglichen Modell der Theorie enthalten ist, ist ein Attribut eines phänomenalen Systems. Die Regularitäten können daher an den gleichen Attributen festgemacht werden. Dies erleichtert die Feststellung des Bestehens der replikativen Beziehung. Auch die Ermittlung der "harten" Daten bezüglich dieser Attribute dürfte prinzipiell weniger schwierig sein als bei deren idealisierter Repräsentation. Schließt Suppe die Idealisierungen aus seiner Definition empirischer Wahrheit aus, dann kann etwas physikalisch Mögliches (ein theorieinduziertes System) und kausal Notwendiges (ein Gesetz) nur zugleich für etwas kausal Mögliches (ein abstraktes System) gelten.

Suppe kündigt die "... deep ultimate epistemological defense"[437] seiner Theorienkonzeption und ihrer sog. quasirealistischen Epistemologie in einem in Vorbereitung befindlichen Buch (Facts, Theories, and Scientific Observation) an. Die sog. quasirealistische Interpretation von Theorienstrukturen ("Theories characterize how phenomenal systems would behave if they were isolated from outside influences"[438]) erfordert seiner Ansicht nach die Entwicklung einer quasirealistischen Theorie wissenschaftlichen Wissens; ein Bestandteil dieser Theorie soll sich mit der physikalischen Interpretation kausaler Modalitäten befassen.

Die Semantic Conception (S) ist kein allgemeines Konzept der Rekonstruktion idealisierter Theorien:

1. Suppe hat erfaßt, daß die Bestimmung der Semantik einer Theorie ein epistemologisches und kein linguistisches Problem ist. Da er eine sog. quasirealistische Theorie wissenschaftlichen Wissens anstrebt, war die Entwicklung einer epistemologisch neutralen Theorienauffassung nicht sein Ziel[439] und daher nicht zu erwarten. Dies macht sich in einer ganzen Reihe von Konzeptionen bemerkbar, die für *diese* Version der Semantic Conception konstitutiv sind: Regularität, kausale Modalitäten in Verbindung mit einer Semantik möglicher Welten, physikalische Konkreta, Antinominalismus, Mengen Natürlicher Arten, Quasi-Realismus für Theorien, Definitionen faktischer und empirischer Wahrheit, die Einführung von "kontrafaktischer Wahrheit".
2. Suppe will die Relevanz der Vorgänge der Idealisierung und der Abstraktion bei der Theorienbildung und -anwendung berücksichtigen. Es wurde jedoch nicht gezeigt, daß auch der Vorgang der Idealisierung bzw. dessen Ergebnis - im Sinne der Galileischen Idealisierung - epistemologisch relevant ist. Dazu bedürfte es u. a. der Einbeziehung der Idealisierungen in die Interpretation der sog. Abbildungs-Beziehung (*). Vermutlich ist in der Semantic Conception (S) nur der Vorgang bzw. das Ergebnis der Abstraktion epistemologisch relevant.
3. Es konnte nicht gezeigt werden, daß durch die Verwendung kausaler Modalitäten für eine Differenzierung zwischen Abstraktion und Idealisierung etwas Zusätzliches gewonnen wird. Schon die Diskussion der Deformationstypologie nach Nowak ergab, daß der Extremfall ne-

---

437 Ebd. S. 297

438 Ebd.

439 "This book is concerned with developing a *quasi-realistic* version of the Semantic Conception of Theories." Ebd. S. 5. Hervorhebung von mir.

gativer Potentialisierung - die Reduzierung von Eigenschaftsausprägungen und Einflußfaktoren in einer Repräsentation auf den negativen Extremwert - nicht hinreichend für Idealisierung ist. Eine Deformation z. B. einer Merkmalsausprägung, die kontrafaktisch relativ zu den möglichen Repräsentationen von Elementen eines über die aktuelle Welt determinierten Universums *U* ist, ist - bei Berücksichtigung entsprechender pragmatischer Aspekte - hinreichend. Möglicherweise kann durch Verwendung kausaler Modalitäten eine Explikation für Idealisierungen erreicht werden, die keiner pragmatischen Anteile bedarf. Vermutlich wird stattdessen die Stärkung metaphysischer Voraussetzungen nötig sein.

4. Metaphysik ist eine Basis der Pragmatik der Idealisierung in den Erfahrungswissenschaften; es ist jedoch fraglich, ob sie auch eine Basis der Rekonstruktion erfahrungswissenschaftlicher Theorien sein sollte: Wenn in den Fachwissenschaften kausale Modalitäten bei der Differenzierung zwischen Idealisierungen und Abstraktionen vorausgesetzt werden, sollte das Ergebnis in der Rekonstruktion berücksichtigt werden können. Wenn in den Fachwissenschaften Idealisierungen auf der Basis anderer Formen kausalistischer, essentialistischer oder realistischer Metaphysik ausgezeichnet werden, sollte das Ergebnis ebenfalls rekonstruiert werden können. Es ist daher von Vorteil, wenn der metatheoretische rekonstruktive Ansatz epistemologisch neutral ist, um seine eigene Anwendbarkeit nicht selbst zu beschränken. Bezüglich der Unterscheidung zwischen abstrakten und idealisierten Replikationen setzt dies die Fähigkeit der Inkorporation auch differierender Auffassungen bezüglich der physikalischen Interpretation von Theorien voraus. Im Hinblick auf Suppes Version der Semantic Conception müßte eine Vereinbarkeit der physikalischen Interpretationen in jedem Fall gezeigt werden.
5. Es empfiehlt sich daher, die Semantic Conception (S) als das anzusehen, was sie sein soll: eine Allianz dieser Theorienkonzeption mit der sog. quasirealistischen Theorie wissenschaftlichen Wissens oder - anders formuliert - als eine epistemologische Spezialisierung der Semantic Conception. Abgesehen davon, daß die Explikation ihrer grundlegenden metaphysischen Konzepte im Kontext der abstrakten und idealisierten Systeme noch aussteht, ist sie als *allgemeiner* Ansatz der Rekonstruktion idealisierter wie nichtidealisierter erfahrungswissenschaftlicher Theorien nicht geeignet.

## 3. 3 Der Strukturalismus

Dieses Kapitel zerfällt in drei Teile: Im ersten werde ich zeigen, daß Approximation keine analytische Grundlage für die Explikation des Idealisierungsbegriffs innerhalb der strukturalistischen Theorienauffassung ist. Dazu wird die strukturalistische Explikation des Approximationsbegriffs kurz vorgestellt. Im zweiten Teil versuche ich, die strukturalistische Theorienauffassung und das Konzept *Galileischer Idealisierung* zu verbinden. Im dritten Teil werden *Strukturalismus* und die *Semantic Conception* in der Version von F. Suppe im Hinblick auf einige der in dieser Arbeit thematisierten Aspekte verglichen.[440]

Für viele Vertreter des Strukturalismus ist die Rekonstruktion empirischer Theorien eine, wenn nicht die zentrale Aufgabe der Wissenschaftstheorie. Sie soll insbesondere der Beantwortung der Frage nach der Struktur *empirischen Wissens* dienen. Dazu bedarf es sowohl einer Analyse der Struktur als auch der Semantik einer Theorie. Die Struktur bzw. der formale Kern der rekonstruierten Theorie basiert auf ihrer Axiomatisierung in informeller Mengenlehre. Ein mengentheoretisches Prädikat ist das *informelle mengentheoretische* Pendant der Axiomatisierung einer Theorie im *Received View* durch bzw. nach Übersetzung in eine formale Sprache. Die Semantik der Theorie wird einerseits durch die Beziehungen der Theorien untereinander und andererseits durch die Beziehungen der Theorie zu dem, was ihr "ultimate semantical ground"[441] genannt werden kann, bestimmt. Der semantische Grund für eine Theorie *T* sind Entitäten, die keine Theorien sind, z. B. physikalische oder ökonomische Systeme (die physikalische Objekte, Individuen, Relationen, Handlungen etc. "enthalten").[442] Ähnlich wie P. Suppes und F. Suppe[443] kritisieren auch Vertreter des *Strukturalismus* am *Received View*, daß die Semantik einer Theorie durch die Angabe von Interpretationsfunktionen, Zuordnungsregeln und operationalen Definitionen nur unzulänglich bestimmt werden kann. Die Semantik erfahrungswissenschaftlicher Theorien wird als komplexer als die formaler Systeme (Kalküle) aufgefaßt. Der benötigte "surplus of seman-

---

440 Alle von mir in diesem Kapitel verwendeten, für die strukturalistische Theorienauffassung konstitutiven, Begriffe werden in Balzer, W./Moulines, C. U./Sneed, J. D. (1987) erläutert.

441 Moulines, C. U./Sneed, J. D. (1979), S. 62

442 Anders als im "state space approach" steht die Rekonstruktion von physikalischen Theorien und deren Beschreibung der Entwicklung der (physikalischen) Systeme im Zeitablauf nicht im Vordergrund. Vgl. van Fraassen, B. C. (1972)

443 Vgl. z. B. Suppes, P. (1967) und Suppe, F. (1977)

tics"[444] wird bei Suppes durch die Verbindung der Theorie mit Meßtheorien mittels eines sog. Repräsentationstheorems, im *Strukturalismus* durch die Verwendung eines modifizierten sog. *Ramsey-Sneed-Satzes,* angeboten. Fundamentale Meßtheorien gelten für die Bestimmung der Semantik als nicht ausreichend, weil die Bedeutung *T*-theoretischer Begriffe ohne Bezugnahme auf andere Theorien erklärt und durch intertheoretische Relationen die Bedeutung der *T*-theoretischen Begriffe der beteiligten Theorien ebenfalls ohne Bezugnahme auf eine externe Meßtheorie geändert werden kann.

Die Semantik gilt als nicht streng von der Pragmatik abgrenzbar. Beispielsweise wird nach Stegmüllers Auffassung durch die strukturalistische Deutung der Theoretizität zugleich eine partielle Erläuterung der Gleichsetzung von "Bedeutung" und "Gebrauch", d. h. des Gebrauches der Gesetze, die den Term enthalten, gegeben.[445]

Ein Ergebnis der strukturalistischen Antwort auf die Frage "Was ist eine erfahrungswissenschaftliche Theorie?" ist die Ersetzung des Begriffs "Theorie" durch eine Reihe nichtäquivalenter Begriffe wie "Theorie-Element" oder "Theorie-Netz". Ich werde mich vorerst auf synchronische Theorie-Elemente und deren sog. empirische Behauptungen beschränken und erst weiter unten auch auf die *diachronische* Struktur von Theorien, soweit sie im Strukturalismus rekonstruiert wird, eingehen. In diesem Zusammenhang werden die für die diachronischen Theorienstrukturen relevanten Grundbegriffe eingeführt.

Theorie-Elemente und idealisierte Theorie-Elemente unterscheiden sich darin, daß bei ersteren wesentlich der Vorgang der Approximation bei der Anwendung des Theorie-Elementes bzw. dessen Kernes berücksichtigt wird:

(1) "*T* is an *idealized theory-element* iff there exist *Mpp*, *Mp*, *M*, *GC*, *GL* and *I* such that
    (1) $K = \langle Mp, M, Mpp, GC, GL \rangle$ is a theory-core
    (2) $T = \langle K, I \rangle$
    (3) $I \subseteq Mpp$"[446]

---

444 Moulines, C. U./Sneed, J. D. (1979), S. 78

445 Vgl. Stegmüller, W. (1980), S. 180

446 Balzer, W./Moulines, C. U./Sneed, J. D. (1987), S. 89

Ein Theorie-Element ist ein geordnetes Paar von dem formalen Theorie-Kern *K* und der Menge der Intendierten Anwendungen *I*. *Mpp* steht für die Klasse der partiellen potentiellen Modelle, *Mp* für die Klasse der potentiellen Modelle, *M* für die Klasse der Modelle, *GC* für die Klasse der "Global Constraints" und *GL* für die der "Global Links". *I* ist wesentlicher Bestandteil jeder Version der rekonstruierten Theorie.

Das Epitheton "idealisiert" soll zum Ausdruck bringen, "... that such theory-elements still are *not* realistic in a sense, namely insofar as they do not express and take into account the fact that practically all empirical theories contain features of approximation. ... Mature theories usually are built out of several such idealized theory-elements."[447]

Um die sog. exakte empirische Behauptung des idealisierten Theorie-Elementes anzugeben, werden aus der Potenzmenge der Menge potentieller Modelle *Pot*(*Mp*) die Mengen $cn(K)$ und $Cn_{th}(K)$ selektiert:

(2) "If $K = \langle Mp, M, Mpp, GC, GL \rangle$ is a theory-core then

(a) $cn(K) := M \cap GL$

(b) $Cn_{th}(K) := Pot(M) \cap GC \cap Pot(GL)$"[448]

"$cn(K)$" wird auch als "isolierter Gehalt" (isolated content) des Kerns bezeichnet; diese Menge enthält alle Modelle, die zugleich in *GL* sind. Der sog. theoretische Gehalt des Kerns $Cn_{th}(K)$ enthält alle Modelle, die die Links und Constraints erfüllen. Jedem potentiellen Modell, in dessen Begriffsrahmen (conceptual framework) die *T*-theoretischen Relationen gestrichen werden, kann genau ein partielles potentielles Modell zugeordnet werden - nämlich jenes, das durch Streichung dieser Relationen entsteht. Die sog. Restriktionsfunktionen $r(K)$, $\underline{r}(\underline{K})$ bzw. $\underline{\underline{r}}(\underline{\underline{K}})$[449] repräsentieren die Streichung der *T*-theoretischen Terme im Begriffsrahmen der Theorie. Mittels der Funktion $\underline{\underline{r}}(\underline{\underline{K}})$: $Pot(Pot(Mp)) \rightarrow Pot(Pot(Mpp))$ wird in (3) der sog. Gehalt des Kerns ($Cn(K)$) definiert. Dieser wird dem sog. theoretischen Gehalt des Kerns ($Cn_{th}(K)$) gegenüber gestellt.

(3) "If $K = \langle Mp, M, Mpp, GC, GL \rangle$ is a theory-core then

$Cn(K) := \underline{\underline{r}}(\underline{\underline{K}})(Cn_{th}(K))$"[450]

---

447 Ebd.

448 Ebd. S. 82

449 Die Unterstreichungen bringen zum Ausdruck, daß die Streichung der *T*-theoretischen Terme auf unterschiedlichem mengentheoretischen Niveau durchgeführt wurde.

450 Balzer, W./Moulines, C. U./Sneed, J. D. (1987), S. 85

Eine Menge *Y* gehört zum Gehalt von *Cn*(*K*), wenn alle Elemente von *Y*, das heißt alle partiellen potentiellen Modelle in *Y*, mit theoretischen Termen zu potentiellen Modellen, d. h. zu Elementen einer Menge *X*, ergänzt werden können ($X \in Pot(M) \cap GC \cap Pot(GL)$), so daß gilt:

- alle Elemente von *X* sind Modelle,
- alle Elemente von *X* erfüllen die Links,
- *X* erfüllt die Constraints.

Theorie-Elemente bzw. deren Kerne sind die kleinsten Einheiten eines Theorie-Netzes, die zur Formulierung sog. empirischer Behauptungen verwendet werden können. Eine solche Behauptung besteht - linguistisch formuliert - in dem Satz, daß die Menge der Intendierten Anwendungen *I* zum Gehalt von *K*, d. h. zu *Cn*(*K*), gehört:

(4) "If $T = \langle K, I \rangle$ is a theory-element then the *idealized empirical claim* of *T* is that $I \in Cn(K)$"[451]

Das Problem der Idealisierung entsteht nach strukturalistischer Auffassung durch den Grad der Ungenauigkeit, mit der Theorieanwendungen unvermeidlich konfrontiert sind. Es sind die Beziehungen der Theorie zu dem, was ihr "außerhalb" ist, was die Ungenauigkeit und damit in Folge die Approximation als Versuch, dem zu begegnen, hervorruft: "... scientific laws and theories can be applied to reality only up to a certain degree of approximation."[452] Eine angemessene Rekonstruktion einer Theorie muß daher grundsätzlich das Problem der nur approximativen Geltung aller Theorien berücksichtigen, soll aus der "Philosophy of Science" keine "Philosophy of Science Fiction" werden: "It is science fiction to assume that a theory will ever be supposed to apply with absolute exactness."[453] Vier Haupttypen der Approximation werden zu diesem Zweck unterschieden:

1. Approximation bei der Modellkonstruktion
2. Approximation bei der Anwendung
3. Gesetzesapproximation
4. intertheoretische Approximation[454]

---

451 Ebd. S. 91
452 Ebd. S. 324
453 Ebd. S. 333
454 Ebd. S. 325

Approximation bei der Modellkonstruktion - im folgenden $A_1$ genannt - entsteht, wenn empirische Daten innerhalb eines Begriffsrahmens systematisiert werden sollen, d. h. ein System als Element der Menge *Mp* oder *Mpp* beschrieben[455] werden soll. Für diese Beschreibung "... we have to make some 'idealizations' and 'simplifications' (read: approximations) in order to obtain a manageable model. In our terms, this is the case when we start constructing a potential model or a partial potential model out of some given empirical data. For example, we approximate the motion of a macroscopic body by considering it as a particle on a continuous path; or from a finite number of geodetical measurements we conclude that the earth is an ellipsoid - thereby forgetting all its mountains and valleys; or we consider a visible light ray in our room as representing a geometrical straight line."[456]

Modelle und potentielle Modelle des Theorie-Elementes unterscheiden sich nicht durch die verwendeten Begriffe, sondern nur in der Hinsicht, daß die Modelle auch das Gesetz des Theorie-Elementes - unter Berücksichtigung der Constraints und Links - erfüllen. Approximation bei der Anwendung - im folgenden $A_2$ genannt - beruht auf der Frage, ob das Ergebnis von $A_1$ selbst ein Modell oder Modellen relativ *ähnlich* sein kann: "For example, we try to make plausible that the body falling in front of us is a case of Galilei's law of free fall, or that the earth's motion around the sun obeys the law of gravitation, or that we can apply the law of reflection to a(n) (idealized) ray of sun light."[457]

Wenn zwei Gesetze in dem gleichen Begriffsrahmen formuliert sind, können sie ebenfalls in einer approximativen Beziehung zueinander stehen. Gesetzesapproximation - im folgenden $A_3$ - gilt als eine rein theoretische Angelegenheit, "... a paper-and-pencil-operation, as P. W. Bridgman would say", die keine Berücksichtigung empirischer Daten erfordert: "... we are only doing mathematics within the theory."[458] Galileis Fallgesetz gilt in diesem Sinne als Approximation des Newtonschen Gravitationsgesetzes oder das ideale Gasgesetz als Approximation des Van-der-Waals-Gesetzes.

---

455 In Balzer (1982) wird zwischen der *Erfassung* eines realen Systems durch ein potentielles oder partielles potentielles Modell und dessen *Beschreibung* unterschieden und der ersten Formulierung der Vorzug gegeben, da letztere eine Beziehung zwischen einem "Original" und dessen "beschriebenem Abbild" andeute, die "... für ein Verständnis der Beziehung von 'Realität' und 'Modell' nicht hilfreich, eher irreführend" sei. Die Formulierung der "Beschreibung von etwas" verwende ich nicht in dem Sinn eines Abbildes, sondern dem der Erstellung einer Repräsentation. Vgl. Balzer, W. (1982), S. 291

456 Balzer, W./Moulines, C. U./Sneed, D. J. (1987), S. 325

457 Ebd. S. 325/326

458 Moulines, C. U. (1976), S. 204 und 205

Der "... 'approximation trick' consists in changing (and fixing) the value of some magnitude appearing in the law"[459]; er besteht bei dem letztgenannten Beispiel in der Nullsetzung der Konstanten *a* und *b*. Das einfachere Gesetz - "einfacher" im Hinblick auf die Anwendung - gilt als das - ebenfalls im Hinblick auf die Anwendung - weniger exakte. Die Steigerung der Exaktheit eines Ausdrucks ist jedoch nicht nur nicht hinreichend für Gesetzesartigkeit, sondern kann sogar in die gegenläufige Richtung wirken, ohne daß für diesen Vorgang genaue Kriterien oder Richtlinien angegeben werden können. Die sog. Ingenieurgleichungen z. B. legen keine Modelle von Theorie-Elementen fest: "... they are just devices for calculation introduced for some rather special purpose - usually approximation needs in technological applications."[460]

Approximative Beziehungen zwischen komplexen Strukturen mit unterschiedlicher Begrifflichkeit und Gesetzen werden durch die sog. intertheoretische Approximation ($A_4$) erfaßt. Für die Klassische und die Spezielle Relativistische Mechanik oder für die Phänomenologische Thermodynamik und Statistische Mechanik soll in diesen Fällen die intertheoretische Beziehung "exakte Reduktion" durch die der "approximativen Reduktion" ersetzt werden.

$A_1$ wird auch als "vortheoretische", $A_2$ und $A_3$ als "intratheoretische" und $A_4$ als "intertheoretische" Approximation bezeichnet. Wie sich bereits in Kapitel 2.1.3 zeigte, bereitet die Analyse approximativer Beziehungen zwischen Aussagen philosophische, speziell semantische, Probleme. Diese können durch die Untersuchung approximativer Beziehungen zwischen mengentheoretisch definierten Modellen umgangen werden. Die Explikation des Begriffs "Approximation" im strukturalistischen Konzept basiert auf der Betrachtung einer Relation von potentiellen Modellen eines gegebenen Theorie-Elementes. Voraussetzung für die Anwendbarkeit des Konzeptes ist, daß die dem Theorie-Element zugrunde liegende Theorie axiomatisierbar ist und die Klassen *M* und *Mp* unterscheidbar sind. Dann kann eine aus der Topologie entlehnte Methode der Definition der Approximationsrelation zwischen jeweils zwei Elementen (Punkten) einer Menge eingesetzt werden, das Konzept einer "uniformen Struktur" oder "Uniformität". Für eine gegebene Klasse wird durch eine Uniformität eine Reihe von Teilklassen festgelegt, deren jede einen "Grad der Approximation" oder

459 Balzer, W./Moulines, C. U./Sneed, J. D. (1987), S. 326

460 Ebd. S. 327. Das Ergebnis entspricht der Kommentierung des Status' von Ingenieurgleichungen z. B. bei Krajewski, W. (1977).

"Ähnlichkeit" repräsentiert. Diese u. a. als "Unschärfemengen" und "Verschmierungen" (blurs) bezeichneten Klassen dienen der Transformation exakter Aussagen in unscharfe, "verschmierte". Jede dieser Mengen enthält geordnete Paare von potentiellen Modellen, die einander mindestens in dem durch Unschärfemengen $u_1, \ldots, u_l$ gegebenen Grad $u_1, \ldots, u_l$ approximieren. Sofern eine Standard-Metrik vorhanden ist, kann auch eine entsprechende Uniformität festgelegt werden: "In the case of a set of real numbers, where we have a standard metric (the absolute value of the difference) we can define the standard uniformity where each blur is determined by a particular $\in$:

$u_{\in} = \{\langle a, b\rangle : |a - b| < \in\}$."[461]

Die Allgemeinheit des Konzepts beinhaltet den Vorteil, daß die "ganzen" potentiellen Modelle verglichen werden können, ohne daß auf bestimmte Relationen, Funktionen etc. derselben Bezug genommen werden *muß*. Es besteht jedoch die Möglichkeit, die approximative Relation auf unterschiedliche metrisierbare wie nichtmetrisierbare Strukturbestandteile zu beziehen und dabei auch pragmatische Aspekte mit zu berücksichtigen. Eine Uniformität auf *Mp* wird wie folgt definiert:

(5) "If *Mp* is a class of potential models, then *U* is a *uniformity on Mp* iff
  (1) $\emptyset \neq U \subseteq Pot(Mp \times Mp)$
  (2) For all $u_1, u_2$, if $u_1 \in U$ and $u_1 \subseteq u_2$, then $u_2 \in U$
  (3) For all $u_1, u_2$, if $u_1 \in U$ and $u_2 \in U$, then $u_1 \cap u_2 \in U$
  (4) For all $u \in U$, $\Delta(Mp) \subseteq U$
  (5) For all $u \in U$, $u^{-1} \in U$
  (6) For all $u_1 \in U$ there is a $u_2 \in U$ so that $u_2 \circ u_2 \subseteq u_1$"[462]

Mit $\Delta(Mp)$ wird die sog. Diagonale der Klasse *Mp*, d. h. die Klasse aller identischen Paare von *Mp*, bezeichnet. Wenn *u* eine Menge geordneter Paare ist, dann ist $u^{-1} = \{\langle x, y\rangle | \langle y, x\rangle \in u\}$. Wenn $u_1$ und $u_2$ Mengen geordneter Paare sind, dann ist $u_1 \circ u_2 = \{\langle x, y\rangle | (\exists z)(\langle x, z\rangle \in u_1 \wedge \langle z, y\rangle \in u_2)\}$. (2) besagt, daß, wenn *T* durch $u_1$ gegen Widerlegung immunisiert wird, dann auch durch eine größere Unschärfemenge $u_2$, die $u_1$ enthält. Aus (5.3) geht hervor, daß, wenn *T* durch $u_1$ und $u_2$ immunisiert wird, dann

---

461 Ebd. S. 331
462 Ebd. S. 332

auch durch die Schnittmenge aus beiden. Nach (5.4) enthält die Schnittmenge mindestens die Diagonale, und jede Unschärfemenge enthält auch selbst die Diagonale. Nach (5.5) ist es für den Immunisierungsgrad irrelevant, wie die Paare geordnet sind. (5.6) wird als "kritisches" Axiom bezeichnet. Es besagt, daß für eine gegebene Unschärfemenge $u_1$ immer eine zweimal präzisere (sharper) Unschärfemenge $u_2$, die *T* ebenfalls noch immunisiert, gefunden werden kann. Für diesen "kritischen" Fall wird folgendes Beispiel gegeben: "Suppose the model-theoretical blurs of geodesical description are determined by an approximation condition on the position function of 'particles' or 'points':

$$u_\epsilon = \{\langle x, x'\rangle \mid \text{for all } p \in P_x \cap P_{x'}\text{: } |r_x(p) - r_{x'}(p)| < \epsilon\}\,.$$

Then, if $u_\epsilon$ is to be a blur of a given uniformity, axiom (5.6) requires the existence of a blur $u_\delta$ of the same sort as $u_\epsilon$ (i. e. belonging to the same uniformity) but twice as sharp as it ... :

$$u_\delta = \{\langle x, x'\rangle \mid \text{for all } p \in P_x \cap P_{x'}\text{: } |r_x(p) - r_{x'}(p)| < \delta \leq \epsilon/2\}."[463]$$

(5.6) soll das Bemühen der Wissenschaft um zunehmende Exaktheit der Anwendung repräsentieren, aber nicht daß diese - insbesondere die in der Diagonale verkörperte absolute Exaktheit - auch erreichbar ist.

Als Grund für die Einführung einer Uniformität *U* auf einer Menge *Mp* wird eine "Liberalisierung" im Hinblick auf die Anwendungen eines Theorie-Elementes *T* bzw. die Vermeidung von Falsifikationen durch Immunisierung angegeben. Totale Exaktheit bei der Anwendung des Theorie-Elementes hieße die Beschränkung auf die Diagonale: Nur diejenigen Elemente aus der Menge *Mpp*, die sich zu Strukturen ergänzen lassen, die mit mindestens einem potentiellen Modell im Hinblick auf die verglichenen Strukturbestandteile identisch sind, werden weiter berücksichtigt. Wenn eine Unschärfemenge $u \in U$ bei der Anwendung von *T* benutzt wird, so kann dies mit einer *Immunisierung* der Anwendung im Grade *u* identifiziert werden. Je weniger Paare potentieller Modelle in *u* zugelassen werden, desto weniger Anwendungsfälle können möglicherweise als "gelungen" bezeichnet werden. Je größer die zugelassenen Unschärfegrade sind, desto stärker dürfen die ergänzten Strukturen in der Menge *Pot*(*Mp*) differieren: "Of

463 Ebd. S. 333/334. Die Numerierung (5.6) im Zitat ist meinem Text angepaßt.

course, if a certain limit is exceeded, the theory becomes completely useless."[464]

Damit ein Theorie-Element nicht nur auf Systeme, die sich exakt als partielle potentielle Modelle in *Cn*(*K*) rekonstruieren lassen, angewandt werden kann, sind approximative Beziehungen auch zwischen Elementen der Menge *Mpp* erforderlich. Es kann daher analog zur Definition einer Uniformität *U* auf *Mp*-Ebene eine Uniformität *V* auf *Mpp* definiert werden: $V \subseteq Pot(Mpp \times Mpp)$. Wenn jedoch eine Uniformität auf *Mp*-Niveau selbst eine Uniformität auf dem *Mpp*-Niveau induzieren würde, daß heißt, wenn das Redukt einer Unschärfemenge $u \in U$ in jedem Fall eine Unschärfemenge $v \in V$ ergeben würde, dann wäre eine "autonome" Definition der Uniformität auf *Mpp* nicht nötig. Es gibt jedoch aus folgendem Grund keine Garantie dafür, daß jede Uniformität auf *Mp* eine auf *Mpp* induziert: Jedes partielle potentielle Modell kann zu zahlreichen verschiedenen potentiellen Modellen theoretisch ergänzt werden, d. h. die Umkehrung der Restriktionsfunktionen $r(K)$, $\underline{r}(\underline{K})$ und $\underline{\underline{r}}(\underline{\underline{K}})$ ist niemals eine Funktion. Dies gilt auch für die Restriktionsfunktionen, die für Unschärfemengen bzw. die Uniformität definiert werden können:

(6) "$\underline{r}(\underline{u}) = \{\langle y, y' \rangle \mid \text{there are } x, x' \text{ with } y = r(x), y' = r(x') \text{ and } \langle x, x' \rangle \in u\}$
$\underline{\underline{r}}(\underline{\underline{U}}) = \{v \mid \text{there is a } u \in U \text{ so that } v = \underline{r}(\underline{u})\}$"[465]

Dennoch wird die gewünschte Beziehung zwischen *T*-theoretischen und *T*-nicht-theoretischen Unschärfemengen durch eine Einschränkung des Konzepts der Uniformität auf jenes einer sog. empirischen Uniformität erhältlich. Dies ist eine Uniformität, die sich dadurch auszeichnet, daß alle Unschärfemengen *u* in *U* eine Teilmenge enthalten, deren Elemente als *empirisch identische* potentielle Modelle bezeichnet werden. Das heißt, obwohl sich die Werte der theoretischen Funktionen zweier potentieller Modelle $\langle x, x' \rangle \in u$ z. B. unterscheiden können, sind die Restriktionen $y = r(x)$ und $y' = r(x')$ identisch. Die Menge geordneter Paare potentieller Modelle, die in diesem Sinne empirisch identisch sind, ist die sog. Pseudodiagonale $\Psi(Mp)$:

(7) "$\Psi(Mp) =: \{\langle x, x' \rangle \mid x, x' \in Mp \text{ and } r(x) = r(x')\}$"[466]

---

464 Ebd. S. 332
465 Ebd. S. 338
466 Ebd. S. 339

*U* ist genau dann eine empirische Uniformität auf *Mp*, wenn *U* eine Uniformität ist und für alle Unschärfemengen in *U* gilt, daß die Pseudodiagonale eine Teilmenge derselben ist.[467] Als Theorem kann nun abgeleitet werden, daß jede empirische Uniformität auf *T*-theoretischem Niveau eine korrespondierende Uniformität auf *T*-nicht-theoretischem Niveau induziert.

Es wurde bereits erwähnt, daß die unbegrenzte Zulassung von Unschärfemengen bzw. -graden eine Theorie gehaltlos machen kann. Für den Umgang mit diesem Problem bietet die strukturalistische Konzeption das formale Gerüst. Welche Approximationen akzeptiert werden und welche nicht, ist nicht formalisierbar, da die Beurteilung weitestgehend von historischen und pragmatischen Faktoren abhängt. Formal wird den Ergebnissen solcher Entscheidungen ein Rahmen geboten; dies geschieht, indem die Klasse der Unschärfemengen *U* auf eine Teilklasse $A \subset U$, die Klasse der *zulässigen* Unschärfemengen, eingeschränkt wird. Zu diesem Zweck wird eine "obere Grenze" (upper bound) des akzeptierbaren Grades an Ungenauigkeit festgelegt; es kann gezeigt werden, daß die Klasse zulässiger Unschärfemengen *A* eine korrespondierende Klasse zulässiger Unschärfemengen $B(A) \subset V$ induziert. Diese "Grenze" ist im allgemeinen nicht für alle Anwendungen, d. h. für alle Elemente in *I*, identisch.

Neben der Menge Intendierter Anwendungen wird Approximation als essentieller Bestandteil bei der Anwendung des Theorie-Elementes gesehen. Daher muß diese nach bestehender Auffassung bei der Rekonstruktion berücksichtigt werden - aber nicht nur als elementarer Vorgang bei jeder Theorieanwendung, sondern zur Differenzierung zwischen idealisierten und nichtidealisierten Theorie-Elementen: "We are now at a point where we have to use the full label in order to keep clear about the distinction between idealized and 'realistic', i. e. approximative theory-elements.

(8) *T* is a *theory-element* iff there exist *Mp, M, Mpp, GC, GL, I, U, A*, such that
   (1) $T = \langle Mp, M, Mpp, GC, GL, A, I \rangle$
   (2) $\langle Mp, M, Mpp, GC, GL, I \rangle$ is an idealized theory-element
   (3) *U* is an empirical uniformity on *Mp*
   (4) *A* is a class of admissible blurs in *U* for $\langle Mp, M, Mpp, GC, GL, I \rangle$."[468]

---

467 Vgl. ebd. Definition *DVII-3*

468 Ebd. S. 352. Die Numerierung der Definition ist meinem Text angepaßt.

Es ist naheliegend, daß der Kern des (approximativen) Theorie-Elementes $T$ ($T = <K, A, I>$) nicht für die präzisen sog. empirischen Behauptungen, d. h. $I \in Cn(K)$, des idealisierten Theorie-Elementes $T = <K, I>$ benutzt werden soll. Die empirische Behauptung muß ebenfalls in einer unscharfen, "verschmierten" Form angegeben werden. "$I \in Cn(K)$" kann in drei Varianten verschmiert werden: $I$ kann verschmiert werden oder $Cn(K)$ oder beide Mengen:

1. $I \in Cn(K)^{\sim}$, d. h. es gibt eine Menge $X \subseteq Pot(Mpp(T))$ und $I \in X$ und $X \sim Cn(K)$
2. $I^{\sim} \in Cn(K)$, d. h. es gibt eine Menge $X \subseteq Mpp(T)$, so daß $I \sim X$ und $X \in Cn(K)$
3. $I^{\sim} \in Cn(K)^{\sim}$, d. h. es gibt eine Menge $X \subseteq Mpp(T)$ und $X^{*} \subseteq Pot(Mpp(T))$, so daß $X \sim I$ und $X^{*} \sim Cn(K)$ und $X \in X^{*}$

Die Relation starker Ähnlichkeit "~" ist in allen drei Varianten relativ zur Klasse der durch $A$ induzierten Klasse zulässiger Unschärfemengen $B(A)$ auf $T$-nicht-theoretischem Niveau definiert.[469]

Approximation auf dem $Mp$-Niveau wird zwecks Approximation auf dem $Mpp$-Niveau durchgeführt, wie in Balzer/Moulines/Sneed (1987) an einem ausführlichen Beispiel verdeutlicht wird, welches ich weiter unten vorstelle, nachdem einige Aspekte einer - strukturalistisch rekonstruierten - Theorieanwendung erläutert wurden. Ausgangspunkt ist die Newtonsche Gravitationstheorie (*GCPM*), die auf ein physikalisches System - bestehend aus Erde ($P_E$) und Sonne ($P_S$) - angewandt werden soll. Potentielle Modelle von *GCPM* sind Strukturen der Form $<P, S, T, \mathbf{N}, \mathbf{R}, c_1, c_2, s, m, f>$ mit folgender Interpretation[470]: $P$ ist eine Menge von Partikeln, $S$ ist die Menge

469 "~" soll eine reflexive und symmetrische Relation "starker Ähnlichkeit" (strong resemblance) zum Ausdruck bringen, für deren Vorliegen einige notwendige Bedingungen formuliert wurden. Dazu gehört eine Reihe nichtmetrischer oder qualitativer approximativer Betrachtungen. Vgl. Balzer, W./Moulines, C. U./Sneed, J. D. (1987), S. 342 ff.

470 Eine semantische Interpretation der Basismengen erfolgt über die Hinzufügung von $I$ bzw. über die für die Bestimmung von $I$ relevanten nichtformalen Gesichtspunkte. Durch die Hinzufügung von $I$ zum Kern $K$ des Theorie-Elementes werden allerdings nur notwendige Bedingungen für die Interpretation der empirischen Basismengen gegeben. Die Bedeutung der Ausdrücke in den "... 'general conditions for the intended interpretations of the base sets' ... is more or less well-determined by a general semantics of the scientists' 'everyday' language, involving very general (and weak) rules of interpretation for such terms as 'particle', 'state', 'commodity', 'person', etc. No such general semantics is available so far" (Balzer, W./Moulines, C. U./Sneed, J. D. (1987), S. 38). Diese Ausdrücke wurden von Suppe bzw. Putnam als *framework concepts* oder *broad-spectrum terms* bezeichnet.

der Punkte im Raum, $T$ ist eine Menge von Zeitpunkten. $s$ ist die Ortsfunktion, die jedem Partikel einen Zeit- und Raumpunkt zuordnet. Differenzierbar ist nicht die Ortsfunktion selbst, sondern die Verknüpfung $c_2 \circ s_p \circ c^i{}_1$. $s_p$ ist die Positionsfunktion des Partikels $p$, $c^i{}_1$ die Inverse der Funktion $c_1$. Raum- und Zeitpunkte sind nach Auffassung der Newtonschen Physik physikalische Entitäten; als solche werden sie auch in der Rekonstruktion der Theorie in nichtmathematischen Hauptbasismengen erfaßt. $m$ ist die Massen-, $f$ die Kraftfunktion.

*GCPM* ist ein Element im Spezialisierungsnetz der Klassischen Partikelmechanik (*CPM*), d. h. ein potentielles Modell von *CPM*:

(9) "*Mp*(*CPM*): $x$ is a potential classical particle mechanics ($x \in Mp(CPM)$) iff there exist $P, T, S, m, f, c_1, c_2$ such that
(1) $x = <P, T, S, N, \boldsymbol{R}, c_1, c_2, s, m, f>$
(2) P, T, S are non-empty sets, P is finite
(3) $c_1$: T $\rightarrow \boldsymbol{R}$ and $c_2$: S $\rightarrow \boldsymbol{R}^3$ are bijective
(4) $s: P \times T \rightarrow S$ and $c_2 \circ s_p \circ c^i{}_1$ is smooth for all $p \in P$
(5) $m: P \rightarrow \boldsymbol{R}^+$
(6) $f: P \times T \times N \rightarrow \boldsymbol{R}^3$"[471]

Was heißt es, ein Theorie-Element auf ein bestimmtes System anzuwenden? In erster Linie beruht die Anwendung auf der begrifflichen Erfassung des Systems. Dies kann mittels der Differenzierung zwischen Modellen und potentiellen Modellen erläutert werden: "We will try to explain this in terms of potential and actual models. The issue is related to the distinction between conceptualizing a certain range of phenomena and making an empirical assertion about them. When confronted with some given 'data' or 'phenomena' we might want to use a theory $T$ to 'understand' them, to 'explain' them, to 'predict' them, - in short, we might want to apply $T$ to those data. To do this, the first thing we try is to conceptualize the domain $I$ of data in terms of $T$, i. e. to use the concepts appearing in potential models of $T$ to refer to $I$. We create a potential model of $T$ for $I$."[472] Die Konstruktion eines potentiellen Modells ist jedoch nur als Voraussetzung der "eigentlichen" Anwendung zu verstehen. In einem zweiten Schritt - nachdem sich die Repräsentation des "phänomenalen Systems" als mögliche Realisierung des Theorie-Elementes erwiesen hat - geht es um die Beantwor-

---

471 Balzer, W./Moulines, C. U./Sneed, J. D. (1987), S. 29/30
472 Ebd. S. 23

tung der Frage, ob das System auch eine tatsächliche Realisierung des Theorie-Elementes ist, d. h. ob es das Gesetz des Theorie-Elementes erfüllt: "The next step is to make an assertion about *I* in terms of *T* - an assertion with empirically testable consequences. We then assert that *I* satisfies the fundamental laws of *T*, which, of course, only makes sense if *I* has already been conceptualized in terms of *T*."[473] Wirklich diskriminierend zwischen den potentiellen Modellen sind allerdings weniger die sog. Fundamentalgesetze, sondern meist die Constraints und Links.

Für ein - durch *T* - gegebenes Zeitintervall muß das System "Sonne-Erde" durch die in (9) enthaltenen Aussagen über die mengentheoretischen Eigenschaften der Basismengen, die Typisierungen oder Charakterisierungen der Relationen beschreibbar sein, wenn es als Ausgangspunkt der Modellkonstruktion in Frage kommen soll. Für die Anwendung der *GCPM* auf das System Sonne-Erde wird ein $x_1$ "konstruiert"[474]: $x_1 = \langle\{P_E, P_S\}, S, T, N, \mathbf{R}, c_1, c_2, s_1, m_1, f_1\rangle$ und behauptet, daß $x_1 \in M(GCPM)$ sei. Diese Behauptung beinhaltet, daß die wechselseitigen Kräfte, die Sonne und Erde aufeinander ausüben, ungleich Null sind, d. h. für alle $t \in T$ gilt:

$$F_1(P_E, t) = -F_1(P_S, t)$$

Eine Beschreibung desselben Systems in *T*-nicht-theoretischen, kinematischen Begriffen ergibt mit $r(x_1) \in Mpp$ die Konstruktion eines partiellen potentiellen Modells der *GCPM*. Die kinematische Beschreibung des Sonne-Erde-Systems enthält zwei Ellipsen; eine große für die Erde und eine kleine für die Sonne. Da die Ellipse der Sonne *sehr* klein ist, wird sie für bestimmte Anwendungen in vielen Lehrbüchern als vernachlässigbar bezeichnet. In der Folge wird das Redukt $r(x_1)$ von $x_1$ in anderer Form theoretisch ergänzt, nämlich zu einem $x_0 = \langle\{P_E, P_S\}, S, T, N, \mathbf{R}, c_1, c_2, s_0, m_0, f_0\rangle$. Für die Modelle von *GCPM* gilt, daß die relativen Beschleunigungen von Erde und Sonne ungleich Null sind: $D^2r(P_E, t) \neq 0$ und $D^2r(P_S, t) \neq 0$. Da die Ellipse der Sonne bezüglich $x_0$ auch mathematisch als nicht vorhanden behandelt werden muß, gilt für $x_0$ und für alle $t \in T$ die Bedingung:

473 Ebd.

474 Mit "konstruieren" wird der Versuch bezeichnet festzustellen, ob ein Raumzeitgebiet oder "System" als eine mögliche Realisierung - ein potentielles Modell - des Theorie-Elementes aufgefaßt werden kann.

$F_0(P_S, t) = 0$

anstatt

$|F_0(P_S, t)| = -\gamma\ [m_0(P_E)\ m_0(P_S) / |r_0(P_E, t) - r_0(P_S, t)|^2]$

"This 'idealization' makes the theoretical calculation and the corresponding mathematical description much simpler ... The kinematical translation of $x_0$, $r(x_0)$, then, yields a single ellipse for the earth with the sun in one of the ellipse's focuses. Of course, the price we have to pay for this 'idealization', i. e. approximation, is that potential model $x_0$ is no longer an actual model of *GCPM*, but a model of a 'law' that only approximates, but is not identical with the law of gravitation."[475]

$x_0$ kann zwar kein Modell von *GCPM* mehr sein, da es dessen Gesetz nicht mehr erfüllt, aber es bleibt ein potentielles Modell von *GCPM*. Wenn eine entsprechende Uniformität auf *Mp* definiert ist und gilt $<x_1, x_0> \in u_\in$, kann einerseits *GCPM* auf $x_0$ angewandt werden, andererseits die *T*-theoretische Unschärfemenge $u_\in$ mit einer *T*-nicht-theoretischen Unschärfemenge $<r(x_1), r(x_0)> \in v_\delta$ verbunden werden: Hier "induziert" eine Unschärfemenge auf *T*-theoretischem eine auf *T*-nicht-theoretischem Niveau. Keine der beiden kinematischen Beschreibungen $r(x_1)$ und $r(x_0)$ entspricht jedoch einer Beschreibung eines *realen* Sonne-Erde-Systems: "A further question is this: Does either of these two kinematical descriptions of the sun-earth-system correspond to any intended application of *GCPM*, to any 'really observed' system? The answer is clearly: No ... The empirically 'constructed models' for the sun-earth-system do not fit either $r(x_1)$ or $r(x_0)$."[476] Nach astronomischen Beobachtungen bzw. Berechnungen ist das System Sonne-Erde eines, welches noch weitaus komplexer als auf kinematischer Grundlage mittels einer großen und einer kleinen Ellipse beschrieben werden kann. Im Begriffsrahmen eines Theorie-Netzes werden jedoch nicht alle Eigenschaften eines Systems erfaßt, sondern nur die von der jeweiligen Theorie vorgegebenen.[477] Darüber hinausgehende Merkmale sind

475 Balzer, W./Moulines, C. U./Sneed, J. D. (1987), S. 336

476 Ebd. S. 337

477 Dies ist insofern trivial, als eine Repräsentation sich immer nur auf eine Auswahl von Merkmalen beziehen kann. Nicht alle erfaßbaren Eigenschaften der Entitäten, die in der Extension der mengentheoretischen Prädikate zu berücksichtigen sind, sind auch im Begriffsrahmen eines Theorie-Elementes integriert. Dies ist bei nichtmathematischen Entitäten nicht möglich. Daher variieren die Entitäten in den Extensionen der jeweiligen

nur durch den Rückbezug auf eine vorangehende Repräsentation bzw. das Repräsentierte erfaßbar (dessen ontologischer Status hier offen gelassen werden kann); was durch den Begriffsrahmen bereits erfaßt wurde, wird durch die verschiedenen Gesetze im Spezialisierungs-Netz und deren Approximationen spezifiziert. So wurde im Beispiel durch den Verweis auf ein astronomisches Sonne-Erde-System ein partielles potentielles Modell $x$ konstruiert, das weder mit dem Redukt von $x_1$ (dem im Zusammenhang mit der ersten Anwendung der Newtonschen Gravitationstheorie konstruierten potentiellen Modell) noch mit dem Redukt von $x_2$ (dem Modell des idealisierten Gesetzes, welches das Gesetz der Newtonschen Gravitationstheorie approximiert), identisch ist, d. h. $x \neq r(x_1)$ und $x \neq r(x_0)$. Wenn $x_1$ und $x_0$ eine theoretische Ergänzung $x^+$ des partiellen potentiellen Modells $x$ approximieren, können sie in bestimmten Anwendungen anstatt $x^+$ benutzt werden, sofern die $T$-theoretischen Unschärfemengen $u_1$ mit $<x^+, x_1> \in u_1$ und $u_0$ mit $<x^+, x_0> \in u_0$ $(u_1 \subset u_0)$[478] zulässig sind. Dieser Sachverhalt wird durch die Formulierung $T$-nicht-theoretischer Unschärfemengen $v_0$ und $v_1$ ausgedrückt: $<x, r(x_0)> \in v_0$ und $<x, r(x_1)> \in v_1$ $(v_1 \subset v_0)$.

Dieser Prozeß soll fortsetzbar sein, um die Beschreibung zunehmend exakter zu machen: "If we want to be more exact about the theoretical description of $x$, we may construct a potential model $x_2$ that takes into account the forces exerted by the other planets on the earth and the sun; that is, we take a model $x_2$ of another 'law' which approximates the law of gravitation while considering the external planetary forces on the earth-sun-system. The kinematical description derived from $x_2$, $r(x_2) \in Mpp$, will be more complicated than the two-ellipses description. But, again, $x_2$ will not fit $x$ exactly; it only fits $x$ with a better approximation than the previous models. This means that we pick out a blur $u_2$ and find an extension $z$ of $x$ with $<z, x_2> \in u_2$ and $u_2 \subset u_1 \subset u_0$; or, alternatively, a $v_2$ with $<x, r(x_2)> \in v_2$ and $v_2 \subset v_1 \subset v_0$. And so on."[479]

Diese ausführliche Beschreibung zeigt, daß das Konzept der Approximation in strukturalistischer Explikation auf Unschärfemengen, sowohl auf $T$-theoretischer als auch auf $T$-nicht-theoretischer Ebene, angewiesen ist. Approximation zwischen Gesetzen als "Papier-und-Bleistift"-Operation (zum Beispiel die Null-Setzung der Koeffizienten $a$ und $b$ des Van-der-

Prädikate nicht nur in bezug auf die Ausprägungen im Begriffsrahmen enthaltener Merkmale.

478 Die Beschreibung des Systems "Sonne-Erde" mit zwei Ellipsen ist $x$ ähnlicher als die mit nur einer Ellipse.

479 Balzer, W./Moulines, C. U./Sneed, J. D. (1987), S. 337

Waals-Gesetzes) auf *Mp*-Niveau induziert Approximation zwischen den partiellen potentiellen Modellen - sofern eine empirische Uniformität vorliegt. Einer auf dem Papier durchgeführten Gesetzesapproximation folgte beispielsweise die Konstruktion eines potentiellen Modelles - im Beispiel $x_2$ -, dessen Redukt $r(x_2)$ dem partiellen potentiellen Modell $x$ approximativ ähnlicher ist als $r(x_1)$ oder $r(x_0)$. Solange das Redukt eines Elementes einer zulässigen Unschärfemenge wieder ein Element einer zulässigen Unschärfemenge ergibt, gilt die Gesetzesapproximation als akzeptabel. Das Beispiel selbst soll aber noch mehr demonstrieren. Es zeigt, wie zunehmend umfangreichere, mehr Faktoren berücksichtigende und zunehmend präzisere Beschreibungen in das Konzept integriert werden können, deren Anzahl - da es außer absoluter Exaktheit keine "untere Grenze" für Unschärfemengen gibt - durch pragmatische Erwägungen begrenzt sein dürfte. Auch wenn x im Rahmen eines Approximationsvorganges entwickelt wurde, bleibt es ein partielles potentielles Modell. Formal ist das Konzept daher auf Entitäten beschränkt, die in *Mp* bzw. *Mpp* enthalten sein können - wenn auch bei deren Konstruktion auf die Entitäten zurückgegriffen werden kann, die die Ausgangspunkte dieser Repräsentationen sind.

Zunehmende Exaktheit der Anwendung bedeutet nach dieser Darstellung nicht die Annäherung an die "empirische Behauptung" des idealisierten Theorie-Elementes nach Bestimmung (4), sondern heißt Annäherung an das Ergebnis der Approximation nach $A_1$ (eigentlich: der Modellkonstruktion) - im Beispiel an $x$. Dennoch ist es informativ, das erst im Verlauf des Approximationsvorganges entwickelte partielle potentielle Modell mit einem zu vergleichen, welches beispielsweise das Redukt eines Modelles ist: "The essential moral to draw from the analysis of this simple example (gemeint ist die oben dargestellte approximative Anwendung der Newtonschen Gravitationstheorie, M. H.) is this. Approximation between laws on the fully mechanical *Mp*-level induces approximation between kinematic descriptions on the *Mpp*-level. The last is in turn needed to compare the calculated kinematic descriptions with the intended application we got as a 'constructed model' from pre-theoretical data."[480] Die exakte Anwendung liegt sowohl außerhalb von $Cn_{th}(K)$ als auch von $Cn(K)$. Nur Gesetzesapproximationen, die eine Annäherung in diese "Richtung" induzieren, werden als erwünscht gelten. Die *T*-theoretische Unschärfemenge $u_1$ ist im Beispiel präziser als $u_0$, da die Ähnlichkeit zwischen der theoretischen Ergänzung $x^+$ von $x$ und dem Modell $x_1$ von *GCPM* größer ist als die Ähn-

480 Ebd.

lichkeit zwischen $x^+$ und dem potentiellen Modell $x_0$ von *GCPM*. Eine größere Ähnlichkeit liegt zwischen einer theoretischen Ergänzung $x^{++}$ von $x$ und dem potentiellen Modell $x_2$ vor, so daß die "Richtung" der Präzisierung sich - bildlich betrachtet - von den Elementen des theoretischen Gehalts des Kerns $Cn_{th}(K)$ zu "entfernen" scheint. Absolute Präzision bei der Anwendung der Theorie bedeutet dann in praxi nicht, daß in der Diagonale einer Unschärfemenge zwei identische *Modelle* des Theorie-Elementes enthalten sind, sondern daß dies zwei potentielle Modelle sind, z. B. $<x^{+++}, x_3> \in u_3$ mit $x^{+++} = x_3$.

Die Exaktheit der Formulierung der Theorie und die der Formulierung ihrer empirischen Behauptung ist nicht mit der Exaktheit der Anwendung der Theorie zu verwechseln. Die Möglichkeit der Präzisierung der Konstruktion ist durch den Begriffsrahmen der rekonstruierten Theorie begrenzt. Dieser gibt die Begriffe vor, die zur Konstruktion potentieller und partieller potentieller Modelle zur Verfügung stehen. *Fehlen* (im Nowakschen Sinn) Relationen in einem Konstrukt, dann nur die relativ zum Begriffsrahmen vorgegebenen; nur diese können auch für die Feststellung der Relation starker Ähnlichkeit maßgeblich werden. Da eine Uniformität nur auf *einer* Menge definiert werden kann, sind nur approximative Beziehungen zwischen den Elementen *dieser* Menge berücksichtigbar. Nicht Anwendungsentitäten, die informell beschrieben und Elemente aus *Mpp*, die mit *T*-nicht-theoretischem Vokabular erfaßt wurden, werden verglichen, sondern zwei partielle potentielle Modelle. Dies heißt nichts anderes als daß, wenn die Konstruktion eines partiellen potentiellen Modelles Idealisierungen voraussetzt, diese durch Unschärfemengen nicht eliminiert werden können.

Der Ausdruck "prätheoretisch" meint, daß bei der Beschreibung des "phänomenalen" Systems neben dem im Begriffsrahmen des anzuwendenden Theorie-Elementes enthaltenen *T*-nicht-theoretischen Vokabular höchstens noch *T*-nicht-theoretisches Vokabular eingesetzt wird, das sich nicht im Begriffsrahmen des Theorie-Elementes findet, also in diesem Sinn *T*-extern ist.[481] *T*-externes Vokabular ist daher alles Vokabular, das nicht im Begriffsrahmen von *T* enthalten ist. *T*-internes Vokabular ist alles Vokabular, das sich im Begriffsrahmen von *T* findet - sowohl das *T*-theoretische als auch das *T*-nicht-theoretische. Die Kennzeichnung eines Vokabulars als *T*-extern ist jedoch nicht hinreichend für *T*-Prätheoretizität, da in der *T*-

481 Da die *T*-theoretisch/*T*-nicht-theoretisch-Distinktion nicht mit der $V_O/V_T$-Distinktion des *Received View* identifiziert werden kann, entspricht weder dem *T*-nicht-theoretischen noch dem *T*-prätheoretischen Vokabular eine Beobachtungssprache im Sinne des *Received View*.

prätheoretischen Beschreibung einer Anwendungsentität keine speziellen Terme enthalten sein sollen, wie sie typischerweise im Begriffsrahmen anderer Theorie-Elemente auftreten. Das *T*-prätheoretische Vokabular wird benutzt, um vor der Theorieanwendung diejenigen Entitäten zu beschreiben, auf die erfahrungswissenschaftliche Theorien nach Auffassung der Erfahrungswissenschaftler angewandt werden sollen: Objekte, Systeme, Wirklichkeitsausschnitte etc.. Diese sog. Anwendungsentitäten[482] sind Gegenstand von Repräsentationen verschiedenster Art, die aufeinander folgen können (wie beispielsweise eine Repräsentation II auf eine Repräsentation I folgt). Um zu bestimmen, worauf die Theorie angewandt werden soll, müssen diese Entitäten unabhängig von der anzuwendenden Theorie erfaßbar sein. Das heißt jedoch nicht, daß dies theorielos geschieht. Stattdessen wird das, worauf nach Ansicht von Erfahrungswissenschaftlern Theorien angewandt werden können, von verschiedenen Theorien bestimmt, die miteinander in Beziehung stehen.[483] Bei der Ermittlung möglicher Anwendungen der Theorie werden also nicht theorielose, aber informelle Beschreibungen der Anwendungsentitäten verlangt. Diese lassen sich aus Gesprächen, Lehrbüchern, Zeitschriften etc. gewinnen. Die informellen Beschreibungen der Anwendungsentitäten sind mit der Erstellung einer Repräsentation I vergleichbar oder sogar identifizierbar. Diese sind nicht darauf angelegt, bewußt zu verfälschen. Natürlich sind sie selektiv und bereits zweckorientiert. Sie sollen die Anwendungsentitäten repräsentieren - aber nicht in jeder Hinsicht. Selbst eine als naturalistisch intendierte Repräsentation kann nicht alle Merkmale des Repräsentierten erfassen. Was sie wiedergeben, soll jedoch nicht absichtlich verfälscht sein. Gemeint ist daher eine umgangssprachliche Erfassung der Anwendungsentitäten, die keinen *expliziten* Einsatz des Vokabulars in den Begriffsrahmen der Theorien bedeutet. Dies schließt jedoch nicht aus, daß in der *T*-prätheoretischen Erfassung Terme benutzt werden, die in die Begriffsrahmen bestehender Theorien integriert sind.

---

482 Es ist sowohl möglich "Systeme" als auch die darin involvierten Objekte, deren Eigenschaften, Beziehungen zu anderen Objekten etc. als "Anwendungsentitäten" zu bezeichnen. Eine Formalisierung verbietet sich, da diese Entitäten gerade informell charakterisiert werden sollen. Die Unterscheidung zwischen dem "System" und seinen "Bestandteilen" wird relevant, wenn die Beziehung zwischen den Mengen der Anwendungsentitäten, den Universen und den Hauptbasismengen der Strukturen diskutiert werden. In diesem Fall ist nicht das gesamte System gemeint, sondern die darin involvierten Einzeldinge.

483 In der strukturalistischen Konzeption werden diese Beziehungen durch die verschiedenen Arten sog. intertheoretischer Links zum Ausdruck gebracht.

Im oben ausgeführten Beispiel gilt das Konzept der Approximation als notwendige Voraussetzung für die Durchführbarkeit von Gesetzesapproximationen bei der Anwendung der Newtonschen Gravitationstheorie. Indem die Sonne als Himmelskörper ohne Umlaufbahn beschrieben wird - ein Vorgang, der der Nowakschen Negation einer Eigenschaft entsprechen sollte -, kann das so konstruierte potentielle Modell $x_0$ kein Modell der Gravitationstheorie mehr sein. Der Konstruktion von $x_0$ ging ein Idealisierungsvorgang voraus - nach Nowak die kontrafaktische Negation einer Eigenschaft -, der die Anwendung eines Gesetzes erfordert, welches das Fundamentalgesetz der Gravitationstheorie approximiert. Wenn die Negation der Ellipse der Sonne eine Idealisierung ist, dann ist das am Schreibtisch entstandene Gesetz das idealisierte. Die Konstruktion von $x_0$ ist als Berücksichtigung des Ergebnisses der Idealisierung in der Rekonstruktion der Anwendungen der Gravitationstheorie zu verstehen. $x_0$ könnte auch direkt als Anwendung eines idealisierten Gravitationsgesetzes angegeben werden. Im Hinblick auf dieses Beispiel spielt Idealisierung nur einmal eine Rolle: bei der Entwicklung der auf die Gesetzesapproximation folgenden Unschärfemenge $u_{\in} = \{<x_1, x_0>\}$. Die restlichen Approximationen dienten dem Ziel, die Redukte der verschiedenen theoretischen Ergänzungen von $x_0$ dem "model construct" $x$ anzunähern, also eine zunehmende *Exaktheit* der Konstruktionen bei der Anwendung zu erreichen. Approximationen als Folge von Idealisierungen und als Folge der Absicht, zunehmende Exaktheit zu erreichen, unterscheiden sich nicht im formalen Ausdruck - den Unschärfemengen. Die Existenz von Unschärfemengen in der Rekonstruktion einer Theorie ist daher kein hinreichendes Merkmal für Idealisierung, sondern für den Mangel an Exaktheit bei der Anwendung des Theorie-Elementes. Mit "Mangel an Exaktheit" ist hier der Mangel an Übereinstimmung mit der Behauptung des sog. idealisierten Theorie-Elementes nach (4) gemeint. Dieses Phänomen findet seinen Niederschlag auch in der Rekonstruktion der sog. empirischen Behauptung des Theorie-Elementes, die in dreifacher Weise "verschmiert" werden kann. Im ersten Fall - $I \in Cn(K)^{\sim}$ (wobei "$K$" der Kern der Newtonschen Gravitationstheorie ist) - ist $I$ Element einer Menge $X$, die $Cn(K)$ ähnlich ist (das anhand astronomisch ermittelter Daten konstruierte partielle potentielle Modell $x$ wäre Element dieser Menge $I \in X$). Im zweiten Fall - $I^{\sim} \in Cn(K)$ - ist nicht $I$ Element einer Menge, die $Cn(K)$ ähnlich ist, sondern $I$ selbst ist einer Menge $X$ ähnlich, die ein Element von $Cn(K)$ ist. Das Redukt $r(x_1)$ liegt in $Cn(K)$ bzw. in einer Menge $X$, die in $Cn(K)$ enthalten ist, während $r(x_0)$ ebenfalls außerhalb von $Cn(K)$ liegt. Die dritte - weiteste - Version der empirischen Behauptung gilt als diejenige, die ihrem approximativen Charakter am besten gerecht wird:

(10) "If $T = <K, A, I>$ is a theory-element, then $I^{\sim} \in Cn(K)^{\sim}$ *is T's empirical claim* (where the blurrings ~ are defined as relative to $B(A)$)."[484]

Gibt es einen Unterschied in der Anwendung idealisierter und nichtidealisierter Theorien? Wenn die Absenz von Unschärfemengen kein Indikator für Idealisierung ist, entsteht die Frage, ob sich in einer Rekonstruktion Hinweise dafür finden lassen, daß die rekonstruierte Theorie idealisiert ist. Die Diskussion des *Received View* ergab das wenig überraschende Ergebnis des Nichtvorhandenseins hinreichender syntaktischer Merkmale. Ein grundsätzlich anderes Ergebnis ist auch im Hinblick auf die strukturalistische Konzeption nicht zu erwarten. Enthält die linguistische Version der zu rekonstruierenden Theorie idealisierte Prädikate oder Gesetze, so sind diese in der Syntax der Rekonstruktion implizit enthalten. Die im Strukturalismus verwendete Syntax - eine Variation des Bourbaki-Konzeptes einer Strukturspecies[485] - korrespondiert mit dem gesamten nichtlogischen Vokabular der zu rekonstruierenden Theorie: "The formal concept of a language known from logic comprises two features, namely a collection of basic (non-logical) symbols - the non-logical vocabulary -, like individual constants, predicate constants, function constants of given, fixed 'types' (arity), and some rules of how these non-logical symbols may be combined (together with logical ones) in order to form sentences (formulas, terms etc.). Obviously, a species $\Sigma$ of structures completely describes the non-logical vocabulary of a corresponding theory."[486]

Die nichtlogischen - syntaktischen - Bestandteile der linguistischen Theorieversionen werden in einer mengentheoretischen Struktur eines bestimmten Typus $\tau$ reformuliert. Im Falle der Übersetzung einer Theorie in eine formale Sprache könnten Idealisierungen nicht an der Syntax "erkannt" werden. Entscheidend ist daher die Interpretation der Syntax. Ähnliches gilt für die Strukturen einer bestimmten Spezies. Durch die Angabe des formalen Kerns eines Theorie-Elementes ist nicht zu ermitteln, ob die zu rekonstruierende Theorie idealisiert ist oder nicht - es sei denn, man nimmt Funktionen z. B. des Kartesischen Produktes einer Haupt- und einer Hilfsbasismenge in den $\boldsymbol{R}^3$ als Indiz dafür, daß die mathematische Beschreibung eines Systems ohne Idealisierungen nicht auskommen wird.

---

484 Balzer, W./Moulines, C. U./Sneed, J. D. (1987), S. 357

485 Vgl. ebd. S. xxi

486 Ebd. S. 17

Es ist daher aussichtsreicher, semantische Kriterien für Idealisierung zu suchen. Eine semantische Bedingung liegt auf der Interpretation der Hauptbasismengen $D_1, ..., D_k$ aller nichtmathematischen, d. h. als empirisch intendierten, Theorien: Diese sollen in Unterscheidung zu mathematischen Theorien physikalische Objekte enthalten. Die Empirizität des Theorie-Elementes wird durch die Hinzufügung der Menge *I* zu dem die Strukturbestandteile spezifizierenden Kern *K* garantiert, da dieser Vorgang bei nicht-erfahrungswissenschaftlichen Theorien auszuschließen ist. Eine weitergehende formale Bestimmung von *I* außer als Teilmenge von *Mpp* scheidet aus, da *I* über *T*-unabhängige Beschreibungen der empirischen Systeme bestimmt und *nicht* als syntaktisch aufgrund einer Isomorphie determinierte Klasse von Teilstrukturen betrachtet werden soll. Die Klassen der Modelle und der potentiellen Modelle werden durch die Strukturspezies Σ festgelegt; ebenso - wenn auch indirekt - *Mpp*: "... *M*, *Mp* and *Mpp* are classes of *all* structures of a certain kind. So they are, so to speak, classes of all possible interpretations of suitable languages (in case of *M* the class is further restricted by purely verbal or formal requirements). So *I* is the only candidate to express that we want to deal only with certain *intended* objects."[487] Ohne die Klasse *I* bzw. deren nichtformale Bestimmungsanteile bestünde ein Theorie-Element nur aus dem Kern und damit aus reiner Syntax.

Wenn sich die Idealisierungen im *T*-nicht-theoretischen Vokabular befinden, dann setzen die Anwendungen idealisierter Theorien die Konzeptualisierung eines "realen" Systems als idealisierte Teilstruktur eines potentiellen Modelles voraus. Dabei entsteht das Problem, daß die durch die Theorien beschriebenen Entitäten und die Anwendungsentitäten von völlig unterschiedlicher Art sind: "... our theories and theoretical pictures are 'idealizations', whereas the world is not idealized, i. e. 'real'."[488] Prima facie existiert das Problem dann nicht, wenn die Elemente von *I* als Redukte der Repräsentationen der Anwendungsentitäten ebenfalls idealisierte Entitäten sind und als Repräsentationen im Begriffsrahmen idealisierte Begriffe enthalten (wie beispielsweise die partiellen potentiellen Modelle der Klassischen Partikelmechanik eine kontinuierliche Positionsfunktion): "So the entities to be combined in the empirical claim ... are of the same idealized nature."[489]

487 Balzer, W. (1981), S. 154
488 Ebd. S. 159
489 Ebd.

Eine Form der Idealisierung beruht darauf, daß eine "Lücke" geschlossen werden muß, wenn Daten zu einer kontinuierlichen quantitativen Funktion "ergänzt" werden: "For theories whose partial potential models contain quantitative components this amounts to the question: can the set of possible outcomes of our measuring instruments include the set of all real numbers? Clearly the answer is: No. The number of distinguishable outcomes is usually rather small. This certainly does not put us in a position to read off the function values of a continuous quantity for all its arguments from the real system. The question then is how to bridge the gap between our crude 'observational data' read off from measuring instruments and the idealized continuous quantities occuring in the theory."[490] Aus dieser Perspektive erscheint Idealisierung als Folge der meßtechnischen Unzulänglichkeit, Funktionen mit entsprechenden Meßwerten zu versehen, wie dies bei der Anwendung des Theorie-Elementes notwendig ist. Darunter fällt bei Verwendung quantitativer Begriffe auch die Interpretation und Zusammenfassung von empirischen Daten, das "fitting facts to equations and curves"[491]; diese Vorgänge können als Idealisierungen experimenteller Repräsentationen aufgefaßt werden.

Die Theorie induziert jedoch in erster Linie die Idealisierung und dann erst die Approximation bei der Anwendung des Theorie-Elementes: "Physikalische Theorien sind nämlich stets 'ideale' Theorien über 'ideale' Objekte. Bei Abstraktion solcher Theorien aus konkreten Beispielen muß man sich zusätzlich klar machen, wie der Übergang von realen zu idealen Objekten zu verstehen ist."[492] Unter der Voraussetzung, daß die prätheoretische Beschreibung selbst nicht idealisiert ist, findet dieser "Übergang" statt, wenn eine nicht formal charakterisierte Anwendungsentität unter den formalen Kern des Theorie-Elementes subsumiert werden soll: "Um solche realen Systeme mit den Strukturen eines Kerns in Verbindung zu bringen, muß ihnen selbst eine Struktur auferlegt werden."[493] Im Fall der Klassischen Partikelmechanik ist diese Struktur eine kinematische. Das heißt, Anwendungsentitäten wie die Himmelskörper Erde und Sonne sind bzw. das System "Sonne-Erde" ist in kinematischen Termini zu beschreiben. Ein partielles potentielles Modell der Klassischen Partikelmechanik ist jedoch nichts anderes als ein Modell der Klassischen Kinematik mit Ortsfunktion. Die Klassische Kinematik wiederum erhält man, "... indem man in Modelle

490 Ebd. S. 159/160. Im Originaltext steht "real members" statt "real numbers".

491 Vgl. Fußnote 320

492 Balzer, W. (1982), S. 142

493 Ebd. S. 288

der Klassischen Raum-Zeit-Theorie bewegte Teilchen 'hineinsetzt'."[494] Basis der Klassischen Kinematik sind eine Theorie des Raumes (Geometrie) und der Zeit. Wenn ein potentielles Modell der Klassischen Partikelmechanik konstruiert werden soll, dann entsteht die Frage, wie man mit dem Problem umgehen will, daß das System "Sonne-Erde" durch die differenzierbaren Funktionen $c_2 \circ s_{p(E)} \circ c^i{}_1$ bzw. $c_2 \circ s_{p(S)} \circ c^i{}_1$ zu beschreiben ist. Dies ist ein Problem der Anwendung eines, in seinem Begriffsrahmen Funktionen enthaltenden, Theorie-Elementes, das im strukturalistischen Konzept der Approximation als "Approximation bei der Modellkonstruktion" ($A_1$) berücksichtigt worden ist. Die Subsumtion dieses Vorgangs unter das Konzept der Approximation ist aber insofern irreführend, als Approximation erst bei der Anwendung eines Theorie-Elementes auf ein System stattfinden kann, das nach $A_1$ beschrieben wurde. Approximative Beziehungen entstehen erst zwischen *Strukturen*, die bereits im Begriffsrahmen oder eines Teiles desselben konzeptionalisiert worden sind, d. h. zwischen Elementen aus *Mp* bzw. - abgeleitet - *Mpp*. Die Anwendungsentitäten induzieren nur Repräsentationen auf der Basis *T*-prätheoretischer Beschreibungen. Damit ist - wie bereits erwähnt - nicht ausgeschlossen, daß *T*-nicht-theoretische Terme in die Beschreibung der Anwendungsentitäten eingehen. Sobald für diese jedoch Elemente von *Mp* bzw. *Mpp* konstruiert werden, entstehen *T*-interne Repräsentationen, da alles *T*-externe Vokabular entfällt. Dies ist gerade die Voraussetzung für die Anwendung des strukturalistischen Konzepts der Approximation: Eine uniforme Struktur ist nur auf jeweils einer Menge definiert, d. h. damit können keine Elemente von *Mpp* mit Elementen einer Menge, die nicht in *Mpp* sind, verglichen werden. Das Konzept der Unschärfemengen kann daher nicht dazu benutzt werden, die Idealisierungen "auszulöschen".[495]

Approximation findet bei der Modellkonstruktion selbst noch nicht statt, sondern eine Veränderung einer Repräsentation derart, daß diese unter den Begriffsrahmen der Theorie subsumierbar ist: Wenn man - wie im Fall Galileischer Idealisierung - voraussetzt, daß die *T*-prätheoretische Beschreibung selbst nicht idealisiert ist, dann wird durch die Modellkonstruktion die "Lücke" zwischen einer nichtidealisierten Repräsentation und der Theorie

---

494 Ebd. S. 159

495 Majer vermutete, daß die Idealisierungen mittels Unschärfemengen "ausgemerzt" werden sollen, um die physikalischen Begriffe "inexakt" zu machen. Vgl. Majer, U. (1981), S. 103 ff.

erst geschaffen.[496] Gerade dies ist eine Grundlage einer erfolreichen Anwendung des Theorie-Elementes: *I* oder eine *I* ähnliche Menge muß ein Element einer Menge sein, die Teilmenge von *Pot*(*Mpp*) ist. Jedoch können nur die informellen Beschreibungen der Anwendungsentitäten mit einer Repräsentation I nach dem Konzept Galileischer Idealisierung identifiziert werden (was nicht heißt, daß die Anwendungsentitäten regelmäßig mit den möglicherweise als Realobjekten aufgefaßten Elementen der nichtidealisierten Universen zu identifizieren sind). Die Elemente der Menge $I \subseteq Mpp$ hingegen sind formale Strukturen, die selbst als Idealisierungen bezeichnet werden und in ihren nichtmathematischen Bereichen idealisierte Entitäten enthalten können (siehe Definition (11)).

Wenn die zu rekonstruierende Theorie nicht idealisiert ist, muß die von Balzer erwähnte "Lücke" auch nicht geschaffen werden - zumindest keine, die durch Idealisierung entsteht. In diesem Fall befindet sich im Begriffsrahmen der Theorie kein idealisiertes Vokabular, weder *T*-theoretisches noch *T*-nicht-theoretisches. Es ist daher kein Weg zur Überbrückung, sondern einer der Verhinderung der "Lücke" "... to adjust our theories. One could try to eliminate such idealizing assumptions as far as possible and thus obtain theories whose basic terms can already be interpreted as 'real' objects in some specified domain."[497]

Tatsächlich erfordert nicht jede Konzeptualisierung eine Idealisierung im Sinne einer bewußten Verfälschung einer Repräsentation. Dies sagt allerdings nichts über die Nähe der Repräsentation zur Realität aus. Erfordert die Reformulierung der *T*-prätheoretischen Konzeptualisierungen der Anwendungsentitäten als Konstruktionen von Elementen von *Mp* bzw. *Mpp*

---

496 Ich ziehe es vor, die Redeweise von einer "Lücke" zwischen Realität und Theorie durch die von einer "Lücke" zwischen zwei Repräsentationen zu ersetzen. Im strukturalistischen Kontext sind dies die *T*-prätheoretische Repräsentation und die Konstruktion eines Systems als Element der Klasse *Mp* oder *Mpp*.

497 Balzer, W. (1981), S. 163. Auf der Basis *Galileischer Idealisierung* sind sog. reale Entitäten der Grund der Theoriebildung. Deren Existenz kann niemals sichergestellt werden. Die Intention der Theoriebildung über reale Entitäten kann aber dadurch betont werden, daß relativ zu einer Theorie ein Universum realer Entitäten spezifiziert wird, das mit dem Universum, welches die durch die Theorie induzierten - idealisierten - Entitäten enthält, verbunden wird. Daß die *T*-prätheoretische Repräsentation eine von realen Entitäten ist, beruht nur auf den Intentionen der Erfahrungswissenschaftler, die Theorie auf vermeintlich reale Entitäten anzuwenden. In praxi folgt daraus, daß die *T*-prätheoretische Repräsentation nicht deformiert wird bzw. werden soll. Ohne Bezugnahme auf *Galileische Idealisierung* besteht diese "epistemologische Nebenbedingung" nicht mehr. Dann ist es zugelassen, daß auch informelle *T*-prätheoretische Beschreibungen deformativ sind: Auch dies ist ein Weg der Verhinderung der "Lücke" zwischen Idealisiertem und Nichtidealisiertem.

keine Idealisierungen, so bedeutet das nur, daß bei der Modellbildung nicht idealisiert werden mußte. Insbesondere im Hinblick auf die partiellen potentiellen Modelle ist damit jedoch keine Klärung der Frage nach der Empirizität der Strukturen verbunden: "It *may* turn out that the non-theoretical level of the reconstructed theory, which was identified 'within the theory', can be interpreted as something 'empirical' in some sense of that word."[498] Aufgrund der unklaren Bedeutung des Ausdrucks "empirisch" gibt es aber prima facie keinen Grund, eine idealisierte Konstruktion als "nicht empirisch" und eine nicht idealisierte als "empirisch" zu bezeichnen. Auch die semantische Bedingung, die auf den Hauptbasismengen liegt und verlangt, daß diese nur nichtmathematische Objekte enthalten, ist kein Hinweis auf den Status der zu rekonstruierenden Theorie. Diese Bedingung verhindert nur, daß in den Hauptbasismengen mathematische Entitäten enthalten sind; sie läßt zu, daß die Elemente in den nichtmathematischen Basismengen schon sehr abstrakt oder sogar idealisiert sind. So wird beispielsweise die - von der zur Einfachen Gleichgewichts-Thermodynamik gehörenden wissenschaftlichen Gemeinschaft - intendierte Interpretation der Menge *Z* innerhalb dieser Theorie wie folgt angegeben: "*Z* is the set of successive *states* taken by a given physical system undergoing a *process*." Die nichtmathematischen Basismengen der Thermodynamik "... have to be interpreted as abstract processes: continuous sequences of states (and states are abstract, non-localized entities)."[499]

Es ist jedoch vom Strukturalismus als metatheoretisches Konzept unabhängig, ob die zu rekonstruierenden Theorien idealisiert sind oder nicht. Ob die strukturalistischen Modellklassen Repräsentationen im Sinne eines wissenschaftlichen Realismus entsprechen oder nicht, ob der *Ramsey-Sneed-Satz* als empirische Behauptung aufgefaßt wird oder nicht, ist vom Strukturalismus als metatheoretische Konzeption ebenso unabhängig. Der *Ramsey-Sneed-Satz* drückt nur die *Behauptung* des Theorie-Elementes aus: "Whether this claim is 'empirical' in any reasonable sense, depends on factors not relevant for structuralist analysis as such."[500]

Die in Bestimmung (4) formulierte sog. idealisierte empirische Behauptung enthält nicht explizit die Angabe, daß *T* idealisiert ist. Die konditionale Aussage (4) müßte daher in der Wenn-Komponente zusätzlich eine Information enthalten, daß $T = \langle K, I \rangle$ idealisiert ist, sollen nicht mit jedem

498 Diederich, W. (1989b), S. 365
499 Balzer, W./Moulines, C. U./Sneed, J. D. (1987), S. 129
500 Diederich, W. (1989b), S. 366

Theorie-Element ohne Uniformität sog. "idealisierte empirische Behauptungen" verbindbar sein. Diese Zusatzqualifikation ist aber dann nicht erforderlich, wenn das, was mit "idealisierter empirischer Behauptung" gemeint ist, nicht ausschließlich idealisierten Theorien vorbehalten sein soll. Hinter dem Ausdruck "$I \in Cn(K)$" verbirgt sich die Aussage, daß alle Teilstrukturen in $I$ (bzw. in den Elementen von $I$, falls $I$ Mengen enthält) zu Modellen ergänzbar sind, die zudem noch die Constraints und Links erfüllen. Diese Behauptung drückt eher etwas *Ideales* als etwas Idealisiertes aus, nämlich den optimalen, vollständigen Anwendungserfolg, der *nicht* auf Approximation beruht. Diese Behauptung ist allgemeiner Natur, d. h. sie ist nicht nur in Verbindung mit idealisierten Theorien möglich, sondern prinzipiell für alle Theorie-Elemente angebbar. Auch mit allen Theorie-Elementen, die approximativ anwendbar sind, sind die Behauptungen des Idealfalls verbindbar. Das Epitheton "idealisiert" steht hier nur für die Übereinstimmung der Exaktheit der Formulierung und der der Anwendbarkeit. Es gäbe daher keinen Grund, (4) auf idealisierte Theorie-Elemente einzuschränken.

Wie ist die Rekonstruktion einer Theorie zu kennzeichnen, die keine Unschärfemengen enthält? Das Fehlen einer Klasse zulässiger Unschärfemengen ist keine hinreichende Bedingung dafür, daß die rekonstruierte Theorie idealisiert ist. Es ist auch keine notwendige Bedingung für Idealisierung, sondern bringt zum Ausdruck, daß keine Anwendungen der Theorie unter Berücksichtigung approximativer Aspekte vorliegen. Dies kann darauf beruhen, daß entweder bei der Anwendung der Theorie nicht approximiert werden mußte oder keine Anwendungsintentionen vorliegen bzw. bisher vorgelegen haben. Wenn man annimmt, daß einerseits nicht alle Theorien idealisiert sind und andererseits auch die Anwendung nichtidealisierter Theorien Approximationen erfordert, so zeigt die Hinzufügung einer Klasse zulässiger Unschärfemengen zur Rekonstruktion nur, daß die Theorie approximativ anwendbar ist. Hinreichend sind Unschärfemengen nur für Approximationen bei der Anwendung des Theorie-Elementes, nicht dafür, daß diese Approximationen den Idealisierungen geschuldet sind. Ein Theorie-Element ohne Uniformität ist nicht automatisch ein idealisiertes; ein Theorie-Element mit Uniformität ist ein approximatives, das entweder idealisiert ist oder nicht.

Auf der Grundlage des modelltheoretischen Ansatzes erscheinen einige Probleme im Kontext der Approximation lösbar, die Schwierigkeiten bereiten, wenn Gesetzesaussagen miteinander verglichen werden. Approximation spielt jedoch keine Rolle als analytische Grundlage für die Explikation des Begriffs der Idealisierung. Approximation ist relevant bei der Anwendung von - auch idealisierten - Theorie-Elementen. Ihre Möglichkeiten, bei der Anwendung idealisierter Theorie-Elemente zur Überwindung der "Lücke" zwischen Theorie und Empirie beizutragen, sind begrenzt. Sie vermittelt nur zwischen theorieinduzierten Konstrukten - modelltheoretisch bestimmten Klassen - und empirisch induzierten, aber ebenfalls theoretischen Konstrukten. Das Konzept der Approximation wird erst anwendbar, wenn die begriffliche Erfassung eines Systems als (partielles) potentielles Modell abgeschlossen ist. Es sind nur approximative Beziehungen zwischen Entitäten spezifizierbar, die sich entweder in *Mp* oder in *Mpp* befinden. Wenn es so ist, daß sich weder in *Mp* noch in *Mpp* sowohl idealisierte als auch nichtidealisierte Entitäten befinden können, dann kann das Konzept einer Uniformität nicht dazu verwandt werden, approximative Beziehungen zwischen idealisierten und nichtidealisierten Entitäten auszudrücken. Ein approximatives Theorie-Element ist dann genauso wenig oder genauso sehr als "realistisch" zu bezeichnen wie ein idealisiertes. Wenn man der Auffassung ist, daß alle Theorien nur approximativ gültig bzw. anwendbar und in diesem Sinne nicht "realistisch" sind, dann sind Idealisierungen auch in diesem Sinne nicht "realistisch". Sie müssen dann aber noch nicht "realistisch" in einem darüber hinausgehenden Sinn sein, wenn ihre Unterscheidung von anderen Arten von Repräsentationen einen Sinn haben soll. Definition (1) ist daher nicht haltbar, weil sie zu weit ist. Jedes Theorie-Element, auf dessen Modellklassen *Mp* bzw. *Mpp* keine Uniformitäten definiert sind, ist danach idealisiert.

Um eine idealisierte Theorie zu identifizieren, müssen daher andere Kriterien gefunden werden. Nachfolgend wird ein Vorschlag gemacht, der sich nicht an der "externen", sondern an der "internen" Semantik der zu rekonstruierenden Theorie orientiert: Es ist eine Einengung der bereits bestehenden sog. semantischen Nebenbedingung erforderlich, aus der hervorgeht, daß die nichtmathematischen Bereiche der (potentiellen) Modelle des Theorie-Elementes in einem Universum *U'* enthalten sind, welches - im Falle Galileischer Idealisierung - ein Universum *U* idealisiert. Da die Modelle einer Theorie zu ihrer Identifikation wesentlich beitragen, wird eine idealisierte Theorie u. a. durch diese Zuordnung der Hauptbasismengen ihrer (potentiellen) Modelle zu dem Universum bzw. den Universen identifiziert, die - aus diachronischer Perspektive - dem Theorie-Netz bzw. -Element zum Zweck der Idealisierung eines oder mehrerer sog. realer Universen hinzugefügt werden. Durch diese Verbindung der (potentiellen) Modelle zu einem Universum oder mehreren Universen idealisierter Entitäten würde zugleich die semantische Nebenbedingung, die erfahrungs- und formalwissenschaftliche Rekonstruktionen differenziert, spezifiziert bzw. eine zweite, zusätzliche Nebenbedingung eingeführt.

Im folgenden Teil dieses Kapitels wird die Thematik der Identifikation und der Anwendung idealisierter Theorien aus der Verknüpfung der Perspektiven von *Strukturalismus* und *Galileischer Idealisierung* betrachtet. Der Ausgangspunkt der Verbindung beider Konzeptionen liegt in der Rekonstruktion diachronischer Theorienstrukturen. Die hier von der strukturalistischen Konzeption entwickelten Begriffe und deren Einsatz für die Explikation idealisierter Theorie-Elemente, -Netze und -Evolutionen werden weiter unten vorgestellt. Vorerst reformuliere ich die strukturalistische Rekonstruktion der Anwendung einer idealisierten Theorie auf einer gemeinsamen Grundlage mit dem pragmatischen Idealisierungsbegriff. Dabei werden bereits einige diachronische Grundbegriffe wie "wissenschaftliche Gemeinschaft" oder "historische Periode" verwandt.

Die oben erwähnte "Vermittlung" zwischen modelltheoretisch bestimmten Klassen und empirisch induzierten theoretischen Konstrukten erfolgt erst nach der Beschreibung einer Anwendungsentität als (partielles) potentielles Modell der Theorie, nachdem diese zuvor mit *T*-prätheoretischem Vokabular erfaßt wurde. Diese Beschreibungen sind noch nicht auf *T* zugeschnitten. Ein solcher "Zuschnitt" erfolgt, wenn im Hinblick auf die zuvor informell erfaßten Entitäten bzw. deren Repräsentationen das Vokabular des Theorie-Elementes *T* benutzt wird. Dann wird eine zweite Repräsentation erzeugt - eine, die direkt von der zur Anwendung gelangenden Theorie induziert wird. Diese zweite Repräsentation setzt an der ersten an und reformuliert bzw. rekonzeptualisiert die erste so, daß - salopp formuliert - die Theorie darauf "paßt". Das heißt,

1. es kommt das im Begriffsrahmen des Theorie-Elementes angeführte Vokabular zum Einsatz - und nur das;
2. die Ergebnisse der erfahrungswissenschaftlichen Abstraktions- und Idealisierungsvorgänge sind die Grundlage des Vorgangs der Konzeptualisierung der Anwendungsentitäten als potentielle Modelle, der "model construction". Wenn ein "model construct" als Ergebnis eines derartigen Konzeptualisierungsvorganges entstanden ist, dann korrespondiert dieses mit dem Ergebnis eines Veränderungsvorganges einer Repräsentation I, d. h. mit einer Repräsentation II. Dieser Veränderungsvorgang muß sich nicht exakt in dem Verhältnis zwischen der informellen Beschreibung der Anwendungsentität und dem potentiellen Modell reproduzieren lassen: *Model construction* als Rekonstruktion der Ergebnisse erfahrungswissenschaftlicher Modellbildungs- und Idealisierungsvorgänge ist nicht mit diesen selbst zu verwechseln. Allerdings wurde von der - unter anderem - als Theorie-Element *T* rekonstruierten Theorie vorgegeben, welche Merkmale zu abstrahieren und zu idealisieren sind. Deshalb müssen die Ergebnisse übereinstim-

men, d. h. die Entitäten in den nichtmathematischen Basismengen der potentiellen Modelle von *T* mit den idealisierten Entitäten in $U'_1$, ..., $U'_n$ korrespondieren.

Der Vorgang der Theorieanwendung läßt sich in zwei Schritte gliedern: Erst wird eine Repräsentation (der Anwendungsentität) so verändert, daß die Theorie darauf "paßt", d. h. ein potentielles Modell eines Theorie-Elementes *T* konstruiert. Danach wird ermittelt, ob das potentielle Modell auch ein Modell ist, welches zudem die Constraints und Links erfüllt. Die Rekonstruktion des Vorgangs der erfahrungswissenschaftlichen Theorieanwendung ergibt, daß eine Theorie auf eine Repräsentation angewandt wird. Es ist allerdings möglich, diesen Vorgang unter Betonung eines anderen Aspektes zu interpretieren, indem man darauf verweist, daß die Konstruktion des potentiellen Modells nur zwischen den informell beschriebenen Anwendungsentitäten und dem Theorie-Element vermittelt - und daß erstere diejenigen Entitäten sind, auf die das Theorie-Element angewandt wird. Dieser Verweis führt allerdings nur dann zu einem grundsätzlich anderen Ergebnis, wenn davon ausgegangen wird, daß die Anwendungsentitäten selbst keine Repräsentationen sind. Objekte, die nicht als Realobjekte aufgefaßt und durch Repräsentationen spezifiziert werden, werden nachfolgend selbst als Repräsentationen bezeichnet.

Ontologische Annahmen können ebenfalls rekonstruiert werden. Inhaltlich besagt die Rekonstruktion einer "galileisch" idealisierten Theorie ja, daß die nichtidealisierten Universen als solche von realen Entitäten interpretiert werden. Angenommen wurde ebenfalls, daß mit den informellen Beschreibungen, die beim Vorgang der Theorieanwendung erstellt werden, Entitäten korrespondieren. In diesem Fall ist davon auszugehen, daß eine wissenschaftliche Gemeinschaft, die Universen von Realobjekten spezifiziert, die (Mengen der) Anwendungsentitäten onto-epistemologisch analog interpretiert. Daher müssen die für die konkrete Theorieanwendung relevanten Universen sog. realer Entitäten und deren Beziehungen zu den Entitäten angegeben werden, die mit den "informellen Beschreibungen" in Verbindung mit der Menge *I* korrespondieren. Dies geschieht auf der folgenden Grundlage:

1. Wie die Elemente der sog. realen Universen wie auch der Mengen der Anwendungsentitäten onto-epistemologisch interpretiert werden, wird nicht durch die strukturalistische Rekonstruktion der Theorie und ihrer Anwendungen bestimmt, sondern nur rekonstruiert.

2. Wenn eine wissenschaftliche Gemeinschaft die Elemente der nichtidealisierten Universen (nicht) als Realobjekte betrachtet, dann gilt dies vermutlich auch für die Anwendungsentitäten.

Ganz unabhängig davon, wie eine wissenschaftliche Gemeinschaft den Status der nichtidealisierten Entitäten beurteilt, kann auf der Grundlage der obigen Annahmen für die in Verbindung der mit einer bestimmten Theorieanwendung spezifizierbaren Mengen der Anwendungsentitäten $A_1, ..., A_l$ und den nichtidealisierten Universen folgende Beziehung behauptet werden: $A_i \subseteq U_j$ ($1 \leq i \leq l$ und $1 \leq j \leq m$). Die zusätzliche Einführung der Mengen von Anwendungsentitäten neben den nichtidealisierten Universen ist gerechtfertigt, weil sie Objekte enthalten, deren Repräsentationen im Hinblick auf *eine* konkrete Theorieanwendung erstellt wurden. Bezug wird dabei (meist) nicht auf ein gesamtes Universum, sondern nur auf eine Teilmenge desselben genommen. Dabei wird ein Universum vorausgesetzt, von dem ausgehend (Mengen von) Einzeldinge(n) spezifiziert werden können.

Eine mögliche Annahme lautet, daß Anwendungsentitäten in den sog. Hauptbasismengen der intendierten Anwendungen, d. h. der Elemente der Menge *I* bzw. der Elemente der Mengen in *I* (falls *I* Mengen enthält), enthalten sind. Die nichtmathematischen Basismengen der intendierten Anwendungen, der Strukturen in *I*, enthielten dann Objekte, die nach Auffassung von Wissenschaftlergruppen real sind bzw. sein können. (Die Strukturen selbst können jedoch nur als Repräsentationen aufgefaßt werden). Die Anwendungsentitäten und diejenigen in den Bereichen von partiellen potentiellen Modellen stimmen jedoch meist insofern nicht überein, als die partiellen potentiellen Modelle von *T* Modelle idealisierter Vorgängertheorien von *T* sein können. In diesem Fall enthalten die Bereiche der partiellen potentiellen Modelle idealisierte Entitäten. Anwendungsentitäten sind jedoch als solche festgelegt, die nicht mit absichtlich verfälschten Repräsentationen korrespondieren können. Aufgrund der intertheoretischen Beziehungen[501] zwischen *T* und Theorie-Elementen von Vorgängertheorien sind die Beziehungen zwischen den

501 *T* wird als Theoretisierung einer Vorgängertheorie *T'* bezeichnet, wenn alles (Theoretisierung im starken Sinn) oder ein Teil (Theoretisierung im schwachen Sinn) des *T*-nicht-theoretischen Vokabulars von *T'* stammt. Die Modelle von *T* bauen in diesem Fall auf denen von *T'* auf. Vgl. Balzer, W./Moulines, C. U./Sneed, J. D. (1987), S. 250 f.

Universen dieser Theorien[502] - jeweils sowohl zwischen den idealisierten als auch zwischen den nichtidealisierten - spezifizierbar. Da konkrete Untersuchungen nicht vorliegen, geht die nachfolgende Argumentation von der Annahme aus, daß in den nichtmathematischen Hauptbasismengen der partiellen potentiellen Modelle nicht systematisch zugleich Entitäten aus idealisierten Universen anderer Theorien der Vorperioden und Anwendungsentitäten einer nachfolgenden Periode enthalten sind. Vermutlich wird das, was die mit den Vorgängertheorien verbundenen Wissenschaftlergruppen als kontrafaktisch intendierten, nicht im Regelfall von nachfolgenden Generationen, die derselben wissenschaftlichen Gemeinschaft zugerechnet werden, als realistische Darstellung angesehen. Es ist zwar nicht ausgeschlossen, daß beispielsweise eine Entität, die als partielles potentielles Modell der Klassischen Partikelmechanik gilt - ein Modell der Klassischen Kinematik mit Ortsfunktion -, in einer historischen Periode von der wissenschaftlichen Gemeinschaft als idealisierte und von der nachfolgenden Generation als nichtidealisierte Entität aufgefaßt wird. Dies wird jedoch kaum der Regelfall sein. Daher ist mit der allgemeinen modelltheoretischen Aussage "$I \subseteq Mpp$" festgelegt, daß in den Bereichen der Elemente von $I$ idealisierte Entitäten enthalten sind, wenn die Vorgängertheorie idealisiert ist. Ferner ist festgelegt, daß nichtidealisierte Anwendungsentitäten in diesem Fall nicht in den Bereichen der Elemente von $I$ enthalten sind.

Wenn die oben genannten Voraussetzungen erfüllt sind, wonach in den Hauptbasismengen der Modelle der Vorgängertheorie ebenfalls idealisierte Entitäten enthalten sind, dann ist $T$ eine Theoretisierung einer (galileisch) idealisierten Vorgängertheorie $T'$ und die partiellen potentiellen Modelle von $T$ sind als *Strukturen* idealisierte Repräsentationen. Daß sie in den Hauptbasismengen idealisierte Entitäten enthalten, ist dann ein Attribut, welches auf alle Elemente der Potenzmenge von $Mpp$ zutrifft - auch auf $I$. Damit treten in Verbindung mit der strukturalistischen Konzeption zwei Arten idealisierter Entitäten auf (Strukturen und Elemente nichtmathematischer Basismengen), deren Beziehungen einer Präzisierung bedürfen:

---

502 "Universen einer Theorie $T$" ist eine verkürzte Sprechweise für "Universen realer und idealisierter Entitäten, die von der wissenschaftlichen Gemeinschaft $G$ während der historischen Periode $h$ in Verbindung mit der Theorie $T$" angenommen werden.

(11) Wenn $x = \langle D_1, ..., D_k, M_{k+1}, ..., M_{k+j}, R_l, ..., R_n \rangle$ eine Struktur einer Species $\Sigma$ ist, dann ist $x$ eine (galileisch) idealisierte Struktur genau dann, wenn **U'** und **D** existieren, so daß gilt

(A) $\mathbf{U'} = \{U'_1, ..., U'_n\}$ ist eine Familie von Universen, deren Elemente mit (galileisch) idealisierten Repräsentationen II korrespondieren

(B) $\mathbf{D} = \{D \mid D = pr_i(x)\}$ mit $1 \leq i \leq k$ ist eine Familie nichtmathematischer Basismengen

(C) $(\forall D)\ [D \in \mathbf{D} \rightarrow (\exists U')\ (U' \in \mathbf{U'} \wedge D \subseteq U')]$

Durch die Projektionsfunktionen $pr_1, ..., pr_k$ werden die nichtmathematischen Hauptbasismengen $D_1, ..., D_k$ aus den k+(k+j)+n-Tupeln (potentiellen oder partiellen potentiellen Modellen) "herausgelöst" und in einer Klasse **D** zusammengefaßt ((B)).[503] In (C) wird festgelegt, daß für alle Hauptbasismengen $D$ in **D** mindestens ein idealisiertes Universum $U'$ existiert, so daß $D$ in $U'$ enthalten bzw. mit $U'$ extensional identisch ist.

Die Beziehungen zwischen den bei der Anwendung einer idealisierten Theorie relevanten Entitäten werden unten im Überblick dargestellt. Folgende mengentheoretische Entitäten und Repräsentationen (mengentheoretische wie auch linguistische) sind involviert:

1. informelle Beschreibungen der Anwendungsentitäten: mit diesen korrespondieren Entitäten, die in den Mengen $A_1, ..., A_l$ zusammengefaßt werden
2. Konstruktionen potentieller Modelle: diese sind Repräsentationen (enthalten in *Mp*)
3. Ergebnisse von Reduktionen der potentiellen Modelle zu partiellen potentiellen Modellen: diese sind Repräsentationen (enthalten in *Mpp*)
4. die intendierten Anwendungen als formelle Konzeptualisierungen der Anwendungsentitäten *und* als Redukte potentieller Modelle (enthalten in *I*) sind ebenfalls Repräsentationen

---

503 Sei $S$ eine Menge $\{D_1, ..., D_k, M_{k+1}, ..., M_{k+j}, R_l, ..., R_n\}$ und $\langle D_1, ..., D_k, M_{k+1}, ..., M_{k+j}, R_l, ..., R_n \rangle$ ein beliebiger Tupel in $S^{k+(k+j)+n}$, dann ist die Relation "$D_i$ ist die i'te Koordinate des Tupels $\langle D_1, ..., D_k, M_{k+1}, ..., M_{k+j}, R_l, ..., R_n \rangle$" eine funktionale Relation in $D_i$, die eine Abbildung $pr_i$: $S^{k+(k+j)+n} \rightarrow S$ festlegt. **D** ist als Vereinigung der Wertebereiche von $pr_1, ..., pr_k$ eine Teilmenge von $S$.

zu 1.: Die Entitäten, die mit den informellen Beschreibungen, die im Hinblick auf die konkrete Theorieanwendung erstellt wurden, korrespondieren, werden in einer Menge $\mathbf{A} = \{A_1, ..., A_l\}$ zusammengefaßt. Die Mengen der Anwendungsentitäten und die nichtidealisierten Universen stehen in extensional spezifizierbaren Beziehungen. Die epistemologischen Beziehungen der wissenschaftlichen Gemeinschaft, die mit diesen Mengen verbunden ist, zu diesen Mengen sind ebenfalls diskutierbar.[504]

zu 1. und 3.: Die nichtmathematischen Bereiche partieller potentieller Modelle und die Mengen $A_1, ..., A_l$ sind jeweils paarweise disjunkt, wenn die zur Anwendung kommende Theorie idealisiert ist. Wenn

(i) $A_1, ..., A_f$ ($1 \leq f \leq l$) die im Hinblick auf *Mpp(T)* relevanten Klassen von Anwendungsentitäten sind, d. h. $\mathbf{A} = \{A_1, ..., A_f\}$ ist und
(ii) $D_1, ..., D_d$ die im Hinblick auf die Strukturen in *Mpp(T)* relevanten Basismengen sind (wobei gilt $\{D_1, ..., D_d\} \subseteq \mathbf{D}$[505]) und
(iii) für alle $y$ in *Mpp* und für alle $D \in \mathbf{D}$ ein idealisiertes Universum $U' \in \mathbf{U}'$ existiert, dann gilt
(iv) für alle $y \in Mpp$, alle $D \in \mathbf{D}$ und für alle $A \in \mathbf{A}$: $D \cap A = \varnothing$.

zu 3. und 4.: Zwischen partiellen potentiellen Modellen und intendierten Anwendungen besteht kein prinzipieller Unterschied, sondern nur einer der Perspektive der Betrachtung: "intendierte Anwendungen" setzen Anwendungsintentionen voraus; "partielle potentielle Modelle" nicht. Da $I \subseteq Mpp$ gilt, sind in $I$ nur die formell spezifizierten intendierten Anwendungen enthalten. Wenn $T$ idealisiert ist, können in den nichtmathematischen Bereichen von $I$ nicht zugleich auch Entitäten sein, die mit den informellen Beschreibungen korrespondieren - ganz gleich, ob diese als Repräsentationen aufgefaßt werden oder nicht.

zu 1. - 4.: $I$ enthält - wie bisher - formale Konzeptualisierungen der informellen Beschreibungen der Anwendungsentitäten (die Redukte genau derjenigen potentiellen Modelle, die bei der Anwendung von $T$ konstruiert wurden). Ausgehend von den informellen Beschreibungen werden potentielle Modelle konstruiert und deren Redukte in $I \subseteq Mpp$ zusammengefaßt. Da die intendierten Anwendungen nicht rein formal spezifiziert werden *sollen*, ist die Kenntnis der Mengen $A_1, ..., A_l$ notwendig, um eine Theorie

504 Eine Diskussion einer ähnlichen Thematik, nämlich der propositionalen Einstellungen von Wissenschaftlergruppen gegenüber den Intendierten Anwendungen, findet sich in Moulines, C. U. (1991b).

505 $\mathbf{D} = \{D \mid D = pr_i(y) = pr_i(\langle D_1, ..., D_d, M_{d+1}, ..., M_{d+j}, R_e, ..., R_p \rangle)$ mit $1 \leq i \leq d$

zu identifizieren. Daß $I$ nicht völlig formal spezifiziert werden soll, heißt nun, daß $I$ die Redukte von Repräsentationen enthält, deren Konzeptualisierung durch die in $A_1, \ldots, A_l$ enthaltenen Entitäten induziert wurde.

Das Prinzip der Verbindung des Konzeptes der Galileischen Idealisierung mit der strukturalistischen Theorienauffassung besteht darin, daß die "realen" wie idealisierten Universen für wissenschaftliche Gemeinschaften, Theorie-Elemente und -Netze etc. spezifiziert werden und darüber der internen wie externen Semantik der Theorie ein pragmatisch zu charakterisierender Rahmen geboten wird. Soweit die Bestimmung der Semantik einer idealisierten Theorie innerhalb der strukturalistischen Konzeption hier diskutiert wird, hat sie vier "Standbeine":

1. Die Universen nichtidealisierter, möglicherweise als real aufgefaßter, Entitäten: Im Falle einer galileisch idealisierten Theorie enthalten diese (mit differierenden Graden ontologischer Verpflichtung), was nach der Auffassung wissenschaftlicher Gemeinschaften existiert.
2. Die Anwendungsentitäten: Diese können unabhängig vom Begriffsrahmen der anzuwendenden Theorie ($T$-prätheoretisch) erfaßt werden.
3. Die Universen idealisierter Entitäten: Diese enthalten die jeweiligen Ergebnisse der Idealisierungsvorgänge von wissenschaftlichen Gemeinschaften. Die Entitäten in den Bereichen der (potentiellen) Modelle können über die Zugehörigkeit zu idealisierten Universen semantisch-pragmatisch spezifiziert werden.
4. Die Semantik der Vorgängertheorien von $T$, die über das $T$-nicht-theoretische Vokabular in $T$ internalisiert ist.

Die Voraussetzung dafür, ein pragmatisches Idealisierungskonzept mit dem Strukturalismus verbinden zu können, liegt - wie bereits erwähnt - in dessen Rekonstruktion diachronischer Theorienstrukturen. Einige der diachronischen Begriffe werden im folgenden kurz vorgestellt. Schon zum umgangssprachlichen Verständnis des Ausdrucks "Theorie" gehören nicht nur Modell- oder Satzklassen, sondern auch wissenschaftliche Gemeinschaften, Anwender und Anwendungsversuche, eine Entwicklung der Theorie von ihrer "Entstehung" bis zu ihrem "Untergang" etc.. Auch die Beschreibung von Anwendungsversuchen synchronischer Theorie-Elemente - wie oben im Falle der Newtonschen Gravitationstheorie - setzte implizit die *Anwender* des Theorie-Elementes voraus. Diese pragmatische Komponente wird in der strukturalistischen Konzeption durch sozio-historische Aspekte erweitert. Eine ausschließlich synchronische Betrachtungsweise von Theorie-Netzen[506], die soziohistorische Aspekte weitestgehend negiert, gilt nach strukturalistischer Auffassung als verkürzt. Daß es notwendig ist, die diachronischen Aspekte von Theorien zu berücksichtigen, ist spätestens seit *Kuhn* bekannt. Neu und bisher der strukturalistischen Theorienkonzeption vorbehalten ist die Rekonstruktion der diachronischen Struktur von Theorien durch die Einbeziehung pragmatischer und soziohistorischer Aspekte und Begriffe in die Analyse. In diese werden allerdings nur ganz bestimmte historische Aspekte der Entwicklung eines Theorie-Netzes integriert. Der Begriff der Theorie-Evolution "... is only intended for historical processes of a quite well-determined kind - the ones known as 'normal science' or 'research program'."[507]

Als primitive Grundbegriffe werden die Begriffe *historische Perioden* (historical periods), *Wissenschaftler* (scientists), *wissenschaftliche Gemeinschaften* (scientific communities), *wissenschaftliche Generationen* (scientific generations) und die *Relation des historischen Vorangehens* (historical precedence) eingeführt. Ich will diese Begriffe nur soweit knapp skizzieren[508], wie es nötig ist, um das ebenfalls pragmatische Konzept der Idealisierung in diesem Zusammenhang zu erörtern. Der Zweck der Einführung der primitiven Grundbegriffe ist die strukturelle Erfassung einer Theorie-Evolution. Diese wird in eine endliche Folge von historischen Perioden eingeteilt: $<h_1, ..., h_n>$. Die erste Periode $h_1$ symbolisiert die "Entstehung" der Theorie; die letzte $h_n$ ihren "Untergang" oder das vorläufige Ende der Rekonstruktionen. Ein solcher Tupel von historischen Perioden wird als "history" $H$ bezeichnet, die Menge aller historischen Perioden aller "histories" als "*HIST*". Mit "$\leq$" wird die dyadische Relation "historically precedes or is the same as"[509] benannt. Diese ist in *HIST* verknüpft, antisymmetrisch und transitiv.

In einer als "*SOPH*" bezeichneten Menge werden die Wissenschaftler zusammengefaßt. Wissenschaftliche Gemeinschaften (*SC*) gelten als spezielle Teilmengen von *SOPH*, die als Teilmengen selbst wieder wissen-

506 In der strukturalistischen Rekonstruktion entsprechen Theorie-Netze noch am ehesten dem vorrekonstruktiven Verständnis des Begriffs "Theorie". Theorie-Netze sind durch eine sog. Spezialisierungsrelation miteinander verknüpfte Theorie-Elemente gleichen Begriffsrahmens.

507 Balzer, W./Moulines, C. U./Sneed, J. D. (1987), S. 208

508 Für eine detailliertere Darstellung vgl. ebd. S. 210 ff.

509 Ebd. S. 212

schaftliche Generationen (*G*) enthalten. Die Menge aller wissenschaftlichen Gemeinschaften wird mit "*COMM*" bezeichnet. Als notwendige Bedingungen für die Zugehörigkeit zu einer wissenschaftlichen Gemeinschaft oder Generation werden die fünf nachfolgenden genannt:[510]

1. Eine wissenschaftliche Gemeinschaft ist eine genidentische Entität.
2. Die Grenzen einer oder zwischen wissenschaftlichen Gemeinschaften können nicht präzise gezogen werden.
3. Die Mitglieder einer wissenschaftlichen Generation kommunizieren in einer die Gruppenzugehörigkeit ausweisenden Terminologie.
4. Die Mitglieder einer wissenschaftlichen Generation verwenden gemeinsame Methoden der Beobachtung, der Klassifikation, der Messung und der Überprüfung.
5. Durch eine innerhalb des Wertebereiches bijektive sog. Generationenfunktion $g$ ($g$: $HIST \times COMM \rightarrow Pot(SOPH)$) wird jedem Element aus $HIST \times COMM$ genau eine wissenschaftliche Generation zugeordnet.

Kleinster "Baustein" der diachronischen Theoriestrukturen sind die - diachronisch erweiterten - Theorie-Elemente:

(12) "If $g$ is a generation function, then:
*T* is a *diachronic* (*idealized*) *theory-element* (*wrt g*) iff there exist *K*, *I*, *SC*, *h*, *G*, so that
(A) $T = \langle K, I, G\rangle$
(B) $\langle K, I\rangle$ is a theory-element
(C) *SC* is a scientific community
(D) *h* is a historical period
(E) $g(h, SC) = G$
(F) *G* intends to apply *K* to *I*"[511]

Die diachronischen (idealisierten) Theorie-Elemente werden in einer Menge $|N|$ zusammengefaßt. Eine sog. diachronische (idealisierte) Spezialisierungsrelation $\sigma_d$[512] auf $|N|$ ist die Grundlage der Bildung eines sog. diachronischen (idealisierten) Theorie-Netzes:

---

510 Für eine ausführlichere Darstellung vgl. ebd. S. 213 - 215

511 Ebd. S. 216

512 Vgl. S. 216 f.

(13) "$N$ is a *diachronic* (*idealized*) *theory-net* iff there exist $|N|$, $\sigma_d$ so that

(A) $N = <|N|, \sigma_d>$

(B) $|N|$ is a set of diachronic theory-elements

(C) $\sigma_d$ is a diachronic specialization relation on $|N|$

(D) For all $T$, $T' \in |N|$ : $G(T) = G(T')$"[513]

Aus (13) geht als Theorem hervor, daß $N$ als diachronisches (idealisiertes) Theorie-Netz im Hinblick auf alle "Bausteine" des Netzes mit genau einer historischen Periode ($h_N$) und genau einer wissenschaftlichen Gemeinschaft ($SC_N$) verbunden werden kann. Aus der - hier nicht angegebenen - Definition der Spezialisierungsrelation $\sigma_d$ folgt, daß, wenn zwei diachronische Theorie-Elemente in der gleichen historischen Periode in der Spezialisierungsrelation $\sigma_d$ zueinander stehen, sie auch den gleichen wissenschaftlichen Generationen zugeordnet werden können. In diesem Fall werden alle Theorie-Elemente eines Theorie-Netzes während einer historischen Periode betrachtet: "This, in turn, implies that there is a function from diachronic theory-nets to historical periods - though not conversely: Different theory-nets may be associated with the same $h_N$, i. e. for $N \neq N'$ it may be that $h_N = h_{N'}$ - we may have coexisting or competing theory-nets."[514]

Eine Theorie-Evolution wird als eine endliche Folge unmittelbar - im Hinblick auf die historischen Perioden - nacheinander auftretender Theorie-Netze definiert:

(14) "$E$ is a(n) (*idealized*) *theory-evolution* iff $E$ is a finite sequence $<N>_i$ of theory-nets such that, for any two $N_i$, $N_{i+1}$ in the sequence:

(A) $N_{i+1}$ immediately follows $N_i$

(B) For any $T_{i+1} \in |N_{i+1}|$ there is a $T_i \in |N_i|$, such that $T_{i+1}\ \sigma_d\ T_i$"[515]

Auf weitere Bestandteile und Details der strukturalistischen Analyse diachronischer Theoriestrukturen will ich an dieser Stelle nicht eingehen. Auf der Grundlage der eingeführten Begriffe und Definitionen ist es bereits möglich, die Zuordnung von Repräsentationen - und die damit verbundenen Universen - zu wissenschaftlichen Generationen oder Gemeinschaften zu

---

513 Ebd. S. 217

514 Ebd. S. 218

515 Ebd.

präzisieren. Nur unter Berufung auf die Ersteller einer Repräsentation ist es möglich, diese als idealisierte auszuzeichnen. Die Voraussetzung dafür liegt in der Möglichkeit, durch die Generationenfunktion *g* wissenschaftliche Generationen eindeutig mit bestimmten historischen Perioden und wissenschaftlichen Gemeinschaften zu verbinden. Mittels *g* bleibt diese Eindeutigkeit auch in der Definition des diachronischen Theorie-Netzes erhalten. Es ist daher nicht nur möglich, Idealisierungen - und die ihnen zugrunde liegenden Repräsentationen - mit bestimmten wissenschaftlichen Generationen zu verbinden, sondern diese Beziehung auch auf die Betrachtung ganzer Theorie-Netze und deren evolutionärer Abfolge auszuweiten. Die jeweilige Art der Verbindung hängt sowohl von der Beschaffenheit der Universen selbst ab als auch von der Frage, ob sie zu einem Theorie-Element, einem Theorie-Netz oder zu ganzen Theorie-Evolutionen selbst hergestellt werden soll. Zuerst soll festgehalten werden, daß weder die Universen der realen noch die der idealisierten Entitäten Unikate enthalten.[516] Sobald man nicht nur von einer wissenschaftlichen Generation, sondern von einer Menge solcher Wissenschaftlergruppen - beispielsweise $Wb(g) = \{G \mid g^{-1}(G) \in HIST \times COMM\}$ - ausgeht, werden im Hinblick auf die rekonstruierten Theorien unterschiedliche reale Universen benötigt, da sich die mit den Repräsentationen verknüpften Ontologien während der Entwicklung der Theorien ändern. Dies gilt nicht nur für die idealisierten Entitäten, sondern auch für die, bezüglich derer möglicherweise ontologische Verpflichtungen eingegangen werden. Für die Behandlung von Theorie-Elementen bietet es sich an, auf die Werte bzw. den Wertebereich *Wb(g)* der Generationenfunktion *g* zurückzugreifen - auch wenn die Existenz von *g* keine notwendige Voraussetzung für die eines Theorie-Elementes ist. Ziel der diachronischen Rekonstruktion idealisierter Theorie-Elemente oder -Netze aus der Perspektive des Konzeptes der Galileischen Idealisierung ist es zu zeigen, welches oder welche Universen idealisierter Entitäten von konkreten wissenschaftlichen Generationen im Zusammenhang mit bestimmten Theorien zur Idealisierung eines oder mehrerer "realer" Universen eingesetzt werden. Im Hinblick auf einzelne Theorie-Elemente scheint es möglich, jeder wissenschaftlichen Generation, die ein Element des Wertebereiches *Wb(g)* der Generationenfunktion *g* ist, jeweils genau ein Universum *U* der nichtidealisierten Entitäten als auch genau ein Universum der idealisierten Entitäten zuzuordnen. Wirft man jedoch ausgehend von einer Generation *G* einen Blick auf ein Theorie-Netz, müßten eher

516 Dies ist ein Ergebnis der Diskussion von Nowak, L. (1990) in Kapitel 2.1.4

k+l-Tupel (k≤m, l≤n) von Universen verwandt werden. Da eine wissenschaftliche Generation auch mehrere Theorie-Netze während einer historischen Periode entwickelt haben kann, sind mit ihr auch die mit den verschiedenen Netzen verbundenen Universen kombinierbar. Um allgemeine begriffliche Voraussetzungen für den Ausdruck solcher Beziehungen zu schaffen, wird das kartesische Produkt des Wertebereichs von *g* und einer Menge von Theorie-Elementen mit den Relationen verbunden, die durch die Zuordnung der Universen $U'_1, \ldots, U'_n$, die die idealisierten Entitäten enthalten, zu den Universen $U_1, \ldots, U_m$, die die nichtidealisierten Entitäten umfassen, entstehen.

Sei **U** eine Menge, die die nichtidealisierten Universen $U_1, \ldots, U_m$ und **U'** eine Menge, die die idealisierten Universen $U'_1, \ldots, U'_n$ enthält. Ω sei eine Menge von Relationen, die jeweils aus dem kartesischen Produkt von $\mathbf{U}^i$ mit $\mathbf{U'}^j$ bestimmte Teilmengen aussondern: $\Omega = \{R^{ij} \mid R^{ij} \subseteq \mathbf{U}^i \times \mathbf{U'}^j\}$ mit 1≤m und j≤n. Ω enthält daher Mengen, deren Elemente entweder alle geordnete Paare oder alle geordnete Tripel oder Quadrupel usw. sind. Die Relationen ordnen im Falle *Galileischer* Idealisierung jeweils mindestens einem "realen" Universum mindestens ein idealisiertes Universum zu. Dann enthält der Vorbereich jeder Relation $R^{ij}$ nur nichtidealisierte Universen bzw. Tupel nichtidealisierter Universen (vgl. Kapitel 2.2.1). Es ist ausgeschlossen, daß eine idealisierte Repräsentation erneut idealisiert wird - der Ausgangspunkt der Idealisierung ist immer eine nichtidealisierte Repräsentation I. Die als Ausgangspunkte bzw. als Ergebnisse der Idealisierung geltenden Repräsentationen korrespondieren mit den Entitäten in $U_1, \ldots, U_m$ bzw. $U'_1, \ldots, U'_n$. Jeder Tupel enthält damit Informationen über Ausgangspunkte und Ergebnisse der Idealisierung, wenn die Art der Korrespondenzbeziehung spezifiziert ist.

$\cup\Omega$ sei die Vereinigung des Mengensystems Ω: $\cup\{R^{ij} \mid R^{ij} \in \Omega\}$. Eine Zuordnung von Idealisierungen zu wissenschaftlichen Generationen ist durch eine Funktion *z* des kartesischen Produkts von dem Wertebereich von *g* und einer Menge Θ idealisierter Theorie-Elemente in die Vereinigung des Mengensystems Ω möglich: $z$: $Wb(g) \times \Theta \rightarrow \cup\Omega$. *z* wird im folgenden als *Idealisierungsfunktion* bezeichnet. Θ wird hier im Hinblick auf die - unten folgende - Definition eines idealisierten Theorie-Netzes *N* eingeführt. Als Menge idealisierter Theorie-Elemente enthält Θ auch die konkreten Netzen zugehörigen Theorie-Elemente. Die Verwendung einer Menge geordneter Paare als Argumentbereich der Idealisierungsfunktion (anstelle von *Wb*(*g*) allein) hat den Vorteil, daß für idealisierte Theorie-Elemente und -netze nur eine Idealisierungsfunktion benötigt wird. Damit setzt *z* jedoch die Existenz von diachronischen Theorie-Netzen nicht voraus. Vielmehr werden ebenfalls Theorie-Elemente berücksichtigt, die - aus der Perspektive einer Theorie-Evolution - in kein Theorie-Netz eingegangen sind. Das ist möglich, da bei der Rekonstruktion eines diachronischen Netzes unterschiedliche Möglichkeiten bestehen, Theorie-Elemente zu berücksichtigen und einander über die Spezialisierungsrelation $\sigma_d$ zuzuordnen. Ob ein Theorie-Element ein "single" bleibt, kann erst beurteilt werden, wenn die maßgeblichen diachronischen Theorie-Netze und ihre Evolutionen rekonstruiert werden.

Sollte eine Generationenfunktion nicht existieren, kann auch auf einen Argumentbereich für die zu bildende Funktion *z* auf der Grundlage schwächerer Voraussetzungen zurückgegriffen werden, z. B. auf *Pot*(*SOPH*).

Der Definitionsbereich von *g* ist eine Menge $Db(g) = \{\langle x, y\rangle \mid x \in HIST \wedge y \in COMM\}$. Jede historische Periode in *HIST* wird mit jeder wissenschaftlichen Gemeinschaft in *COMM* kombiniert und diesem Paar durch *g* die dazugehörige Generation zugeordnet. In $\Theta$ sind alle idealisierten Theorie-Elemente enthalten, die mit den in *Wb*(*g*) zusammengefaßten Generationen verbindbar sind. Wissenschaftliche Generationen können innerhalb eines Netzes dieselben Tupel nichtidealisierter und idealisierter Universen verwenden. In jeder Periode können die den jeweiligen wissenschaftlichen Gemeinschaften zugeordneten Generationen auch unterschiedliche Theorie-Netze entwickeln. Es ist möglich, daß dabei die gleichen Elemente aus $\bigcup\Omega$ verwandt werden wie in einem konkurrierenden Theorie-Netz. Daher ist zwar *z*, aber nicht $z^{-1}$ eine Funktion.

Um ein idealisiertes diachronisches Theorie-Element anzugeben, wird ein diachronisches Theorie-Element nach (12) erst um den Klammerausdruck "(idealized)" verkürzt und dann um die Funktion *z*, den Wert dieser Funktion sowie um eine "Absichtsergänzung" erweitert: Ergänzt wird die Absicht einer wissenschaftlichen Generation *G*, *K* auf *I* anzuwenden um - im einfachsten Fall - die Absicht, eine Menge *U* mit einer Menge *U'* zu idealisieren. Welche Mengen dies in bezug auf eine konkrete Gemeinschaft *G* sind, gibt der Funktionswert *z*(*G*, *T*) an. Die Elemente des Wertebereiches der Idealisierungsfunktion werden nachfolgend auch mit "*u*" bezeichnet. Diese sind im Hinblick auf ein einzelnes Theorie-Element wenigstens geordnete Paare, deren erster Bestandteil ein Universum der nichtidealisierten und deren zweiter Bestandteil ein Universum der idealisierten Entitäten ist. Darüber hinaus muß die Definition eines (galileisch) idealisierten Theorie-Elementes *T* sicherstellen, daß zwischen den Universen der idealisierten Entitäten und den (potentiellen) Modellen von *T* eine systematische Beziehung vorliegt. Diese besteht im Grundsatz darin, daß die Objekte in den nichtmathematischen Basismengen Idealisierungen sind - und zwar genau jene, die in den idealisierten Universen zusammengefaßt sind. Daß es eine extensionale Beziehung zwischen den Basismengen und den idealisierten Universen gibt, ist natürlich kein Zufall, sondern das Ergebnis der erfahrungswissenschaftlichen, theoriegeleiteten Idealisierungsvorgänge. Um diese Beziehung auf allgemeiner Ebene zu spezifizieren, werden die nichtmathematischen Basismengen $D_1, \ldots, D_k$ der potentiellen Modelle mittels der sog. Projektionsfunktionen "herausgelöst".

(15) Wenn $z$ eine Idealisierungsfunktion ist, dann ist $T$ ein (galileisch) idealisiertes Theorie-Element genau dann, wenn **A**, **U**, **U'** und **D** existieren und gilt

(A) $T = \langle K, I, G, \mathbf{A}, \mathbf{U}, \mathbf{U}' \rangle$

(B) $\langle K, I, G \rangle$ ist ein diachronisches Theorie-Element

(C) $\mathbf{U} = \{U_1, \ldots, U_m\}$ enthält nichtleere Universen (galileisch) nichtidealisierter Entitäten;

(D) $\mathbf{U}' = \{U'_1, \ldots, U'_n\}$ enthält nichtleere Universen, deren Elemente mit (galileisch) idealisierten Repräsentationen korrespondieren; $\mathbf{U} \cap \mathbf{U}' = \varnothing$

(E) $\mathbf{A} = \{A_1, \ldots, A_l\}$ enthält nichtleere Mengen von Anwendungsentitäten; $(\forall A)\,(A \in \mathbf{A} \rightarrow (\exists U)\,(U \in \mathbf{U} \wedge A \subseteq U))$

(F) $z(G, T) = u = \langle U_g, U'_k \rangle$ oder $\langle U_g, \ldots, U_h; U'_k, \ldots, U'_l \rangle$ mit $1 \leq g \leq h \leq m$ und $1 \leq k \leq l \leq n$

(G) $G$ intendiert $U_g$ durch $U'_k$ oder $\langle U_g, \ldots, U_h \rangle$ durch $\langle U'_k, \ldots, U'_l \rangle$ zu idealisieren

(H) Wenn $Mp(T)$ eine Klasse potentieller Modelle der Gestalt $\langle D_1, \ldots, D_k, M_{k+1}, \ldots, M_{k+j}, R_l, \ldots, R_n \rangle$ ist, dann ist $\mathbf{D} = \{D \mid D = pr_i(x)\}$ mit $1 \leq i \leq k$ die Vereinigung der Wertebereiche der Projektionsfunktionen $pr_1, \ldots, pr_k$

(I) $(\forall x)\,(\forall D)\,[x \in Mp(T) \wedge D \in \mathbf{D} \rightarrow (\exists U')\,(U' \in \mathbf{U}' \wedge U' = pr_j(u) \wedge u = z(G, T) \wedge D \subseteq U')]$ mit $k \leq j \leq l$

Durch (B) wird vorausgesetzt, daß $T$ ein diachronisches Theorie-Element $\langle K, I, G \rangle$ ist, für welches nach (C) und (D) von $G$ nichtleere Universen nichtidealisierter wie idealisierter Entitäten spezifiziert werden. Mittels (C) wird zudem festgelegt, daß die Vorbereiche der Idealisierungsrelationen keine Universen *galileisch* idealisierter Entitäten enthalten. Damit ist für Konzeptionen Nachgalileischer Idealisierung nicht ausgeschlossen, daß in diesen Universen nichtgalileisch idealisierte Entitäten enthalten sein können. Über (D) wird zudem gesichert, daß die in Kapitel 2.2.1 formulierten Voraussetzungen *Galileischer Idealisierung* erfüllt sind. (E) bringt zum Ausdruck, daß das Konzept der Menge $I$ auf formelle Repräsentationen beschränkt wird. Für die Entitäten, die mit den informellen Beschreibungen der Anwendungsentitäten korrespondieren, wird ein Mengensystem **A** eingeführt. Für jedes Element $A$ des Mengensystems **A** gibt es ein nichtidealisiertes Universum $U$, so daß $A$ eine Teilmenge bzw. gleich $U$ ist. In (F) wird durch den Wert $z(G, T)$ der Funktion $z$ angegeben, durch welche idealisierten Universen die nichtidealisierten Universen idealisiert werden. Die in (G) festgehaltene Intention ist absichtlich sehr vage gehalten. Dies hat folgenden Grund: Eine Präzisierung erfordert eine genauere Spezifikation der Mengen $U_1, ..., U_m$ und $U'_1, ..., U'_n$, die auf allgemeinster Ebene leicht restriktiv wirken kann. Eine mögliche Restriktion, die die Ontologie der Theorie über $G$ und ein beliebiges $U \in \mathbf{U}$ beschränkt, ist folgende Interpretation von (G): $(\forall x)$ [$x \in U' \rightarrow (\exists y)$ ($y \in U \wedge x$ ist eine Idealisierung von $y$)]. Diese Interpretation setzt voraus, daß alle Entitäten in $U'$ Idealisierungen von Entitäten in $U$ sind. Mit (G) ist auch eine Erweiterung der Interpretation der propositionalen Einstellung (F) in (12) angelegt, z. B. "$G$ ist bekannt, daß die Anwendung von $K$ auf $I$ der Konstruktion von Strukturen bedarf, die Partialstrukturen idealisierter Modelle sind". Laut (H) ist für die potentiellen Modelle von $T$ (für alle k+(k+j)+n-Tupel) eine Menge $\mathbf{D}$ festgelegt, in der die durch die Projektionsfunktionen $pr_1, ..., pr_k$ aus dem Tupel "herausgelösten" nichtmathematischen Basismengen $D_1, ..., D_k$ zusammengefaßt sind. Mittels (I) werden die Entitäten in den nichtmathematischen Bereichen der potentiellen Modelle von $T$ als idealisierte Entitäten spezifiziert: Für alle potentiellen Modelle von $T$ und alle $D \in \mathbf{D}$ existiert ein idealisiertes Universum $U'$, so daß $D \subseteq U'$. $U'$ ist Bestandteil des Tupels idealisierter Universen, mit dem $G$ einen Tupel (galileisch) nichtidealisierter Universen idealisieren will. Damit ist (I) - in Verbindung mit (11) - der formale Ausdruck einer semantischen Nebenbedingung, die festlegt, daß die (potentiellen) Modelle einer idealisierten Theorie idealisierte Entitäten sind.

Wie bereits erwähnt, ist es möglich, jedem Theorie-Netz genau eine wissenschaftliche Generation zuzuordnen, aber nicht umgekehrt, da wissenschaftliche Generationen für mehrere Theorie-Netze verantwortlich sein können. Im Hinblick auf ein idealisiertes diachronisches Theorie-Netz ist es ein Ziel der rekonstruktiven Arbeit anzugeben, welche Werte der Funktion $z$ den Theorie-Elementen im Netz zugeordnet werden und dabei zu berücksichtigen, daß diese Werte differieren können. Es soll also die Information ausgedrückt werden, welche Theorie-Elemente eines konkreten Netzes $N$ mit welchem Tupel aus $\bigcup\Omega$ bzw. welchem Wert der Funktion $z$ versehen sind. Für diesen Zweck wird in der Definition des idealisierten Theorie-Netzes eine Teilmenge von $\Theta$ eingeführt: $|\underline{N}|$. $|\underline{N}|$ enthält alle in $N$ über die diachronische Spezialisierung verknüpften *idealisierten* Theorie-Elemente. Das im Hinblick auf ein konkretes Theorie-Netz gesuchte Ergebnis ist eine Teilmenge $\zeta$ der Funktion $z$: $\zeta$ enthält eine endliche Zahl geordneter Tripel, die an erster Stelle die mit dem Theorie-Netz $N$ verbundene Generation $G_N$ angeben, an zweiter Stelle ein in $N$ verknüpftes Theorie-Element $T_N$ und an dritter Stelle einen Tupel von Universen: $z$: $Wb(g) \times \Theta \rightarrow \cup\Omega$. Die mit dem Netz $N$ verbundene wissenschaftliche Generation $G_N$ gehört dem Wertebereich der Generationenfunktion $g$ an. Der Wertebereich von $z$ enthält diejenigen Tupel von Universen sog. realer und idealisierter Entitäten, die nach $G_N$ in der Relation "wird idealisiert durch" stehen.

(16) $N$ ist ein (galileisch) idealisiertes diachronisches Theorie-Netz genau dann, wenn $|\underline{N}|$ und $\sigma_d$ existieren, so daß
- (A) $N = \langle|\underline{N}|, \sigma_d\rangle$
- (B) $|\underline{N}|$ ist eine Menge (galileisch) idealisierter diachronischer Theorie-Elemente
- (C) $\sigma_d$ ist eine diachronische Spezialisierungsrelation auf $|\underline{N}|$

Ein diachronisches und ein idealisiertes diachronisches Theorie-Netz unterscheiden sich darin, daß die Spezialisierungsrelation für eine Menge (galileisch) idealisierter diachronischer Theorie-Elemente definiert ist.

Ein diachronisches Theorie-Netz nach (aber nicht durch) Definition (13) ist unter anderem dadurch gekennzeichnet, daß es verknüpfte (synchronische) Theorie-Netze zum Ausgangspunkt hat. Dies hat zur Folge, daß die Menge, die sämtliche Theorie-Elemente des Netzes enthält und bezüglich derer die sog. Spezialisierungsrelation $\sigma_d$ definiert ist, geordnet ist. Die Ordnung der Theorie-Elemente induziert eine Ordnung der Kerne ($K$) und Intendierten Anwendungen ($I$). Für die diachronischen Theorie-Netze bleibt nur die sog. Kernspezialisierung[517] erhalten. Dies heißt einerseits, daß die Bestandteile des diachronischen Theorie-Netzes über identische Begriffsrahmen verfügen, d. h. alle potentiellen Modelle Strukturen der gleichen Species sind. Andererseits wird nur verlangt, daß die Intendierten Anwendungen von jeweils zwei in der Spezialisierungsrelation stehenden Theorie-Elementen gemeinsame Elemente haben. Es ist daher nicht zu erwarten, daß alle Theorie-Elemente im diachronischen Theorie-Netz über die Funktion $z$ dieselben Universen nichtidealisierter Entitäten zugeordnet erhalten. Die Existenz einer gemeinsamen Schnittmenge zumindest für einige der nichtidealisierten Universen, die in den - auch Tupel enthaltenden - Vorbereichen der relevanten Idealisierungsrelationen zusammengefaßt sind, ist jedoch wahrscheinlich. Dasselbe wird für die idealisierten Universen angenommen, die die Nachbereiche der Ideali-

517 Vgl. Balzer, W./Moulines, C. U./Sneed, J. D. (1987), S. 176

sierungsrelationen bilden. Die in (17) angegebenen Koordinaten "r, r+1, ..., r+α, s, s+1,..., s+ß" sind Elemente der Klasse der Natürlichen Zahlen:

(17) Wenn $N$ ein (galileisch) idealisiertes diachronisches Theorie-Netz ist, $\cup\Omega$ der Wertebereich der Idealisierungsfunktion für $N$ ist, alle $u$ in $\cup\Omega$ Tupel der Gestalt $<U_r, U'_s>$ oder $<U_r, U_{r+1}, ..., U_{r+\alpha}, U'_s, U'_{s+1}, ..., U'_{s+\beta}>$ sind und $pr_r, pr_{r+1}, ..., pr_{r+\alpha}, pr_s, pr_{s+1}, ..., pr_{s+\beta}$ Projektionsfunktionen[518] der Koordinaten r, r+1, ..., r+α, s, s+1, ..., s+ß sind, dann ist
(A) $\mathbf{U}(N) = \{U \mid U = pr_i(u) \text{ und } u \in \cup\Omega\}$ mit r≤i≤r+α
(B) $\cap\{U \mid U \in \mathbf{U}(N)\} \neq \varnothing$ [519]
(D) $\mathbf{U}'(N) = \{U' \mid U' = pr_j(u) \text{ und } u \in \cup\Omega\}$ mit s≤j≤s+ß
(E) $\cap\{U' \mid U' \in \mathbf{U}'(N)\} \neq \varnothing$

Nach Definition (14) ist eine idealisierte Theorie-Evolution eine endliche Folge $<N>_i$ von Theorie-Netzen, wobei für zwei beliebige Theorie-Netze $N_i$ und $N_{i+1}$ dieser Folge gilt, daß sie "unmittelbar aufeinander folgen".[520] Eine wissenschaftliche Gemeinschaft ist eindeutig mit einer Theorie-Evolution verbunden, das heißt, für alle $N_i$, $N_{i+1}$ in $<N>_i$ gilt: $SC(N_i) = SC(N_{i+1})$. In (14) wird nicht deutlich, ob eine Idealisierung der Evolution (idealisierter oder nichtidealisierter Theorien) oder eine Rekonstruktion der Evolution idealisierter Theorien gemeint ist (die auch wieder idealisiert sein kann). Der Begriff der idealisierten Theorie-Evolution wird nachfolgend von dem der Evolution idealisierter Theorien unterschieden. Nur das letztgenannte Konzept ist Gegenstand dieses Abschnitts.

Die nähere Kennzeichnung einer solchen Theorie-Evolution nach (14) als "progressiv" oder "perfekt"[521] diskriminiert nicht per definitionem zwi-

---

518 $pr_i$: $\mathbf{U}^i \times \mathbf{U}'^j \rightarrow \mathbf{U}$; $pr_j$: $\mathbf{U}^i \times \mathbf{U}'^j \rightarrow \mathbf{U}'$ mit r≤i≤r+α und s≤j≤s+ß

519 Eine rekonstruktive Praxis könnte zeigen, daß diese Bedingung zu stark ist. Sie kann jedoch abgeschwächt werden. In der "Minimalversion" wird nur noch verlangt, daß mindestens eine nichtleere Schnittmenge zwischen zwei beliebigen, einem Theorie-Netz zugeordneten, Universen existiert.

520 Eine Voraussetzung dafür, daß ein Theorie-Netz $N_{i+1}$ einem Theorie-Netz $N_i$ unmittelbar folgt, ist, daß beide selbst nicht identisch sind, aber denselben wissenschaftlichen Gemeinschaften zugeordnet werden können. Ferner sind mit den Theorie-Netzen eindeutig Zeitperioden $h_{Ni}$ und $h_{Ni+1}$ verbunden - dabei ist $h_{Ni} \leq h_{Ni+1}$. Zudem gibt es kein weiteres - von $N_i$ und $N_{i+1}$ differierendes - Theorie-Element $N_j$, das mit derselben wissenschaftlichen Gemeinschaft $SC_{Ni}$ wie $N_i$ verbunden ist und zwischen bzw. zeitgleich mit $h_{Ni}$ und $h_{Ni+1}$ angesiedelt werden kann. Vgl. Balzer, W./Moulines, C. U./Sneed, J. D. (1987), S. 218 (DV-5).

521 Vgl. ebd. S. 220 ff.

schen Evolutionen idealisierter und nichtidealisierter Theorien. Besonderes Interesse ruft die Frage hervor, wie sich die idealisierten und nichtidealisierten Ontologien während einer historischen Sequenz einander unmittelbar folgender Theorie-Netze entwickelt haben. Ähnlich wie für die Mengen der Intendierten Anwendungen der in der diachronischen Spezialisierungsrelation stehenden Theorie-Elemente in den aufeinander folgenden Theorie-Netzen lassen sich für die jeweiligen Mengen der Anwendungsentitäten und für die Universen Beziehungen angeben: Es ist zu vermuten, daß diese Mengen - für jeweils zwei in der Spezialisierungsrelation stehende Theorie-Elemente - gemeinsame Elemente haben. Seien $|\underline{N_i}|$ und $|\underline{N_{i+1}}|$ die für die in der Folge $\langle N \rangle_i$ unmittelbar aufeinander folgenden Netze $N_i$ und $N_{i+1}$ relevanten Mengen idealisierter diachronischer Theorie-Elemente (vgl. (16)). Ferner gelte: $T_i \in |\underline{N_i}|$, $T_{i+1} \in |\underline{N_{i+1}}|$ und $\langle T_{i+1}, T_i \rangle \in \sigma_d$. Aufgrund der Definition der diachronischen Spezialisierungsrelation gilt für alle durch diesen Begriff charakterisierbaren Theorie-Elemente $T$ und $T'$, daß die ihnen zugeordneten Intendierten Anwendungen $I(T)$ und $I(T')$ gemeinsame Elemente haben: $I(T) \cap I(T') \neq \emptyset$. In Verbindung mit der für die Definition der Theorie-Evolution konstitutiven Festlegung (14.B), daß für alle Theorie-Elemente $T_{i+1}$ in $|\underline{N_{i+1}}|$ mindestens ein Theorie-Element $T_i$ in $|\underline{N_i}|$ existiert, dessen diachronische Spezialisierung $T_{i+1}$ ist, ist die Beziehung zwischen den jeweiligen Intendierten Anwendungen für die Theorie-Evolution verallgemeinerbar. Durch die diachronische Spezialisierung wird einerseits die Kontinuität der formalen Struktur im Verlauf der Evolution gewahrt und andererseits gesichert, daß die Intendierten Anwendungen wenigstens im Hinblick auf zwei einander unmittelbar folgende Theorie-Netze gemeinsame Elemente aufweisen: Einige intendierte Anwendungen "verschwinden" im Verlauf des Wechsels von $N_i$ zu $N_{i+1}$, andere kommen hinzu - aber es gibt immer welche, die zu beiden Netzen gehören.

Da sich die Mengen Intendierter Anwendungen beim Übergang von der historischen Periode $N_i$ zu $N_{i+1}$ nicht völlig ändern, gilt dies ebenfalls für die mit den Intendierten Anwendungen verbundenen Mengen der Anwendungsentitäten sowie für die sog. realen Universen. Wenn zwischen den realen Universen und den Mengen der Anwendungsentitäten Beziehungen bestehen, dann auch zwischen den Universen idealisierter Entitäten. Zu diesem Zweck ist es hilfreich, die in (17) spezifizierten Mengen $\mathbf{U}(N)$ bzw. $\mathbf{U}'(N)$ auf konkrete historische Perioden zu beziehen, also z. B. auf $N$ in $h_i$ ($N_i$) bzw. $N$ in $h_{i+1}$ ($N_{i+1}$). $\mathbf{U}(N_i)$ bzw. $\mathbf{U}'(N_i)$ enthalten die für das Netz $N$ in der Periode $h_i$ in den Idealisierungsrelationen verwandten Universen "realer" wie idealisierter Entitäten, $\mathbf{U}(N_{i+1})$ bzw. $\mathbf{U}'(N_{i+1})$ enthalten die relevanten Mengen der Folgeperiode $h_{i+1}$. Diese Mengen sind die Vereinigungen der Wertebereiche der in (17) angegebenen Projektionsfunktionen

$pr_r$, $pr_{r+1}$, ..., $pr_{r+\alpha}$ bzw. $pr_s$, $pr_{s+1}$, ..., $pr_{s+\beta}$ für die jeweiligen Netze. Da diese Funktionen jeweils Abbildungen in **U'** bzw. **U** sind, ist die Vereinigung der Wertebereiche jeweils entweder in **U'** oder in **U** enthalten: $\mathbf{U}(N) \subseteq \mathbf{U}$, $\mathbf{U}'(N) \subseteq \mathbf{U}'$. Im Hinblick auf eine Theorie-Evolution erhält man die für alle Netze der Evolution relevanten realen wie idealisierten Universen durch die Bildung von $\mathbf{U}(N)$ bzw. $\mathbf{U}'(N)$ für alle maßgeblichen Perioden und deren jeweilige Vereinigung:

1. $\mathbf{U}_{<N>i} = \cup\{\mathbf{U}(N_i), ..., \mathbf{U}(N_{i+j})\}$

2. $\mathbf{U}'_{<N>i} = \cup\{\mathbf{U}'(N_i), ..., \mathbf{U}'(N_{i+j})\}$

$\mathbf{U}_{<N>i}$ enthält alle in einer Evolution in den Idealisierungsrelationen verwandten nichtidealisierten, $\mathbf{U}'_{<N>i}$ alle idealisierten Universen. Für diese soll nun gelten, daß sie nicht alle paarweise disjunkt sind: Für alle $U_g$ in $\mathbf{U}_{<N>i}$ existiert mindestens ein $U_h$ in $\mathbf{U}_{<N>i}$, so daß die Schnittmenge von $U_g$ und $U_h$ nicht leer ist. Dasselbe wird für die Beziehungen der idealisierten Universen angenommen: Für alle $U'_k$ in $\mathbf{U}'_{<N>i}$ existiert mindestens ein $U'_l$ in $\mathbf{U}'_{<N>i}$, so daß der Schnitt zwischen beiden Mengen nicht die leere Menge ist:

3. $(\forall U_g)\ [U_g \in \mathbf{U}_{<N>i} \rightarrow (\exists U_h)\ (U_h \in \mathbf{U}_{<N>i} \wedge U_h \cap U_g \neq \varnothing)]$
mit $g \neq h$

4. $(\forall U'_k)\ [U'_k \in \mathbf{U}'_{<N>i} \rightarrow (\exists U'_l)\ (U'_l \in \mathbf{U}'_{<N>i} \wedge U'_k \cap U'_l \neq \varnothing)]$
mit $k \neq l$

Die in 3. und 4. ausgedrückten Formulierungen lassen sich jedoch noch präzisieren, da beispielsweise nach 4. für ein $U'_k \in \mathbf{U}'_{<N>i}$ nur die Existenz mindestens eines *beliebigen* $U'_l \in \mathbf{U}'_{<N>i}$ mit $U'_k \cap U'_l \neq \varnothing$ verlangt wird. Die Forderung "$U'_k \cap U'_l \neq \varnothing$" muß auf alle konkreten Theorie-Elemente $T$ und $T'$ bezogen werden können, für die gilt: $<T, T'> \in \sigma_d$. Formal werden für diesen Zweck aus der Menge $\mathbf{U}'_{<N>i}$ diejenigen idealisierten Universen ausgesondert, die den einzelnen Theorie-Elementen im Vor- und Nachbereich von $\sigma_d$ zugeordnet sind. Akteur ist in diesem Fall die mit der Evolution $<N>_i$ verbundene wissenschaftliche Gemeinschaft $SC_{<N>i}$:

5. $T_{<N>i} = \{U' \mid U' \in \mathbf{U}'_{<N>i}$ und $U'$ wird von $SC_{<N>i}$ für $T$ zur Idealisierung von $U \in \mathbf{U}_{<N>i}$ eingesetzt$\}$

6. $T'_{<N>_i} = \{U' \mid U' \in \mathbf{U}'_{<N>_i}$ und $U'$ wird von $SC_{<N>_i}$ für $T'$ zur Idealisierung von $U \in \mathbf{U}_{<N>_i}$ eingesetzt$\}$

Gegeben 5. und 6., kann die gewünschte Präzisierung wie folgt ausgedrückt werden:

7. $T' \,\sigma_d\, T \rightarrow (\exists U'_k)\,(\exists U'_l)\,(U'_k \in T'_{<N>_i} \;\wedge\; U'_l \in T_{<N>_i} \;\wedge$
$U'_k \cap U'_l \neq \varnothing)$

Auf der Grundlage der bereits eingeführten Konzepte kann jetzt die Definition einer Evolution idealisierter Theorie-Netze angegeben werden.

(18) $E$ ist eine Evolution (galileisch) idealisierter Theorie-Netze genau dann, wenn $SC_{<N>_i}$, $\mathbf{U}_{<N>_i}$ und $\mathbf{U}'_{<N>_i}$ existieren, so daß
(A) $E$ ist eine endliche Sequenz $<N>_i$ (galileisch) idealisierter Theorie-Netze
(B) Für alle $N_i$, $N_{i+1}$ in $<N>_i$ gilt: $N_{i+1}$ folgt unmittelbar auf $N_i$
(C) Für jedes $T_{i+1} \in |\underline{N}_{i+1}|$ gibt es ein $T_i \in |\underline{N}_i|$, so daß $T_{i+1} \,\sigma_d\, T_i$
(D) $SC_{<N>_i}$ ist die mit $<N>_i$ verbundene wissenschaftliche Gemeinschaft
(E) $\mathbf{U}_{<N>_i}$ enthält alle von $SC_{<N>_i}$ verwandten (galileisch) nicht-idealisierten Universen; $\mathbf{U}_{<N>_i} \neq \varnothing$
(F) $\mathbf{U}'_{<N>_i}$ enthält alle von $SC_{<N>_i}$ verwandten (galileisch) idealisierten Universen; $\mathbf{U}'_{<N>_i} \neq \varnothing$
(G) $T_{<N>_i} \subseteq \mathbf{U}'_{<N>_i}$ wird von $SC_{<N>_i}$ für jedes $T \in |\underline{N}_\xi|$ mit der Intention der Idealisierung wenigstens eines Elementes von $\mathbf{U}_{<N>_i}$ eingesetzt mit $\xi$ = i, i+1, ..., i+j
(H) $(\forall T_i)\,(\forall T_{i+1})\,[T_i \in |\underline{N}_i| \;\wedge\; T_{i+1} \in |\underline{N}_{i+1}| \;\wedge\; T_{i+1} \,\sigma_d\, T_i \rightarrow$
$(\exists U'_k)\,(\exists U'_l)\,(U'_k \in T'_{<N>_i} \;\wedge\; U'_l \in T_{<N>_i} \;\wedge\; U'_k \cap U'_l \neq \varnothing)]$

Anders als in (14) wird mit (18) explizit gemacht, daß $E$ eine Evolution idealisierter Netze ist. Daher sind die Theorie-Elemente nach (C) in Mengen idealisierter Theorie-Elemente enthalten: $|\underline{N}_i|$ bzw. $|\underline{N}_{i+1}|$. Mit (D), (E) und (F) wird ausgedrückt, daß $SC_{<N>_i}$ das epistemische Subjekt ist, welches die in $\mathbf{U}_{<N>_i}$ bzw. $\mathbf{U}'_{<N>_i}$ enthaltenen Universen benutzt. $T_{<N>_i}$ ist eine - im Hinblick auf ein konkretes Theorie-Element $T$, das von Interesse ist - ausgesonderte Teilmenge von $\mathbf{U}'_{<N>_i}$. Nach (H) wird für je zwei *idealisierte* Theorie-Elemente $T_{i+1}$ und $T_i$ angenommen: Wenn $T_{i+1}$ eine diachronische Spezialisierung von $T_i$ ist, dann existieren wenigstens zwei idealisierte Universen $U'_k$ und $U'_l$, die in $T_{i+1<N>_i}$ und $T_{i<N>_i}$ enthalten sind (also jenen Mengen idealisierter Theorie-Elemente, die die wissenschaftliche Gemeinschaft $SC_{<N>i}$ zur Idealisierung von $T_{i+1}$ bzw. $T_i$ benutzt), deren Schnittmenge nicht leer ist. $T_{i+1<N>i}$ und $T_{i<N>i}$ sind jeweils Teilmengen von $\mathbf{U}'_{<N>i}$. Mit dieser Bestimmung soll die Kontinuität der verwendeten Idealisierungsformen und -vorgänge im Verlauf einer Theorie-Evolution zum Ausdruck gebracht werden.

Die für eine konkrete Evolution relevanten Tupel $u_1, ..., u_q$ von Universen sind durch die Wertebereiche der Funktionen $z_i, z_{i+1}, ..., z_{i+j}$ gegeben. Diese sind die mit den Netzen in der Sequenz $<N>_i$ jeweils verknüpften Idealisierungsfunktionen während der Perioden $<h_i, h_{i+1},..., h_{i+j}>$. Ein möglicher Wertebereich der Funktion $z$ in der Periode $h_i$ ist beispielsweise: $Wb(z_i) = \{<U, U'> | \; G_{Ni}(T_{Ni})$ intendiert $U$ mit $U'$ zu idealisieren}. "$G_{Ni}(T_{Ni})$" soll zum Ausdruck bringen, daß die mit dem Theorie-Netz $N_i$ in der Sequenz $<N>_i$ verknüpfte Generation $G$ ($G_{Ni}$) für die Theorie-Elemente im Netz $N_i$ die angebenen Tupel $u_1, ..., u_q$ verwandt hat. Sei $Wb(z_{<N>i})$ die Vereinigung der Wertebereiche der Funktionen $z_i, z_{i+1}, ..., z_{i+j}$:

8. $Wb(z_{<N>i}) = \cup\{Wb(z_i), Wb(z_{i+1}), ..., Wb(z_{i+j})\}$

Eine alternative intensionale Definition von $Wb(z_{<N>i})$ ist

9. $Wb(z_{<N>i}) = \{<U_g, U'_k> \in \cup\Omega$ oder $<U_g, ..., U_h, U'_k, ..., U'_l> \in \cup\Omega \,|\, SC_{<N>i}$ intendiert $U_g$ durch $U'_k$ oder $<U_g, ..., U_h>$ durch $<U'_k, ..., U'_l>$ zu idealisieren$\}$ mit $1 \leq g \leq h \leq m$ und $1 \leq k \leq l \leq n$

Insgesamt sind die vorstehenden Ausführungen nur als erste Schritte zur Durchführung der Verbindung des Konzeptes der *Galileischen Idealisierung* mit dem *Strukturalismus* zu sehen. Ich denke jedoch, daß sie bereits ausreichen, um zu zeigen, daß eine weitergehende Verknüpfung ohne größere Schwierigkeiten möglich ist und für beide Konzeptionen fruchtbar sein kann. Den Schlußteil dieses Kapitels soll jedoch ein Vergleich von Suppes Version der *Semantic Conception* mit der strukturalistischen Konzeption bilden. Im Hinblick auf den vorangehenden Text fällt bei ersterer sofort das Fehlen einer diachronischen Analyse auf. Zwar unterscheidet Suppe mehrere Verwendungsweisen von Theorien, darunter z. B. die *als* Approximationen oder Idealisierungen, und zieht so implizit pragmatische Aspekte in Betracht. Eine weitergehende Relevanz soziohistorischer Aspekte für die Analyse der Struktur wissenschaftlicher Theorien lehnt er möglicherweise ab, da für ihn der Strukturalismus weniger überzeugend ist als andere Versionen der Semantic Conception "... largely because they give far more than is warranted to Positivism and to Kuhn."[522] Es muß hier offen bleiben, "wieviel Kuhn" für Suppe noch tragbar erscheint. Die Pragmatik hat jedoch in seiner Version einen geringen Stellenwert. Dies wird schon bei Konzepten deutlich, die im Strukturalismus als "pragmatisch im engeren Sinn" bezeichnet wurden, z. B. bei der Interpretation der Menge *I*, bei Suppe "Intendierte Reichweite" genannt. Im Strukturalismus wird betont, daß die Theorie Anwender hat, die behaupten, daß z. B. ein formaler Kern eines Theorie-Elementes auf eine Menge *I* bzw. auf Elemente der Menge *I* anwendbar ist. In Suppes Konzeption hingegen könnte man fragen, warum überhaupt von "*Intendierter* Reichweite" die Rede ist: *I* wird - überspitzt formuliert - nicht von Anwendern, sondern von Naturgesetzen festgelegt: Diese determinieren die Klasse der kausal möglichen phänomenalen Systeme für eine Theorie. Die Anwender vollziehen mit der tatsächlichen Spezifikation der Klasse *I* nur etwas, das durch die Naturgesetze vorgegeben wurde.[523] Gelten diese, ist die Theorie auf alle Phänomene in allen kausal möglichen Universen anwendbar. Die Theorie zu behaupten oder anzunehmen, heißt nach Suppe zudem, sich mit *I* auf die Existenz einer Klasse Natürlicher Arten ontologisch zu verpflichten. Dies erfolgt durch die Verpflichtung auf die Existenz einiger konkreter Elemente von *I* und die Annahme, daß es für den Rest kausal möglich ist zu existieren. *Wer* sich jedoch verpflichtet, wird in Suppes Version nicht rekonstruiert.

In beiden Versionen der Semantic Conception ist die Spezifikation von *I* die Aufgabe und das Ergebnis der Theorieentwicklung. Im *Strukturalismus* werden zu diesem Zweck Anwendungsentitäten in einem ersten Schritt informell charakterisiert und in einem zweiten Schritt als (partielle) potentielle Modelle der Theorie konzeptualisiert. Suppe benennt ebenfalls einen Vorgang der "impliziten Charakterisierung" einer Klasse mechanischer Phänomene unter Verwendung der sog. Parameter der Theorie. In beiden Versionen wird bei der impliziten oder informellen Charakterisierung der Anwendungsentitäten (Strukturalismus) bzw. der phänomenalen Systeme (Suppes Version) auf sog. Rahmenbegriffe (framework concepts) zurückgegriffen, d. h. auf Begriffe mit nicht festgelegter Bedeutung, deren Ex-

---

522 Suppe, F. (1979), S. 323. Auf die behauptete Affinität des Strukturalismus zum Positivismus gehe ich weiter unten ein.

523 Ein solcher Sachverhalt wird von der strukturalistischen Konzeption weder angenommen noch ausgeschlossen. Er ist auch der Grund dafür, warum eine Theorie, die nicht auf alle Elemente von *I*, sondern nur auf eine Teilmenge *I'* anwendbar ist, in Suppes Version "empirisch falsch" genannt werden muß. Nach der strukturalistischen Konzeption werden mißlungene Anwendungsfälle aus *I* ohne Rückschluß auf empirische Wahrheit oder Falschheit der Theorie gestrichen.

tensionen durch die Entwicklung verschiedenster Theorien spezifiziert werden können. In Suppes Version wird durch die implizite Charakterisierung der Intendierten Reichweite schon die Bedingung (a) seiner Definition der empirischen Wahrheit einer Theorie erfüllt.[524] Die Problematik der semantischen Abhängigkeit der Theorie von ihrem Gegenstand tritt durch dieses Vorgehen nicht auf, wenn man von dem - hier nicht betrachteten - Thema *T*-theoretischer Terme einmal absieht. Eine Notwendigkeit der Differenzierung zwischen *T*-theoretischen und *T*-nicht-theoretischen Termen besteht in Suppes Konzeption nicht, da alle Parameterwerte *T*-extern bestimmt werden (sollen). Dieses Problem soll hier - bis auf einen Kommentar - nicht vertieft werden: Falls die *T*-theoretisch/*T*-nicht-theoretisch-Distinktion für die Semantik und empirische Interpretation von Theorien relevant ist, sind alle Versionen der Semantic Conception, die es nicht berücksichtigen, in dieser Hinsicht defizitär. Dies betrifft auch die Möglichkeit der Berücksichtigung von "Bedeutungsverschärfungen", die in der strukturalistischen Konzeption durch die Rekonstruktion intra- und intertheoretischer Relationen gegeben ist.

Das formale Analogon zu der Menge informell charakterisierter Anwendungsentitäten *A* ist bei Suppe die sog. phänomenale Systeme enthaltende Menge *I*. In beiden Versionen der Semantic Conception werden ausgehend von den Elementen der Mengen *A* bzw. *I* mögliche Modelle der Theorie konstruiert. Im Strukturalismus wird auf ein informell charakterisiertes System der formale Kern eines Theorie-Elementes durch die Konstruktion eines potentiellen Modelles, dem eindeutig eine Partialstruktur zugeordnet werden kann, angewandt. Da für Suppe das Problem der *T*-Theoretizität nicht besteht, wird mit einem replikativen physikalischen System keine Partialstruktur, sondern nur ein mögliches Modell konstruiert. Partialstrukturen von Modellen, wie im Strukturalismus oder der Semantic Conception in der Version van Fraassens, existieren in Suppes Fassung nicht. Es gibt jedoch eine Entsprechung auf der epistemologischen Ebene: Was bei van Fraassen die sog. empirische Adäquatheit der Partialstruktur ist, ist bei Suppe die Replikations-Relation. Van Fraassen und Suppe versuchen, jeder auf andere Weise, die Empirizität der Theorie durch die besondere Art der Beziehungen zwischen den Modellen der Theorie und ihren

---

524 Dies ist seiner Ansicht nach kein Problem, weil es die wissenschaftliche Praxis reflektiert. Es ist jedoch insofern ein Problem, als sich sicher nicht alle Anwender einer Theorie allein durch die implizite Charakterisierung von Entitäten auf deren Existenz verpflichten wollen, die noch dazu Elemente oder Teilmengen einer sog. Menge Natürlicher Arten sind. Suppe, F. (1989), S. 150, Fußnote 34

Anwendungsfällen zu sichern. Van Fraassen versucht es über die Dichotomie zwischen Beobachtbarem und Nichtbeobachtbarem, Suppe über die sog. quasirealistische Interpretation von Theorien. Die Distinktion zwischen *T*-theoretischen und *T*-nicht-theoretischen Termen im Strukturalismus basiert auf einer völlig anderen Intention: Hier geht es nur um die Vermeidung eines semantischen Zirkels, nicht um die Beziehung zwischen Theorie und Empirie und schon gar nicht um Korrespondenzregeln.[525] Will man ein strukturalistisches Analogon zu Replikations-Relation und Empirischer Adäquatheit, so wären dies die verschiedenen Formen der sog. empirischen Behauptungen. Wenn in diesen zwecks Vermeidung eines semantischen Zirkels die (*T*-)theoretische Ergänzbarkeit der Partialstrukturen zu Modellen der Theorie behauptet wird, so ist dies nur eine notwendige Bedingung für eine mögliche Empirizität der Behauptung. Allein die bestehende Differenzierung zwischen idealisierten und approximativen Fassungen indiziert, daß durch den sog. Ramsey-Sneed-Satz nur die logische Form der Behauptung vorgegeben wird.

Die Modelle der Theorie werden in Suppes Konzeption in der Menge $S^T$ zusammengefaßt; ihre möglichen Modelle sind die abstrakten oder idealisierten Replikationen der phänomenalen Systeme. Sind die Replikationen als Elemente der Menge $S^K$ auch in der Menge der von der Theorie als physikalisch möglich bestimmten Systeme, sind sie auch Modelle der Theorie. Diese Charakterisierung deckt sich mit der der potentiellen Modelle und Modelle im Strukturalismus, da die Menge $S^T$ durch die Gesetze der Theorie induziert wird. Unterschiede bestehen nur im Status der Gesetze, bezüglich dessen der Strukturalismus nicht festgelegt ist.

Suppes Definition der empirischen Wahrheit einer Theorie beruht auf dem Bemühen um eine Kombination von interner und externer Semantik. Als eine notwendige Bedingung der empirischen Wahrheit der Theorie wird die extensionale Identität von $S^T$ und $S^K$ bezeichnet. In diesem Fall entspricht die semantische der empirischen, wenn auch nicht der faktischen Wahrheit. In der strukturalistischen Konzeption entspräche dem - auf der modelltheoretischen Ebene - der Sachverhalt, daß alle Repräsentationen der Menge *I* zu Modellen des Theorie-Elementes *T* ergänzt werden können, die

---

525 Aus diesem Grunde weist Suppe die strukturalistische Konzeption als "bizarre" zurück, da sie "neo-Positivistic ingredients" enthalte. Diese Fehlinterpretation beruht auf einer Prima-facie-Analogie zwischen Empirischer Adäquatheit, der Replikationsrelation und der *T*-theoretisch/*T*-nicht-theoretisch-Distinktion. Vgl. ebd. S. 19 und Suppe, F. (1979), S. 322. Ein Vergleich zwischen van Fraassens Ansatz und der strukturalistischen Konzeption findet sich in Diederich, W. (1989a).

zudem noch die Constraints und Links erfüllen, d. h. das Zutreffen des Idealfalls der sog. empirischen Behauptung: $I \in Cn(K)$. Mit $I \in Cn(K)$ ist der Sachverhalt der unbeschränkten Anwendbarkeit des exakten formalen Kerns gegeben. Eine Definition empirischer Wahrheit ist damit nicht verbunden. Ein möglicher Einwand gegen diesen Vergleich ist, daß die Feststellung extensionaler Identität zwischen $S^T$ und $S^K$ Korrekturen und Anpassungsvorgänge von *Daten* beinhaltet, die sich im Strukturalismus so nicht finden. Dort werden vielmehr die "Modelle der Daten" und approximative Beziehungen zwischen diesen beschrieben. Der Vergleich bleibt insofern auf der intuitiven Ebene, als er die Explikation der Beziehungen zwischen Daten und deren Modellen betrifft. Da die Modelle der Daten meist keine von *T* sind, wird die empirische Behauptung von *T* modifiziert, wie beispielsweise in (10). Aber auch mit (10) ist nicht die Behauptung empirischer Wahrheit von *T* verbunden.

Nach Suppes Konzeption wird versucht, die *Daten* phänomenaler Systeme in Daten der mit ihnen korrespondierenden physikalischen Systeme zu transformieren. Dieser Vorgang kann als Erstellung einer - möglicherweise idealisierten - Repräsentation des phänomenalen Systems bezeichnet werden. Auf der Basis der sog. mapping-relation ($^*$) sind die physikalischen Systeme so beschaffen, wie die phänomenalen Systeme es wären, wenn nur die sog. definierenden Parameter der Theorie einen nichtvernachlässigbaren Einfluß ausüben würden. Trifft die Relation ($^*$) zu, entsprechen den Repräsentationen der phänomenalen Systeme auch Modelle der Theorie. Es wird nicht beabsichtigt, mit Daten korrespondierende physikalische Systeme zu konstruieren, die Modellen nur ähnlich sind bzw. diese approximieren. Ist eine Replikation eines phänomenalen Systems kein Modell der Theorie, ist die Anwendung der Theorie in diesem Einzelfall gescheitert. Verantwortlich werden für einen Mißerfolg von Suppe u. a. neben den datengenerierenden und -verarbeitenden Theorien (theory of data, theory of experimental design) die Idealisierungen bzw. die fehlenden wie bestehenden Hilfstheorien gemacht. Im Falle fehlender Hilfstheorien ist nicht klar, wie die "models of data" aussehen würden; im Falle bestehender Hilfstheorien sind es keine Modelle der zur Anwendung gelangten Theorie. Suppe vergibt hier die Möglichkeit, neben der exakten Anwendbarkeit der Theorie Approximationen zuzulassen.

Im Hinblick auf die ontologische Interpretation der Modelle differieren beide Versionen der Semantic Conception ebenfalls. Für Suppe ist die Zweisprachenkonzeption sowie die ihr zugrunde liegende Distinktion der Entitäten keine Grundlage für seine Unterscheidung zwischen den Bereichen der phänomenalen und physikalischen Systeme. Nicht unmittelbar beobachtbare Objekte, die nach der Auffassung des Received View als "theoretische Entitäten" bezeichnet würden, finden bei Suppe als "Einzeldinge" (particulars) Eingang in die Bereiche der phänomenalen Systeme. "Particulars" sind allerdings nur in den Bereichen der phänomenalen Systeme enthalten, und nur auf sie beziehen sich mögliche ontologische Verpflichtungen, soweit diese für die physikalischen Systeme angenommen werden. Letztere werden ohne allgemeine ontologische Verpflichtung konstruiert. Ihre "Basismengen" enthalten keine physikalischen Konkreta, sondern mit den "Zuständen" (states) sog. theoretische Entitäten. Im Falle abstrakter Replikationen besteht eine ontologische Verpflichtung dahingehend, daß die sog. Parameterwerte die intrinsischen Eigenschaften der "particulars" reflektieren.

Möglicherweise bestehen zwischen Vertretern der strukturalistischen Konzeption noch unterschiedliche Auffassungen im Hinblick auf die Frage, ob und welche ontologischen Konsequenzen aus der *T*-theoretisch/*T*-nicht-theoretisch-Distinktion gezogen werden können.[526] Allgemein läßt sich jedoch festhalten, daß alle Begriffe, die semantisch von *T* abhängen, als *T*-theoretisch bezeichnet werden. Dies gilt sowohl für Begriffe, die Entitäten, als auch für Begriffe, die Merkmalsausprägungen, die die Theorie voraussetzen, designieren. Da *T*-theoretische Individuen in den Basismengen von *T* enthalten sein können, wird mit der *T*-theoretisch/*T*-nicht-theoretisch-Distinktion weder eine Vorentscheidung darüber gefällt, welcher Teil des Vokabulars Eigenschaften und welcher Individuen designieren kann, noch ist eine Vorentscheidung bezüglich möglicher ontologischer Verpflichtungen damit verbunden.

Im Vergleich zum Status *T*-theoretischer Individuen und Eigenschaften kann für Idealisierungen folgendes festgehalten werden: Partielle Modelle, mögliche Modelle und Modelle können im Strukturalismus idealisierte Individuen in den Hauptbasismengen enthalten. Ein Beispiel ist die Verwendung von Partikeln, die als Massenpunkte charakterisiert werden, in den Hauptbasismengen der Klassischen Partikelmechanik und der Kinematik. Sog. theoretische Individuen, deren Existenz und Eigenschaften unsicher sind, sind nicht Gegenstand der Idealisierung. Idealisiert wird eine Repräsentation. Ist eine solche nicht gegeben, geht dem Bemühen um Idealisierung das um die Erstellung einer Repräsentation voraus. Unbekannte - in

526 So enthält die *T*-theoretisch/*T*-nicht-theoretisch-Distinktion nach Sneeds Auffassung auch eine ontologische über Eigenschaften und Individuen, was z. B. von Diederich bezweifelt wird. Vgl. Sneed, J. D. (1983) und Diederich, W. (1989b).

keiner möglichen Repräsentation enthaltene - Eigenschaften sind nicht idealisierbar.

Die *T*-nicht-theoretischen Eigenschaften können idealisierte sein, die *T*-theoretischen ebenfalls. Die Rekonstruktion der *T*-theoretischen Größen als Variablen, für die nur die Existenz geeigneter Werte behauptet wird, schließt nicht aus, daß die von den Variablen designierten Eigenschaften in der rekonstruierten Theorie idealisiert sind. Es gibt a priori weder bezüglich *T*-theoretischer noch bezüglich *T*-nicht-theoretischer Größen einen Grund, eine ontologische Verpflichtung zu behaupten. Es gibt a priori auch keinen Grund für das Gegenteil. Ebensowenig, wie "*T*-theoretisch" mit "nichtempirisch", "nichtbeobachtbar" oder "idealisiert" bedeutungsgleich ist, ist der Begriff "*T*-nicht-theoretisch" synonym mit "empirisch", "beobachtbar" oder "nichtidealisiert". Wenn mittels einer strukturalistischen Rekonstruktion einer Theorie auch deren Semantik rekonstruiert wird, bleibt die Antwort auf die Frage nach möglichen ontologischen Verpflichtungen den Anwendern der Theorie vorbehalten. Diese wird mit der Differenzierung des Begriffsrahmens in einen *T*-theoretischen und einen *T*-nicht-theoretischen Teil nicht vorweggenommen.

Nach Suppes Ansicht ist es wenigstens teilweise nur eine Frage der mathematischen Präferenzen, ob Theorienstrukturen als mengentheoretische Prädikate, relationale Systeme oder Zustandsräume rekonstruiert werden.[527] Abgesehen davon, daß diese Präferenzen auf ihre Zweckmäßigkeit hin reflektiert werden müssen (ein Ergebnis derselben könnte z. B. sein, daß die "state space conception" für die Rekonstruktion physikalischer Theorien geeigneter als für sozialwissenschaftliche Theorien ist), liegen die größten Unterschiede in den Entwicklungsmöglichkeiten bzw. dem gegebenen Entwicklungsstand der Theorienkonzeptionen. Ein - auf die Thematik der Idealisierung - eingeschränkter Vergleich von Suppes Version der Semantic Conception mit dem Strukturalismus hat zum Ergebnis, daß

1. das pragmatische Konzept der Idealisierung im Strukturalismus explizit integriert werden kann,
2. die Voraussetzungen dafür in der Existenz einer Analyse der diachronischen Struktur von Theorien und in den damit verbundenen pragmatischen und soziohistorischen Begriffen liegen,
3. jede idealisierte Theorie, die überhaupt rekonstruiert werden kann, im Rahmen der strukturalistischen Konzeption erfaßbar ist,

527 Vgl. Suppe, F. (1989), S. 420

4. der Grund dafür in der epistemologischen Neutralität der strukturalistischen Konzeption liegt,
5. Suppes Konzeption die Beziehung zwischen Theorie und Empirie epistemologisch deutet,
6. sie die Differenzierung zwischen der (formalen) semantischen und einer physikalischen oder empirischen Interpretation von Theorien für eine Allianz der Semantic Conception mit einer sog. quasirealistischen Position benutzt,
7. sie idealisierte wie nichtidealisierte Repräsentationen auf der Basis kausaler Modalitäten bisher nicht ausreichend zu trennen vermag,
8. selbst eine Explikation von Idealisierung und Abstraktion auf der Basis kausaler Modalitäten ein pragmatisches Konzept der Idealisierung nicht ersetzt, wenn man nicht nur rekonstruieren will, wie die physikalische Interpretation auf Basis der sog. mapping-relation zu verstehen ist,
9. die für die Analyse der Idealisierung als pragmatisches Konzept wichtigen diachronischen Aspekte bisher ausgeblendet sind.

Kapitel 4

# Zusammenfassung

Der Vorgang der Idealisierung wurde als eine bewußte Deformation von Repräsentationen interpretiert, d. h. als eine spezielle Variante ihrer Veränderung. Diese setzt an einer erfahrungswissenschaftlichen Repräsentation an und hat als Ergebnis eine weitere, eben veränderte, Repräsentation. Der Ausgangspunkt der Idealisierung wurde als Repräsentation I, das Ergebnis als Repräsentation II bezeichnet. Der Ausgangspunkt der Idealisierung enthält - aus der Perspektive jener, die den Vorgang der Idealisierung durchführen - die relativ zu bestimmten Zwecken wichtigen Merkmale des Repräsentierten. Ohne Bezugnahme auf eine Repräsentation I ist unklar, was als Veränderung gelten soll. Idealisiert werden nur als relevant erachtete Merkmale bzw. Merkmalsausprägungen. Von allen Merkmalen, die in der Repräsentation I enthalten sind, kann man sagen, daß sie als relevant angesehen werden. Aber nicht alle sich als relevant erweisenden Merkmale bzw. Merkmalsausprägungen sind auch in der Repräsentation I enthalten: Dies gilt insbesondere für solche, die keine Eigenschaften von Objekten, sondern eher Merkmale einer Umgebung bzw. Situation sind oder in der aktuellen Welt als immer gegeben gelten. Wenn Merkmale nicht dazu geeignet sind, zwischen Entitäten zu diskriminieren, dann finden sie kaum Eingang in die Repräsentation I.

Es gibt Formen der Veränderung, die nicht zu Idealisierungen führen. Wichtigstes Beispiel sind diejenigen Abstraktionen, die keine Klassenbildungsprozesse bezeichnen: Bei Cartwright firmiert unter "Abstraktion" eine Änderung der Repräsentation I unter kausalen Gesichtspunkten: Nur Faktoren, die als "major causes" gelten, können in der sog. Repräsentation II enthalten sein. Nach Suppes Version der *Semantic Conception* werden - aufgrund der Vorgabe der Theorie - von der Repräsentation I die sog. theoretischen Parameter abstrahiert. Was Suppe unter Verwendung des Begriffspaares "kausal möglich/kausal unmöglich" andeutet, wird für den Begriff der Abstraktion verallgemeinert: Es ist nicht unmöglich, daß sich Entitäten des aktuellen Universums in Situationen befinden können, die nur durch die abstrahierten Faktoren beeinflußt werden. Dieser Vorgang der Abstraktion wird allgemein als eine Form der Veränderung aufgefaßt, die aus der Anzahl der eine Repräsentation I charakterisierenden Faktoren eine Teilmenge herausgreift und diese ohne weitere Veränderung in eine Repräsentation II einbringt. Das Ergebnis dieses Abstraktionsvorganges ist nicht für alle Elemente des aktuellen Universums zwangsläufig kontrafaktisch. Eine der Abstraktion zugrunde liegende Metaphysik kann zur Begründung beitragen, welche der Einflußfaktoren abstrahiert werden: Meist sind es Faktoren, die als wesentliche oder kausal relevante aufgefaßt werden.

Fiktionen hingegen werden nicht als Veränderungen von Repräsentationen erfaßt. Insofern fehlt ihnen der Bezug zur erfahrungswissenschaftlichen Theoriebildung. Diesen können sie erhalten, indem sie beispielsweise Funktionen oder Mechanismen *symbolisieren*. Auch dann sind sie nicht den Idealisierungen zuzuordnen, da sie nicht repräsentieren.

Der Vorgang der Idealisierung wird von Konventionen und Idealen beeinflußt. Dies gilt auch für Veränderungen von Repräsentationen, die keine Idealisierungen sind: Konventionen und Ideale sind nicht ausschließlich oder überwiegend mit Idealisierungen verbunden. Alle Repräsentationen enthalten konventionelle, definitorische Bestandteile - unabhängig davon, ob sie als realistische oder als idealisierte betrachtet werden. Für Cartwright gehören beispielsweise Regularitäten nur zu den "Gewohnheiten" der Theorienbildung, nicht der Natur. Nach Nagel beruht die besondere Form der Darstellung der Regularität als Gesetz auf einer "logischen Strategie" zur Bildung universeller Aussagen. Hinter dem Ziel der Bildung universeller Aussagen können ebenfalls Konventionen oder bestimmte Ideale der Theorienbildung stehen.

Wenn durch die Angabe einer Repräsentation II Entitäten spezifiziert werden, die dem über die aktuelle Welt determinierten Universum nicht mehr angehören, werden diese als idealisierte Entitäten bezeichnet. Als solche sind sie Elemente idealisierter Universen. Die aktuellen Universen werden mit den idealisierten durch die Relation "wird idealisiert durch" verbunden. Aus der "technischen" Perspektive ist Galileische Idealisierung erstens die Festlegung einer Menge von Universen der aktuellen Welt als Vorbereich der Relation, zweitens eine spezielle Form der epistemologischen Interpretation der Relation. Mittels der idealisierten Entitäten wird eine Kenntnis über die Beschaffenheit einer Welt möglich, die in Kenntnis über die aktuelle Welt transformiert werden soll. Das Credo der Galileischen Idealisierung ließe sich mit Suppe wie folgt formulieren: Empirisch wahre Theorien liefern idealisierte Bilder der aktuellen Welt.

Für das in dieser Arbeit vertretene pragmatische Konzept der Idealisierung ist es relevant, Idealisierungen als Ergebnis bewußter *Handlungen* zu begreifen. Repräsentationen, die in der aktuellen Welt *unbeabsichtigt*, aus Versehen oder aus Fehlerhaftigkeit keine Entitäten des aktuellen Universums designieren, sind keine Idealisierungen. Um eine Repräsentation II als Ergebnis der Idealisierung bezeichnen zu können, ist neben der Absicht der

Deformation die Bezugnahme auf Theorien notwendig: Deformierende Prozeduren allein sind nicht hinreichend für Idealisierung. Wissenschaftliche Gemeinschaften legen über Theorien vermittelt fest, welche idealisierenden Deformationen durchzuführen sind. Nur über die Anbindung der Idealisierung an eine Theorie ist es möglich, Idealisierungen von "unsinnigen", willkürlichen und trivialen Verfälschungen abzugrenzen. Durch die Idealisierungen instantiieren wissenschaftliche Gemeinschaften "mögliche Welten"; dies sind die "kühnen Entwürfe", die Nagel den empirischen Generalisierungen entgegenstellt. Nicht in der deskriptiven Akuratesse bezüglich der aktuellen Welt liegt die Leistung der Theorien. Es ist in diesem Kontext keine neue Einsicht, daß theoretisches Wissen über die aktuelle Welt kein deskriptives Wissen ist. Die erste These der Einleitung, wonach Theorien der epistemologische Ausgangspunkt von Idealisierungen sind, hat sich daher bestätigt.

Es ist eine Frage des Wissens der wissenschaftlichen Gemeinschaften in bestimmten historischen Perioden, ob eine Repräsentation II eine der Elemente des aktuellen Universums ist. Dieses Wissen muß sich insbesondere darauf beziehen, welche Veränderungen der Repräsentation I noch Repräsentationen der Entitäten sind, die das über die aktuelle Welt festgelegte Universum enthält. Dieses Wissen ist kein sicheres Wissen; es ist auf Zeiträume, Wissenschaftlergruppen und deren Standards des Wissenserwerbs relativiert. Was bezüglich der Entitäten in dem aktuellen Universum nach Auffassung von wissenschaftlichen Gemeinschaften möglich oder unmöglich ist, hängt daher nicht von der faktischen Beschaffenheit der Entitäten ab - sondern davon, was dafür gehalten wird.

Für das pragmatische Konzept der Idealisierung können verschiedene Metaphysiken zur Begründung der speziellen Formen der Veränderung dienen. Dies gilt auch für die zum Vorgang der Idealisierung behaupteten komplementären Vorgänge, die sog. De-Idealisierungen. In dieser Arbeit sind Beispiele einer essentialistischen Metaphysik (Nowak) und kausale Metaphysiken (Cartwright, Suppe) vertreten. Für das Konzept der Pragmatischen Idealisierung selbst ist keine metaphysische Grundlegung erforderlich; soweit diese bei den Erstellern der idealisierten Repräsentationen vorliegt (in der Praxis der Idealisierungsvorgänge ist davon auszugehen), kann sie in das Konzept integriert werden. Da *Galileische* Idealisierung generell der Wirklichkeitserkenntnis dienen soll, hängt die Beurteilung der zweiten These der Einleitung (je stärker die Metaphysik der Idealisierung ist, desto eher wird sie als *Methode der Wirklichkeitserkenntnis* interpretiert) davon ab, was unter "Methode" verstanden wird: Ist die zweckorientierte Deformation der Repräsentation I schon "Methode", trifft die These auf alle Versionen Galileischer Idealisierung zu. Werden ausschließlich komplementäre Vorgänge der Subtraktion und Re-Addition von Repräsentationsbestandteilen darunter gefaßt, die "stärkere" metaphysische Voraussetzungen verlangen, so könnte beispielsweise für die Konzeption von McMullin oder für das *Polish Idealization Model* (PIM) das Zutreffen der zweiten These behauptet werden. Allerdings hat sich gezeigt, daß die Verwendung metaphysischer Annahmen allein die Existenz einer Methode der Idealisierung und De-Idealisierung *nicht* sicherstellt - wenn man unter *Methode* ein systematisches Verfahren, beispielsweise der Subtraktion und Re-Addition von Repräsentationsbestandteilen, versteht. Dies gilt insbesondere für den Vorgang der De-Idealisierung. Es ist daher zum gegenwärtigen Zeitpunkt nicht gerechtfertigt, von einer genau spezifizierten Methode der Idealisierung und De-Idealisierung zu sprechen. Im Hinblick auf den Idealisierungsvorgang existieren zwar auf verschiedene Arten von Metaphysik gestützte *Ergebnisse* von Idealisierungsvorgängen. Für den Vorgang der De-Idealisierung gilt das nicht. Es ist fraglich, ob es Ergebnisse von De-Idealisierungsvorgängen nach systematischen Verfahren geben kann, die über Ex-post-Interpretationen der von Praktikern ermittelten Anpassungen hinausgehen.

Idealisierung als Ergebnis der Deformation von Repräsentationen ist ein nichtlinguistisches Konzept. Es kann folglich nicht mit den Mitteln der Sprachanalyse erfaßt werden. Dies gilt für die Analyse linguistischer wie nichtlinguistischer Repräsentationen. Zwar läßt sich die Semiotik mit ihren Teilgebieten Syntax, Semantik und Pragmatik für die Analyse linguistischer Idealisierungen heranziehen. Wie sich zeigte, sind auch semantische und pragmatische Merkmale idealisierter linguistischer Entitäten separierbar. Semiotische Untersuchungen sprachlicher Ausdrücke reichen allerdings für eine Analyse nichtlinguistischer Idealisierungen - z. B. gegenständlicher, experimenteller oder mengentheoretischer Repräsentationen - nicht aus. Sie reichen nicht einmal zur Analyse sprachlicher Idealisierungen aus. Die Gesamtkonzeption der Idealisierung kann nicht an einer speziellen Ausdrucksform (z. B. linguistischen oder mengentheoretischen Repräsentationen) festgemacht werden, sondern muß alle Varianten umfassen und dabei auch Aspekte berücksichtigen, die über die Semiotik im engeren Sinne hinausgehen, z. B. soziokulturelle und -historische Faktoren.

Die Analyse von Idealisierungen als Analyse allein linguistischer Entitäten ist unter dem historischen Aspekt der Entwicklung der Wissenschaftstheorie selbst zu verstehen. Nach Auffassung der ersten Theorienkonzeption in der Entwicklung der Wissenschaftstheorie, des Received View, sind Theorien linguistische Entitäten, die selbst wiederum durch die bzw. nach der Übersetzung in eine formale *Sprache* analysiert werden sollten. Die Konzentration auf die Analyse idealisierter Gesetze, die in der Form von

Allsätzen bzw. von Konjunktionen aus Allsätzen häufig selbst als "Theorien" bezeichnet wurden, verwundert daher kaum: Gesetze galten aus dieser Perspektive als das Zentrum der wissenschaftstheoretischen Untersuchungen. Hinzu kommt der hohe Stellenwert, den Gesetze in wissenschaftlichen Systematisierungen, z. B. Erklärungs- und Vorhersageargumenten, hatten. Als Barr die *Pragmatik* von Idealisierungen in der Physik analysierte, ging es ihm - wie auch Rudner - um die Verwendbarkeit von idealisierten Gesetzen ("ideal cases") in DN-Argumenten. Auch die Vertreter des PIM - Krajewski und Nowak - konzentrierten ihre Untersuchungen auf Gesetze. Von Barr, Krajewski und Nowak werden Gesetze mittels materialem Konditional in der Weise rekonstruiert, daß dem Konsequens ein Komplex idealisierter Antecedensbedingungen vorangestellt wird. Terminologisch und inhaltlich bestehen jedoch Unterschiede zwischen den einzelnen Autoren: Barr stellt das - nichtidealisierte - Gesetz in das Konsequens und bezeichnet den Gesamtausdruck als "ideal case"; bei Krajewski und Nowak steht das, was nach Barr das "Gesetz" ist, im Konsequens eines sog. idealisierten Gesetzes. Anders als die Vertreter des PIM versucht Barr die Trennung von Gesetz und Idealisierung, zumindest für physikalische Theorien. Die Idealisierungen werden auf das Antecedens konzentriert, um das Gesetz als empirische Aussage zu erhalten, die mit der traditionellen - Idealisierungen nicht berücksichtigenden - Methodologie auf der Grundlage des *Logischen Empirismus* beurteilt werden kann.

Die Ergebnisse der Analyse von Gesetzen sind für die Explikation eines allgemeinen Idealisierungsbegriffs nur wenig aufschlußreich. Syntaktisch hinreichende Merkmale für Idealisierung waren nicht zu erwarten: Weder die bestehende Exaktheit eines Ausdrucks, noch der Vorgang der Vereinfachung eines komplexen Ausdrucks sind hinreichende Merkmale für Idealisierung. Das, was Nagel eine "logische Strategie" zur Formulierung universeller Gesetze nennt, ist etwas anderes als eine syntaktische Manipulation. Idealisierung verlangt die Deformation einer Repräsentation, die jedoch zum Zweck der Vereinfachung eines sprachlichen Ausdrucks durchgeführt werden kann, und damit die Bezugnahme auf Semantik und Pragmatik. Die Berücksichtigung der Semantik linguistischer Ausdrücke ergab einige notwendige Bedingungen für Idealisierung, die allerdings nicht adäquat sind. Die von Barr angegebenen notwendigen Bedingungen sind - im Hinblick auf Allsätze - entweder so schwach, daß sie keinen kontingenten Satz ausschließen oder so restriktiv, daß sie nur approximativ wahre Allsätze zulassen. Nach Rudner ist das herausragendste semantische Merkmal von Idealisierungen, daß diese "nichts" beschreiben. Dies ist kein hinreichendes Merkmal, weil einerseits Prädikate, die fiktive Entitäten designieren, ganz sicher "nichts" und andererseits einige - nach Auffassung des Received

View - theoretische Prädikate möglicherweise "nichts" beschreiben. Eine weitere Präzisierung dessen, was damit gemeint ist, daß ein Allsatz "nichts beschreibt", erfordert den Rückgriff auf das Wissen und die Absichten derer, die einen solchen Satz formulieren. Auch bei einem sprachlichen Ausdruck ist für Idealisierung erst die Pragmatik hinreichend, d. h. die Durchführung der Veränderung einer Repräsentation mit der Absicht der Deformation.

Daß Idealisierungen "nichts" designieren, wurde als noch weiter zu präzisierende notwendige semantische Bedingung bezeichnet. Nowaks Verdienst ist es, neben der Einführung der deformierenden Prozeduren, aus "etwas" (nach Rudner beschreibt ein mittels materialem Konditional formuliertes Gesetz dann "etwas", wenn eine mit dem Antecedens des Ausdrucks korrespondierende Existenzbehauptung wahr ist) Elemente des Universums *U* und aus "nichts" Elemente des Universums *U'* gemacht zu haben. Die mit dem PIM verbundene Metaphysik der Idealisierung wird dabei zugunsten der Berufung auf platonistische "ideas" aufgegeben. Im Hinblick auf die Erfordernisse der Erfahrungswissenschaften sind allerdings beide Metaphysiken unzweckmäßig. Die semantische Bedingung von Rudner kann jedoch auf der Basis von Nowaks Vorschlägen reformuliert werden: Die Idealisierung beschreibt nicht generell "nichts", sondern nur "nichts" in *U*, d. h. dem einer wissenschaftlichen Gemeinschaft zugeordneten Universum der nichtidealisierten Entitäten. Stattdessen beschreibt sie "etwas" in dem bzw. den *U* zugeordneten Universum bzw. Universen. Dadurch wird die Semantik idealisierter Theorien selbst pragmatisch: Die Interpretationsfunktion kommt nicht "vom Himmel"[528], sondern von wissenschaftlichen Gemeinschaften.

Insgesamt haben die Partialexplikationen von Idealisierung auf linguistischer Basis insofern zur Entwicklung der Gesamtkonzeption der Pragmatischen Idealisierung beigetragen, als aus ihnen hervorgeht, daß keine hinreichende syntaktische und semantische Charakterisierung der Idealisierungen möglich ist. Sie geben zudem Hinweise auf mögliche metaphysische Grundlegungen der Idealisierungsvorgänge und damit auch auf deren Praxis und Interpretation in den Erfahrungswissenschaften. Ihre Defizite sind nicht zufälliger Natur, sondern beruhen auf einer Beschränkung der Analyse auf nur sprachliche Ausdrücke, die zudem ohne jede Bezugnahme auf Theorien und Theorienkonzeptionen erfolgte.

528 Vgl. Majer, U. (1981), S. 94/95

Die in dieser Arbeit angeführten Theorienkonzeptionen wurden mit der Fragestellung untersucht, ob und inwiefern sie zur Rekonstruktion auch idealisierter Theorien geeignet sind. Es war zu erwarten, daß die sog. semantischen Konzeptionen im Vergleich zum Received View als sog. syntaktischer Konzeption im Vorteil sind. Selbst wenn man die Übersetzung der Theorien in eine formale Sprache ohne unverhältnismäßig großen Aufwand leisten könnte, wäre der *Received View* nicht zur Rekonstruktion idealisierter Theorien geeignet, da er nicht mehr - und nicht weniger - als die Beobachtungskonsequenzen der Theorien spezifizieren wollte: ein für idealisierte Theorien sinnloses Unterfangen. Werden die Korrespondenzregeln - wie noch in der *Final Version* des *Received View* - als Teil der Theorien betrachtet, dann ist unklar, was sie zu deren semantischer Interpretation überhaupt beitragen können. Werden sie als theorieexterne Hilfshypothesen aufgefaßt, repräsentieren sie möglicherweise einen Teil der empirischen Interpretation der Theorie. Wenn es möglich ist, daß auch idealisierte Theorien empirisches Wissen ausdrücken, dann kann dieses durch den Received View nicht adäquat erfaßt werden. Der Grund dafür liegt in der für den *Logischen Empirismus* typischen Überschätzung der Rolle der Sinneswahrnehmung für die Erlangung empirischen Wissens und in den darauf basierenden Dichotomien.

Nach Suppes Version der Semantic Conception werden zur Anwendung einer idealisierten Theorie *T* externe Hilfstheorien benötigt. Neben Suppes Rückgriff auf *T*-externe Theorien des Experiments und der Daten indizieren auch die bestehenden Rekonstruktionen idealisierter Theorien im Strukturalismus, daß es einen Vorgang der De-Idealisierung, wie von McMullin, Krajewski und Nowak - wenn auch mit unterschiedlichen Bezeichnungen - behauptet, nicht gibt. Zu den Theorien nach beiden Versionen der Semantic Conception gehören zwar Mengen von Anwendungsentitäten bzw. phänomenalen Systemen, die nur informell oder implizit charakterisiert werden. Im Strukturalismus sind selbst die sog. Zulässigen Unschärfemengen und Empirischen Uniformitäten Bestandteil der Theorie. Diese sind jedoch die Folgen der Versuche, semantische Beziehungen der Theorie zu den Bereichen herzustellen, die ihr außerhalb sind, d. h. sie existieren nur durch diese semantischen Beziehungen. Um auf Cartwrights Terminolgie zurückzugreifen: Sie kommen aus der falschen Richtung, von "unten", nicht von "oben". In Suppes Version der Semantic Conception wird der nicht modelltheoretisch bestimmte Teil der Semantik einer Theorie auch als deren "physikalische Interpretation" bezeichnet. Die Theorie selbst enthält ihre physikalische Interpretation jedoch nicht. Dieses Ergebnis wird auch von der Interpretation der Korrespondenzregeln im *Received View* als theorieexternen Hilfshypothesen gestützt: Bestehen diese, kann ein Teil des sog.

theoretischen Vokabulars partiell "physikalisch" interpretiert werden. Aus der Perspektive der semantischen Theorienkonzeptionen stellt sich das Programm der De-Idealisierung von Gesetzen als ein Versuch heraus, die physikalische Interpretation von Theorien in "komprimierter" Form durch Modifikationen des Gesetzesausdrucks zu erfassen. Abgesehen von der notwendigen expliziten Stützung der möglichen De-Idealisierungsvorgänge durch Metaphysik ist dies eine Vulgarisierung komplexer Zusammenhänge bei der physikalischen Interpretation von Theorien.

Die physikalische Interpretation aller Theorien ist für Suppe eine epistemologische Frage. Die Semantic Conception in seiner Version erfüllt somit eine notwendige Voraussetzung für die Rekonstruktion idealisierter Theorien, da sie auch deren Semantik auf epistemologischer Grundlage erfassen will. Ausdruck dafür ist auf der "Mikroebene" der Theorie, daß für jedes mögliche Modell die sog. Replikations-Relation erstellt wird, auf der "Makroebene" der Theorie ist es die Annahme der sog. mapping-relation (*). Im Vergleich zum Konzept Pragmatischer Idealisierung ist Suppes Interpretation der empirischen Semantik erfahrungswissenschaftlicher Theorien ein "Mikroansatz": Was durch die Relation "wird idealisiert durch" im allgemeinen ausgedrückt wird, formuliert Suppe über die Replikations-Relation für jedes einzelne mögliche Modell der Theorie bzw. durch die "mapping-relation" (*) für die gesamte Theorie.

Ein Defizit von Suppes Version der Semantic Conception ist das Fehlen jeglicher pragmatischer Anteile. Überspitzt formuliert wird die Pragmatik durch kausale Notwendigkeit ersetzt: Die Replikations-Relation ebenso wie die "mapping-relation" (*) reflektieren den kausalen Notwendigkeitsoperator der Naturgesetze; die Anwender der Theorie geben - im Falle ihrer empirischen Wahrheit - mit der Erstellung der kontrafaktischen Abbildungsbeziehungen bekannt, was die Natur vorgibt. Dies ist keine Basis für eine pragmatische Semantik der Idealisierung, sondern nur eine spezielle Variante der Metaphysik der Idealisierung, die zudem nicht ausgearbeitet ist: Neben der Verbindung der Idealisierung mit einer Semantik möglicher Welten betrifft dies insbesondere die in den Gesetzen enthaltenen kausalen Notwendigkeitsoperatoren, die Charakterisierung der Idealisierung und anderer möglicher Formen der Veränderung von Repräsentationen mittels kausaler Modalitäten, die Einführung sog. kontrafaktischer Wahrheit und die damit verbundene Frage nach der möglichen empirischen Wahrheit (nach Suppes Definition) auch idealisierter Theorien. Inwiefern diese metaphysikgestützten Konzepte wenigstens partiell in einen allgemeinen pragmatischen Begriff der Idealisierung integrierbar sind, wird sich erst durch ihre Explikation zeigen. Suppes epistemologische Spezialisierung der Semantic Conception enthält weitaus mehr Metaphysik, als für die Konzeption der Galileischen Idealisierung selbst vorausgesetzt werden muß. Die kontrafaktische "mapping-relation" (*) ist nach Suppe die stärkste etablierbare: Wenn Suppe jedoch - wie er es als Möglichkeit erwähnt - die Idealisierungen aus seiner Definition empirischer Wahrheit herausnimmt, dann drückt (*) nur noch die epistemologische Relevanz der Abstraktion für die physikalische Interpretation der Theorie aus. Daher ist eine epistemologische Relevanz der Idealisierung, wie sie in der Konzeption Galileischer Idealisierung behauptet wird, in Suppes Version der Semantic Conception zweifelhaft.

Der Vorteil des Pragmatischen Konzeptes der Idealisierung ist, daß es zumindest einige der bekannten metaphysikgestützten Konzeptionen der Idealisierung, wie z. B. die Galileische Idealisierung, umfassen kann: Es spielt für eine Relation "*U* wird durch *U'* idealisiert" keine Rolle, ob sie z.B. mit Realismus, Essentialismus oder dem Kausalprinzip begründet wird. Der Begriff der Idealisierung selbst sollte jedoch eher unter Bewußtmachung metaphysischer Anteile als durch deren Verwendung expliziert werden.

Die strukturalistische Konzeption bietet eine synchronische wie diachronische Analyse der Struktur wissenschaftlicher Theorien, die keine metaphysischen Voraussetzungen enthält. Insgesamt ist die Theorienkonzeption in dieser Hinsicht neutral. Zweifellos gibt es auch im *Strukturalismus* allgemeine Vorstellungen über die Strukturen erfahrungswissenschaftlicher Theorien und deren Semantik. Diese zeigen sich z. B. in der nur informellen Bestimmung der Mengen der Anwendungsentitäten, in den Constraints oder auch der *T*-theoretisch/*T*-nicht-theoretisch-Distinktion. Der Rekonstruktion einer konkreten Theorie geht aber keine spezielle Analyse des Verhältnisses von Empirie und Theorie voraus. Es wird daher keine konkrete Interpretation der externen Semantik einer Theorie vorgegeben.

Die Diskussion der Anwendung eines Theorie-Elementes in der strukturalistischen Konzeption zeigte, daß Approximation vermutlich ein relevanter Faktor bei der Anwendung aller erfahrungswissenschaftlichen Theorien ist. Approximation ist allerdings keine Grundlage der Explikation von Idealisierung. Die Existenz von Unschärfemengen in der Definition eines Theorie-Elementes ist kein hinreichendes Merkmal dafür, daß die rekonstruierte Theorie idealisiert bzw. daß die sog. empirische Behauptung aufgrund von Idealisierung falsch ist.

Wie in dieser Arbeit im Ansatz gezeigt, kann der Strukturalismus ein pragmatisches Konzept der Idealisierung in seine synchronische und diachronische Analyse von Theoriestrukturen integrieren; eine genauere Ausarbeitung des Konzeptes der Pragmatischen Idealisierung ist sogar darauf angewiesen, daß diachronische Rekonstruktionen vorliegen: Weiterführende Arbeiten werden zeigen, inwieweit sich die Idealisierungsrelationen und -funktionen für diachronische Theorie-Elemente und -Netze spezifizieren lassen.

Im Hinblick auf weiterführende Arbeiten zum allgemeinen Begriff der Idealisierung wurde mit der Ausarbeitung der Verbindungen zu strukturalistischen diachronischen Theorienstrukturen ein Ansatzpunkt bereits erwähnt. Suppes Versuch, die Semantic Conception mit einer sog. quasirealistischen Position zu verbinden, ließ Fragen grundsätzlicher Art offen, deren Beantwortung von dem Ergebnis der (von Suppe angekündigten) Explikation von Idealisierung sowohl innerhalb einer Semantik möglicher Welten als auch mittels kausaler Modalitäten abhängig ist. Erst nach der Explikation dieser Konzepte ist zu klären, ob und inwieweit ein Konzept Pragmatischer Idealisierung mit Suppes Version der Semantic Conception vereinbar ist.

Diese Arbeit hatte die Entwicklung des Begriffs Galileischer Idealisierung zum Gegenstand. Für den allgemeinen Begriff der Pragmatischen Idealisierung ist die Frage relevant, ob es ein Konzept *Nach-Galileischer Idealisierung* geben kann. Die in dieser Arbeit diskutierten Varianten der Idealisierung hatten alle einen Ausgangspunkt in einer Repräsentation I, die epistemologisch als Repräsentation von Entitäten der aktuellen Welt aufgefaßt wurde. Was ist, wenn das Repräsentierte - epistemologisch gesehen - verlorengeht? Wenn es sich in eine Welt ohne Arten, Ordnungen, Bewegungen, Strukturen verwandelt; eine Welt, für oder gegen die sich - wie N. Goodman[529] es ausdrückt - nicht zu kämpfen lohnt? Selbst, wenn man nicht soweit gehen möchte wie Goodman und die Welt nicht ersetzt durch Welten, die nichts als Versionen sind, entstehen bereits durch eine Verminderung der epistemologischen Verbindlichkeit einer Repräsentation I Probleme mit der Durchführung und Bewertung von Idealisierungsvorgängen auf der Grundlage der Konzeption Galileischer Idealisierung. Diese nehmen um so mehr zu, als die epistemologische Teilthese des wissenschaftlichen Realismus[530] abgeschwächt wird: Je weniger die Welt als erkennbar gilt, desto schwerer sind der epistemologische Status einer Repräsentation und der ihrer "Verfälschung" zu unterscheiden.

Damit schließt diese Arbeit mit einer Frage, die die erste These der Einleitung weiterführt: Muß ein gewisses Mindestmaß an Metaphysik vorausgesetzt werden, um hinter Idealisierungsvorgängen - wenn schon keine Methode - überhaupt ein erfahrungswissenschaftliches Konzept zu sehen?

---

529 Vgl. Goodman, N. (1978), S. 20

530 Vgl. Newton-Smith, W. (1978), S. 12

# Literaturverzeichnis


*Achinstein, P. (1963):* Theoretical Terms and Partial Interpretation, in: British Journal for Philosophy of Science, Bd. 14, S. 89 - 105

*Achinstein, P. (1968):* Concepts of Science - A Philosophical Analysis, Baltimore usw.

*Achinstein, P. (1971):* Law and Explanation - An Essay in the Philosophy of Science, Oxford

*Adams E. W. (1959):* The Foundations of Rigid Body Mechanics and the Derivation of its Laws from those of Particle Mechanics, in: Henkin, L. A./Suppes, P./Tarski, A. (Hrsg.): The Axiomatic Method, Amsterdam, S. 250 - 265

*Albert, H. (1972):* Wertfreiheit als methodisches Prinzip, in: Topitsch, E. (Hrsg.): Logik der Sozialwissenschaften, Königstein/Ts., S. 196 - 229

*Balzer, W. (1981):* Sneed's Theory Concept and Vagueness, in: Hartkämper, A./Schmidt, H.-J. (Hrsg.): Structure and Approximation in Physics, New York usw., S. 147 - 165

*Balzer, W. (1982):* Empirische Theorien: Modelle - Strukturen - Beispiele, Braunschweig usw.

*Balzer, W./Moulines, C. U./Sneed, J. D. (1987):* An Architectonic for Science - the Structuralist Program, Dordrecht usw.

*Barr, W. F. (1971):* A Syntactic and Semantic Analysis of Idealizations in Science, in: Philosophy of Science, Bd. 38, S. 258 - 272

*Barr, W. F. (1974):* A Pragmatic Analysis of Idealizations in Physics, in: Philosophy of Science, Bd. 41, S. 48 - 64

*Baylis, C. A., Hrsg., (1965):* Metaphysics, London

*Beth, E. W. (1948):* Natuurphilosophie, Gorinchem

*Beth, E. W. (1949):* Towards an Up-to-Date Philosophy of the Natural Sciences, in: Methodos, Bd. 1, S. 178 - 185

*Beth, E. W. (1965):* The Foundations of Mathematics, Amsterdam

*Birner, J. (1990):* Idealization and the Development of Capital Theory, in: Brzezinski, J./Coniglione, F./Kuipers, T. A. F./Nowak, L. (Hrsg.): Idealization I: General Problems, Amsterdam usw., S. 127 - 153

*Borkowski, L. (1977):* Formale Logik, München

*Caldwell, B., Hrsg. (1984):* Appraisal and Criticism in Economics, Winchester (Mass.)

*Carnap, R. (1966):* Philosophical Foundations of Physics, New York

*Cartwright, N.* (*1983*): How the Laws of Physics Lie, Oxford usw.
*Cartwright, N./Mendell, H.* (*1984*): What Makes Physics' Objects Abstract?, in: Cushing, J. T./Delaney, C. F./Gutting, G. M. (Hrsg.): Science and Reality, Notre Dame (Ind.), S. 134 - 153
*Cartwright, N.* (*1989*): Nature's Capacities and their Measurement, Oxford usw.
*Chamberlin, E.* (*1950*): The Theory of Monopolistic Competition, Cambridge (Mass.)
*Clark, J. B.* (*1899*): The Distribution of Wealth, New York
*Cohen, M. R./Nagel, E.* (*1944*): An Introduction to Logic and Scientific Method, London
*Diederich, W.* (*1989a*): Realität und Modell - 'Semantischer' und 'strukturalistischer' Ansatz in der Wissenschaftstheorie, in: Allgemeine Zeitschrift für Philosophie, Bd. 14, 3, S. 1 - 14
*Diederich, W.* (*1989b*): The Development of Structuralism. A Re-evaluation on the Occasion of W. Stegmüller's *Theorie und Erfahrung*, pt. 3 (1986), in: Erkenntnis, Bd. 30, S. 363 - 386
*Diederich, W.* (*1990*): Does the way we make empirical claims show what we believe to be real? In: Diez, A./Echeverria, J./Ibarra, A. (Hrsg.): Structures in Mathematical Theories. Reports of the San Sebastian International Symposium, Bilbao, S. 35 - 38
*Dilworth, C.* (*1979*): Review of Krajewski, in: Epistemologia, Bd. 2, S. 202 - 206
*Dilworth, C.* (*1982*): Laws vs. Theories, in: Weingartner, P./Czermak, H. (Hrsg.): Erkenntnis- und Wissenschaftstheorie. Akten des 7. Internationalen Wittgenstein Symposiums, 22. bis 29. August 1982, Kirchberg/Wechsel, S. 353 - 357
*Dilworth, C.* (*1990*): Idealization and the Abstractive-Theoretical Model of Explanation, in: Brzezinski, J./Coniglione, F./Kuipers T. A. F./Nowak, L. (Hrsg.): Idealization I: General Problems, Amsterdam usw., S. 167 - 183
*Downs, A.* (*1957*): An Economic Theory of Democracy, New York
*Einstein, A./Infield, L.* (1956): Die Evolution der Physik. Von Newton bis zur Gegenwart, Hamburg
*Fraassen van, B. C.* (*1970*): On the Extension of Beth's Semantics of Physical Theories, in: Philosophy of Science, Bd. 37, S. 325 - 339
*Fraassen van, B. C.* (*1972*): A Formal Approach to the Philosophy of Science, in: Colodny, R. G. (Hrsg.): Paradigms and Paradoxes, Pittsburgh, S. 303 - 366
*Fraassen van, B. C.* (*1980*): The Scientific Image, Oxford

*Friedman, M. (1953)*: The Methodology of Positive Economics, in: ders.: Essays in Positive Economics, Chicago

*Friedman, M. (1970)*: Die optimale Geldmenge und andere Essays, München

*Funkenstein, A. (1986)*: Theology and the Scientific Imagination - from the Middle Ages to the Seventeenth Century, Princeton (N. J.)

*Goodman, N. (1977)*: The Structure of Appearance, Dordrecht usw.

*Goodman N. (1978)*: Ways of Worldmaking, Indianapolis (Ind.) usw.

*Gruender, D. (1980)*: Galileo and the Methods of Science, in: Hintikka, J./Gruender, D./Agazzi, E. (Hrsg.): Pisa Conference Proceedings, Bd. I, S. 259 - 270

*Hacking, I. (1983)*: Representing and Intervening, Cambridge usw.

*Hahn, H. (1988)*: Empirismus, Logik, Mathematik, Frankfurt a. M.

*Harré, R. (1990)*: Idealization in Scientific Practice, in: Brzezinski, J./Coniglione, F./Kuipers, T. A. F./Nowak, L. (Hrsg.): Idealization I: General Problems, Amsterdam usw., S. 183 - 193

*Hausman, D. M. (1981)*: Capital, Profits and Prices, New York

*Hempel, C. G. (1958)*: The Theoretician's Dilemma, in: Feigl H./Scriven, M./Maxwell, G. (Hrsg.): Minnesota Studies in the Philosophy of Science, Bd. II, Concepts, Theories, and the Mind-Body Problem, Minneapolis, S. 37 - 99

*Hempel, C. G. (1965)*: Typical Methods in the Natural and the Social Sciences, in: Aspects of Scientific Explanation, New York usw., S. 155 - 171

*Hempel, C. G. (1977)*: Philosophie der Naturwissenschaften, München

Humphreys, W. C. (1968): Anomalies and Scientific Theories, San Francisco

*Keynes, J. N. (1984)*: The Scope and Method of Political Economy, in: Hausman, D. M. (Hrsg.): The Philosophy of Economics. An Anthology, Cambridge (Mass.), S. 70 - 99

*Klant, J. J. (1984)*: The Rules of the Game, Cambridge usw.

*Klant, J. J. (1988)*: The Natural Order, in: de Marchi, N. (Hrsg.): The Popperian Legacy in Economics, New York usw., S. 87 - 121

*Knight, F. (1921)*: Risk, Uncertainty and Profit, Boston usw.

*Körner, S. (1977)*: Erfahrung und Theorie, Frankfurt a. M.

*Krajewski, W. (1975)*: Copernicus and Galileo versus Aristotle - A new Scientic Method against Dogmatism and Crude Empirism, in: Studia Copernicana, Wroclaw-Warszawa Bd. XIV, S. 201 - 205

*Krajewski, W. (1977)*: Idealization and Factualization in Science, in: Erkenntnis, Bd. 11, S. 323 - 339

*Küttner, M.* (*1981*): Zur Methodologie der deduktiven Ökonomik, Habilitation, Universität Mannheim

*Kuhn, T.* (*1962*): The Structure of Scientific Revolutions, Chicago

*Laymon, R.* (*1980*): Idealization, Explanation and Confirmation, in: Asquith, P./Giere, R. N. (Hrsg.): Proceedings of the 1980 Biennal Meeting of the Philosophy of Science Association (PSA), contributed papers, Bd. 1, East Lansing (Mich.), S. 336 - 352

*Laymon, R.* (*1982*): Scientific Realism and the Hierarchical Counterfactual Path from Data to Theory, in: Asquith, P./Nickles, T. (Hrsg.): Proceedings of the 1982 Biennal Meeting of the Philosophy of Science Association (PSA), Bd. 1, East Lansing (Mich.), S. 107 - 121

*Laymon, R.* (*1985*): Idealizations and the Testing of Theories by Experimentation, in: Achinstein, P./Hannaway, O. (Hrsg.): Observation, Experiment and Hypothesis in Modern Physical Science, Cambridge (Mass.), S. 147 - 175

*Ludwig, G.* (*1978*): Die Grundstrukturen einer physikalischen Theorie, Berlin

*Mach, E.* (*1968*): Erkenntnis und Irrtum, Darmstadt

*Machlup, F.* (*1971*): Idealtypus, Wirklichkeit und Konstruktion, in: Jochimsen, R./Knobel, H. (Hrsg.): Gegenstand und Methoden der Nationalökonomie, Köln usw., S. 226 - 254

*Majer, U.* (*1981*): Abstraction, Idealization and Approximation, in: Hartkämper, A./Schmidt, H.-J. (Hrsg.): Structure and Approximation in Physics, New York usw., S. 91 - 113

*Maxwell, G.* (*1962*): The Necessary and the Contingent, in: Feigl, H./Maxwell, G. (Hrsg.): Minnesota Studies in the Philosophy of Science, Bd. III, Minneapolis, S. 398 - 404

*McKinsey, J. C. C./Sugar, A. C./Suppes, P.* (*1953*): Axiomatic Foundations of Classical Particle Mechanics, in: Journal of Rational Mechanics and Analysis, Bd. 2, S. 253 - 272

*McMullin, E., Hrsg.* (*1967*): Galileo: Man of Science, New York

*McMullin, E.* (*1985*): Galilean Idealization, in: Studies in History and Philosophy of Science, Bd. 16, S. 247 - 273

*Menger, K.* (*1960*): A Counterpart of Occam's Razor in Pure and Applied Mathematics Ontological Uses, in: Synthese, Bd. 12, S. 415 - 428

*Moulines, C. U.* (*1976*): Approximative Application of Empirical Theories: A General Explication, in: Erkenntnis, Bd. 10, S. 201 - 227

*Moulines, C. U./Sneed, D. J.* (*1979*): Suppes' Philosophy of Physics, in: Bogdan, R. J. (Hrsg.): Patrick Suppes, Dordrecht usw., S. 59 - 93

*Moulines, C. U. (1991a)*: Über die semantische Explikation und Begründung des wissenschaftlichen Realismus, in: Dialektik, Bd. 1, S. 163 - 179

*Moulines, C. U. (1991b)*: Pragmatisch-diachronische Aspekte der Wissenschaftstheorie, in: Untersuchungen zur Logik und zur Methodologie, Bd. 8, S. 1 - 21

*Moulines, C. U. (1994)*: Wer bestimmt, was es gibt?, in: Zeitschrift für philosophische Forschung, Bd. 48, S. 175 - 191

*Musgrave, A. (1981)*: 'Unreal Assumptions' in Economic Theory: the F-twist untwisted, in: Kyklos, Bd. 34, S. 377 - 387

*Nagel, E. (1961)*: The Structure of Science, New York usw.

*Newton-Smith, W. (1978)*: The Underdetermination of Theory by Data, in: Proceedings of the Aristotelian Society, Ergänzungsband 52, Tisbury (Wilts.), S. 71 - 93

*Niiniluoto, I. (1990)*: Theories, Approximations and Idealizations, in: Brzezinski, J./Coniglione, F./Kuipers, T. A. F./Nowak, L. (Hrsg.): Idealization I: General Problems, Amsterdam usw., S. 9 - 61

*Nowak, L. (1972)*: Laws of Science, Theories, Measurement (Comments on Ernest Nagels's *The Structure of Science*), in: Philosophy of Science, Bd. 39, S. 533 - 547

*Nowak, L. (1980)*: The Structure of Idealization - Towards a Systematic Interpretation of the Marxian Idea of Science, Dordrecht usw.

*Nowak, L. (1989)*: On the (Idealizational) Structure of Economic Theories, in: Erkenntnis, Bd. 30, S. 225 - 247

*Nowak, L. (1990)*: Abstracts are not our Constructs. The Mental Constructs are Abstracts, in: Brzezinski, J./Coniglione, F./Kuipers, T. A. F./Nowak, L. (Hrsg.): Idealization I: General Problems, Amsterdam usw., S. 193 - 209

*O'Hear, A. (1989)*: Introduction to the Philosophy of Science, Oxford

*Papineau, D. (1976)*: Ideal Types and Empirical Theories, in: The British Journal for the Philosophy of Science, Bd. 27, S. 137 - 146

*Putnam, H. (1962a)*: What Theories are not, in: Nagel, E./Suppes, P./Tarski, A. (Hrsg.): Logic, Methodology and Philosophy of Science: Proceedings of the 1960 International Congress, Stanford, S. 240 - 251

*Putnam, H. (1962b)*: The Analytic and the Synthetic, in: Feigl, H./Maxwell, G. (Hrsg.): Minnesota Studies in the Philosophy of Science, Bd. III, Minneapolis, S. 350 - 397

*Przelecki, M./Wojcicki, R. (1968/69)*: The Problem of Analyticity, in: Synthese, Bd. 19, S. 374 - 399

*Przelecki, M. (1969)*: The Logic of Empirical Theories, London

*Quine, W. V. O. (1951)*: Two Dogmas of Empiricism, in: Philosophical Review, Bd. 60, S. 20 - 43

*Riese, H. (1975)*: Wohlfahrt und Wirtschaftspolitik, Hamburg

*Riese, H. (1980)*: Theorie der Geldwirtschaft, Teil A, Grundlagen einer Theorie der Geldwirtschaft, Manuskript, Freie Universität Berlin

*Riese, H. (1986)*: Theorie der Inflation, Tübingen

*Rudner, R. S. (1966)*: Philosophy of Social Science, Englewood Cliffs (N. J.)

*Schwartz, R. J. (1978)*: Discussion: Idealizations and Approximations in Physics, in: Philosophy of Science, Bd. 45, S. 595 - 603

*Schwartz, R. J. (1981)*: Approximate Truth and Confirmation, in: Philosophy of Science, Bd. 48, S. 606 - 610

*Shapere, D. (1969)*: Notes Toward a Post-Positivistic Interpretation of Science, in: Achinstein, P./Barker, S. (Hrsg.): The Legacy of Logical Positivism, Baltimore (Md.), S. 115 - 160

*Simon, H. A. (1984)*: Testability and Approximation, in: Hausman, D. M. (Hrsg.): The Philosophy of Economics. An Anthology, Cambridge (Mass.), S. 245 - 248

*Sneed, J. D. (1971)*: The Logical Structure of Mathematical Physics, Dordrecht usw.

*Sneed, J. D. (1983)*: Structuralism and Scientific Realism, in: Erkenntnis, Bd. 19, S. 345 - 370

*Sohmen, E. (1976)*: Allokationstheorie und Wirtschaftspolitik, Tübingen

*Stegmüller, W.* (1970): Probleme und Resultate der Wissenschaftstheorie und Analytischen Philosophie, Band II, Theorie und Erfahrung, Beobachtungssprache, theoretische Sprache und die partielle Deutung von Theorien. Studienausgabe Teil C, Berlin usw.

*Stegmüller, W. (1980)*: Neue Wege der Wissenschaftsphilosophie, Berlin usw.

*Stegmüller, W. (1986)*: Probleme und Resultate der Wissenschaftstheorie und Analytischen Philosophie, Band II, Theorie und Erfahrung, Dritter Teilband, Die Entwicklung des neuen Strukturalismus seit 1973, Berlin usw.

*Suppe, F. (1973)*: Facts and Empirical Truth, in: Canadian Journal of Philosophy, Bd. III, 2, S. 197 - 212

*Suppe, F. (1977)*: The Structure of Scientific Theories, Illinois

*Suppe, F. (1979)*: Theory Structure, in: Asquith, P. D./Kyburg jr., H. E. (Hrsg.): Current Research in Philosophy of Science: Proceedings of the PSA Critical Research Problems Conference, East Lansing (Mich.), S. 317 - 338

*Suppe, F.* (*1989*): The Semantic Conception of Theories and Scientific Realism, Urbana usw.

*Suppes, P.* (*1957*): Introduction to Logic, New York

*Suppes, P.* (*1960*): A Comparison of the Meaning and Uses of Models in Mathematics and the Empirical Sciences, in: Synthese, Bd. 12, Nr. 2/3, S. 287 - 301

*Suppes, P.* (*1962*): Models of Data, in: Nagel, E./Suppes, P./Tarski, A. (Hrsg.): Logic, Methodology and Philosophy of Science: Proceedings of the 1960 International Congress, Stanford, S. 252 - 261

*Suppes, P.* (*1967*): What is a Scientific Theory?, in: Morgenbesser, S. (Hrsg.): Philosophy of Science Today, New York, S. 55 - 68

*Tarski, A./Vaught, R. L.* (*1957*): Arithmetical Extensions of Relational Systems, in: Composito Mathematicae, Bd. 13, S. 81 - 103

*Vaihinger, H.* (*1927*): Die Philosophie des Als Ob, Leipzig

*Walras L.* (*1972*): Mathematische Theorie der Preisbestimmung der wirtschaftlichen Güter, Glashütten im Taunus

*Weingartner, P.* (*1976*): Wissenschaftstheorie II, 1. Grundlagenprobleme der Logik und Mathematik, Stuttgart usw.

# Namensregister

# Sachregister

Bei Fragen zur Produktsicherheit wenden Sie sich bitte an:
If you have any questions regarding product safety,
please contact:

Walter de Gruyter GmbH
Genthiner Straße 13
10785 Berlin
productsafety@degruyterbrill.com